Ernst G. Brehmer
Heinz-W. Beckmann

Baukosten senken

Aus dem Programm Bauingenieurwesen

Baurechtsberater Bauherren
von J. Rilling

Baurechtsberater Bauunternehmer
von J. Rilling

Baurechtsberater Architekten
von J. Rilling

Baukosten senken
von E. G. Brehmer und H.-W. Beckmann

Ökologisch planen und bauen
von A. Tomm

Gekonnt planen – richtig bauen
von P. Neufert und L. Neff

VOB Bildband
von W. Winkler und P. J. Fröhlich

Praxiswissen Bausanierung
von M. Stahr (Hrsg.)

vieweg

Ernst G. Brehmer
Heinz-W. Beckmann

Baukosten senken

Sparkonzepte für Bauherren

Die Deutsche Bibliothek – CIP-Einheitsaufnahme
Ein Titeldatensatz für diese Publikation ist bei
Der Deutschen Bibliothek erhältlich

1. Auflage 1985
2., aktualisierte Auflage 1991
3., aktualisierte Auflage 1993
4., aktualisierte Auflage 1996
5., aktualisierte Auflage 2000

Alle Rechte vorbehalten
© Friedr. Vieweg & Sohn Verlagsgesellschaft mbH, Braunschweig/Wiesbaden, 2000

Der Verlag Vieweg ist ein Unternehmen der BertelsmannSpringer Science+Business Media Group.

Das Werk einschließlich aller seiner Teile ist urheberrechtlich geschützt. Jede Verwertung außerhalb der engen Grenzen des Urheberrechtsgesetzes ist ohne Zustimmung des Verlags unzulässig und strafbar. Das gilt insbesondere für Vervielfältigungen, Übersetzungen, Mikroverfilmungen und die Einspeicherung und Verarbeitung in elektronischen Systemen.

http://www.vieweg.de

Konzeption und Layout des Umschlags: Ulrike Weigel, www.CorporateDesignGroup.de

ISBN-13: 978-3-528-48838-3   e-ISBN-13: 978-3-322-80346-7
DOI: 10.1007/978-3-322-80346-7

Inhalt

Vorbemerkung
    Zur dritten, aktualisierten Auflage 11
    Zur vierten, aktualisierten Auflage 12
    Zur fünften, aktualisierten Auflage 12

1 Die drei Grundfragen und ihre Antworten 15
1.1 Wo lassen sich die Baukosten am stärksten senken? 16
1.2 Wie lassen sich die Baukosten entscheidend senken? 17
1.3 Wie viel ist einzusparen? 17
    Hinweise zur Buchbenutzung 18
1.4 Mieten oder Bauen? 19
1.5 Erfolg beim Bauen 20
1.6 Mut zum Bauen 22
1.7 Kostenhochrechnungen 23

2 Angebotsbeurteilung 25
    Preise, Internet, E-mail 25
2.1 Grundstücke, Baulandpreise 27
2.1.1 Preis-Leistungsvergleich bei der Grundstückssuche 28
2.1.2 Bebauungsplan 30
2.1.3 Komplettpreis für Grundstück und Erschließung gemäß
     DIN 276/1993 32
2.1.4 Wirtschaftlichkeit 34
2.1.5 Grundstücksanteil 35

2.2 Bauträgerhaus, Eigenheime – Preise 35
2.2.1 Preis-Leistungsvergleich bei der Auswahl eines Bauträgerhauses . 37
2.2.2 Daten- und Zahlenvergleich beim Bauträgerhaus 37
2.2.3 Lagebeurteilung 39
2.2.4 Qualitätsvergleich 40
2.2.5 Raumzuordnungen 43

2.3	**Eigentumswohnungen – Preise**	44
2.3.1	Preis-Leistungsvergleich bei der Auswahl einer Eigentumswohnung	45
2.3.2	Vorteile sichern beim Kauf einer Eigentumswohnung	48
2.4	**Althaus, Renovierung, Modernisierung**	50
2.4.1	Lebensdauer von Bauteilen	51
2.4.2	Daten-Vergleich bei Althäusern (eventuell mit Neubauten)	51
2.4.3	Preis-Leistungsvergleich bei der Auswahl eines Althauses	52
2.4.4	Die Vorteile des Althauskaufes	56
2.4.5	Kosten sparende Tipps beim Althauskauf	57
2.5	**Fertighaus – Preise**	60
2.5.1	Festpreis	61
2.5.2	Festtermin	66
2.5.3	Raum- und Bauprogramm	67
2.5.4	Preis-Leistungsvergleich bei der Auswahl von Fertighäusern	69
2.5.5	Einsparungstipps bei Fertighäusern	72
2.5.6	Bausatz-, Ausbau- und Selbstbauhäuser (Eigenleistungen)	73
2.6	**Haus vom Architekten**	77
2.6.1	Preis-Leistungsübersicht bei der Architektenauswahl	78
2.6.2	Mit oder ohne Architekt?	79
2.6.3	Kriterien	80
2.6.4	Wettbewerbe unter Architekten	82
2.6.5	Vorteile mit einem Architekten	83
2.6.6	Bauherren-Leistungen	85
3	**Marktinteressen**	87
3.1	**Grundwissen**	87
3.1.1	Markt und Macht	87
3.1.2	Interessenkampf	87
3.1.3	Interessengegensätze	89
3.2	**Unternehmer**	91
3.2.1	Marktverhalten	91
3.2.2	Immobilien-Makler	92
3.2.3	Bauträger	93
3.2.4	Schlüsselfertige Objekte	94
3.2.5	Achtung, Kleingedrucktes!	95

3.3	**Bauherren**	96
3.3.1	Marktverhalten	96
3.3.2	Entscheidungsvorbereitung	99
3.4	**Planer, Architekten**	101
3.4.1	Leistungshonorar	101
3.4.2	Architekten-Honorare	104
3.4.3	Honorarhöhe	112
3.4.4	Rationalisierungshonorar	112
3.4.5	Architektenvertrag	113
3.4.6	Honorarkürzungen	114
3.4.7	Der Profi-Kostenberater	115
4	**Kostenbewußtsein**	**117**
4.1	**Raum- und Bauprogramm**	117
4.1.1	Aufstellung des Raumprogramms	117
4.1.2	Kostenfolgen von Raumprogrammen	121
4.1.3	Gesamtkosten nach m^2	122
4.1.4	Kostensteuerung	123
4.2	**Änderungen und Extras**	125
4.2.1	Negative Praxis	125
4.2.2	Kostenfolgen	127
4.3	**Kostenerhöhungen**	128
4.3.1	Nachfinanzieren	128
4.3.2	Einsparungen Raumprogramm	130
4.3.3	Einsparungen Bauprogramm	137
5	**Kostenplanung**	**141**
5.1	**Allgemeines**	141
5.1.1	Prinzipien	141
5.1.2	Baunutzungskosten	142
5.1.3	Kosten nach DIN 276, 1993	142
5.1.4	Kostengliederungen	143
5.1.5	Kosten-Rückkoppelung	146

5.2	**Bebauung**	149
5.2.1	Bebauungsvorteile	150
5.2.2	Grundstücksvergleich	151
5.2.3	Grundstücksteilung	153
5.2.4	Gute Geländeausnutzung	155
5.2.5	Mehr- und Minderkosten	157
5.3	**Gebäudeform**	160
5.3.1	Kosten sparende Baukörper	160
5.3.2	Kosten sparende Dachformen	164
5.3.3	Kostengünstige Grundrisse	166
5.3.4	Kostenresultate	172
5.4	**Räume, Raumnutzungen**	177
5.4.1	Wohnzimmer	177
5.4.2	Küche	178
5.4.3	Bäder	180
5.4.4	Hausarbeitsraum	181
5.4.5	Elternzimmer	182
5.4.6	Kinderzimmer	183
5.5	**Bauteile und Details – Preise**	184
5.5.1	Außenwände	184
5.5.2	Innenwände	186
5.5.3	Geschossdecken	187
5.5.4	Treppen	188
5.5.5	Dach	188
5.5.6	Fenster	189
5.5.7	Türen	191
5.5.8	Verschiedene Bauteile	191
5.6	**Installationen**	192
5.6.1	Heizungsinstallation	194
5.6.2	Sanitärinstallation	202
5.6.3	Elektroinstallation	204
6	**Kostenziele**	207
6.1	**Sparhäuser**	207
6.1.1	Das Sparhaus und Variationen	207

6.1.2	Weitere Sparhäuser	212
6.1.3	Holzhäuser	213
6.1.4	Sparhäuser im Ausland	214
6.2	**Energie-Sparhäuser**	**218**
6.2.1	Wärmeschutzanforderungen seit Januar 1995	219
6.2.2	Lohnen Energiesparmaßnahmen?	222
6.2.3	Das Energie-Sparhaus für jedermann	224
6.2.4	Benutzerverhalten	228
6.2.5	Passivhäuser – Preise	229
6.3	**Öko- oder Bio-Häuser – Preise**	**230**
6.3.1	Allgemeines	230
6.3.2	Anforderungen an ein Bio-Haus	231
6.3.3	Kostenbetrachtung	233
7	**Abwicklung**	**235**
7.1	**Genehmigungsverfahren**	**235**
7.1.1	Zeitgewinne	235
7.1.2	Ablaufkontrolle	236
7.1.3	Vollständigkeitsprüfung	237
7.1.4	Verhaltensregeln	238
7.2	**Finanzierungen**	**239**
7.2.1	Die häufigsten Fehler bei der Immobilien-Finanzierung. Schutz vor Übervorteilung	240
7.2.2	So nicht!	241
7.2.3	Mehr Eigenkapital	244
7.2.4	Günstiges Fremdkapital	245
7.2.5	Öffentliche Mittel von Bund und Ländern	252
7.2.6	Bauspardarlehen	255
7.3	**Steuervorteile**	**259**
7.3.1	Staatshilfen	259
7.3.2	Buchführung	264
7.4	**Eigenleistungen**	**265**
7.4.1	Voraussetzungen	265
7.4.2	Einsparungen	267
7.4.3	Spargrenzen	269

7.5	**Terminplanung**	270
7.5.1	Kosten von Zeitverlusten	270
7.5.2	Zeitverluste vermeiden	270
7.6	**Ausschreibung**	271
7.6.1	Firmenauswahl	272
7.6.2	Preisbestimmende Faktoren	273
7.6.3	Besondere Vertragsbedingungen – Mindestanforderungen	274
7.6.4	Angebotsauswertung	275
7.6.5	Bauleistungsvertrag	277
7.7	**Bauleitung**	277
7.7.1	Kosteneinsparungen	277
7.7.2	Bauausgabebuch	280
7.7.3	Bauversicherungen	281
8.0.0	**Barrierefrei bauen – Wohnungsbauförderbestimmungen**	282

Anhang 283

1	Wohnflächenermittlung	283
2	DIN 277 – Grundflächen und Rauminhalte von Hochbauten	284
3	Kostenberechung nach DIN 276	285
4	Kostenvergleichswerte	290
5	Begriffe im Grundstücksverkehr	291
6	Fachausdrücke	295
7	Ansprechpartner für Öffentliche Mittel	299
8	Weitere Ansprechpartner	301

Stichwortverzeichnis 302

Quellennachweise 306

Vorbemerkung zur 3. Auflage

Wenn nur jeder mit derselben Umsicht, wie sie beim Erwerb von Waschmaschine und Rasenmäher selbstverständlich ist, den Hausbau beginnen und alle Schritte kostenbewußt kontrollieren würde, dann wäre auch der Bau des eigenen Hauses die nüchternste, sicherste, also problemloseste Sache der Welt. So, wie man zum *test*-Heft greift, um sich sachkundig zu machen, wie man Fachleute dort zu Rate zieht, wo man selbst nicht weiter weiß, greift man zum bewährten Ratgeber „Baukosten senken".

Wer Grundstücke, Häuser oder Wohnungen, neu oder alt, erwirbt oder ein eigenes Haus in Angriff nimmt, gleich ob es sich dabei um die Errichtung eines neuen Hauses handelt oder um den Umbau bestehender Substanz, muß sich rechtzeitig und umfassend über die Kostenfolgen jeder Maßnahme informieren. Wer „mehr Haus für sein Geld" haben, wer sich gegen Übervorteilung beim Kaufen oder beim Bauen schützen will, findet in diesem Leitfaden alles, was er braucht.

Die vorliegende Ausgabe enthält, auf den neuesten Stand gebracht

- viele Daten und Indexzahlen,
- Hinweise auf die Geldbeschaffung,
- die aktuelle Gesetzgebung bei der Förderung

und vieles andere mehr. Der Ratgeber orientiert von der ersten Bauabsicht bis zur Abrechnung und Mängelbeseitigung gründlich und praxisnah. Er will auf alle Fragen antworten, die sich im Zusammenhang von *Planung, Lenkung und Senkung von Baukosten,* zu denen auch die Planungskosten gehören, im Sinne einer sinnvollen Kostenminimierung stellen. Er will auf alle Phasen systematisch vorbereiten und vor unangenehmen Überraschungen schützen. Er will, mit einem Wort, alle Entscheidungen so risikoarm wie möglich machen.

Zu danken haben wir für die Durchsicht der Ziffer 7.3 (Steuervorteile) Herrn Bodo Schenk, Steuerberater in Bremen.

Bremen, im Januar 1993 *E.G. Brehmer, Heinz-W. Beckmann*

Vorbemerkung zur 4. Auflage

Wichtige Änderungen des Steuerrechts, der Honorarordnung für Architekten und Ingenieure sowie der Wärmeschutzverordnung 95 machten eine erneute Aktualisierung notwendig.

Zu danken haben wir wieder für die Durchsicht der Ziffer 7.3 – Steuervorteile – Herrn Bodo Schenk, Steuerberater in Bremen.

Bremen, im Januar 1996 *E.G. Brehmer, Heinz-W. Beckmann*

Vorwort zur 5. Auflage

Als vor 20 Jahren die 1. Auflage herauskam, gab es kaum Literatur und Erfahrungen zum Thema Kostensenkungen. Inzwischen ist das Thema in aller Munde, weil Deutschland im internationalen Vergleich – Eigentumsanteil und Hauspreise – hinterher hinkt! Hauptgrund: Bauende Firmen und Gesellschaften aller Art, Architekten und Makler wollen verdienen, und so steht der naive und uniformierte Bauherr weitgehend alleine da.
Als der Hauptautor dieses Buches vor 20 Jahren einen Wirtschaftlichkeitswettbewerb von Reihenhäusern gewann und zur Einhaltung der 30 % geringeren Baukosten sein Architekten-Honorar verpfändete war das total neu.
Mehr denn je ist das Thema nun in das Bewusstsein der öffentlichen Hand und der Politiker gedrungen. Wir müssen weit mehr bezahlbares Eigentum in angemessener Qualität für breitere Bevölkerungsschichten schaffen.

Preiswerter und schneller!

Aus dem hilflosen Bauherrn oder Käufer muss ein versierter Generalmanager werden, ein Hauptakteur im Konzert der Mitspieler, der stets nach dem Preis-Leistungsvergleich entscheidet, seine Vorgaben setzt und deren Verwirklichung kontrolliert. Vor allem: der weiß wo er am meisten einsparen kann!
Mit der totalen Neubearbeitung wird dem Bauherrn dieses wichtige Werkzeug in die Hand gegeben.

Was ist neu – eine Auswahl:

Welche Hauspreise sind im Preis-Leistungsvergleich erzielbar? Aktuelle Erfolge im Preiskampf: Qualität und Preise unter 2000 DM pro Quadratmeter Wohnfläche – bis auf 1200 DM pro qm!

Was kosten Grundstücke, Fertig-, Spar-, Holz-, Energie-, Öko-, Architektenhäuser (Erfolgshonorar)?
Passivhäuser – OHNE HEIZUNG! Niedrigenergiehäuser

Computerfinanzierungen mit den günstigsten Zinssätzen, Belastungen und Bedingungen – bundesweit!
(Beispiel: Zinsunterschiede von 6,00 % zu 5,58 % bringen Kostenverringerungen von 13.000,– DM!)

Bausparkassen im Test, Vor- und Nachteile, Vergleich zu Banken
Öffentliche Mittel aller Art – alle 16 Bundesländer als Ansprechpartner und deren Anschriften
Eigenleistungen – Muskelhypothek – bis zu 30 Prozent
Informationen, Preise, Kosten, Vergleiche, Email über Internet

Herrn Steuerberater Bodo Schenk, Bremen, danken wir erneut für die Durchsicht des Kapitels 7.3 Steuervorteile.

Oktober 1999 *E.G. Brehmer, H.-W. Beckmann*

1 Die drei **Grundfragen** und ihre **Antworten** auf einen Blick

Baukosten senken – ja!

WANN? (→ 1.1)   In den **ersten** Planungs- und Entscheidungsphasen z.B.
- in der Wahl des Bauplatzes und der Planer,
- bei der Aufstellung des Raumprogramms und der Finanzierung,
- während der Vorentwurfs- und Entwurfsplanung

wird über die endgültige Höhe der Baukosten entschieden.

WIE? (→ 1.2)   In der Art der Entscheidungsvorbereitung durch Preis-Leistungsvergleiche
- bei der Grundstückswahl,
- bei der Suche nach dem richtigen Bauträgerhaus,
- bei der Suche nach der richtigen Eigentumswohnung,
- bei der Suche nach dem richtigen Althaus,
- bei der Suche nach dem richtigen Fertighaus,
- in der Auswertung der Kostenalternativen bei der Haus- und Wohnungsplanung,
- in den Kostenzielen bei der Suche nach dem richtigen Sparhaus und
- in dem Abwicklungsverfahren.

UM WIEVIEL? (→ 1.3)   Bei der Anwendung der meisten hier gegebenen Ratschläge **bis zu 30 Prozent**
- Das heißt bei einer Bausumme von DM 300 000,– eine Einsparung von **DM 90 000,–**!

Bei der Anwendung vieler Empfehlungen **bis zu 20 Prozent**
- Das heißt bei einer Bausumme von DM 400 000,– eine Einsparung von **DM 80 000,–**!

Bei der Berücksichtigung einiger Hinweise **10 Prozent**
- Das heißt bei einer Bausumme von DM 500 000,– eine Einsparung von **DM 50 000,–**.

1.1 Wo lassen sich die Baukosten am stärksten senken?

Wussten Sie, dass Sie bereits bei der Auswahl des Grundstücks, des Bauobjekts, der Planer oder der Baugesellschaft die größten Chancen zur Einsparung hoher fünfstelliger Beträge verspielen, wenn Sie als Käufer einer Wohnung oder eines Fertighauses aus reiner Unkenntnis eine Fehlentscheidung treffen?

Wissen Sie, dass Sie als Käufer eines Althauses nur geringfügige Kostensenkungen erzielen, wenn Sie zur falschen Zeit Ihren Urlaub für die praktischen Sanierungs- und Renovierungsarbeiten nutzen, statt sich gleich am Anfang um die Ermittlung der Gesamtkosten zu kümmern?

Gehören Sie auch zu der Mehrzahl der Bauherren, die uninformiert die wichtigen Entscheidungen ohne einen Preis-Leistungsvergleich fällen? Stattdessen übernehmen Sie lieber die Handlangerdienste für die Baufacharbeiter? Oder die Maler- und Fußbodenarbeiten?

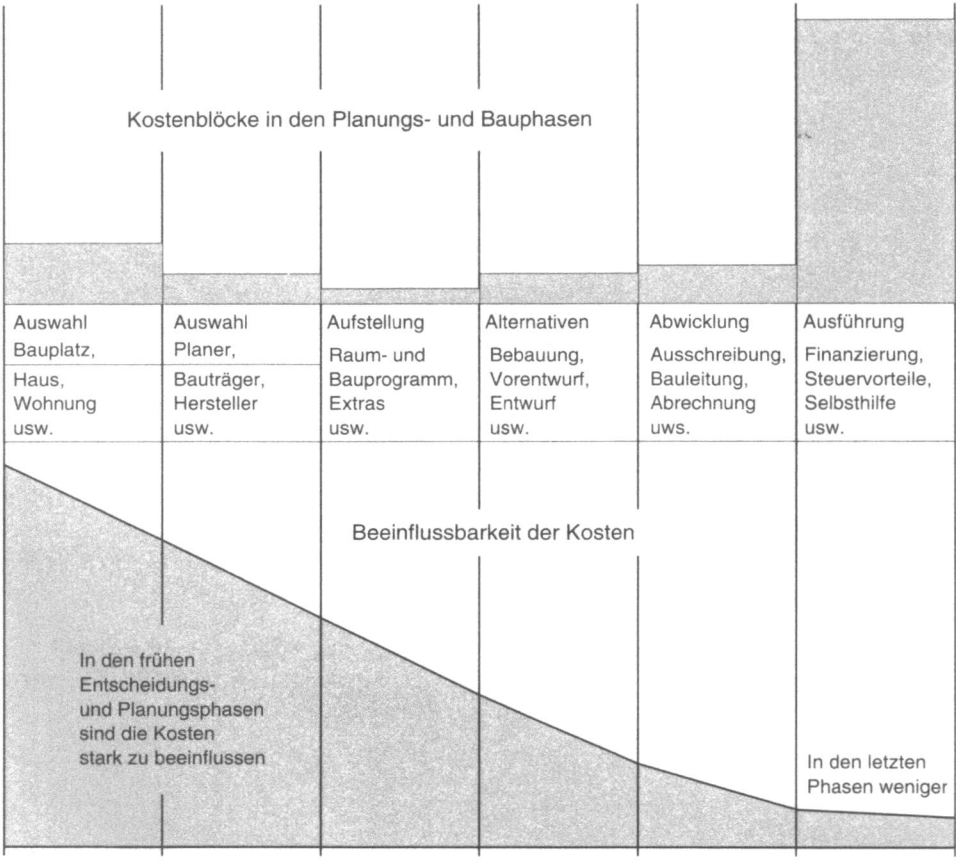

Bild 1 Phasen des Planungs- und Bauablaufs

Bei Haushaltsgeräten oder Filmkameras informieren sich die Käufer detailliert, bevor sie sich entscheiden. **Bei der größten Geldausgabe ihres Lebens** sollten gerade am Anfang gut vorbereitete Kriterien-Kataloge zur Verfügung stehen, um die Bauobjekte zu testen, egal, ob es sich um Ein- oder Mehrfamilienhäuser, Neu- oder Althäuser, konventionelle oder fertige Häuser handelt.

Um noch deutlicher zu werden:

Während bei den Erstentscheidungen über Grundstück, Finanzierung, Architekten- und Bauträgerauswahl und Planungsalternativen über **15 bis 25 Prozent** der endgültigen Kosten bestimmt wird, kann dann in der Folgezeit nur noch über wenige Prozent Einfluss ausgeübt werden. Ausnahmslos allen Baufachleuten ist das klar und wird ständig durch die Erfahrung im Alltag bestätigt. Diese Wahrheit an die Bauherrnschaft zu vermitteln, ist deshalb die wichtigste Aufgabe.

1.2 Wie lassen sich die Baukosten entscheidend senken?

Die Zentralfigur in der Kostenplanung, in der Kostenlenkung und -senkung ist der Bauherr selbst, weil er ja die kostenentscheidenden Richtlinien angibt, die Auswahl der die Kosten mitbestimmenden Planer, Bauträger, Verkaufsgesellschaften und anderer Mitbeteiligten trifft und mit seinem vorhandenen (oder fehlenden) Wissen über das „WANN?" und „WIE?" entscheidet. Er ist Unternehmer, Manager, Organisator, Vordenker und Führungsfigur mit einer Mannschaft von etwa 5 bis 10 Planern und etwa 50 bis 100 Handwerkern; von den Betriebsinhabern über die Meister, Vorarbeiter, Gesellen bis hin zu den Hilfskräften. Täglich werden Entscheidungen vom Bauherrn verlangt, die sich kostensteigernd oder kostenreduzierend auswirken können und die bei ihm eine zielbewusste Orientierung voraussetzen. Aufgabe dieses Buches ist es, ihm dieses Grundwissen an die Hand zu geben, damit er dieser Aufgabe in seinem eigensten Interesse gerecht werden kann.

Kein Bauherr kann es sich leisten, auf dieses Know-How zu verzichten. Die ihm durch fehlendes Wissen entstehenden Mehrkosten kann er nicht wieder gutmachen, weil er keine Entscheidung rückgängig machen kann und an der finanziellen Mehrbelastung jahrelang, Monat für Monat tragen muss. Die wenigsten Bauherren bauen zweimal im Leben, wo sie einmal gemachte Fehler vermeiden könnten.

1.3 Wie viel ist einzusparen?

Einige Erfahrungen:
- **Ein Haus für rund 100 000 DM!** Laut der Arbeitsgemeinschaft der Verbraucherverbände (AgV) vom April 1997 ist dieser Preis erzielbar: als Ausbauhaus für 943 Mark pro

Quadratmeter ab Oberkante Keller, wenn der Bauherr den Ausbau selbst macht. Das geht aus einer Marktübersicht hervor, die das Bundesbauministerium gefördert hat und die Sie anfordern können beim AgV-Broschürendienst, Postfach 1116, 59930 Olsberg.
- Wie viele Publikationen von Fachzeitschriften, Fachbüchern und aktuellen Magazinen oder auch das Internet ständig nachweisen, sind **Baukostenziele unter DM 2 000,– pro qm** Wohnfläche (ohne Grundstück) durchaus erreichbar! Natürlich bei guter Qualität und entsprechenden Anstrengungen. Sparen heißt nicht primitiv bauen!
- Laut CAPITAL 98: Ein Projekt bei Aachen mit 148 Reihen- und Doppelhäusern nach holländischem Vorbild mit dem Ergebnis von **1 200 Mark pro Quadratmeter** Wohnraum (Bauwerkskosten).
- Ein anderer Unternehmer baut nach den Plänen eines bekannten Architekten Europahäuser für einen Durchschnittspreis von **1 675 DM pro Quadratmeter.**
- Die Bausparkasse LSB entwickelt mit einem Architekten ein Konzept mit variablen Grundriss für einen **Quadratmeterpreis von nur 1 560 DM!**
- Das Sparhaus – siehe Kapitel 6: Sechszimmerhaus, 117 m^2 Wohnfläche (WF): DM 245 723,–.

Jeder Laie kann in seiner Funktion als Bauherr diese Ergebnisse nachvollziehen, wenn er beharrlich den Inhalt dieses Buches zu seiner Richtschnur macht oder wenn er sich qualifizierte Planungspartner sucht, die ähnliche Resultate aus ihrer praktischen Arbeit nachweisen können.

Der Bauherr sollte aber die Impulse zur konsequenten Verfolgung seiner Planungsziele geben und mehr Gebrauch von seiner Macht machen! Nur wenn er die Marktsituation richtig einzuschätzen lernt und die Wahl stets nach den hier aufgezeichneten Preis-Leistungsvergleichen trifft, kann er nicht übervorteilt werden. Nur so kann er die Planung und Ausführung in den verschiedenen Stadien so steuern, dass sie stets innerhalb des von ihm vorgegebenen Kostenrahmens liegt.

Hinweise zur Buchbenutzung

Preise, Kosten: Alle diese Angaben sind naturgemäß abhängig von den lokalen Verhältnissen, dem ständigen AUF und AB in der Wirtschaft (Konjunktur oder Rezession), den jeweiligen regionalen und überregionalen Marktverhältnissen und vielen anderen Faktoren. Aber sie sind auch abhängig vom Geschick des Bauherrn oder Käufers. Es sind also **Orientierungspreise**, damit der Bauherr eine Gefühl bekommt, in welchen Preisdimensionen bei welchen Fragen er sich jeweils bewegt, ob es sich mehr oder weniger lohnt sich zu engagieren.

Sie suchen ein Baugrundstück oder ein Bauträgerhaus, eine Eigentumswohnung oder ein Althaus, ein Fertighaus oder einen Architekten?
→ Siehe **Kapitel 2 – Angebotsbeurteilung!**
Suchen Sie sich nur das Sie interessierende Thema aus!

Zu jedem Thema finden Sie einen Preis-Leistungsvergleich, so daß Sie schnell mit Hilfe einer Vergleichsübersicht das beste Objekt aus der Angebotspalette herausfinden können.

Sie möchten als Laie eine Orientierung gegenüber den vielen sich anbietenden Firmen, Gesellschaften, Maklern, Planern usw. bekommen.
→ Lesen Sie dazu **Kapitel 3 – Marktinteressen!**
Sie lernen das Marktverhalten aller Beteiligten, ihre Interessen und ihre Eignung für den Bauherrn kennen. Wie finde ich einen qualifizierten Architekten? Siehe Seite 101 ff.

Sie haben eine bestimmte Vorstellung vom Haus oder von der Wohnung und verfügen über eine bestimmte Summe. Wie fangen Sie es an, möglichst viel Qualität und Quantität für Ihr Geld zu bekommen?
→ Kapitel 4 – „**Kostenbewusstsein**" sagt es Ihnen!
Wie Sie ein Raumprogramm aufstellen, wie Sie es mit den Kosten abstimmen, so daß beides zusammenpasst, lesen Sie auf den Seiten 117 bis 127.

Sie haben bereits das Grundstück erworben und das Raum- und Bauprogramm aufgestellt. Wo, wie und wie viel können Sie nun bei der Planung einsparen?
→ Im **Kapitel 5 – „Kostenplanung"**, dem Kernthema des Buches, finden Sie die wichtigsten Hinweise. Welche Grundrisse, Gebäudeformen, Bauteile oder Installationen besonders preisgünstig ausfallen, erfahren Sie auf den Seiten 141 bis 204.

Sie wollen sofort zum Kern der Sache und fragen: Wie sieht denn nun ein Haus mit einem Maximum an Raum und Qualität aus, und was kostet es?
→ **Kapitel 6 – „Kostenziele"** zeigt Ihnen Beispiele, darunter ein Sechszimmerhaus zu einem Preis von DM 245 723,–. Seite 207 ff.

Sie wollen wissen, wie Geld zu sparen ist bei der Baufinanzierung, bei Steuerfragen usw.?
→ **Kapitel 7 – „Abwicklung"** fasst die Kostenvorteile zu den wichtigsten Fragen zusammen. Seite 235 bis 280.

Benutzen Sie das Stichwortverzeichnis am Ende des Buches! Sie finden dort unter einem Stichwort mehrere Seitenzahlen, auf denen ausführlicher auf das Sie besonders interessierende Thema eingegangen wird.

1.4 Mieten oder Bauen?

Viele Bauherren stehen vor folgender Situation:
– Die Grundstückspreise sind zu hoch.
– Die Baukosten steigen meist und fallen seltener, was von vielen Faktoren abhängt.
– Die Hypotheken- und Zwischenfinanzierungszinsen sind zu hoch.

- Das Risiko hinsichtlich etwaiger Mehr- und Nebenkosten ist nicht abzuschätzen.
- Die Einkommensverhältnisse steigen nicht in demselben Maße wie die Summe der Bau- und Baunebenkosten.

Rückt also das Haus- oder Wohnungseigentum in unerreichbare Ferne? Wie sieht die Situation bei der Alternative „**Mieten**" aus?
- Die Mieten steigen meistens an und fallen selten. Einige Mietbindungen entfallen. Also nimmt der Einkommensanteil für die Miete immer mehr von dem Bewegungsgeld weg, das man für Reisen, Hobbys und andere Dinge zur Verfügung hat: Die Mieten steigen mehr oder weniger, aber die Belastungen für das Eigentum bleibt auf demselben Niveau. Bei einem Vergleich von Miet- und Eigentumsbelastungen übersteigen die Aufwendungen für die Mieten bald die Kosten für das Eigenheim oder die Eigentumswohnung.
- Steuerlich können Mieter keinerlei Vergünstigungen in Anspruch nehmen. Wenn das Gehalt steigt, nimmt man Ihnen von dem Steigerungsbetrag 35 bis 45 % zuzüglich Sozialabgaben weg. Was bleibt dann noch übrig, wenn auch die Mietsteigerung noch abzuziehen ist?
  Haus- oder Wohnungseigentümer können demgegenüber ihr Nettoeinkommen vermehren, wenn sie die Vorteile wahrnehmen, die auf den Seiten 259 ff. beschrieben sind.
- Auch nach Auffassung der Bausparkassen ist Mieten – langfristig gesehen – teurer als Bauen.

Wenn Mieten teurer als Bauen wird und Bauen, jedenfalls in den ersten Jahren, zu untragbar hohen Monatsbelastungen führt, was dann?

Nun, die Lösung des Problems liegt allein in der **Kostenreduzierung,** und zwar bei den Grundstücks-, Bau- und Baunebenkosten bis zu 10, 20 oder 30 Prozent. Wenn Sie lernen, wo und wie und wie viel einzusparen ist, bestimmen Sie die Höhe der Einsparung!

1.5 Erfolg beim Bauen

„Jegliches Bauen steht und fällt mit dem Bauherrn!"

„Qualität und Preis eines Bauwerks werden entscheidend beeinflusst von der Person des Bauherrn, der Qualifikation seiner technischen Beauftragten, seinen Forderungen und Wünschen und von der Art, wie er seine Bauherrn-Funktion ausübt." (Solholm: Bauen in Dänemark)

Bauherren müssen lernen, den richtigen Gebrauch von ihrer Macht zu machen. Nur dann kann der Erfolg nicht ausbleiben.

Dabei kommt derjenige, der einmal im Leben baut, um einen **Lernprozess** nicht herum, wenn er sein Kostenziel erreichen will und sich die Erkenntnisse und Erfahrungen anderer nutzbar machen möchte. Weil Bauherren und Käufer von Wohnobjekten aller Art – kleinere Umbauten und Renovierungen nicht ausgeschlossen – um diese vielfach negativen Erfahrungen wissen, sind gerade sie darauf angewiesen, sich diese **vorher** anzueignen.

Täten sie dies nicht, müssten sie sich diese erst mit viel, viel Lehrgeld bei ihrem eigenen Bau erwerben.

In den meisten Fällen würden sie diese nie wieder benötigen. Fehlentscheidungen müssen teuer bezahlt werden.

Was liegt näher als sich die **Erfahrungen anderer für wenig Geld zu kaufen,** sich diese zu Eigen zu machen und so gleich die richtige Entscheidungsvorbereitung für die kostenträchtigen Entscheidungsvorgänge mitzubringen.

Bauherren, die so vorgehen, können dann nicht zu denen gehören, die am Ende auch feststellen müssen, dass ihr Haus zu teuer geworden ist. Der Erfolg ist mit der Anwendung des gespeicherten Wissens in diesem Buch vorprogrammiert. Damit ist auch die tragbare finanzielle Belastung im Monat abgesichert.

Das **Sparkonzept** für Bauherren heißt hier **keineswegs „Billigbau", „Barackenbau"** oder Ähnliches. Es geht in jedem Kapitel zu jedem Thema um die Aufgabe, durch einen Preis-Leistungsvergleich – ähnlich wie in den bekannten Verfahren der Stiftung Warentest herauszufinden, wo und wie ein Käufer **„am meisten Haus fürs Geld"** erhält. Es geht um das richtige Verhalten eines Käufers oder Bauherrn auf dem Baumarkt, um ihn gegen Übervorteilung zu schützen. Schließlich geht es um eine Fülle von Einsparungsvorschlägen, wie zum richtigen Zeitpunkt bei einer bestimmten Qualität und Quantität zwischen mehreren Alternativen in der Planung, in der Ausführungsvorbereitung und der Ausführung entschieden werden kann.

Angesprochen sind hier auch Bauherren, die keine Sparhäuser zu bauen beabsichtigen, sondern sich ein ganz individuelles Wohnhaus mit anspruchsvoller Gestaltung und Bauweise im Inneren wie im Äußeren wünschen. Gerade sie müssen doch wissen, was jeder einzelne Wunsch kostet. Bereits während der Aufstellung ihrer Raumvorstellungen muss ihnen gesagt werden können, was ein Kamin, eine zweigeschossige Raumzone, eine sechseckige oder polygonale Raumgestaltung kostet. Nur wenn ein Bauherr das weiß, kann er eine Entscheidung treffen, ob ihm dieser Wunsch einen bestimmten Betrag wert ist oder ob er nicht lieber ein größeres Schlafzimmer für den gleichen Preis bauen sollte. Dieses Denken und Planen in Kostenalternativen gleich von Anfang an ist eigentlich eine allzu begreifliche und selbstverständliche Forderung eines jeden Auftraggebers.

Die bisherige Methode – bis zum Abschluss aller Planungs- und Ausschreibungsvorgänge gebannt auf das Ergebnis der Submissionen (Angebotseröffnung) zu starren, um dann endlich das wahrscheinliche Kostenendergebnis zu erfahren – ist einfach untragbar, unökonomisch und überwunden. Bis zu diesem Zeitpunkt hat der Bauherr bereits zwei Drittel der Planungskosten – bei einem Haus mit Baukosten von DM 500 000,– sind das etwa DM 36 000,– Honorar allein für den Architekten – ausgegeben. Nicht selten muss dann aufgrund der unerwartet hohen Baukosten wieder neu mit der Planung begonnen werden. Wie bei jeder anderen Ware wird das Haus nicht von vorgegebenen Standards, sondern von den Vorstellungen des Bauherrn und dessen finanziellen Möglichkeiten bestimmt.

Parallel zu den Kostenermittlungen laufen die Finanzierungsvorschläge auf der Grundlage der individuellen Einkommenssituation jedes Bauherrn.

1.6 Mut zum Bauen

Dieses Buch hätte seinen Sinn verfehlt, wenn es nicht erreichte, viel mehr als bisher Interessenten für das Wohnen im eigenen Heim zu finden und zu ermuntern, sich in dieses „Wagnis" zu stürzen. Das Risiko oder Abenteuer ist nicht so groß, wie manch einer meint, wenn die wenigen Ratschläge dieses Buches Beachtung finden. Es geht eigentlich nach dem Studium dieses Buches darum, das Selbstbewusstsein jedes Bauwilligen so zu stärken, dass er die Chancen nutzt, die ihm der Markt, sein Wissen und seine Kraft bieten. Diesem Ziel sollen folgende Hinweise dienen.

Im internationalen Vergleich einiger Nachbarländer bilden die Deutschen fast das Schlusslicht bei der Frage, wie viel Prozent der Haushalte mit einem eigenem Haus oder einer Eigentumswohnung ausgestattet sind.

Belgien	~ 70 Prozent
Dänemark	~ 68 Prozent
Großbritannien	~ 53 Prozent
Frankreich	~ 48 Prozent
Niederlande	~ 60 Prozent
Bundesrepublik	~ Alte Länder 42 Prozent
	Neue Länder 30 Prozent
USA	~ 60 Prozent

Auch gegenüber den USA steht die Bundesrepublik schlecht da. Die Ursachen sind vielfältig. Einmal sind es die zweifellos überhöhten Ansprüche der Deutschen an die Ausführungsqualität und ist es die fehlende Einsicht, dass Wohnhäuser nicht für …zig Generationen zu entwerfen und zu bauen sind. Wie schnell sich die Vorstellungen vom eigenen Haus im Laufe der letzten Jahrzehnte gewandelt haben, weiß jeder selbst. Warum also bauen wir nicht nur für uns und wählen dementsprechend unsere Baustoffe danach aus? Hier liegen enorme Einsparungsmöglichkeiten!

Auch die Architekten haben mit der Einführung eines „Erfolgshonorars" für ihre Bemühungen zur Kostensenkung ein Signal gesetzt! Ein Schritt in die richtige Richtung. Bauherren müssen davon Gebrauch machen.

Es mag sein, dass auch in der Förderung und Finanzierung andere Länder günstiger und beweglicher sind. Es ist aber eine Tatsache, dass Eigentum oder Immobilien im Ausland zum Teil erheblich billiger sind – nicht nur in den USA, in Holland, in Kanada und so weiter, und dies, obwohl dort die Lebenshaltungskosten höher als in der Bundesrepublik sind. Hier liegt der Hauptgrund für den geringen Anteil an Eigentum in unserem Lande! Ein konventionel gebautes Eigenheim ist hier fast doppelt **so teuer wie in Holland.**

Ein enormes Potential an Mieterhaushalten von 1,3 Millionen wäre in der Lage Eigentum zu erwerben, wenn ein Haus nicht mehr als 250 000 Mark kosten würde. Dies Ziel ist keineswegs utopisch, wenn entsprechend geplant und gebaut wird, der Bauherr eine aktive Rolle spielt und an den richtigen Punkten wirkungsvoll ansetzt. Von Seiten der Bundes- und Länderbauverwaltungen, der Industrie und Wirtschaft und mit Hilfe vieler Informationen wird das flächensparende und kostengünstige Bauen propagiert. Allerdings muss der Bauherr sich von dem Idyll eines Häuschens im Grünen ganz nach seinen indivuellen Vorstellungen lösen.

Die Mehrheit der Familien möchte lieber früh zu Eigentum kommen und ein preiswertes Objekt unter Verzicht auf mancherlei höhere Ansprüche in die Tat umsetzen, als zu lange auf die Erfüllung eines eigenen Familienplatzes zu warten. Das ist auch durchaus realistisch und machbar und bezahlbar mit dem notwendigen Komfort und der Qualität. Laut einer Emnid-Umfrage sind zwei Drittel dazu bereit. Dabei ist der Anteil in den neuen Bundesländern besonders groß.

1.7 Kostenhochrechnungen

Alle Kostenbeträge in diesem Buch sind, soweit nichts anderes vermerkt ist, **bezogen auf das Jahr 1999.**
Zurückliegende Kostenangaben sind auf das Jahr 1995 hochgerechnet worden, um dem Leser eine Vergleichsmöglichkeit zu geben (Beispiel siehe S. 24).
Diese Hochrechnung erfolgt nach der gleichen Formel, wie die Kostenangaben aus dem Jahre 1995 weiter auf die folgenden Jahre hochgerechnet werden.
Jeder Leser kann also selbst nach folgendem Beispiel die ihn interessierenden Beträge in DM auf das Jahr hochrechnen, in dem er das Buch liest bzw. in dem er zu bauen beabsichtigt.
Vorweg einige leicht verständliche Erläuterungen:
Das Statistische Bundesamt veröffentlicht jedes Quartal die so genannten **Preisindizes** für Wohngebäude, Nichtwohngebäude und sonstige Bauwerke. Wohngebäude sind wieder gegliedert nach Einfamilienhäusern, Mehrfamilienhäusern und anderen Gebäudearten. Die dort veröffentlichten Zahlen sind keine DM-Angaben, sondern Messzahlen, die sich auf verschiedene Basisjahre beziehen und diese gleich 100 setzen.

Da gibt es ein Basisjahr 1913 = 100 oder
ein Basisjahr 1962 = 100 oder
ein Basisjahr 1980 = 100 usw.

Unter einem derartigen Basisjahr folgen dann die Messzahlen, die ein Maßstab für die Verteuerung oder die Preissteigerungen darstellen, und zwar immer bezogen auf das nächste Jahr, das auch noch in Monate unterteilt sein kann.

Wohngebäude:
Als Bezugsjahr gilt **1962 = 100**
Die weiteren Zahlen: 1975 = 206,6
1976 = 213,7
1977 = 224,1
1978 = 238,0

1979 = 258,8
1980 = 286,5
1981 = 303,2
1982 = 312,0
1983 = 318,6
1984 = 326,5
1985 = 327,9
1986 = 332,4
1987 = 338,7
1988 = 345,9
1989 = 358,5
1990 = 381,6
1991 = 407,5
1992 = 429,5
1993 = 456,3
1994 = 466,1
1995 = 479,2
November 1996 = 475,3
November 1997 = 471,5
November 1998 = 471 Hurra! Endlich mal keine Steigerung!

Diese Indizes beziehen sich auf die Bauwerkskosten, nicht aber auf die Gesamtkosten; enthalten ist die Mehrwertsteuer.
Die Messzahlen berücksichtigen nicht die regionalen Preisunterschiede in der Bundesrepublik Deutschland.
Die Jahres-Messzahlen sind Durchschnittswerte von 12 Monaten. Bei allen Statistischen Ämtern sind die neuesten Preisindices für Wohngebäude erhältlich. Von Zeit zu Zeit werden sie auch in Wohn- und Fachzeitschriften veröffentlicht. Auch die Ämter für die Wohnungsbauförderung verfügen über die Indizes.

Ein Rechenbeispiel für die Ermittlung eines Vergleichspreises aus dem Jahre 1995 auf das Jahr 1998:

Fragestellung: Beispielrechnung:
Wie hoch ist der Umrechnungsfaktor von Preisen aus dem Jahr 1995 zum Jahr 1998?

Antwort: $\frac{1998}{1995} = \frac{471}{479,2} = 0,98289$

Sie können also jeden Preis von 1995 mit dem Faktor 0,98289 malnehmen und erhalten den Preis von 1998.

2 Angebotsbeurteilung

Preise, Internet, E-mail

Der beste Schutz vor Übervorteilung ist eine **intensive Information**. Preise lassen sich heute gut im Internet recherchieren. Auf dem neuesten Stand ist auch ein Preisspiegel für Baugrundstücke, Eigenheime, Eigentumswohnungen usw. für über 280 Städte der Bundesrepublik vom Ring Deutscher Makler (erhältlich bei dem Ring Deutscher Makler, Mönckebergstr. 27, 20095 Hamburg, Tel. 040-325648-0).

Wichtig: bei allen Bauobjekten zu beachten:
Der beste Schutz vor Übervorteilung ist eine **intensive Information** und der **objektive Vergleich.**
Egal, ob Grundstück, Haus oder Wohnung – alt oder neu, Fertighaus oder konventionell –, stets´ sollten Sie folgendermaßen beginnen:

– Stellen Sie die Zeitungen, Zeitschriften, Publikationen und Marktveröffentlichungen zusammen, die Angebote für die in Frage kommende Region oder das Land regelmäßig herausgeben. Das sind in der Regel mehr, als Sie denken. Auch überregionale Zeitungen veröffentlichen günstige Angebote von der Art, wie Sie sie suchen.
Holen Sie sich also zum Beispiel die „Süddeutsche Zeitung", die „Frankfurter Allgemeine", das „Hamburger Abendblatt" oder die Marktangebote der Bausparkassen, der Makler, der Gemeinden und Städte, der Baugesellschaften und deren Verbände usw.
– **Internet – suchen und surfen:**
Sie werden überrascht sein, wie groß und vielfältig das Angebot im Internet ist. Egal, ob Sie im In- oder Ausland suchen, ob Sie sich über Architekten, Bauträger, Baufirmen, Fertighäuser, Bauland, Fensterfabriken, Fußböden oder Installationssysteme informieren wollen: Das Internet macht es möglich!
Suchen Sie unter verschiedenen Suchsystemen wie „Yahoo" http://www.yahoo.com oder http://www.yahoo.de. Wenn Sie dort nicht das Richtige finden, suchen Sie unter „AltaVista" oder „Excite"und surfen durch die Systeme bis Sie Informationen gefunden haben. In nicht wenigen Fällen werden Sie auch die Email-Anschriften finden, so daß Sie Kontaktpersonen gleich anschreiben können. Kein Medium ist schneller und billiger! Oft haben Sie die Antworten noch am gleichen Tage auf Ihrem Schirm.
Suchen Sie Auskünfte über Sonderangebote von Häusern, Wohnungen, Ferienhäuser? Internet antwortet.
– Suchen Sie in Büchern, Magazinen oder Zeitschriften und deren Hinweise zu bestimmten Themen. Internet sagt es Ihnen. Der Ausbau dieses Systems steht erst noch bevor und damit die gewaltige weltweite Ausdehnung. Wie langsam ist dagegen Fax oder gar die Post. Sie gewinnen jedenfalls einen enormen Informationsvorteil und damit schon am Anfang einen Vorteil, der Sie begleiten wird bis zur Endabrechnung ihres Bauvorhabens.

Beispiel: Sie suchen Informationen über das „Bausparen" im Internet:
Unter dem Suchsystem „AltaVista"finden Sie auf 48 290 Web-Seiten alles was man zu diesem Thema wissen will. Zum Beispiel Informationen über: Fehler beim Bausparen, Aktuelles, Bausparen für junge Leute und Senioren, staatliche Förderungsmaßnahmen, Beispielrechnungen, alte bekannte Namen und neue unbekannte Namen von Bausparkassen mit all ihrem Service, ihren Informationsschriften, Büchern, Angeboten, Sonderleistungen, Vor-und Nachteile der Bausparkassen, usw. Anschriften aller Bausparkassen, Fragebögen, kostenlose Beratungen – einfach unerschöpflich!
Beispiel: Sie suchen den Heinze Verlag, um das kostenlose „Handbuch für den Bauherrn" zu bestellen.
Nutzen Sie die Email-Anschrift von Heinze: info@heinze.de und Sie erhalten eine Fülle von Produktinformationen und sonstiger Hinweise und Ratschläge von A bis Z auf einen Schlag!
Versuchen Sie es doch! Stichwort „Baukosten senken" Antwort unter anderem: Baukosten im Griff – Kostensenkungsmaßnahmen, Baukosten im Griff – Datenbank, Baukosten im Griff – Kennzahlungssystem usw.
Sie werden Informationen über Kosten sparende Hausentwürfe finden oder was Sie sonst benötigen.
Suchen Sie Steuervorteile, dann finden Sie diese unter der Internet-Adresse: http//www.steuertips.de wie zum Beispiel die tagesaktuellen Zinssätze für Neubau, Kauf oder Modernisierung bzw. Anschlussfinanzierung.

- **Hauskauf über Internet**:
Beide Standesorganisationen der Makler: Ring Deutscher Makler (RDM) und Verband Deutscher Makler (VDM)sind im Internet vertreten. Der RDM mit seinem Immonet und der VDM mit der Datenbank IRIS. Hier geht schneller und zielsicherer, das richtige Objekt zum richtigen Preis zu finden als der mühselige Weg über die Anzeigen in der Presse. Ob Sie eine Wohnung, ein Haus oder ein Grundstück suchen, hunderttausende von Angeboten sind im Internet gespeichert. Schnell können Sie aussortieren nach der Lage, dem Preis und der Größe des Objekts und sich vorentscheiden, welche Objekte in die engere Wahl kommen oder sich Angebote der Makler kommen lassen. Wichtig ist jedoch, dass Sie frühzeitig mitteilen, sich noch nicht durch einen Maklervertrag binden zu wollen. Aber Sie erfahren rechtzeitig, welche Angebote es wert sind weiterverfolgt zu werden, wenn Sie die weiteren Informationen schon auf dem Schirm haben. Nicht selten werden auch Fotos, Grundrisse und Baubeschreibungen geliefert. Nutzen Sie diese Informationsquellen!

- **Inserieren Sie selbst.** Nennen Sie das gesuchte Objekt, sei es eine Eigentumswohnung oder ein Ferienhaus oder was auch immer und die etwaige Größenordnung in der Zahl der Räume (z.B. 3 Räume, Küche, Bad etc.) und vor allem die gewünschte Ortslage, den Stadtteil oder die Gegend.
Weitere Einschränkungen sind nicht zu empfehlen, um eine möglichst große Angebotspalette zu bekommen.

- **Wo kann man noch fündig werden**:
Sehen Sie sich in dem gewünschten Ort um, sprechen Sie die Gemeindeverwaltungen an oder die Vermittler derartiger Immobilien. Denn die begehrten Plätze, Häuser oder Wohnungen werden manchmal gar nicht offeriert, weil sie auch ohne Inserate schnell

„weggehen". Dabei sollten Sie auch die Zeitungs- und Würstchenstände nicht auslassen, gerade sie sind oft ausgezeichnete Nachrichtenbörsen.

Auswertung der Angebote:
Kennzeichnend für alle Angebote ist, dass die Anbieter ihre Angebote keineswegs klar und vergleichbar formulieren. Es werden stets nur die positiven Aspekte in rosarot erwähnt. Es bleibt also nicht aus, dass Sie nachfragen müssen, um alle Fakten, Zahlen, Daten zusammen zu bekommen. Nur wer die wichtigsten Angaben und Daten in einer Tabelle zusammenstellt, kann sie bewerten und sich entscheiden. Das sollte nicht zur „Qual der Wahl" oder zu einer Entscheidung nach Sympathie oder Gefallen werden, sondern nach folgendem Muster ablaufen, bezogen auf die einzelnen Bauobjekte.

2.1   Grundstücke, Baulandpreise

Was kostet Bauland? Preisspiegel für Baugrundstücke anzufordern beim Ring Deutscher Makler, Möckebergstr. 27, 20095 Hamburg, Tel. 040-325648-0.

Preise in DM pro Quadratmeter. Stand 1. Quartal 1998. Freistehende Ein- und Zweifamilienhäuser. Aus 280 Städten der Bundesrepublik. Hier nur einige wenige Angaben:
– Normale Wohnlagen: 40,– bis 1 150,–
– Gute Wohnlagen: 80,– bis 1 500,–
– Sehr gute Wohnlagen: 110,– bis 1 700,–

Laut „Capital 1998 – Bauen Kaufen Finanzieren":
Tendenzen: 1997 und 1998 leicht fallend. Nach dem Höhepunkt 1994 sind Eigenheimplätze in normaler Wohnlage im Jahr 1998 um drei Prozent billiger. Die Preisentwicklung ist regional nicht einheitlich und hängt von vielen Faktoren ab. Die Länder und Gemeinden bemühen sich um die Bereitstellung von preiswertem Bauland – eine unabdingbare Voraussetzung zur Erzielung von preiswerterem Wohnungseigentum.

Mecklenburg-Vorpommern 1998: mit einem Durchschnittspreis von 23 Mark je Quadratmeter Bauland liegt der Nordosten der Republik weit unter dem Durchschnitt des Bundes von 82 Mark.

Spitzenpreise von 180 bis 200 Mark, wie sie in Rostock oder Schwerin verlangt werden, sind in Baden-Württemberg Durchschnitt.

Hannover 1998: Die Stadt bietet Familien mit Kindern billigere Grundstücke an.

Vom Bundesbauministerium im März 1998 herausgegeben: „Kostensenkung bei der Erschließung und Bereitstellung von Wohnland". Hier werden Möglichkeiten aufgezeigt, wie die kommunalen Planer und Entscheidungsträger durch intelligente und effiziente Planungs- und Bauverfahren die Erschließungskosten spürbar vermindern können.

Die Stadt Köln stellt jährlich Land für 5 000 Eigenheime zur Verfügung. Natürlich unter der Voraussetzung, dass die Bauherrn sich bescheiden und mit kleineren Grundstücksgrößen zufrieden geben. Zweite Forderung an die Bauherren: Baukostensenkungen! In Holland kostet ein konventionelles Eiggenheim fast halb so viel wie in unserem Land. Dementsprechend gering ist die Zahl derjenigen, die ein Eigenheim bezitzen. Als reichstes Land Europas haben wir die geringste Quote an Wohneigentum.

Erbbaurecht: Laufzeit in der Regel 99 Jahre. Die Erbbauberechtigten erhalten das Recht, in dieser Zeit einen Bau mit nahezu gleichen Rechten wie „normale" Eigentümer zu verwalten. Sie können es vermieten, verkaufen, vererben. Der Erbbauzins liegt zwischen 4 und 5 Prozent. Das bedeutet eine erhebliche finanzielle Entlastung gegenüber dem Erwerb von Bauland. Es können bis fast 1 000 DM pro Monat eingespart werden. Wenden Sie sich an die Gemeinden, Städte, Liegenschaftsverwaltungen der Kirchen und dergleichen.

Die folgende Tabelle dient dem Preis-Leistungsvergleich und ist den Anbietern zwecks Beantwortung vorzulegen (siehe Seite 29, Tabelle 1). Machen Sie sich nun noch schnell mit den üblichen Begriffen vertraut:

Bruttogrundstücksfläche = Baugrundstücksfläche:
Das ist die Fläche in m^2 ohne öffentliche Wege, Straßen und andere Anteile im Gemeineigentum, aber einschließlich der von Baulichkeiten bedeckten Flächen und der privaten Zuwege und dergleichen.

Abstandsflächen: Gemäß der Grundregel der Abstandsflächenvorschrift in den entsprechenden Landesbauordnungen sind vor den Außenwänden von Gebäuden Flächen von oberirdischen Gebäuden sowie von baulichen Anlagen und anderen Anlagen und Einrichtungen, von denen Wirkungen wie von Gebäuden ausgehen, frei zu halten. Diese Abstände bestimmen u.a. die bauliche Ausnutzbarkeit und damit die Wirtschaftlichkeit und die Rendite einer Baumassnahme.

2.1.1 Preis-Leistungsvergleich bei der Grundstückssuche

Erläuterungen:

In die erste **waagerechte Zeile** tragen Sie die einzelnen Angebote ein: Verkäufer, Ort/Straße, Skizze des Grundstücks und dergleichen.

In die erste senkrechte Spalte tragen Sie die Kriterien ein, die Sie beliebig erweitern oder kürzen können.

Also etwa so:

Tabelle 1

	Angebot 1 Baugesellschaft	Angebot 2 Architekt	Angebot 3 Makler	Angebot 4 Privat	Bemerkungen
	Weststadt Rosenweg	Weststadt Heine-Str.	Südstadt Alter Weg	Südstadt Emma-Str.	
Bruttogrundstücksfläche (m^2)	620	780	390	900	siehe Kapitel Grundstückssuche
Gesamtpreis (DM)	111 600	156 000	113 100	144 000	Siehe Tabelle 2
Preis (DM/m^2)	180	220	290	160	
Verhandlung?					
Garten: Nord/Süd	Nord	Süd	Süd	Nord	
Lage zur Arbeit (km)	8	3	4	2	Mehr- oder Minderkosten siehe Seite 31
Lage zum Einkauf (km)	0,5	1,0	0	0,2	
Lage zum öffentl. Nahverkehr (km)	1,0	0,3	0,6	0,2	
Lage zu Schulen, Kindergarten (km)	3,0	1,5	2,0	1,0	
Bauliche Nutzung					siehe Abschnitt Grundstückssuche
Ver- und Entsorgung					Gas/Strom/ Kanal/Wasser Telefon/Kabel
Lärmbelästigung					Bundesbahn/ Autobahn/ Straßenbahn/ Hauptstr./ Flugplatz
Bodenart					
Bewuchs					
Frühere Nutzung: Besteht die Gefahr einer Bodenverseuchung?					

2.1.2 Bebauungsplan

Dem Bebauungsplan vorweg geht der so genannte Flächennutzungsplan, der die planerischen Leitlinien für ein größeres Areal festlegt, wo Bebauungsgebiete oder Bauerwartungsland vorgesehen sind, wo Industrie, Gewerbe, Landwirtschaft etc. sich ansiedeln dürfen und welche Straßenführung geplant ist.

Der Bebauungsplan regelt die Art und das Ausmaß der baulichen Nutzung. Er ist ein Gesetz und kann kostenlos in den Gemeinden eingesehen werden.

Was auf den verschiedenen, Ihnen angebotenen Grundstücken gebaut bzw. nicht gebaut werden darf, ist kein Geheimnis und bedarf nur weniger Kenntnisse, die im Folgenden vermittelt werden. Lassen Sie sich am besten eine DIN-A-4-Kopie von dem Teil des Bebauungsplanes geben, in dem Ihr Grundstück liegt.

Die wichtigsten **Planzeichen** und ihre Erläuterungen:

- **Art der baulichen Nutzung gemäß Baunutzungsverordnung** (BauNVO):

WS	Kleinsiedlungsgebiete
WR	reines Wohngebiet (für das Wohnen höherwertig)
WA	allgemeines Wohngebiet. Auch Gewerbe in geringem Umfang zugelassen.
MK	Kerngebiet. Außer Wohngebäuden sind auch Verwaltungsgebäude und Handelsgeschäfte erlaubt.
Tga	Tiefgarage

- **Maß der baulichen Nutzung:**

I	eingeschossig
II	zweigeschossig
GFZ	Geschossflächenzahl; gibt an, wie viel Quadratmeter Geschossfläche je Quadratmeter Grundstücksfläche im Sinne des § 19, Abs. 3 der Verordnung über die bauliche Nutzung der Grundstücke [10] zulässig sind. Je höher die GFZ ausfällt, desto dichter ist die zulässige Bebauung vorgesehen. Beispiel: GFZ 0,8 heißt, dass je m^2 Grundstücksfläche 0,8 m^2 Geschossfläche erbaut werden dürfen. Auf einem Grundstück von 500 m^2 Größe dürfen bei einer zweigeschossigen Bebauung zwei Geschosse zu je 200 m^2 erbaut werden, wobei von den Außenmaßen des Gebäudes auszugehen ist.
GRZ	Grundflächenzahl; gibt an, wie viel Quadratmeter Grundfläche je Quadratmeter Grundstücksfläche im Sinne des § 19, Abs. 3 der Baunutzungsverordnung [10] zulässig sind. Beispiel: GRZ 0,4 heißt, dass je m^2 Grundstücksfläche 0,4 m^2 überbaut werden dürfen. Auf einem Grundstück von 500 m^2 Größe darf eine Fläche von 200 m^2 überbaut werden.

- **Bauweisen, Baugrenzen:**

O	Offene Bauweise; heißt, dass hier freistehende Gebäude mit dem vorgeschriebenen Grenzabstand errichtet werden müssen.

g		Geschlossene Bauweise; heißt, dass hier Gebäude in einer durchgehenden Bauweise von Grenze zu Grenze zu errichten sind (wie zum Beispiel Mietshauszeilen, Reihenhauszeilen und dergleichen).
— — — —		Grundstücksgrenzen
— · — · — · —		Baugrenze: Das ist die Begrenzung, innerhalb der gebaut werden darf.
— ·· — ·· — ·· —		Baulinie: Das ist die Linie, an der gebaut werden muss.
		Nur Einzel- und Doppelhäuser zulässig
		Nur Einzelhäuser zulässig
St		Stellplätze
GSt		Gemeinschaftsstellplätze
Ga		Garagen
GGa		Gemeinschaftsgaragen
30°		Dachneigung, Abweichung + 5° zulässig
FD		Flachdach $\leq 5°$
SD		Satteldach
WD		Walmdach
←——→		Firstrichtung
		Baumschutz

Mit Hilfe dieser Planzeichen wird die **maximal mögliche Bebauung** bestimmt, und zwar in horizontaler und vertikaler Ausdehnung. Damit ist eine wesentliche Voraussetzung gegeben für die Ermittlung des wirtschaftlichen Ergebnisses. Vor dem Kauf muss die Renditenberechnung durchgeführt werden, was für jede Baugesellschaft und einen ökonomisch denkenden Bauherrn eigentlich selbstverständlich ist. Nur wer die Wirtschaftlichkeitsberechnung durchführt, kann abwägen und entscheiden, ob der Preis des Grundstücks angemessen ist oder nicht.

Im Folgenden werden der Vollständigkeit halber alle Einzelkosten genannt, die neben dem eigentlichen Kaufpreis für ein Grundstück anfallen. Nur Komplettpreise kann man vergleichen, wenn man mehrere Grundstücksangebote erhält.

2.1.3 Komplettpreis für Grundstück und Erschliessung gemäß DIN 276/1993 (detailliertere DIN 276/1993 im Anhang)

Tabelle 2

100	**Grundstück**	
110	Grundstückswert	DM ....
120	**Grundstücksnebenkosten**	
121	Vermessungsgebühren	DM ....
122	Gerichtsgebühren	DM ....
123	Notariatsgebühren	DM ....
124	Maklerprovisionen	DM ....
125	Grunderwerbsteuer	DM ....
126	Wertermittlungen/Untersuchungen	DM ....
127	Genehmigungsgebühren	DM ....
128	Bodenordnung/Grenzregulierung	DM ....
129	Grundstücksnebenkosten, sonstiges	DM ....
	Summe Kostengruppe 120	**DM ....**
130	**Freimachen**	
131	Abfindungen	DM ....
132	Ablösen dinglicher Rechte	DM ....
139	Frei machen, sonstiges	DM ....
	Summe Kostengruppe 130	**DM ....**
200	**Herrichten und Erschließen**	
210	**Herrichten**	
211	Sicherungsmaßnahmen	DM ....
212	Abbruchmaßnahmen	DM ....
213	Altlastenbeseitigung	DM ....
214	Herrichten von Geländeoberflächen	DM ....
219	Herrichten, sonstiges	DM ....
	Summe Kostengruppe 210	**DM ....**
220	**Öffentliche Erschließung**	
221	Abwasserentsorgung	DM ....
222	Wasserversorgung	DM ....
223	Gasversorgung	DM ....
224	Fernwärmeversorgung	DM ....
225	Stromversorgung	DM ....
226	Telekommunikation	DM ....
227	Verkehrserschließung	DM ....
229	Öffentliche Erschließung, Sonstiges	DM ....
	Summe Kostengruppe 220	**DM ....**
230	**Nichtöffentliche Erschließung**	DM ....
240	**Ausgleichsabgaben**	DM ....
	Summe Kostengruppen 100 und 200	**DM ....**

Der Grundstückspreis wird bestimmt durch

- das jeweilige Verhältnis von **Angebot** und **Nachfrage**. Das heißt, eine geringe Nachfrage dämpft die Preise; eine starke Nachfrage lässt die Preise ansteigen. Die „Großwetterlage" in der Wirtschaft (Konjunktur oder Rezession), das Angebot in einer bestimmten Gegend, das Image eines Wohnviertels und viele andere Faktoren bestimmen die Entwicklung der Preise.

  Mit zunehmendem Bekanntheitsgrad und zunehmender Beliebtheit steigt mit der Nachfrage auch der Preis. Die letzten Plätze gehen zu Höchstpreisen weg.

- die **Grundstücksgröße**. Größere Flächen sind in DM/m^2 günstiger als kleinere Flächen. (Im Gesamtpreis liegen die kleineren Parzellen natürlich niedriger.)

- Ihr **Verhandlungsgeschick**. Bauherren sollten nicht zögern, Preisforderungen mit Gegenangeboten zu erwidern. Das setzt allerdings einen bestimmten Wissensstand über die Absatzlage der Firma voraus.

  Bei guter Absatzlage ist der Verhandlungsspielraum schmal. Laufen die Geschäfte schlecht, sollten Sie vorsichtig sein und Ihr Gegenangebot niedriger ansetzen.

  Verlockend für die Verkäufer sind immer Barzahlungsangebote. Bar heißt auch: per Scheck oder auf dem Einzahlungs- und Überweisungswege.

- **Schätzungen**. Hier gibt es mindestens drei Möglichkeiten. Gemeinden und Städte haben Gutachterausschüsse, die sich laufend mit der Preisfestsetzung nach Lage der Plätze beschäftigen. Außerdem fungieren Gutachter bei Sparkassen, Banken, Kreditinstituten und als öffentlich bestellte Personen mit dem Auftrag, entsprechend der Fachliteratur Schätzungen vorzunehmen.

Kostenbeeinflussend sind auch folgende Faktoren:

- Bei der Suche nach einem preisgünstigen Grundstück stellt sich für jeden Bauwilligen die Frage nach der **Lage in der Stadt oder auf dem Lande**. Abgesehen von dem Zeitverlust, wenn der Weg vom Dorf zur Arbeitsstelle in die Stadt ziemlich weit ist, sollten die damit verbundenen Mehrausgaben für die Fahrtkosten – eventuell muss sogar bei Kindern ein Zweitwagen mit Betriebskosten von etwa 500,– DM pro Monat angeschafft werden – dem Mehrpreis für ein städtisches Grundstück gegenüber gestellt werden. Immerhin können sich die Kosten für die PKW-Benutzung im Jahr auf etwa 6 000,– bis 8 000,– DM belaufen. Für diese Summe können Sie auch für ein Stadtgrundstück etwa 50 000,– bis 60 000,– DM mehr bezahlen, wenn Sie mit einem öffentlichen Verkehrsmittel oder mit dem Fahrrad zum Arbeitsplatz kommen können.

  Dieser Gesichtspunkt sollte in die Kriterienliste bei der Auswahl des Bauplatzes einbezogen werden.

- **Bauerwartungsland** ist zwar preisgünstiger als Bauland, ist aber auf unbestimmte Zeit nicht bebaubar. Sie werden kaum jemanden finden, der Ihnen als Verkäufer oder als Baubeamter schriftlich bestätigt, dass bestimmte Grundstücke zu einem bestimmten Zeitpunkt bebaut werden dürfen.

- Die Inanspruchnahme von **Vorkaufsrechten** durch eine Gemeinde oder andere eingetragene Interessenten sollte vor Abschluss eines Kaufvertrages geklärt worden sein.

- Die Bindung eines bestimmten Architekten an ein Grundstück ist nicht zulässig. Die Architektenkammern wachen darüber. Der Erwerb eines Grundstücks mit Architektenbindung kann zu einem teuren Endpreis führen, wenn der betreffende Architekt nicht die Kenntnisse und Erfahrungen über die Kostenplanung mitbringt.
- Der Grund und Boden kann sich als sehr teuer in den Folgekosten erweisen, wenn ein **schlechter Baugrund** mit hohem Grundwasserstand und etwaigem aggressiven Grundwasser vorliegt. Bei einer Pfahlgründung, einem notwendigen Keller und dergleichen entstehen dann zwangsläufig sehr hohe Baukosten, die oft fünfstellige Summen ausmachen.
  Es besteht die Gefahr, dass der Grund und Boden ökologisch unzulässig belastet und eventuell mit hohem Aufwand auszutauschen ist.
- Weitere Hinweise siehe Kapitel 5., Seite 149 bis 160.

2.1.4 Wirtschaftlichkeit

Die **Wirtschaftlichkeit** oder Rentabilität einer Bauinvestition (Grundstück + Gebäude) ist direkt abhängig von der Antwort auf die Frage, ob sich bei der Summierung aller Kosten eine Verzinsung oder ein wirtschaftliches Ergebnis erzielen lässt und wie hoch dies sein wird.
Ob sich der Kauf einer Eigentumswohnung, eines Mehrfamilienhauses oder eines anderen Anlageobjektes und die anschließende Vermietung lohnt, ist abhängig von folgenden Faktoren:

- Von der realistisch erzielbaren Miete in DM pro m^2 Wohnfläche. Die Mitglieder des Verbandes der Makler beraten Bauherren. Dabei spielt die Mietgesetzgebung und die dadurch möglichen Mietpreiserhöhungen eine Rolle, damit der Anleger die Anpassung der Mieten an die allgemeine Kostenentwicklung vornehmen kann.
  Die erzielbaren Mieterträge sind von Stadt zu Stadt, von Wohnviertel zu Wohnviertel sehr unterschiedlich; sie schwanken auch noch innerhalb eines Wohnviertels infolge der jeweiligen Lage zu Straßen, Autobahn und Bundesbahn, sowie vieler anderer Gesichtspunkte.
- Die Höhe der **Hypothekenzinsen** bestimmt entscheidend die monatliche Belastung mit. Daher der Rat: Bei niedrigem Zins investieren!
- Ebenso wirkt sich die **steuerliche Seite** stark aus. Abschreibungen, Modernisierungsabschreibungen und andere Ersparnischancen führen insbesondere bei Steuerzahlern, die unter der hohen Progression viel Steuern zahlen müssen, zu wirtschaftlichen Resultaten.

2.1.5 Grundstücksanteil

Die Realeinkommen, die Baukosten, aber vor allem die Grundstückskosten sind nicht gleichmäßig gestiegen. Nach einem Abschwung der Grundstückskosten nach 1982 haben diese nun wieder seit ca. 1991/92 angezogen. Seit 1998 und 1999 ist ein gewisser Abschwung in einigen Bereichen zu verzeichnen. Dies gilt zum Teil auch für die Baukosten. Für den einzelnen Bauherrn bedeutet das, dass er sein Hauptaugenmerk auf diese beiden Kostengruppen richten muss.
Ja, in erster Linie muss er jede Chance ausnutzen, um zu einem preiswerten Baugrundstück zu kommen. Während früher der **Anteil des Baugrundstücks** an den Gesamtkosten etwa 10 Prozent betrug, muss er heute mit 20 bis 30 Prozent rechnen. Mit diesem hohen Anteil steigt die finanzielle Belastung. Damit werden Bauabsichten schwerer zu realisieren. Für jeden Bauherrn oder Käufer gibt es nur einen Weg, der zum Ziele führt: mehr Anstrengungen bei der Suche nach einem Baugrundstück, mehr persönlicher Einsatz in der richtigen Phase bei der Suche nach dem richtigen Haus, Grundstück, Wohnung – was auch immer.

2.2 Bauträgerhaus, Eigenheime – Preise

Was kosten Eigenheime? Freistehend, inkl. Garage und Grundstück
Preisspiegel des Ring Deutscher Makler Mönckebergstr.27, 20095 Hamburg:

– Freistehend, inkl. Garage und Grundstück. Stand 1. Quartal 1998. Aus 280 Städten der Bundesrepublik:
  Einfacher Wohnwert circa 100 Quadratmeter Wohnfläche: von 110 000 bis 750 000 DM
  Mittlerer Wohnwert circa 125 Quadratmeter Wohnfläche: von 160 000 bis 930 000 DM
– Reihenhäuser, Mittelhäuser ohne Garage:
  Einfacher Wohnwert circa 100 Quadratmeter Wohnfläche: von 90 000 bis 525 000 DM
– **Bauträgerhaus:** Siehe auch Kapitel 3.2.3. Bauträger

Auch in diesem Falle heisst es **VERGLEICHEN** was der Markt anbietet! Um das zu verdeutlichen, sei hier ein Beispiel gegeben. Aus Verkaufsgründen werden die Angebote mit undefinierbaren Begriffen ausgestattet. Da heißt es dann vielfach: „Wohnnutzfläche ... m^2". Erstens gibt es keine Norm und keine gemeinsame Sprachregelung, die diese Flächenangabe enthält. Zweitens werden unter diesem „Maklerbegriff" oft Flächen erfasst, die nur aus Werbungsgründen gut wirken sollen, tatsächlich aber mit dem Norm-Begriff „Wohnfläche" nichts zu tun haben. Hier erscheinen somit bei näherem Hinsehen offene, halboffene und geschlossene Räume wie Terrassen, Balkone, Keller, Nebengelass, Boden usw. mit dem vollen Flächenansatz ohne Differenzierung zusammen mit der eigentlich vollwertigen Wohnfläche.
Dem Käufer wird es so bei oberflächlicher Betrachtung unmöglich gemacht, einen Preis-Leistungsvergleich aufzustellen, um zu ermitteln, wo er „am meisten Haus für's Geld"

bekommt. Kaufen Sie sich einen Kühlschrank, eine Küchenmaschine oder was auch immer, so informieren Sie sich vorher bei der Verbraucherberatung oder in Testzeitschriften. Natürlich wird Ihre Entscheidung von dieser Entscheidungsvorbereitung bestimmt. **Kaufen Sie ein Haus, so sollten Sie Qualität, Quantität, Leistung und Preis ebenfalls einer sehr eingehenden Prüfung unterziehen. Denn hier geht es nicht um dreistellige, sondern um sechsstellige Summen.** Hinzu kommt, dass Sie ein Haushaltsgerät leicht auswechseln können, sich mit einem Haus und dessen Nachteilen aber über Jahrzehnte abfinden müssen. Daher lohnt sich auch hier die Einschaltung eines neutralen, unabhängigen und befähigten Architekten mit Schwerpunkt „Kostenplanung, Kostensenkung, Wirtschaftlichkeit" (siehe Seite 101).

Bei der Suche nach dem richtigen Bauträgerhaus, sollten Sie nicht folgende **Fehler** machen: Verkäufer von Häusern, Wohnungen usw, sind psychologisch geschult und wissen, wie man Sie mit raffinierten Gags, Extras oder hausfraulich geschickten Details beeinflussen kann. Dementsprechend werden die Musterhäuser eingerichtet und vorgeführt. Die repräsentative Eingangsdiele, die einladende Einbauküche oder andere von dem sachlichen Vergleich ablenkenden Äußerlichkeiten sollen zu einer schnellen Käuferentscheidung führen. So kann es leicht zu einer Fehlentscheidung kommen.

– Es werden Ihnen nur **einige** wichtige Kostenfaktoren genannt, die auffallend günstig aussehen. Z.B. heisst es da in der Baubeschreibung, dass Nebenkosten enthalten seien. Ein nicht präzisierter Begriff, denn es gibt so viele Nebenkosten für das Grundstück, das Gebäude, die Außenanlagen usw. (siehe Anhang DIN 276).
– Käufer werden oft konfrontiert mit den so genannten „Gesamtkosten", die keine Gesamtkosten sind! Weil die vielen Einzelleistungen, Qualitäten und Detailangaben dabei nicht erwähnt werden. Daher gibt es beim Kostenvergleich eine DIN Norm, die alle Kostenbestandteile erfasst und zu einer einheitlichen Sprachregelung führt, wenn die Parteien sich über Angebote unterhalten und die Käufer sich entscheiden sollen. Lassen Sie sich gemäß DIN 276 alle sieben Kostengruppen beim Vergleich auflisten.

Sie benötigen zur endgültigen Bewertung

– den Vergleich der Einzelkosten,
– den Vergleich der Daten und Zahlen einschließlich der Verhältniswerte,
– den Vergleich der Baufinanzierung,
– den Vergleich der Lagebeurteilung und
– den Vergleich der Qualitäten oder Einzelleistungen.

Der Bauherr fertigt somit fünf Gegenüberstellungen an. Erst die Summe aller fünf oder mehr Vergleichsaufstellungen ergibt das komplette Bild eines Preis-Leistungsvergleichs.

2.2.1 Preis-Leistungsvergleich bei der Auswahl eines Bauträgerhauses

Tabelle 3 Vergleich der Einzelkosten (Beispiel) in DM

	Angebot 1 Baugesellschaft	Angebot 2 Immobilienfirma	Angebot 3	Angebot 4
	Einzelhaus (Anschrift)			
Kostenberechnung: Nach DIN 276/1993 100 Grundstück 200 Herrichten und Erschließen 300 Bauwerk- Baukonstruktion 400 Bauwerk – Techn.Anlagen 500 Außenanlagen 600 Ausstattung 700 Baunebenkosten				
Gesamtkosten				

Wenn Sie wissen wollen, welche Fülle von einzelnen Kosten diese sieben Hauptgruppen enthalten, lassen Sie sich die DIN 276/93- Kostenberechnung – schicken oder von einem Baufachmann geben. Wichtig ist die Erklärung des Bauträgers, dass seine Zahlen der DIN 276/1993 entsprechen.

2.2.2 Daten- und Zahlenvergleich beim Bauträgerhaus

(Erläuterungen siehe Seite 35, Begriffserläuterungen siehe Anhang)

Tabelle 4

Abkürzungen siehe Anhang	Angebot 1 Baugesellschaft	Angebot 2 Immobilienfirma	Angebot 3	Angebot 4
	Einzelhaus (Anschrift)			
1 Wohnfläche WF nach der II. Berechnungsverordnung	m^2	m^2	m^2	m^2
2 Hauptnutzfläche HNF gemäß DIN 277	m^2	m^2	m^2	m^2
3 Nutzfläche NF gemäß DIN 277	m^2	m^2	m^2	m^2

Fortsetzung auf S. 38

Tabelle 4 (Fortsetzung)

Abkürzungen siehe Anhang	Angebot 1 Baugesellschaft	Angebot 2 Immobilienfirma	Angebot 3	Angebot 4
	Einzelhaus (Anschrift)			
4 Nebennutzfläche NNF gemäß DIN 277	m^2	m2	m^2	m^2
5 Bruttorauminhalt BRI gemäß DIN 277	m^3	m^3	m^3	m^3
Verhältniswerte 6 BRI: HNF 7 HNF: NNF	m^3/m^2 m^2/m^2	m^3/m^2 m^2/m^2	m^3/m^2 m^2/m^2	m^3/m^2 m^2/m^2
Baugrundstücksfläche	m^2	m^2	m^2	m^2
8 Zur Beurteilung der Wirtschaftlichkeit des Entwurfs $\dfrac{\text{Wohnfläche (m}^2\text{)}}{\text{Bruttorauminhalt (m}^3\text{)}}$				
9 Wichtige Kosten-Vergleichswerte: Gesamtkosten (KG100–700) pro m^2 Wohnfläche				
Gesamtkosten (KG100–700) pro m^3 Bruttorauminhalt				
Baukosten (KG 300+400) pro m^2 Wohnfläche				
Baukosten (KG 300+400) pro m^2 Bruttowohnfläche				
10 Bewertung durch den Bauherrn				
Für einen ersten und wichtigen Vergleich genügen die Angaben zu den Spalten 1, 5 und 9.			

2.2.3 Lagebeurteilung

Tabelle 5

	Angebot 1 Baugesell- schaft (Anschrift)	Angebot 2	Angebot 3	Angebot 4
Lage zur Arbeitsstelle in km				
Lage zu Einkaufsmöglichkeiten in km				
Lage zu Haltestellen des Öffentl. Personen-Nah-Verkehrs in km				
Lage zu Schule/Kindergarten in km				

Lärmbelästigung
   Autobahn
   Bundesbahn
   Straßenbahn
   Hauptstraße
   Industrie
   Sonstiges				

Bodenart Bewuchs				

Nachbarschaft
   Gartenlage
   Nord
   Ost
   Süd
   West				

Garage
   einzeln am Haus
   Sammelgarage				

Besonnung Beschattung				
Bewertung durch den Bauherrn				

2.2.4 Qualitätsvergleich

Tabelle 6

	Angebot 1 Baugesellschaft (Anschrift)	Angebot 2	Angebot 3	Angebot 4

Rohbau
 Keller:
   ganz/teilweise/
   nicht unterkellert
 Nebenräume über Terrain				

Außenwände: Mauerwerk
   zweischalig/einschalig
   Porensteine/Sonstiges
 Fassaden:
   Verblender/Putz
 Decken:
   Stahlbeton/Holz
   Fertigteile/Stahl
 Treppen:
 Stahlbeton/Holz
 Dachform:
   Sattel/Walm
   Flach/Pult
 Dachdeckung:
   Ton- oder Betonsteine
   Anderes
 Dachausbauten:
   Dachflächenfenster
   Dacherker
   Giebelausbauten
 Dachausbau:
   ganz/teilweise/
   nicht ausgebaut
 Einstellplatz:
   Garage/„Carport"
   Sammelgarage/
   Einstellplatz				

Fortsetzung auf S. 41

Tabelle 6 (Fortsetzung)

	Angebot 1 Baugesellschaft (Anschrift)	Angebot 2	Angebot 3	Angebot 4

Garten:
  voll/teilweise/
  nicht vorhanden
Ausbau
Fernheizung
Gaszentralheizung
Ölzentralheizung
...............heizung
Warmwasser:
  zentral
  dezentral
Heizkörper:
  Stahl/Guss
  ——————
 	
Steuerung der Heizung:
  ——————
  ——————
 	
Sanitär:
  Wannenbad
  Duschbad
  WC
Armaturen:
  Ein-/Zweihebel
Extras
  ——————
  ——————
 	
Elektro:
  Mindestausführung
  Überdurchschnittlich
Fenster:
  Holz/Kunststoff
  Metall/Edelholz				

Fortsetzung S. 42

Tabelle 6 (Fortsetzung)

	Angebot 1 Baugesellschaft (Anschrift)	Angebot 2	Angebot 3	Angebot 4

Glasart:
  Isoglas 2-fach
  Isoglas 3-fach
Fliesen:
  Mindestausführung
  Überdurchschnittlich
Fußböden:
  Teppich
      Naturfaser ......%
      Kunstfaser ......%
  PVC ......%
  Stein ......%
  Parkett ......%
  Andere: ......%
Decken:
  Putz ......%
  Holz ......%
Innentüren:
  Stahl-/Holzzargen
  Blätter gestrichen/
  Natur
Wände:
  Tapetenqualität
  Ziegel/Holz
Einbaumöbel:
  Küche
  Schränke				

Bewertung durch den Bauherrn				

2.2.5 Raumzuordnungen

Tabelle 7a

Bewertung: ++ sehr gut + gut - schlecht - - sehr schlecht	Angebot 1 Baugesell- schaft (Anschrift)	Angebot 2	Angebot 3	Angebot 4
Wohnen-Essen-Kochen Wohnen-Sonnen-Garten Kinder-Sonne-Spielen Hauswirtschaften Eingang-Kochen-Vorrat Schlafen-Baden-WC Eltern-Kinder-Bad Lage der Berufsräume				

Diese und andere für den Bauherrn wichtigen Raumbeziehungen sollte ein qualifizierter Architekt beurteilen.

Tabelle 7b Vergleich sonstiger Fakten von Bedeutung

	Angebot 1 Baugesell- schaft (Anschrift)	Angebot 2	Angebot 3	Angebot 4

Erteilt der Bauträger
- eine Pauschal-Festpreis-
  garantie
- eine Termingarantie
Dauer der Bauzeit:
Erweiterungen:
  Dach/Anbau/......
Sonderwünsche
Referenzen				

2.3 Eigentumswohnungen – Preise

Mit welchen Preisen müssen Bauherren rechnen? Preisspiegel für Eigentumswohnungen – anzufordern beim Ring Deutscher Makler, Mönckebergstr. 27, 20095 Hamburg, Tel. 040-325648-0.
Preise in DM pro Quadratmeter Wohnfläche. Stand 1. Quartal 1998. Mittelwerte aus 280 Städten

– Einfacher Wohnwert von 750,– bis 4 000,–
– Mittlerer Wohnwert von 1 200,– bis 5 000,–
– Guter Wohnwert von 1 800,– bis 5 600,– (Westerland 8 000,–)
– Sehr guter Wohnwert von 2 000,– bis 8 000,– (Westerland 10 000,–)

Chancen: Wer 1998 oder 1999 im Zins-Tief eine Eigentumswohnung gekauft hat, hatte die Chance, bis zu 20 % weniger zu zahlen als noch drei Jahre davor. Gleichzeitig waren die Zinsen seitdem um 30 % und mehr gesunken. Goldene Zeiten für Käufer!
Die Suche nach der richtigen Eigentumswohnung muss sich, wie schon in den vorangegangenen Fällen, an einem Kriterienkatalog orientieren. Doch vor Aufstellung einer solchen Übersicht müssen wir unterscheiden:

– eine Neubau-Wohnung von einem Bauträger,
– eine Altbau-Wohnung „von privat",
– eine Wohnung in einem bestimmten Stadtbezirk für Ihren eigenen Bedarf,
– ein Anlageobjekt, bei dem eine erstklassige Rendite im Vordergrund steht,
– eine Ferienwohnung für den eigenen Bedarf und gleichzeitig zum Vermieten?

Neubauwohnungen sind, insbesondere in bevorzugter Wohnlage, knapp und teuer. Daher weichen viele Bauherren auf die Altbauwohnung aus. Da diese jedoch selten frei von Mietern sind, entsteht hier die Auseinandersetzung mit der **Mietgesetzgebung.** Wenn der Käufer eine ihm angebotene, aber vermietete Wohnung selber nutzen will, sollte er sich vor dem Kauf gründlich über folgende Fragen informieren:

– Kündigungsschutz für die Mieter bei Eigentumsübergang;
– Mieterschutz für die Dauer mehrerer Jahre, auch wenn der Erwerber „Eigenbedarf" geltend macht, wenn der Mietvertrag bereits seit mehr als 10 Jahren läuft;
– wenn dem Erwerber jedoch der Einzug in seine Wohnung aufgrund der starken Mieterschutzgesetze verwehrt wird, er somit seine Wohnung innerhalb der ersten 5 Jahre nicht ein Jahr lang bewohnen kann, kann das Finanzamt von ihm auch nicht die Zahlung der Grunderwerbsteuer verlangen. Siehe Urteil des Finanzgerichts Düsseldorf [13];
– Folgen des Schuldnerwechsels in Fragen der Hypotheken, Darlehen und Kredite und der damit verbundenen Änderung der Belastungen;
– es ist kein vergeudetes Geld, wenn Sie den Rat eines wirklich geschulten Architekten auf diesem Fachgebiet „Kosten-Nutzen-Untersuchungen" einholen.

Klären Sie diese Fragen eindeutig vor Vertragsunterzeichnung. Nächster Schritt: Erfassen Sie die Qualitäten und Kosten wie folgt:

2.3.1 Preis-Leistungsvergleich bei der Auswahl einer Eigentumswohnung

Tabelle 8

Abkürzungen siehe Anhang	Angebot 1 Baugesellschaft (Anschrift)	Angebot 2	Angebot 3	Angebot 4
Wohnfläche m^2 gemäß II. Berechnungsverordnung				
zuzüglich Kellerraum m^2				
zuzüglich Bodenraum m^2				
Balkon				
Terrasse				
Zahl der Zimmer				
Bad/Duschbad				
Extra-WC				
Nebenräume				
Erdgeschoss				
Obergeschoss				
Dachgeschoss				
Gesamtkosten nach DIN 276/1993 DM Kostengruppe 100–700				
Festpreis				
Summe der Extras				
Bezugsfertigkeit Termingarantie				
Rohbau				
Keller				
Außenwände Dämmung, k-Zahl				
Fassaden Verblender/Putz				

Fortsetzung auf S. 46

Tabelle 8 (Fortsetzung)

Abkürzungen siehe Anhang	Angebot 1 Baugesell- schaft (Anschrift)	Angebot 2	Angebot 3	Angebot 4
Decken Beton .... cm				
Treppen Belag				
Dachform				
Dachmaterial				
Dachausbau				
Einstellplatz Garage				
Gartenanlage				
Ausbau				
Heizung Öl/Gas/Fernheizung				
Warmwasser zentral/dezentral				
Heizkörper Stahl/Guss/Fußboden				
Steuerung der Heizung				
Sanitär Wannenbad/Duschbad/WC				
Armaturen Ein-/Zweihebel				

Elektro
   Mindestausführung
   Überdurchschnittlich				

Fenster
   Holz/Edelholz
   Metall/Kunststoff				

Glasart:
   Isoglas 2-fach
   Isoglas 3-fach				

Fortsetzung auf S. 47

Tabelle 8 (Fortsetzung)

Abkürzungen siehe Anhang	Angebot 1 Baugesellschaft (Anschrift)	Angebot 2	Angebot 3	Angebot 4

Fliesen:
   Mindestausführung
   Überdurchschnittlich				

Fußböden:
   Teppich
     Naturfaser
     Kunstfaser
   PVC
   Stein
   Parkett				

Decken: Putz/Holz				

Innentüren:
   Stahl-/Holzzargen
   Blätter gestrichen/
   Natur				

Wände:
   Tapetenqualität
   Ziegel/Holz				

Einbaumöbel:
   Küche
   Schränke				

Sonderwünsche				
Extras				
Selbsthilfe				

Gestaltungsqualität
   Räumlich
   Architektonisch				

Beurteilung des Gemeinschaftseigentumes, wie z.B. Treppenhaus, Aufzug, Schwimmbad/ Sauna, Außenanlagen
Gesamtnote:

Vergleich der Lagebeurteilung siehe Seite 39 ff.

2.3.2 Vorteile sichern beim Kauf einer Eigentumswohnung

Verlangen Sie vom Bauträger neben den schon genannten Angaben:
- Lageplan, Kopie des Ausschnittes aus dem Bebauungsplan,
- komplette Entwurfspläne im Maßstab 1 : 100 einschließlich aller Ansichten und Schnitte, sowie Vorlage der Baugenehmigung,
- gründliche Baubeschreibung im Sinne der Kriterienliste (Tabelle 8),
- Kostenberechnung nach DIN 276/93
- Angaben über die Solvenz der Baugesellschaft (Bankverbindungen u.a.),
- Muster des Kaufvertrages,
- Muster der Teilungserklärung,
- Muster der Gemeinschaftsordnung mit dem Verwaltervertrag, sowie die Hausordnung.

Diese Unterlagen müssen nun von Ihnen bzw. von Experten geprüft werden. Nehmen Sie Ihre Interessen wahr und handeln Sie Verträge aus, die Sie gut überdacht haben und voll akzeptieren können.

Zahlen Sie nur nach Baufortschritt und gemäß den gesetzlichen Bestimmungen unter Absicherung Ihres Geldes auf dem Grundbuch. Beachten Sie insbesondere folgende **Hinweise:**

- Ein **Festpreis** muss mit einer umfangreichen, alle Einzelheiten beschreibenden Aufzählung gekoppelt sein. Mit einer nur wenige Seiten umfassenden Baubeschreibung ist es nicht getan, weil diese zu viele Lücken aufweist, auf die der Verkäufer ausweichen kann, wenn er merkt, dass die Selbstkosten höher als veranschlagt ausfallen. Desgleichen sollte die Kostenberechnung nach DIN 276 Grundlage des Festpreises sein. Zu vermeiden sind Formulierungen wie diese: „Grundlage des Festpreises sind Lohn- und Materialkosten zum Zeitpunkt des Vertragsabschlusses. Etwaige Lohn- und Materialpreissteigerungen im Laufe der Bauzeit müssen vom Erwerber bezahlt werden." Dringen Sie als Käufer auf die Festschreibung des Pauschalpreises ohne die Möglichkeit von Preiserhöhungen.

- Ebenfalls sollten Käufer auch Ihre **Sonderwünsche** und Extras in vollem Umfange zu Festpreisen vor dem Kaufvertrag vereinbaren. Wenn dem Käufer die Kalkulation der Spezialwünsche als zu teuer erscheint, sollte er überlegen, ob er diese nicht später selbst ausführen lassen kann. Erfahrungsgemäß wird der Grundpreis eines Objekts werbewirksam günstig kalkuliert, weil jeder doch seine Sonderwünsche hat, die dann relativ hoch berechnet werden. Im Übrigen sollten diese Wünsche exakt beschrieben und, gegebenenfalls mit Zeichnungen versehen, Teil des Kaufvertrages werden. Dieses Verfahren empfiehlt sich auch für Bauträger–, Fertig- und konventionelle Häuser.

- **Kaufpreisraten** entsprechend der Makler- und Bauträgerverordnung:
  30   Prozent nach Beginn der Erdarbeiten,
  28   Prozent nach Fertigstellung des Rohbaues,
  17,5 Prozent nach Fertigstellung der Rohinstallation,
  10,5 Prozent nach Fertigstellung der Schreiner- und Glasarbeiten, ausgenommen Türblätter,

10,5 Prozent nach Bezugsfertigkeit und Besitzübergabe,
  3,5 Prozent nach vollständiger Fertigstellung. [11]
- Vereinbaren sollte man folgende **Termine:**
  Baubeginn,
  Fertigstellung, Übergabe und Abnahme,
  Datum für die Übertragung der Lasten und Kosten, Schlussabnahme durch Baubehörde,
  Einzugstermin (wichtig für das Finanzamt)
  Beginn und Ende der Gewährleistungsfristen.
- Beim Kauf einer fertigen oder älteren Wohnung ist der Kaufpreis nach den Bestimmungen des Bürgerlichen Gesetzbuches (BGB) Zug um Zug mit der **Eintragung ins Grundbuch** fällig.
- Käufer sollten sich auch die **laufenden Kosten** für den Kapitaldienst, die Energie- und Verwaltungskosten, die Instandhaltungsrücklagen und Versicherungsaufwendungen, sowie die Kosten für Kanal, Wasser, Strom, Gas, Müllabfuhr, Einstellplätze, Gartenpflege, Treppenreinigung usw. genauestens geben lassen.
- Eine Anlage nach dem Wohnungseigentumsgesetz mit 6 bis 12 Wohnungen ist einer Anlage mit mehr Einheiten vorzuziehen. **Kleinere Anlagen** sind übersichtlicher, ruhiger und kosten weniger in der Investition und in den laufenden Aufwendungen. Es entfallen Hausmeister, Gartenpflege, Aufzug, Müllschlucker, Tiefgaragen und anderes. Manche Aufgabe kann von einem Eigentümer selbst übernommen werden.
- Stellen Sie als Erwerber fest, was über den Kaufpreis hinaus noch an Ausgaben auf Sie zukommt, wie beispielsweise Gardinen, Teppichware, Einrichtung, Küche, Einbauschränke, Beleuchtung, Gerät für Balkon und Garten, Umzug und dergleichen.
- Eigentumswohnungen sollten sich im Roh- und Ausbau von Mietwohnungen ganz klar in Richtung Qualitätsverbesserung unterscheiden. Zu nennen ist hier ganz besonders der **Schallschutz** gegenüber dem Treppenhaus (Wohnungsabschlusstür, Wandstärken), den Nachbarwohnungen (Decken massiv, Wände, Fußböden, Installationen) und der Lärmbelästigung von außen (Fenster, Verglasung, Balkone).
- **Mieter** zeigen ein anderes Wohnverhalten als Eigentümer. Das ist von Bedeutung, wenn die Wohnungen nicht von ihren Eigentümern, sondern von Mietern bewohnt werden. Erkundigen Sie sich daher, welche Wohnungen nicht von ihren Eigentümern bewohnt werden.
- Eine Wohnung mit einer **geringen Zahl von Nachbarwohnungen** (Giebel) hat zwar weniger Belästigungen zu erwarten, man muss aber mit mehr Energiekosten rechnen.
- Preislich liegen **kleinere Wohnungen** höher im Quadratmeterpreis als größere Wohnungen, weil sie mehr Anteil an Installationen, Erschließungsaufwand usw. übernehmen.
- Sorgen Sie als Käufer vor der ersten Zahlung für eine **Auflassungsvormerkung**, die Ihnen der Notar beschafft. Damit wird das Grundbuch zu Ihren Gunsten „gesperrt", um zu verhindern, dass die Wohnung noch einmal verkauft wird. Diese Maßnahme schützt den Käufer auch im Falle eines Konkurses des Verkäufers. Der Verkäufer muss sich

außerdem verpflichten, dass er das Grundbuchblatt für Ihre Wohnung nur in Höhe Ihrer Finanzierung belasten darf.
- Bestehen Sie als Käufer bei der Eigentumsübergabe auf der schriftlichen Aufstellung eines **Abnahme- und Mängelprotokolls**, das von allen Beteiligten unterschrieben wird.
- Bevor sich Erwerber für einen Kompromiss, wie es eine Eigentumswohnung nun einmal darstellt, entscheiden, sollten sie prüfen, ob es nicht ebenso preiswerte Reihenhäuser in der gleichen Wohngegend gibt. Denn vielfach werden Eigentumswohnungen zu Überpreisen angeboten. Manche Reihenhäuser lassen sich mit wenig Aufwand zu einer Zweifamilienanlage machen.
- Die **Finanzierung** einer Wohnung erfolgt nach dem gleichen Muster wie es auf Seite 257 dargestellt wird. So kann jeder Käufer seine Jahresbelastung errechnen, wobei er im Rahmen des Preis-Leistungsvergleichs mehrere Angebote (wenn möglich, so viel der Markt hergibt) gegenüberstellen sollte. Oft haben Anbieter Sonderkonditionen für Hypotheken und Darlehen. Fragen Sie auch die Versicherungen und auswärtige Großbanken!

2.4 Althaus, Renovierung, Modernisierung

Nur wer Alternativen hat, kann sich entscheiden!
Die Suche nach dem richtigen Althaus sollte möglichst viele Angebote umfassen und diese systematisch entsprechend den folgenden Tabellen auswerten.

1. Schritt: Prüfen Sie, ob die Größenordnung in Zahl und Größe der Räume ausreicht. Was würde es kosten, die Zahl und Grösse zu erweitern? Das kann teurer werden als der Kauf eines Althauses und muss daher genau kalkuliert werden.

2. Schritt: In welchem Zustand ist das Haus? Lassen Sie sich die Kosten für die Renovierung zusammenstellen. Auch dies kann sich als ein hoher Kostenfaktor herausstellen, da in vielen Fällen die Sanierung, Modernisierung und Renovierung im Endeffekt viel teurer werden kann als vorher erwartet worden ist. Viele Mängel sind vorher verdeckt und nicht erkennbar, so dass die Unsicherheitszuschläge sich als viel zu gering später herausstellen. Denken Sie auch daran, dass die Selbsthilfe oft überschätzt angesetzt wird und später dann doch teure Fachfirmen diese Arbeiten übernehmen müssen.

3. Schritt: Nicht bevor die tabellarische Übersicht entsprechend dem Muster auf den folgenden Seiten vorliegt, kann eine Entscheidung getroffen werden! Allein einen Kauf zu tätigen aufgrund eines günstig ausgehandelten Preises, wird sich in den meisten Fällen als teure Fehlentscheidung herausstellen. Ein erfahrener, unabhängiger und kostenbewusster Fachmann lohnt sich. Er kann Ihnen eine

höchstmögliche Sicherheit bei der Entscheidungsvorbereitung bieten und seine Kosten sind relativ gering im Verhältnis zu dem Risiko der endgültigen Kosten.

2.4.1 Lebensdauer von Bauteilen

Bei Althäusern ist es wichtig, sich darüber zu informieren, wann sie mit dem „Ableben" der Bauteile zu rechnen haben und ob sie gleich dieses und jenes erneuern sollten.
Die Lebensdauer von Geräten und Bauteilen in Althäusern beträgt im Durchschnitt bei

- Gas-Wandthermen und Gaskessel: 13 Jahre
- Stahl-Heizkörpern: 18 Jahre; bei Guss: 50 Jahre
- Elektro-Heißwasserbereitern: 17 Jahre
- Wasser- und Heizungsleitungen aus Kupfer: 60 Jahre
- Wasser- und Heizungsleitungen aus Stahl: 24 Jahre
- Sanitärobjekten aus Keramik: 40 Jahre
- Sanitärobjekten aus emailliertem Stahlblech: 28 Jahre
- Armaturen für Bad und Küche: 25 Jahre
- Einfachfenstern aus Weichholz: 28 Jahre
- Fenstern aus Hartholz: 58 Jahre
- Isolierglas: Gewährleistungszeit 5 Jahre, falls vereinbart!

2.4.2 Daten-Vergleich bei Althäusern (eventuell mit Neubauten)

Tabelle 9

		Haus A (Anschrift)	Haus B	Haus C	Haus D
Wohnfläche*	m^2				
Nutzfläche	m^2				
Nebennutzfläche	m^2				
Bruttorauminhalt	m^3				
Lagebeurteilung					
Bruttogrundstücksfläche	m^2				
Gartenfläche Sonnenseite	m^2				
Baujahr					
Alter Heizkessel					
Alter Heizkörper					

Fortsetzung auf S. 52

Tabelle 9 (Fortsetzung)

	Haus A (Anschrift)	Haus B	Haus C	Haus D
Alter Leitungen Heizung				
Alter Leitungen Sanitär				
Alter Leitungen Elektro				
Alter Sanitärobjekte				
Alter Elektroanlage				
Alter Fenster				
Material Fenster				
Verglasung 1. Einfachverglasung 2. Doppelverglasung 3. Isolierverglasung (Baujahr)				
Wärmedämmung				
Was ist bereits saniert?				
Wann wurde saniert?				

* Definition der Begriffe siehe Anhang

2.4.3 Preis-Leistungsvergleich bei der Auswahl eines Althauses

Tabelle 10

	Haus A (Anschrift)	Haus B	Haus C	Haus D
Kosten: gemäß DIN 276/1993 (siehe Anhang)				
100 Grundstück				
200 Herrichten und Erschließen				
300 Bauwerk-Baukonstruktion				
400 Bauwerk-Techn. Anlagen				
500 Außenanlagen				
600 Ausstattung				
700 Baunebenkosten				

Fortsetzung auf S. 53

Tabelle 10 (Fortsetzung)

	Haus A (Anschrift)	Haus B	Haus C	Haus D
Gesamtkosten + Sanierungszuschlag ... % auf 300 und 400				
Summe aller Kosten DM				

Bemerkung:

Die Höhe des **Sanierungszuschlages** ist abhängig vom Grad der Unsicherheit bei der Berechnung aller Kostenanteile. Handelt es sich um ein Objekt, das einen gepflegten Eindruck mit bereits realisierter Teilsanierung macht, sollten **10 Prozent** genügen. Ist es ein Haus, an dem seit seiner Entstehung nur wenig renoviert und saniert wurde, das außerdem viele Mängel aufweist und auch noch in der Substanz des Rohbaus und der Installationstechnik erneuerungsbedürftig ist, sollten **50 Prozent** angesetzt werden.
Zwischen diesen beiden Eckwerten bewegen sich die Zuschläge. Darüber hinaus können höhere Werte berechnet werden, wenn zum Beispiel die Rissbildung anzeigt, dass Teile der Fundamentierung erneuert werden müssen. Auch ein durch Hausbock oder Hausschwamm fast völlig zerstörter Holz-Dachstuhl ist Anlass genug, die Sanierungszuschläge auf über 50 Prozent zu erhöhen.

Tabelle 11

Bewertung des Zustandes 1 – sehr gut 2 – gut 3 – durchschnittlich 4 – mäßig 5 – mangelhaft 6 – abgängig	Haus A (Anschrift)	Haus B	Haus C	Haus D
Leistungsvergleich (Zustand): Kellerwände				
Außenwände (Aufbau)				
Fassaden				
Fenster, Außentüren				
Verglasung, Einfach/Isolier				
Schornstein mit Kopf				

Fortsetzung auf S. 54

Tabelle 11 (Fortsetzung)

	Haus A (Anschrift)	Haus B	Haus C	Haus D
Außentreppen, Geländer				
Kamin				
Holzschutz Dach				
Dacheindeckung				
Dachrinnen- und -fallrohre				
Garage				
Balkone, Terrassen				
Dachfenster				
Innentreppen, Geländer				
Innentüren				
Rollladen, Jalousien				
Heizung: Kessel Heizkörper Leitungen Tanks Steuerung				
Sanitär: Objekte, Armaturen Leitungen Zähler Anschluss Straße Warmwassersystem				
Elektro: Dosen, Schalter Leitungen Anschluss Straße Zähler, Verteiler				
Gas: Anschluss Straße				
Antenne TV				
Klingel, Telefon, Gegensprechanlage, Türöffner, Alarmanlage, besondere Sicherheitsanlagen				
Blitzschutz				

Fortsetzung auf S. 55

Tabelle 11 (Fortsetzung)

	Haus A (Anschrift)	Haus B	Haus C	Haus D

Fliesen:
   Bad
   2. Bad
   Dusche
   Küche				

Fußböden:
   Wohn- und Esszimmer
   Schlafzimmer
   Flure, Treppen				

Wände				
Decken				
Einbaumöbel				
Extras				
Außenanlagen, Bewuchs				
Einfriedungen				
Zufahrt				
Beeinträchtigungen				
Beurteilung insgesamt				

Bemerkungen:

Dieses Bewertungsschema lässt sich natürlich in der gleichen Form auch als Kostenüberblick benutzen, indem nämlich in die einzelnen Spalten statt der Bewertungskriterien die Kosten eingesetzt werden, soweit diese für die Sanierung erforderlich werden. Noch differenzierter wird diese Kostenerfassung, wenn zwei Kostenbeträge eingesetzt werden: **Minimalaufwand:** DM ..../**Maximalaufwand:** DM ....

Beide Spalten addiert ergeben dann eine gute Grundlage für die Finanzierung, aber auch für die Beurteilung des Kostenrisikos.

Nicht zu vergessen sind die **Nebenkosten,** die gemäß DIN 276/1993, Kostenberechnung, unter Ziffer 100, 200 und 700 zu erfassen sind. Um die wichtigsten hier aufzuzählen (siehe auch Anhang):

Vermessungsgebühren
Notar- und Gerichtsgebühren
Grunderwerbsteuern
Wertgutachten
Amtliche Genehmigungen
Abfindungen
Sonstige Beiträge

Honorare für Architekt, Berater und Ingenieure
Finanzierungskosten während der Bauzeit
Sonstige Gebühren und Abgaben während der Bauzeit
Versicherungsbeträge
Nebenkosten (Pausen, Porto, Telefon, Fahrtkosten ....)

2.4.4 Die Vorteile des Althauskaufes

sollen hier nicht verschwiegen werden, wenn es auch in einer alten Spruchweisheit heißt: **"Wer viel Geld hat und ist sehr dumm, der kauft ein altes Haus und baut es um."**

Vorteilhaft bei Althäusern kann Folgendes sein:

- die Lage in einem alten und eingewachsenen Wohnviertel,
- die günstige Verkehrsverbindung,
- die ruhige Wohnlage (keine Baustellen),
- der Charakter des Hauses, seine architektonische Qualität im Ganzen und in den Details,
- die großzügigere Raumanordnung mit höheren Türen und Räumen,
- die zum Teil solidere Bauausführung und die damit verbundene längere Lebensdauer (man weiß, was man bekommt),
- die kurzfristige Beziehbarkeit des Hauses (sofern es frei von Mietern übergeben wird),
- der Gesamtpreis, wenn es sich nach baufachlicher Prüfung nur um äußerliche (Pflege-)Mängel handelt, die mit wenig Risiko und Aufwand schnell zu beseitigen sind,
- die Renovierung, wenn der Käufer selbst so geschickt ist, viele Arbeiten in „do-it-yourself"-Weise zu erledigen und wenn dafür auch genügend Zeit zur Verfügung steht,
- wenn die Erweiterung der Wohnfläche Zeit hat (zum Beispiel bei einer jungen Ehe; wenn somit Dachausbau, Kellerumbau, Anbau und dergleichen Stück für Stück nach Bedarf hinzukommen),
- der Wegfall von bereits seit langer Zeit bezahlten Anlieger- und Erschließungskosten,
- der fertige Garten mit Wegen und Bewuchs,
- die günstige Baufinanzierung oder Besteuerung

Da viele Käufer all dies zu schätzen wissen, sind die Preise für Althäuser auch dementsprechend gestiegen. Umso mehr ist es für jeden Interessenten für Althäuser erforderlich, sich der Risiken und **Nachteile** bewusst zu sein, bevor er sich entscheidet:

- Das erhöhte Risiko in den Gesamtkosten kann nur durch eine gründliche Inspektion des Hauses durch einen versierten und Kosten bewussten Hochbaufachmann und durch eine angemessene Zulage bei der Kostenberechnung abgedeckt werden.
- Wird die Infrastruktur, das heißt das gesamte Leitungsnetz für Heizung, Sanitär und Elektro, nicht erneuert bzw. ist ein gewisses Alter erreicht, so muss mit unvorhergesehenen Schäden und Reparaturen gerechnet werden. Die damit verbundenen Kosten sind gemeinhin höher als bei rechtzeitigem Sanieren. Auch ein Mietausfall muss bei derartigen Ausfällen einkalkuliert werden.
- Mieteinnahmen in Altbauten liegen normalerweise niedriger als in Neubauten. Auskünfte erteilen die Haus- und Grundbesitzervereine, aber auch die Mieterverbände.
- Passen die Räume nicht in Größe, Höhe und Zuordnung, so müssen teure Umbaumaßnahmen in Kauf genommen werden.
- Vor der Kaufentscheidung müssen Beraterhonorare ausgegeben werden, um eine ausreichende Bestandserfassung vorzunehmen und danach dann die Kosten berechnen zu können.
- Nicht selten bedeutet die Erneuerung eines alten Hauses auch die Neuschaffung von Anschlüssen für Gas, Wasser, Abwasser, Elektro und so weiter. Hinzu kommen neue

Zähler, Ventile, Kontrolleinrichtungen, Verteiler, Sicherungen und dergleichen – einfach, weil die alten Anschlüsse nicht mehr den Sicherheitsanforderungen und -auflagen entsprechen. Daher ist anzuraten, sich vorher Kosten einzuholen oder Kostenanschläge machen zu lassen.
- Einen großen Kostenanteil bilden die Lohnkosten. Und gerade diese sind kaum richtig einzuschätzen, da sich erst nach dem Öffnen von Leitungsverkleidungen, Decken- und Dachverschalungen zeigt, was zu tun ist.
- Werden die Kosten nicht mit hinreichender Genauigkeit erfasst, fallen mit Sicherheit zusätzliche Kosten an, die nachträglich finanziert werden müssen. Diese Nachfinanzierung fällt relativ teuer aus und belastet das monatliche Budget.
- Die Unsicherheit in der Kostenberechnung bei der Sanierung wirkt sich auch auf den zeitlichen Ablauf aus. Die unvermeidlichen Überraschungen kosten natürlich Zeit und führen zu einer Terminverschiebung beim Einzug in das renovierte Haus. Aber es gibt ja auch erfreuliche Überraschungen, wenn sich zum Beispiel herausstellt, dass Bauteile oder Installationen nur zum Teil erneuerungsbedürftig sind.
- Etwaige Nutzungsänderungen, z.B. Büro- in Wohnraum oder umgekehrt, sind genehmigungspflichtig und können Folgen haben, wie z.B. zusätzliche Stellplätze.

2.4.5 Kosten sparende Tipps beim Althauskauf

- Keine bauliche Maßnahme sollte ohne vorherige Gesamtplanung, **Gesamtkostenberechnung** und Gesamtabstimmung erfolgen.
Konkret: Schönheitsreparaturen sind sinnlos, wenn nicht vorher klar ist, ob Leitungen erneuert werden müssen, das Dach zu sanieren ist oder Wärmedämmungsmaßnahmen ergriffen werden müssen.
Lassen Sie daher von einem kompetenten und erfahrenen Fachmann, der über dementsprechende Referenzen verfügen sollte, eine Substanzanalyse erarbeiten. Diese beinhaltet den Zustand des Hauses vom Schornsteinkopf über das Dach, die Geschosse bis hin zur Fundamentierung und weist die Kosten für alle Einzelarbeiten aus. Anhand dieser Zusammenstellung lassen sich die **Arbeiten bauabschnittsweise gliedern** in:
  - Arbeiten, die sofort gemacht werden müssen, wie unter anderem Dachdichtungs–, Kellerdichtungs- und Fassadendichtungsarbeiten;
  - Arbeiten, die noch vor dem Einzug gemacht werden müssen bzw. sollten, wie zum Beispiel die Reparaturen an Außentreppen, Geländern, Dachrinnen usw., aber auch die Fußboden- und Installationsarbeiten, die unumgänglich sind. Vergessen Sie nicht, dass Sicherheitsauflagen, wie beispielsweise bei der Elektroinstallation, zu beachten sind;
  - Arbeiten, die den Leckstellen, Kurzschlüssen und dergleichen vorbeugen sollten und eigentlich schon zur zweiten Gruppe gehören. Leisten Sie besser einmal ganze Arbeit, wenn schon Leitungsschlitze, Kanäle und Isolierungen aufgebrochen werden müssen und wechseln Sie das gesamte Netz total aus. Spätere Reparaturen sind erheblich teurer. Eventuell anfangs eingesparte Kosten – indem nur ein Teil der Leitungen saniert wurde – kosten später ein Mehrfaches;

- Arbeiten, die eigentlich erst im Laufe der kommenden Zeit nach und nach anfallen: ein zweites Badezimmer ausbauen, das Dach teilweise oder ganz bewohnbar machen, die Innentüren neu streichen, einzelne Installationsobjekte auswechseln und was es noch an Sonderwünschen gibt;
- Arbeiten, die Zukunftsmusik sind – ein Kamin, eine Deckenverschalung, eine neue Küche.

– Bedenken sollten Käufer auch, dass es Arbeiten gibt, die sowohl anfangs als auch später gemacht werden können. Wenn die Fenster noch in der Substanz in Ordnung sind, kann man sie auch erst im 3. oder 4. Bauabschnitt erneuern lassen, sofern die Energiekosten sich, wie zum Beispiel bei einem soliden Reihen-Mittelhaus, in Grenzen halten. Oder die Fenster werden erst einmal an der Nordseite, wo keinerlei Sonneneinstrahlung die Räume heizen kann, ausgewechselt und im Laufe der Jahre dann auch an der Südseite.

– Wenn Sie eine qualitativ hohe Gesamtleistung ohne Risiken erhalten möchten, sollten Sie dies **nicht am Honorar** für die Planung, Bauleitung und Beratung **einsparen.** Wandveränderungen müssen vorher von einem Statiker untersucht und beurteilt werden. Ob die ausgeschriebene Qualität auch eingehalten worden ist, kann nur der versierte Architekt feststellen. Die Erfahrung dieser Fachleute – gerade bei der Fülle von Sanierungsproblemen – kann Ihnen mehr Geld sparen helfen als das, was dieser Fachmann Sie kostet. Da gibt es Handwerker und Firmen, die Ihnen einseitig zu ihren Gunsten ausfallende Vorschläge und Angebote unterbreiten, die aber mit neutralem Sachverstand gar nicht zum Zuge kommen. Rechnen Sie mit einem Stundensatz von DM 75,– bis 160,– für einen Sanierungs-Ingenieur oder Architekten, dann liegen Sie richtig. In relativ kurzer Zeit kann dieser Experte Sie vor vielen und teuren Fehlentscheidungen bewahren.

– Schätzen Sie den Umfang Ihrer **Eigenleistungen** richtig ein. Wenn Sie während der Sanierung nicht ganztägig auf dem Bau sein können, wird manche Arbeit blockiert. Sei es der Installateur, der nicht weiterarbeiten kann, weil noch Löcher oder Schlitze nachzustemmen sind, sei es der Putzer, der wieder nach Hause fährt, weil die Vorarbeiten noch nicht erledigt sind: Das kostet Zeit und Geld.
Auch die Beseitigung des Bauschuttes, die Organisation der Arbeit und die Nebenleistungen mit Vor- und Nacharbeiten sind sehr zeitaufwändig. Können Sie das alles als Neuling und Laie übernehmen, ohne sich zu übernehmen? Siehe auch Seite 265 ff.

– Vor dem Kauf steht Ihnen auch hier der Gang zu den **Bauämtern** bevor. Von dem Bauordnungsamt erfahren Sie, welche **Auflagen** und Verbote hinsichtlich der von Ihnen geplanten Änderungen zu beachten sind. Vom Stadtplanungsamt hören Sie, ob es Planungen gibt, die den Wert des Hauses verringern, wie eine Hauptstraßentrasse oder die Umwidmung nachbarlicher Gebiete in Industrie- und Gewerbezonen. Vom Denkmalschutzamt werden Sie darüber belehrt, was Sie am Haus ändern dürfen und was nicht, sofern das Haus unter Denkmalschutz steht. Diese bauamtlichen Auflagen wirken sich stets kostenbeeinflussend aus.

– Informieren Sie sich über die besonderen Möglichkeiten der **Baufinanzierung bei Altbauten.** Haben Sie alle staatlichen Förderungsmittel ausgenutzt? Können Sie die Bedingungen mit allen etwaigen Nachteilen erfüllen? Ein geringer Zuschuss, dessen

Genehmigung lange dauert, lohnt sich in vielen Fällen nicht. Ist Ihr Haus im Buch des Amtes für Denkmalschutz eingetragen, sollten Sie dort über Finanzierungszuschüsse verhandeln. Im Rahmen von Förderungsprogrammen für Haussanierungen, Modernisierungen oder Energieeinsparungen werden von Zeit zu Zeit günstige Darlehen, Zuschüsse oder Zinsermäßigungen gewährt. Schließlich sind die Steuervorteile bei Ihrem Steuerberater zu erfragen.

– Während die Banken bei Neubauten optimistischer ihre Finanzierungsvorschläge aufbauen, verhalten sie sich bei Altbauten reservierter. So ist es allgemein üblich, bei Neubauten den Tilgungssatz mit einem Prozent festzusetzen und darüber hinaus noch Tilgungsaussetzung oder Tilgungsstreckung anzubieten; demgegenüber liegt der **Tilgungssatz** bei Altbauten mindestens bei **2 Prozent**.
Auch in der Beleihung gehen die Banken nicht so hoch wie bei Neubauten, wenn es um die Höhe der Hypotheken geht. Die Bank hat mehr Vertrauen zu Ihnen, wenn Sie ihr klare und vollständige Beleihungsunterlagen vorlegen. In Zweifelsfällen über die Höhe der Beleihung, wird die Bank den eigenen Sachverständigen mit einer Schätzung beauftragen. In Ihrem Interesse sollten Sie sich rechtzeitig eine Wertberechnung machen lassen. Denn eine realistisch angesetzte Wertberechnung bewahrt Sie vor der Enttäuschung, dass die Hypothek zu gering angesetzt wird und damit das Eigenkapital aufgestockt werden muss. [12]

– Diejenigen Baufirmen, die die gesamte Altbausanierung „**aus einer Hand**" anbieten und unter ihrer Regie alle Arten von Handwerkern vereinigen und somit zum schnellen Einsatz bringen können, sind nicht immer die preisgünstigsten. Der Bauherr muss ja diese Regiekosten bezahlen. Die Vorteile dieses Angebots liegen auf der Hand: schnelle und zuverlässige Abgabe von Kostenanschlägen für alle Gewerke; Abwicklung auf der Baustelle zügig und ohne Reibungsverluste; keinerlei Beanstandungen an den Leistungen desjenigen, der die Vorarbeiten machte; Sauberkeit nach Beendigung der Arbeiten; keinerlei Rechnungsdifferenzen zwischen den Gewerken.
Nachteilig sind die bereits genannten Mehrkosten, die aber durch einen schnelleren Bezug des Hauses zum Teil wieder ausgeglichen werden.

– Wenn weder die Einzelvergabe an viele Firmen noch der Generalunternehmer für alle Gewerke in Frage kommt, sollte die Zusammenfassung in drei Gruppen empfohlen werden:
  • Rohbaufirma: Erd–, Maurer–, Beton–, Zimmerer–, Putz–, Fliesen- und Dachdeckerarbeiten
  • Installationsfirma: Heizungs–, Sanitär- und Elektroarbeiten
  • Ausbaufirma: Fußboden–, Decken–, Fenster–, Türen- und Wandverkleidungsarbeiten

– Zur weiteren Information bei dem umfangreichen Thema „Altbau-Modernisierung" seien folgende **Publikationen** erwähnt:
  • Schriftenreihe des Bundesministers für Raumordnung, Bauwesen und Städtebau
  • Bundes-Arbeitskreis Altbau-Erneuerung e.V., Simrockstr. 4-18, 53113 Bonn

2.5 Fertighaus – Preise

Bundesverband Deutscher Fertigbau e.V., Postfach 1380, 53583 Bad Honnef, Tel. 02224-9377-0, Fax 02224-9377-7.
„Fertighausmarkt boomt – die Auswahl ist riesig". So heißt eine von vielen Schlagzeilen. In der Tat hat dieser Markt enorm zugenommen: in der Quantität, in der Qualität und in der Vielfalt. Zu den mehr als 200 Herstellern allein in Deutschland kommen ungezählte Anbieter aus dem Ausland. Insbesondere in den neuen Bundesländern hat das Fertighaus Anklang gefunden. Der Variantenreichtum ist unübersehbar. Das Haus von der Stange ist Vergangenheit. Jedes Haus ist ein Einzelstück. Und mehr: finnische oder kanadische Blockhäuser, reetgedeckte Nordseekaten, Schwarzwälder Bauernhäuser, Bayrische Alpenhäuser, Stadtvillen in reicher Auswahl usw. „Musterhausdörfer" (laut Bundesbauministerium „Magazin Junges Haus": 33 Standorte von Austellungszentren für Fertig-und Ausbauhäuser – Stand 1997) bieten dem künftigen Bauherrn alle denkbaren Informationen. Vom kleinen Eigenheim für 200 000 DM und mehr.
Circa 33 Hersteller sind im Bundesverband Deutscher Fertigbau (BDF) zusammengeschlossen und unterziehen sich einer freiwilligen Qualitätskontrolle unabhängiger Prüfinstitute, die über die Einhaltung von Normen und Bauvorschriften wachen. QDF heißt das Ergebnis: „Qualitätsgemeinschaft Deutscher Fertigbau".
Laut der Technischen Universität Braunschweig ist die Lebensdauer eines Fertighauses mehr als 100 Jahre.
Die **Suche nach dem richtigen Fertighaus** muss von der vollen Breite aller Alternativen ausgehen, sei es ein konventionelles Haus oder ein Althaus oder ein Fertighaus, das ganz oder teilweise vorgefertigt geliefert wird. Anderenfalls laufen Käufer unter dem Zwang eines Gesichtspunktes – wie zum Beispiel einer kurzen Bauzeit – in die falsche Richtung und landen bei einem hohen Kostenendergebnis. Das soll nicht heißen, dass die Frage der kurzen Bauzeit vernachlässigt werden soll. Auch die Hersteller von mehr oder weniger konventionellen Häusern sind heute auf einen schnelleren Bauablauf geeicht. Die Frage ist nur, ob sich die Mehrkosten rechtfertigen lassen, wenn das Haus nur wenige Monate früher fertig wird – bei einer Lebensdauer von 100 bis 150 Jahren. Beziehen Sie daher auch Bau- und Konstruktionsformen in ihre Vergleichsberechnungen ein, die eine Mischung aus Fertigteilen und örtlich hergestellten Leistungen bilden.
Bedenken Sie, dass der **Katalogpreis** bei Fertighäusern in der Regel **nur die Basisversion** umfasst. Dieser Preis gilt auch nur ab Oberkante Keller beziehungsweise Bodenplatte (sofern nicht unterkellert). Da kommt also noch einiges hinzu.

Preise von Fertighäusern: Stand 1998. Ab Oberkante Kellerdecke oder Bodenplatte. Beispiele:

- von Okal „Domus 93" als Ausbauhaus. 144 Quadratmeter für 185 000 DM oder 1 282 DM/m^2 WF
- von Lux ein Ausbauhaus (leeres Dachgeschoss). 154 Quadratmeter für 158 000 DM oder 1 025 DM/m^2 WF
- von Streit „Libero Nr. 5". 194 Quadratmeter für 403 000 DM oder 2077 DM/m^2 WF

- Von Baufritz „Plan Mit" Niedrigenergiehaus aus Holz. 135 Quadratmeter für 450 000 oder 3 333 DM/m^2 WF

Je preiswerter die Fertighäuser sind, desto mehr muss der Bauherr sich kompromissbereit zeigen, was die Standardisierung oder die Angebotsvielfalt betrifft. Das heißt an Stelle von zum Beispiel 30 Grundrissen bieten die einzelnen Hersteller nur 10 an. Das Gleiche gilt für Fliesen, Fenster, Armaturen, Bodenbeläge und dergleichen. Das ist auch logisch, da ein nur einmalig geplantes und gebautes Haus teurer sein muss als ein Standardhaus, wo die Kostenvorteile in der rationellen Planung, effektivem Einkauf und Serienherstellung an die Abnehmer weitergegeben werden können. Individuelle Einzelhäuser mit allen denkbaren Extras stellt die Fertighausindustrie natürlich zu enstprechenden Preisen auch her. Auch Eigenleistungen lassen sich vereinbaren. Wenn jemand zum Beispiel sein Dachgeschoss selber ausbauen will.

Zur Orientierung:
Aus der Fülle der Angebote für Fertighäuser teilen Sie die auf dem Markt befindlichen Angebote ein in:
- die **reinen Fertighäuser,** die fast ganz aus Fertigteilen bestehen und bei denen der Anteil an konventionellen Arbeiten unter 15 Prozent liegt,
- die **halbvorgefertigten Häuser,** bei denen der Anteil an konventionellen Arbeiten etwa bis zu 50 Prozent ausmachen kann, wahlweise mit einem gewissen Anteil von Eigenleistungen,
- die **Bausatz- und Ausbauhäuser** (Selbstbauhäuser) entsprechend den bewährten Systemen (siehe Seite 73 ff.)

mit einem relativ großen Anteil an Eigenleistungen

Betrachten wir die von der Fertighausindustrie immer wieder vorgetragenen Vorteile: Festpreis – Festtermin. Das soll heißen: völlig risikoloses Planen und Bauen. Um es vorweg zu sagen: Dem Käufer bleibt es nicht erspart, auch hier genau aufzupassen, was die Angebote enthalten. Sonst geht es ihm genau wie bei anderen Hausarten. Auch hier sind Preis-Leistungsvergleiche unerlässlich.
Nicht alle Fertighäuser sind in Holzbauweise konstruiert. Fertighaus ist nicht Fertighaus.

2.5.1 Festpreis

Das ist keineswegs der werbewirksame „Katalogpreis", denn immer kommt eine Fülle von Nebenkosten und Aufwendungen je nach Lage des Falles hinzu. Deshalb kann der Katalog nur den Grundpreis enthalten. Erst das verbindliche Angebot auf der Grundlage der Berechnungsnorm, der DIN 276/93, unter Einbeziehung aller kostenträchtigen Gesichtspunkte, insbesondere der des Bauplatzes und der Extrawünsche des Bauherrn, kann gewertet werden. Das Angebot muss auch die Forderungen der Bauämter hinsichtlich der Genehmigung, der Gestaltung und dergleichen preislich berücksichtigen.
Der Bauherr sollte daher die folgende Liste (Tabelle 12) abhaken. Sie gibt ihm, sofern sich alle Fragen mit „ja" beantworten lassen, die Gewähr der Vollständigkeit des Angebots.

Der Anteil der Fertigteile am kompletten Gebäude ist außerordentlich verschieden. Bei den einzelnen Herstellern schwankt dieser Anteil zwischen 85 und 34 Prozent. Das heißt also: Der Bauherr muss 15 bis 66 Prozent der Gesamtleistungen von anderen Unternehmern kalkulieren und erbringen lassen, es sei denn, der Fertighausanbieter liefert auch diese Subunternehmerleistungen.

Hinzu kommen ferner Kostenbestandteile, die es beim konventionellen Bauen nicht gibt, wie zum Beispiel Transport- und Montagekosten.

Tabelle 12   Was muss der Festpreis von Fertighausangeboten enthalten?

Prüfen Sie, ob folgende Kostenbestandteile enthalten sind.

	ja	nein
Vermessungsgebühren		
Notar- und Gerichtskosten		
Erdarbeiten, Außenanlagen, Einfriedigung, Wege		
Öffentliche und nichtöffentliche Erschließungskosten einschließlich aller Anschlüsse für alle Leitungen		
Der gesamte Lieferumfang der Fertigteile einschließlich Montage, Transportkostenanteil, Auf- und Abladen, Versicherung und Sicherung während des Transportes und auf der Baustelle gegen Beschädigung, Diebstahl, Auslösungs- und Übernachtungsgelder für die Montagekolonnen		
Fertigteile für den Keller (Sohle, Wände, Decken, Fenster, Türen, Lichtschächte usw.). Sonst wie vor. Alternativ: Ausführungskosten bei konventioneller Bauweise, komplett in fix und fertiger Arbeit		
Abdichtungs- und Verankerungsarbeiten zwischen Keller und Erdgeschoss, um die Fenster und Türen usw.		
Leistungen für Nacharbeiten, Reparaturen, sowie das Nachbessern; ebenso die Garantiearbeiten während der gesamten Gewährleistungszeit		
Sämtliche Innen- und Außentreppen mit den dazugehörigen Anschlüssen, Plattenbelägen, Rosten, Gullys usw.		
Alle Installationsarbeiten für Heizung, Warmwasser, Sanitär, Elektro, Schwachstrom gemäß dem genauen Leistungsverzeichnis, einschließlich Steuerung und Absicherung. Die Technischen Vorschriften und einschlägigen Normen, sowie die Regeln der Technik sind Grundlage der Abwicklung		

Fortsetzung auf S. 63

Tabelle 12 (Fortsetzung)

	ja	nein
Der gesamte Leistungsumfang an örtlichen Arbeiten entsprechend der Verdingungsordnung für Bauleistungen		
Die Berücksichtigung aller Sonderwünsche und Extras, soweit sie vorher schriftlich beauftragt worden sind		
Besondere Einbauten wie Einbauküche, Einbauschränke, Gardinenschienen, Rolläden, Markisen, Jalousetten usw.		
Technische Einrichtungen wie Sicherheitsanlagen, Telefon, Außenbeleuchtung, Klingelanlage, Antenne, Blitzschutz, Swimmingpool und dergleichen		
Grundreinigung, Schlechtwetterbau, Bauherren-Bauwesen-Versicherung, Einmessung, behördliche Abnahmen und Gebühren für die Inbetriebsetzung		
Baunebenkosten: Baugrunduntersuchung, Honorare für Architekt, Statiker, Prüfstatiker, Sonderingenieure (Heizung, Sanitär, Elektroplanung), Bauleitung, Gebühren für die Typengenehmigung einschließlich der Änderungen, sowie alle amtlichen Gebühren für die Genehmigungen. Kosten für Pausen, Porto, etwaige Baubetreuung, Baustellenbewachung, Richtfest und Fahrtkosten		
Mehrwertsteuer für alle Leistungsbereiche		

Prüfen sie insbesondere die Ausschlüsse von Lieferungen und Leistungen, wie sie in dem „Kleingedruckten", den Allgemeinen und Besonderen Vertragsbedingungen der Lieferfirmen zu finden sind. Klären Sie Punkt für Punkt vor Vertragsabschluss und sorgen Sie dafür, dass keinerlei Nachforderungen auf Sie zukommen. **Nachlässe** vom Standard-Lieferumfang bringen im Allgemeinen nicht viel**; zusätzliche Wünsche** werden dagegen relativ teuer berechnet. Daher überlegen Sie, ob diese individuellen Extras nicht später nachgeholt werden können.

Weitere Hinweise zum Thema „Festpreis" bei Fertighäusern

- Lassen Sie sich eine **Liste der Selbsthilfearbeiten** mit den dadurch entfallenden Kosten geben! Zum Beispiel so:
  Der Käufer baut das gesamte Dachgeschoss selber aus. Einsparung: DM ....
  Der Käufer übernimmt alle Malerarbeiten selbst. Einsparung: DM ....
  Der Käufer führt die Außenanlagen selbst aus. Einsparung: DM ....
  usw.

- Teilweise gilt die **Festpreisgarantie** von Seiten des Herstellers nur unter Einhaltung von **Bedingungen,** die der Käufer zu erfüllen hat. Zum Beispiel: Der Käufer muss bis zu einem bestimmten Termin die Baugenehmigung besorgt haben; er muss ferner bis zu diesem Termin den Nachweis erbringen, dass seine Finanzierung gesichert ist, dass die **Vorleistungen** (Kellerfertigstellung, Anschlüsse für Wasser, Abwasser, Strom bzw. Bodenuntersuchungen usw.) abgeschlossen und abgenommen sind (z.B. das Nivellement der Kellerdecke ohne Beanstandungen) und dass Vorauszahlungen in bestimmter Höhe beim Hersteller eingegangen sind. Das heißt, nur bei Beginn der Montagearbeiten bis zu einem bestimmten Termin bleibt der Festpreis fest. Wird dieser Termin – aus was für Gründen auch immer – nicht vom Käufer eingehalten, so behält sich der Verkäufer das Recht vor, Nachforderungen zu stellen. Diese Nachforderungen können die Finanzierung in Frage stellen. Bauherren sollten daher nur einen echten Festpreis akzeptieren, und zwar mit einer Laufzeit von mindestens neun, besser 12 Monaten.

  Auf jeden Fall müssen Fabrikanten sich zur **Garantie** des Festpreises bekennen, wenn sie selbst für die Verzögerung der Lieferung und Montage verantwortlich sind. Dergleichen wollen jedoch keineswegs alle Hersteller unterschreiben.

  Käufer sollten sich nicht auf kürzere Termine einlassen, weil sie für die Baugenehmigung, die Kellerfertigstellung, die Finanzierung und die Vorauszahlungen Zeiten benötigen, die sie nur wenig beeinflussen können. Die Abwicklung mit Behörden, Bausparkassen, Banken und Firmen kann sich leicht auf 9 Monate summieren. Von Seiten des Käufers sind eine ganze Reihe von Unterlagen zu beschaffen und zu erarbeiten. Auch die Ausschreibungen der Erd- und Kellerarbeiten, Vergabe, Ausführung und Bauleitung kosten Zeit. Ebenso ist die Bereitstellung der Gelder für die Zahlung an den Lieferer mit der damit verbundenen grundbuchlichen Absicherung mit Zeitverlusten verbunden.

- **Kaufpreisraten** grundsätzlich nur nach Baufortschritt! Sie sind zu sehr unterschiedlichen Konditionen zu zahlen. Da gibt es Firmen, die den gesamten Kaufpreis erst nach Fertigstellung des Hauses in Rechnung stellen. Andere fordern Teilbeträge je nach Baufortschritt an. Das sieht dann aber auch ganz unterschiedlich aus. Eine Firma verlangte z.B. bereits am 2. Montagetag 100 Prozent der Gesamtsumme. Die als Ausgleich angebotene verbürgte Fertigstellungsgarantie beläuft sich nur über 5 Prozent des Kaufpreises. Zum Teil muss auch der Käufer diese Bürgschaftskosten übernehmen. Die meisten Anbieter staffeln die Raten:
  ... Prozent nach Erhalt der Bauantragsunterlagen oder nach Kaufvertragsbestätigung,
  ...Prozent bei oder vor Baubeginn oder nach dem ... Aufbautag,
  ...Prozent bei Fertigstellung des Rohbaues,
  ...Prozent bei Fertigstellung der Installationen (Heizung, Sanitär, Elektro),
  ...Prozent bei Fertigstellung,
  Rest bei Übergabe.

  Diese Restsumme sollte möglichst hoch, mindestens jedoch 5 Prozent sein. Es gibt kein Fertighaus, das mit „Bezugsfertigstellung" wirklich fertig ist, da immer Nacharbeiten anfallen. Deshalb empfiehlt sich auf keinen Fall die restlose Auszahlung der Kaufsumme, bevor nicht alle **Beanstandungen** erledigt worden sind.

- Mit den **Sicherheitsleistungen** des Verkäufers sieht es im Allgemeinen schlecht aus. Entweder es gibt keine oder es gibt sie nur über 5 Prozent des Kaufpreises. Also bleibt ja nur die Lösung, dass Raten nur entsprechend dem Baufortschritt ausgezahlt werden. So geschieht es ja auch beim konventionellen Bauen.

- Die Einhaltung der **Verdingungsordnung für Bauleistungen (VOB)** sollte, genau wie im konventionellen Bauen, selbstverständlich sein. Dennoch schränken die meisten die VOB mehr oder weniger ein, was nicht verständlich ist, wenn Fertighaushersteller von ihrer Ware überzeugt sind. Abweichend von der VOB räumen sich die Hersteller die Wahl ein, Mängel entweder zu beseitigen oder aber den Kunden eine Preisminderung anzubieten. **Deshalb sollten Käufer nur einen Vertrag unterschreiben, der die VOB uneingeschränkt für beide Seiten anerkennt und dies auch erklärt.**

- Auch die auf den ersten Blick angebotene Erweiterung der VOB-**Gewährleistungszeit** von 2 auf 5 Jahre(638 BGB) – wie sie immer mehr offeriert wird – ist nur dann eine Verbesserung der Haftung, wenn die VOB vom Hersteller nicht ausgeschlossen oder eingeschränkt wird. Die Verlängerung wird auch meistens nur auf bestimmte Teile – wie zum Beispiel auf den Rohbau – gegeben.

- Fordern Sie **Referenzen** vor Ihrer Entscheidung. Sprechen Sie mit denen, die schon lange Zeit ein derartiges Haus bewohnen und auch die Schattenseiten des Hauses und der betreffenden Firma kennen.

- Fragen Sie nach dem **Güteschutz.**

- So sicher Festpreisgarantien dem Laien erscheinen, so sollte er doch nicht vergessen, dass nicht das Festpreisangebot das Ziel seiner Wünsche und Anstrengungen ist, sondern der endgültige Abrechnungspreis für alle Leistungen und Lieferungen. Hierzu ist einiges zu sagen. Die **Differenz zwischen Angebot und Abrechnung** ist in der Regel groß. Nur wenige Bauherren erliegen nicht der Versuchung und bestellen auch nach dem Abschluss aller Verträge viele, allzuviele Sonderausführungen nach der Devise: „Wenn wir schon einmal bauen, dann kommt es auf Soundsoviel DM auch nicht mehr an." So addiert sich ein Tausender nach dem anderen zu ganz beträchtlichen Summen. Man sollte sich in der Tat die Mühe machen, die vielen Besprechungen des Bauherrn oder Käufers mit der Baufirma, mit dem Architekten, mit den Sonderingenieuren, mit den vielen Handwerkern und Baustofflieferanten zu protokollieren. Die Entrüstung vieler Bauherren über die „viel zu hohe Abrechnungssumme" würde dann schnell der Überraschung weichen, dass sie selbst es sind, die kräftig dazu beigetragen haben. Immerhin läuft ein Planungs- und Bauverfahren über 1,5 bis 2,5 Jahre. Nach Ablauf dieser Zeit ist vieles vergessen worden. Der Rat kann daher nur lauten: Selbstdisziplin üben! Erinnert sei noch einmal an die erheblich niedrigeren Baukosten in anderen Ländern, weil dort Bauherren ihr Haus für sich und nicht für kommende Geschlechter bauen.
Natürlich ist es der Bauherr nicht allein, der die Kostenüberschreitungen verursacht. Neben der Beachtung vieler Einsparungstips bei der Zusammenarbeit mit anderen Baufachleuten sollte der Bauherr auch sich selbst ab und zu kontrollieren.

2.5.2 Festtermin

Der Wert eines festen, das heißt garantierten Termins hängt ab von der **gesamten Laufzeit** in der Planung und Durchführung einer Baumaßnahme. Entscheidend kann also nicht eine kurze Montagezeit für die Fertigteile sein; auch die Vorbereitungs- und Vorfertigungszeit, die Zeiten für die Planung, die Finanzierung und die Mängelbeseitigung sind einzubeziehen. In Zeiten der Hochkonjunktur werden sich mittlere und kleinere Firmen nur ungern auf einen verhältnismäßig kleinen Lieferumfang für den örtlich zu erstellenden Keller einlassen. Als Lückenbüßer zwischen zwei größeren Aufgaben wird ein derart kleiner Auftrag nur als Nebenarbeit gewertet. Das kann seine Zeit dauern. Daher sind kostengünstige Komplettangebote der Fertigteilfirmen einschließlich Keller und aller anderen konventionellen Arbeiten vorzuziehen. Auch bei Fertighäusern müssen die gleichen Vorbereitungsarbeiten mit dem gleichen Zeitaufwand betrieben werden. Hier sind zu nennen:

– die Planungsüberlegungen mit den **Sonderwünschen,** dem Abschluss des Kaufvertrages und der Festlegung des Lieferumfangs durch die Fabrik;
– die ergänzenden Planungen für die **konventionellen Arbeiten,** die bis zu zwei Dritteln des gesamten Lieferumfanges ausmachen können;
– die **Bearbeitungszeit** für die behördlichen Genehmigungen;
– die **Laufzeiten** für die Aufstellung der **Finanzierung** bis zur Bereitstellung der Gelder;
– die **Ausschreibungen,** Auswertungen und Vergaben für den konventionellen Leistungsumfang.

Für diesen Arbeitsaufwand sind 5 bis 10 Monate zu berechnen. Die Bauzeit selbst besteht nicht nur aus der Montagezeit, die bei Fertighäusern mit einem hohen Anteil an Fertigteilen innerhalb von wenigen Tagen vor sich gehen kann. Die Einrichtung der Baustelle, das Legen der Anschlüsse, das Vermessen und andere Arbeiten sind zuvor zu erledigen. Nach Fertigstellung der Hauptarbeiten fallen die Nacharbeiten an: Erdarbeiten, Abräumen der Baustelle, Aufräumen, Gräben ziehen und wieder schließen, Leitungsverlegung, Arbeiten für die Außenanlagen, wie die Herstellung der Pflanzungen, Wege, Zäune und dergleichen.

Insgesamt kann der Fertighausbau auf Erfolge mit dem Ergebnis eines Zeitgewinns hinweisen. Die Frage ist nur, wie viele Monate ein Bauherr dabei gewinnt.

Schließlich sollte auch eine Konventionalstrafe im Falle von Terminüberschreitungen genau festgelegt werden. Zum Beispiel: pro Tag 200 DM.

2.5.3 Raum- und Bauprogramm für die Fertighaus-Hersteller

Tabelle 13 Anfragen

- Zahl der Bewohner: Erwachsene/Kinder
- Ein- oder Zweifamilienhaus:
- Zahl der Räume: Circa-Größenangaben
  Einfamilienhaus: Wohn-, Ess-, Schlafräume
  Zweifamilienhaus: Wohn-, Ess-, Schlafräume
- Zusätzliche Räume:
  Badezimmer mit Wanne, Waschbecken, WC
  2. Bad mit Dusche, Waschbecken, WC
  Extra-WC
  Arbeitsräume
  Gästeraum
  Sonstige Räume
- Balkon/Loggia/Terrasse:
- Unterkellerung: Art und Größe der Räume
  ganz/teilweise/nicht unterkellert
- Dachform: Bauvorschriften
  Flachdach/Satteldach ... Grad/Walmdach
- Dachausbau: durch Firma oder Eigenleistung
- Art und Zahl der Räume:
- Garage:
- Besondere Wünsche hinsichtlich der Hausform:
- Außengestaltung:
  Fassadenmaterial: Holz, Putz, Verblender
  Dacheindeckung: Tonziegel, Betonpfannen, Anderes
  bei geneigten Dächern
- Qualität der Innenausstattung:
  einfach, komfortabel
- Größe der Wohnfläche:
  im Erdgeschoss:
  im Ober- oder Dachgeschoss:
- Bauauflagen, Vorschriften, Nachbarbebauung:
- Umfang der Eigenleistungen:
- Art der Eigenleistungen:
- Höhe des Eigenkapitals:
- Maximale Kostengrenze nach DIN 276 (siehe Seite 119):
- Maximalbelastung im Monat:
- Vorlage eines Finanzierungsplanes?

Fortsetzung auf S. 68

Tabelle 13 (Fortsetzung)

- Wo kann eingespart werden, wenn die Kostenberechnung das Kostenlimit überschreitet: Zahl der Räume, Größe der Räume, Dachform, Dachausbau, ... Komfortverzicht ....

Bemerkung:
Schicken Sie diesen ausgefüllten Fragebogen zusammen mit einem Lageplan Ihres Grundstückes an die Hersteller von Fertighäusern und fordern Sie Angebote an.

Tabelle 14 Weitere Anforderungen an die Hersteller

- Höhe und Bedingungen des Festpreises
- Dauer und Bedingungen des Festtermins
- Allgemeine und Besondere Vertragsbedingungen, insbesondere Vertragsmuster
- Höhe und Bedingungen für die Kaufpreisraten, sowie Absicherungen im Falle von Vorauszahlungen
- Zusammenstellung der Leistungen und Lieferungen, die vom Käufer zu erbringen sind
- Kostenaufstellung auf der Grundlage der DIN 276/1993, Kostenberechnung
- Frage an die Hersteller, ob die Verdingungsordnung für Bauleistungen (VOB) voll, teilweise oder gar nicht akzeptiert wird
- Dauer der Gewährleistungszeit und des Kundendienstes
- Referenzen und bereits gebaute Häuser in der Nähe des Wohnortes des Kaufinteressenten
- Baubeschreibung mit genauer Bezeichnung der einzelnen Ausführungsqualitäten im Falle einer Standardausführung
- Differenzierung der Kosten in
  - die Fertigteilproduktion vom Werk, einschließlich Lieferung, Montage ...
  - die zusätzlichen Lieferungen und Leistungen für Keller und alle örtlichen Arbeiten durch Subunternehmer oder eigene Kolonnen,
  - Baunebenkosten für Planung, Betreuung, Abwicklung usw. entsprechend Tabelle 12 auf Seite 62,
  - Angaben darüber, welche Kosten nicht im Angebot enthalten sind
- Angaben über den Wärmeschutz aufgrund der DIN 4108 und der neuesten Wärmeschutz-Verordnung (Wände, Decken, Dächer, Fenster, Sohle ...)
- Auflistung der möglichen Selbsthilfearbeiten mit den damit erreichbaren Einsparungen bzw. Abzügen
- Zusammenstellung der möglichen Extrawünsche mit Preisangaben
- Kataloge, die Alternativen aufzeigen

Fortsetzung S. 69

Tabelle 14 (Fortsetzung)

- Frage an die Hersteller, welche Haustypen besonders preiswert sind
- Frage an die Hersteller, wo eingespart werden kann, wie zum Beispiel: statt Fußbodenheizung eine einfache Wand-Gastherme, statt Klinker Putzflächen und statt Einhebel- nur Zweihebelarmaturen
- sollten Sie individuelle Vorstellungen und auch schon einen Entwurf haben, zögern Sie nicht, den Herstellern Ihre Wünsche, gegebenenfalls mit Zeichnungen, zu übersenden mit der Bitte, dem Entwurf im Angebot möglichst nahe zu kommen.

Die Fertighausfirmen senden aufgrund der auf Seite 69 zusammengestellten Daten und Angaben zum Raum- und Bauprogramm ihre Offerten dem Bauherrn zu. Vertreter bedrängen ihn, wollen weitere Fragen klären, denken aber vor allem an einen neuen Auftrag mit der dabei zu verdienenden Provision.

In dieser Situation sollten Bauherren oder Käufer erst einmal eine gründliche Auswertung vornehmen, und zwar ohne einseitige Beeinflussung. Folgende Tabelle gibt einen klaren Überblick.

2.5.4 Preis-Leistungsvergleich bei der Auswahl von Fertighäusern

Tabelle 15

		Haus A: Firma	Haus B: Firma	Haus C: Firma
Wohnflächen				
Erdgeschoss	m²			
Obergeschoss	m²			
Dachgeschoss	m²			
Summe	m²			
Bruttorauminhalt	m³			
Keller: Nutzfläche	m²			
Erfüllung des Raum und Bauprogramms? (siehe Seite 67)				
Nicht erfüllt:				
Preis gemäß Programm (nach DIN 276):	DM			
Preis gemäß Sonderangebot:	DM			

Fortsetzung S. 70

Tabelle 15 (Fortsetzung)

	Haus A: Firma	Haus B: Firma	Haus C: Firma
Bedingungen zum Festpreis:			
Termine:			
Frühestmöglicher Montagebeginn:			
Dauer der Montage:			
Bezugsfertigkeit:			
Bedingungen zum Festtermin:			
Ergebnis der Prüfung, was der Festpreis enthält bzw. nicht enthält:			
Zusätzliche Leistungen und Lieferungen: Keller, Außenanlagen, Malerarbeiten usw.			
Summe der Baunebenkosten gemäß DIN 276/1993:			
Finanzierungsvorschläge:			
Monatliche Belastung:			
Einsparungsalternativen:			
Vorschläge zur Selbsthilfe:			
Einschränkungen gegenüber VOB, insbesondere hinsichtlich der Gewährleistungszeit:			
Bedingungen für Ratenzahlungen:			
Allgemeine und besondere Vertragsbedingungen:			
Vertragsmuster:			
Referenzen:			
Baubeschreibung:			
Erfüllung der Sonderwünsche:			
Wärmeschutz:			
Aufbau der Außenwände, k-Zahl:			
Fenster (Material, Verglasung):			
Fußbodendämmung, k-Zahl:			
Decken- und Dachdämmung, k-Zahl:			
Fassadenausbildung (Material):			
Dachform:			
Dachkonstruktion:			
Dacheindeckung:			
Dachfenster:			
Innenwände:			
Erdgeschoßdecke (Aufbau):			

Fortsetzung S. 71

Tabelle 15 (Fortsetzung)

	Haus A: Firma	Haus B: Firma	Haus C: Firma
Innentreppen:			
Außentreppen:			
Fußbodenaufbau:			
Fußbodenbeläge:			
Umfang der Fliesenarbeiten:			
Installationen:			
Heizungssystem			
Heizkessel:			
Heizkörper:			
Leitungen:			
Steuerung der Heizung:			
Sanitärobjekte:			
Sanitärarmaturen:			
Sanitärleitungen:			
Warmwassersystem:			
Warmwassergeräte:			
Elektrodosen, -schalter, -auslässe:			
Zähler, Sicherungsautomaten ......:			
Einbauten: Küche, Schränke:			
Wand- und Deckenbehandlung:			
Sonstiges: Rolläden, Klingel, Antenne			

Diese Aufstellung muss je nach der Art des Objektes, der Größenordnung und anderer Faktoren ergänzt oder korrigiert werden. Jedenfalls ist sie ein Gerüst, das die wichtigsten Gesichtspunkte im Normalfall auflistet.

Eine **Punktebewertung** würde das Ergebnis noch präzisieren. Allerdings würde jeder Bauherr eine andere Gewichtung vornehmen, so daß hierfür keine allgemein gültige Regelung erfolgen kann. Ob es nun drei oder 23 Angebote sind, die auf diese Weise in einer Vergleichstabelle zusammengefasst werden, immer erzielt der an Kostensenkungen stark interessierte Käufer eines Fertigprodukts den Vorteil, dass seine Entscheidung rein sachbezogen und mit einem **Höchstmaß an Objektivität** ausfallen wird – im Gegensatz zu jenen Käufern, die eine Fertighausausstellung besichtigen und sich, von einer zufälligen Auswahl und einer Summe von momentanen Eindrücken beeinflusst, zum Kauf entschließen. So liest man es immer wieder in Erfahrungsberichten beim Kauf von Fertighäusern.

2.5.5 Einsparungstipps bei Fertighäusern

Sind die Angebote der Fertighaushersteller für die von ihnen nicht erbrachten Leistungen zu hoch, sollten Bauherren **Alternativangebote** einholen. Hier einige Beispiele:

— Es gibt eine ganze Reihe von **Fertigkeller**fabrikanten, die preisgünstiger als die großen Fertighausfirmen sind, weil sie lieber direkt an den Käufer ihre Ware an den Mann bringen. Lassen Sie sich dort Angebote machen am besten gemäß einer einheitlichen Leistungsbeschreibung. So können Sie sich bei gleichem Leistungsumfang besser entscheiden: Beziehen Sie aber auch die Firmen ein, die als kleinere Betriebe an diesen Arbeiten interessiert sind und konventionell oft günstiger anbieten können als die Vorfertiger. Wie gesagt, es ist wichtig, dass ein einheitlicher Text für die Ausführung des Kellers vorliegt, der folgende Mindestangaben enthalten muss:
- Ort und Zugänglichkeit der Baustelle
- Zeichnung mit allen Maßen, Höhen, Fenster- und Türenangaben, sowie Kellertreppen innen und außen
- Nutzungsbeschreibung der Kellerräume mit den Einzelanforderungen für den Heizungs- und Installationskeller, den Hobbyraum und die Waschküche, die erforderlichen Anschlüsse für die Kanäle unter der Sohle und Leitungen durch die Wände und Decken, Wärmedämm-Maßnahmen
- Anforderungen der Fertighausfirma an die Kellerdecken (Höhennivellement, Qualität der Decke, statische und konstruktive Voraussetzungen und Bedingungen)
- Materialbeschreibung der Einzelteile: Fundamentierung, Wandaufbau, Isolierung gegen Wasserdruck, Deckenausbildung gemäß Statik, Behandlung und Art der Innenwände, Art und Größe von Schornstein, Heizungsfundament, Verankerungen, Schlitze, Durchbrüche, Nacharbeiten und dergleichen mehr
- Festpreis? Festtermin? Zahlungsweise. VOB als Vertragsgrundlage. Verantwortung, Bauleitung, Abnahmen, Nebenkosten

— Wegfall von **Einbauten,** wie neue Einbauküche und passende Einbauschränke. Stattdessen Wiederverwendung der alten Küche. Serienschränke
— Statt **Holzdecken** erst einmal Gipskartonplatten verwenden
— Reihen- oder Doppelhäuser statt Einzelhäuser
— **Erbpachtgelände** statt Eigentum
— Statt Keller besser den notwendigen **Nebenraum** für Heizung, Abstellzwecke, Fahrräder und so weiter entweder **über dem Terrain** schaffen oder aber im Dachgeschoss. Hohe Einsparungsquote von etwa DM 40 000,– bis 45 000,–.
— Weglassen oder Einfachausführung und **später Nachrüsten,** zum Beispiel in der Haustechnik; automatische Steuerung, kostspielige Armaturen, Allstoffbrenner-Heizung, Sanitärobjekte in Luxusausführung, Haustelefon, raffinierte Beleuchtungsanlagen. Desgleichen in anderen Bereichen: statt Fliesen im Gäste-WC nur Putz; statt Marmorbänke nur Kunststein, statt Schaufensterscheiben bis zum Fußboden nur Normalfenster und -türen und dergleichen mehr

- In den **Außenanlagen** lässt sich vieles vereinfachen. Die Terrassenüberdachung, die Baumbepflanzung, die Pergola, die Sichtschutzwände und manches Wünschbare kann später immer noch angeschafft werden.
- Auch die **Garage** ist nicht notwendig. Ein halboffener „Carport" oder ein ganz freier Einstellplatz tut es auch.
- Muss es denn ein Winkelhaus, ein Walmdach, eine verglaste Veranda oder ein offener Kamin sein? Wenn damit die Monatsbelastung unerträglich hoch wird, wenn damit das Bauobjekt überhaupt gefährdet ist, dann sollte darauf **verzichtet** werden.
- Kosten bewusst bauen heißt eine scharfe Leistungsauslese betreiben. Das heißt auch **Informationsauswertung** vorzunehmen. Nicht alle Publikationen sind um Objektivität bemüht. Zeitschriften, Werbeschriften, die von der Fertighausindustrie abhängig sind und eifrig auf Kundenfang ausgehen, kann man vergessen. Kritisches zum Bauen mit Fertighäusern werden Bauherren hier nicht finden. Nutzen Sie aber die Sonderhefte einiger Magazine, die Ihnen Auslesekriterien an die Hand geben, wie Sie sie hier auch finden. Dort werden Wettbewerbsergebnisse mit Kostengrenzen publiziert. Häuser zum Beispiel unter der 200 000,- DM-Grenze (Bauwerkskosten, Kostengruppe 300 und 400 nach DIN 276/1993) in vielen Variationen sind dabei. CAPITAL 98 (Bauen Kaufen Finanzieren) nennt Beispiele von 1023,- bis 1994,- DM pro Quadratmeter Wohnfläche. Diese und andere Preisangaben aus den Prospekten der Anbieter sind wenig hilfreich, wenn die präzisen und detaillierten Baubeschreibungen fehlen oder unvollständig sind. Erst der Preis-Leistungsvergleich bietet die richtige Entscheidungsgrundlage.
- Beratung der Käufer und Bauherren durch **neutrale Architekten,** und zwar freischaffende Architekten, also auf keinen Fall gewerblich (für bestimmte Anbieter) Tätige. Die Architektenkammern geben Auskunft, welche Kammermitglieder darauf besonders spezialisiert sind. Auch die Beurteilung von Baugrundstücken, Bauverträgen, Baubeschreibungen, Angeboten und dergleichen mehr machen versierte Architekten.
- Ab und zu gibt die Stiftung Warentest auch interessante Testergebnisse bekannt.

In den endgültigen Vertrag gehört all das, was schon aufgezählt worden ist wie die endgültigen Pläne, die detaillierte Baubeschreibung, die Festpreisbedingungen, die Festterminmodalitäten, der gesamte Leistungsumfang und die Nebenleistungen mit den Garantien und Gewährleistungen, den Sicherheiten und Rücktrittsregeln.

2.5.6 Bausatz-, Ausbau- und Selbstbauhäuser (Eigenleistungen)

Wo kann der Bauherr Anschriften von Anbietern von Selbstbau-Häusern erfahren? Verband Eurpäischer Selbstbau-Partner, Waldhausstr. 46, 51069 Köln.

Ausbauhaus ist nicht Ausbauhaus. Normalerweise umfasst ein Ausbauhaus den kompletten Rohbau einschließlich Außenfassade mit oder ohne Keller. Der Ausbau ist dann mehr oder weniger Eigenleistung des Bauherrn je nach dem, was vereinbart wird, was planerisch und handwerklich leistbar ist oder was durch Professionelle zu übernehmen ist. Es ist nicht jedermanns Sache, Installationen wie Sanitär- oder Heizungs-oder Elektroarbeiten selbst im Konzept und allen Details zu planen und verantwortlich auszuführen. Schließlich müssen sie auch mit allen einschlägigen Vorschriften übereinstimmen, weil bei unsachgemäßer Ausführung Gefahren auftreten können.

Wichtig: vergleichen Sie alle planerischen und baulichen Einzelheiten aller Anbieter genau bevor Sie sich entscheiden! Schätzen Sie Ihren Anteil an Eigenleistungen realistisch ein! Siehe Kapitel Eigenleistungen.
Vergessen Sie nicht, dass der Ausbau sehr lohnintensiv ist wie zum Beispiel die Installationsarbeiten, die Fußböden, Türen, Decken- und Wandverkleidungen.
Was ist in den Einzelangeboten enthalten oder nicht: Nebenkosten wie Architekten- und Bauantragsgebühren, Versicherungen, Bauleitung und -betreuung. Siehe DIN 276 mit allen aufgeführten Nebenleistungen.
Was Sie nicht übernehmen können wie auch zum Beispiel Schornstein, Treppen, nichttragende Innenwände usw. sollten Sie lieber gleich vom Hauptunternehmer anbieten lassen.
Einsparungen: bis zu 30 Prozent sind möglich, wenn Sie einen großen Teil der Ausbauarbeiten selbst übernehmen und damit die Finanzierungslücke schließen können.

Verfahren beim Vergleich von Fertighäusern mit Ausbauhäusern

Es sollten keine Entscheidungen gefällt werden, bevor nicht intensiv **Marktforschung** betrieben wurde. Das hört sich schlimmer an, als es ist.
Gemeint ist Folgendes:

1. Holen Sie sich Angebote von **normalen Fertighäusern** nach dem Prinzip ein, wie es bereits in den vorangegangenen Seiten beschrieben worden ist. Werten Sie diese aus, wie es der Preis-Leistungsvergleich für Fertighäuser zeigt.

2. Nach dem gleichen Programm sollten Sie sich nun **Ausbauhäuser** anbieten lassen, und zwar in den verschiedensten Varianten mit unterschiedlichem Selbsthilfeanteil von 10 bis 30 Prozent. Auch diese Angebote sind nach der Kriterienliste auszuwerten und auf wenige zu reduzieren.
   Zu den Firmenangebotspreisen sind **folgende Selbstkosten** hinzuzurechnen:
   – Werkzeugkosten für alle Beteiligten,
   – Unfall- und Haftpflichtversicherungen für die Beteiligten,
   – Arbeitskleidung und Arbeitsschutz für die Beteiligten,
   – Gerüstkosten für Innen- und Außenarbeiten, wenn diese zu den Eigenleistungen gehören,
   – Baustoffkosten für alle Eigenleistungen,
   – Fahrt- und Verpflegungskosten für die Helfer,
   – etwaige sonstige Unkosten für die Helfer,
   – Sicherheitszuschlag von etwa 10 bis 15 Prozent für Unvorhergesehenes oder Vergessenes, bezogen auf die hier genannten Kosten.

Jetzt machen Sie eine Gegenüberstellung von den Kosten zu 1. und 2. Bei 2. ist zu unterscheiden nach dem Selbsthilfeanteil, den Sie sich vorstellen. So kann das Ergebnis positiv oder negativ ausfallen. Es ist durchaus möglich, dass bei einem geringen Selbsthilfeanteil die Selbstkosten so teuer werden, dass das normale Fertighaus preiswerter ist als ein Ausbauhaus mit Selbsthilfeanteil. Auch wenn der Preisunterschied zu Gunsten des Ausbauhauses gering ist, sollte man sich für das normale Fertighaus entscheiden, weil die Ungewissheit der Selbsthilfe zu groß ist und der persönliche Einsatz unrentabel wäre.

Prinzipien und Grenzen
Um es gleich vorweg zu sagen: **Einsparungen von sechsstelligen Summen** – wie es einige Anbieter behaupten – sind zumindest selten, um nicht zu sagen illusorisch!
Wenn solche Summen hier und da einmal eingespart worden sind, dann sicher nicht unter normalen Bedingungen.

Wer mit mehreren und erfahrenen Heimwerkern monatelang kräftig zupackt, kann es vielleicht auf **maximal 30 Prozent Einsparungen** bringen. Dann muss er nicht nur den Innenausbau, sondern auch den Zusammenbau der Rohteile übernehmen.

Was ist bei normalen Fertighäusern einzusparen?
Es fängt mit kleineren Arbeiten an, die jedoch vom Arbeitsumfang her gesehen auch schon gut überlegt sein wollen.

Ein Beispiel:

Angebotene Arbeit	Abzüge	Selbsthilfe	Gewinn
		(jeweils in DM)	
Malerarbeiten	5 500,-	5 000,-	500,-
Fliesenarbeiten	4 700,-	4 100,-	600,-
Fußbodenarbeiten	4 100,-	3 700,-	400,-
Sanitärobjekte	2 900,-	2 500,-	400,-
Rollläden	2 800,-	2 300,-	500,-
Summen (Stand 1999)	20 000,-	17 600,-	2 400,-

Ob sich diese Einsparung in Anbetracht der Anstrengungen und der damit vom Bauherr zu übernehmenden **Haftungsrisiken** (bei etwaigen Bauzeitverlängerungen) lohnt, sei dahingestellt. Längere Bauzeiten bedeuten immer Zinsverluste. Jeder Bauherr sollte die Einsparungen durch Eigenleistungen abwägen mit dem Verlust an Zinsen und Mieten, wenn sich die Bauzeit z.B. um ein Jahr verlängert und er dafür 15 000 bis 25 000 mehr zahlen muss.

Zeitlicher Ablauf:
Das Fertigteilmaterial wird angeliefert; der Bauherr beschafft für die von ihm zu erbringenden Leistungen das Restmaterial und errichtet den Rohbau. Je nach Firma wird der Rohbau ganz oder teilweise aber auch vom Hersteller errichtet. Diese **Errichtung** durch den Hersteller dauert **nur wenige Tage,** je nachdem, ob es sich um einen ein- oder zweigeschossigen Bau, mit oder ohne Keller, handelt. Die Möglichkeiten, mehr oder weniger selbst auf dem eigenen Bau tätig zu werden, sind sehr groß.

Im Innenausbau bieten sich noch mehr Möglichkeiten zum Selbstausbau an, und das nicht unter dem Zeitdruck, das Haus witterungsfest machen zu müssen. Aber auch hier heißt es: „Zeit ist Geld." Die Zinsen für die Hypotheken kosten **Tag für Tag DM 25,–** (DM 150 000,– bei 6 %), ob der Bauherr das nun wahrhaben will oder nicht. Diese Gelder müssen von den effektiven Einsparungen wieder abgezogen werden.

Bei der **Gegenkalkulation:**

Gutschrift durch den Hersteller	DM
abzüglich eigener Materialeinkauf u.a.	DM
effektiver Gewinn	DM

müssen Bauherren wissen, dass

die **Gutschriften** durch den Hersteller **nicht so hoch** ausfallen wie erwartet. Denn der Hersteller kauft jedes Material en gros ein und bekommt es vielleicht zur Hälfte des Preises, den der Bauherr im Laden bezahlen muss. Der Bauherr macht also ein schlechtes Geschäft, wenn er soviel wie möglich streicht, um es dann selbst – zu höheren Preisen – einzukaufen. Die Einsparung kann dann gleich Null sein. Aus diesem konkreten Beispiel ist zu ersehen, dass Selbsthilfeleistungen nicht selten keinerlei Einsparungen bringen. Daher die Empfehlung (siehe Seite 75), vor der Beauftragung eine Kosten-Gegenüberstellung zu machen.

Nur bei Leistungen, die einen **hohen Lohnanteil** einschließen, haben Bauherren mehr Chancen zu sparen, desgleichen bei Materialeinkäufen mit hochwertigen Qualitäten.

Bei **Installationsarbeiten** machen sich die Selbsthilfe-Angebote der Hersteller nur dann bezahlt, wenn der Bauherr Fachmann ist oder günstige Fremdleistungsangebote bekommt. Abnahmen und Anmeldungen sind jedoch durch eine Fachfirma vorzunehmen.
Problematisch sind für den Bauherrn die Wartung und Gewährleistung, wenn er keine Fachfirma beauftragt.

Laien haben oft noch keinerlei Bekanntschaft mit **Bauschäden** gemacht. Sobald der Bauherr so genannte „bauseitige Arbeiten" übernimmt, kann es zu langwierigen Auseinandersetzungen kommen. Beide Prozessparteien werden behaupten: An meiner Arbeit liegt es nicht; die Ursache muss in der Leistung des Gegners gesucht werden.

Aus diesen Gründen neigen Profi-Bauherren mehr dazu, die Aufträge möglichst zusammenzufassen. Das heißt, Maurer–, Zimmerer- sowie Dachdeckerarbeiten an ein Unternehmen zu vergeben, ebenso alle Installationsarbeiten an ein Unternehmen. Damit hat der Bauherr das Haftungsrisiko wesentlich vermindert.

– Bevor es auf die Baustelle geht, auf jeden Fall die **Bauanleitungen** der Firmen gründlich und mehrfach durchlesen und genau danach verfahren.

Wer sich nicht so gern großteiligen Wand- und Deckenelementen anvertrauen will, greift zu einem anderen Prinzip. Das ist das für Laien auch verwendbare **großformatige Steinelement.** Elemente aus Gasbeton oder Schalensteinen, die mit Beton ausgegossen werden, seien hier genannt.

Wer Eigenleistungen in kleinerem oder größerem Umfange vorhat, dem wird dringend empfohlen, die **Bau-Berufsgenossenschaft** vor seiner Entscheidung aufzusuchen und sich über die wichtigsten Versicherungsfragen zu informieren. Denn Eigenheimbesitzer gehen Risiken ein, wenn sie bauen, umbauen, anbauen oder neu bauen.

2.6 Haus vom Architekten – Siehe auch Kapitel 3.4

Informationen: Jedes Bundesland hat seine Architektenkammer.
Bundesarchitektenkammer: Königswinterer Str. 709, 53227 Bonn, Tel. (0228) 97082-0, Fax (0228) 442760

Die Suche nach dem richtigen Haus mit Hilfe eines Architekten beginnt mit der Wahl des geeigneten Architekten. Jede noch so gute Bauvorbereitung, alles Wissen um die Möglichkeiten, wann und wie erheblich an Kosten eingespart werden kann, ist vergeblich, wenn der Bauherr an den falschen Architekten gerät.
Baukostenziele von unter 2 000,– DM pro Quadratmeter sind erreichbar, wenn Sie die richtige Wahl des Architekten nach folgenden Kriterien getroffen haben. Wissen sollte man, dass es mindestens vier Kategorien von Architekten gibt.

Die **Architektenkammern** in jedem Bundesland **unterscheiden**

1. freischaffende Architekten
2. beamtete und angestellte Architekten
3. gewerbliche Architekten.

Sie alle – eingetragen als Mitglieder der Architektenkammern oder in Architektenlisten geführt – dürfen den Titel „Architekt" tragen. Alle anderen dürfen sich nicht so nennen, auch wenn sie noch so qualifiziert, erfahren und geeignet sind. Diese bilden die vierte Gruppe. Die Zugehörigkeit zur Kammer stellt keinerlei Qualitätsauslese dar, wenngleich gewisse Voraussetzungen bei der Aufnahme in die Kammer erfüllt sein müssen. Untaugliche und tauglich Architekten gibt es in und außerhalb der Kammern. Für den Bauherrn wichtig ist allein die Qualifikation und die Frage, auf welcher Seite der Architekt steht. Da das jedoch ein Thema für sich ist, sei die Lektüre des Abschnitts 3.4 auf Seite 101 ff. empfohlen.

Merken sollte man sich:
Architekt ist **nicht immer** der auf Seiten des Bauherrn stehende, treuhänderisch tätige **Interessenvertreter der Auftraggeberseite.** So ist der gewerblich tätige Architekt oder auch der in einer Baufirma oder einer Wohnungsbaugesellschaft angestellte Architekt bzw. der Bauunternehmer oder der Geschäftsführer selbst immer auf der Auftragnehmerseite. Derartige Architekten sind auf der Gegenseite und leben von den Gewinnen, die sie machen und nicht – wie die Treuhänder – von den Honoraren für die Interessenvertretung des Bauherrn. Um diesen entscheidend wichtigen Aspekt noch deutlicher zu machen, lesen Sie bitte Abschnitt 3.1.2, Seite 87 f.

2.6.1 Preis-Leistungsübersicht bei der Architektenauswahl

Beispiel:
Einfamilienhaus mit 120 m² Wohnfläche
Kostengrenze gemäß § 10 Honorarordnung für Architekten und Ingenieure (HOAI) (anrechenbare Kosten): DM 240 000,–

Tabelle 16

1. Honorarangebote (siehe dazu auch Seite 104 ff.)					
			Architekt A	Architekt B	Architekt C
Leistungsbild entsprechend HOAI, § 15, 1 bis 9		DM			
Nebenkosten		DM			
Summe, pauschaliert		DM			
2. Kriterien, Leistungsübersicht					
	Nachweis durch		Architekt A	Architekt B	Architekt C
Treuhänderische Unabhängigkeit	Befragung, Architektenkammer				
Architekten-Haftpflicht-Versicherung	Vorlage, Name:				
Erfahrungen in der Kostensteuerung	Referenzen, Vorlage der Methoden				
Ergebnisse in den Bemühungen zur Kostensenkung	Vorlage, Referenzen				
Dokumentation über Kostenvergleichswerte	Vorlage, Einblick				

Fortsetzung S. 79

Tabelle 16 (Fortsetzung)

Kostenplanerische Entwürfe	Vorlage, Einblick			
Eigene Fachingenieure	Nachweis, Vorlage			
Entwurfs- qualitäten	Vorlage, Wettbewerbe			
Zahl und Qualifikation der Mitarbeiter	Nachweis			

2.6.2 Mit oder ohne Architekt?

Bessere Architektur bei geringeren Gesamtkosten – die Herausforderung für den Bauherrn!

Die Qualität der Architektur um uns herum ist zu einem hohen Prozentsatz mangelhaft, zu einem geringen Teil mittelmäßig und zu einem minimalen Anteil wirklich gut. Das geht nicht alleine auf das Konto der Architekten, sondern auch auf das der Bauvorschriften und des nicht in dieser Hinsicht ausgebildeten Bauherrn. Da der Bauherr für die gleiche Honorarsumme ganz miese oder ganz hervorragende Architektur bekommen kann, ist nicht einzusehen, warum Bauherren als Generalmanager ihres Bauvorhabens sich nicht ohne Mehrkosten auch einen hervorragenden qualifizierten Architekten nehmen sollen! Hinzu kommt: viele Architekturideen und -details kosten nichts, weil sie auf Begabung, Ausbildung und Kreativität beruhen. Schließlich sind sie auch wie die Fragen der Planungsökonomie eine Sache des Engagements. Architekten mögen gerne für Bauherren arbeiten, die ihnen diese Ziele setzen und ihnen auch dafür einen Freiraum und die notwendigen Motivation geben.
Informationen über gute Architektur, Wettbewerbe, gebaute Beispiele aller Sparten finden Sie beim Baufachbuchverlag Karl Krämer Stuttgart.

Lassen Sie sich nicht beirren! Es ist durchaus möglich, einen qualitativen Entwurfsarchitekten zu finden, der gleichzeitig Planungsökonomie betreibt und Ihnen eine hervorragende Architektur zu einem günstigen Preis liefert.
Bei der Kaufentscheidung für das Produkt „Haus" oder „Wohnung" geht der Käufer, wie bei jeder anderen Ware davon aus, einen angemessenen Preis zu bezahlen.
Andere Kaufentscheidungen trifft er ja auch nach bestimmten Vorüberlegungen, Preisvergleichen und den bekannten Warentestergebnissen.
Gerade bei dem komplizierten Objekt „Bau" bedarf der Käufer oder Bauherr eines Beraters und Planers, der ihm garantiert, dass er für eine bestimmte Summe Geldes eine adäquate Qualität und Quantität mit einem möglichst geringen Unterhaltungsaufwand erhält. Für diesen **Schutz vor Übervorteilung** zahlt der Bauherr das Honorar, das keineswegs eine

unnütze Ausgabe ist, sondern ihm in Form eines Gewinns bei einem guten Preis-Leistungsverhältnis wieder zufließt.

Ein Bauherr jedoch, der ausschließlich auf den Endpreis achtet, verhält sich wie der Käufer eines Kühlschranks oder eines Fernsehgeräts, dem es nicht auf Lebensdauer, Reparaturanfälligkeit oder Gebrauchsfähigkeit der Geräte ankommt, sondern nur auf einen niedrigen Preis. Bei einem kurzlebigen Wirtschaftsgut mag das kein großer Schaden sein. Bei einem **langlebigen Gut** wie einem Haus kann dieses Verhalten zu frühzeitig auftretenden Bauschäden, Nutzungseinbußen und zu hohen Betriebskosten führen, die sich im Gesamtpreis über mehrere Jahrzehnte zu einer Summe addieren, die weit höher liegt als der Preis eines Hauses, das mit einem Architekten gebaut worden ist. **Warnung vor Billig-**Entwürfen: Auch hier gibt es jetzt das amerikanische Prinzip: Bauherren kaufen Standardentwürfe für ein paar hundert Mark (wie sie zum Beispiel auf Internet angeboten werden aber keineswegs gemäß den Architektenkammern legitim sind) mit oder ohne kompletten Bauantrag und meinen dann, sie hätten Tausende von Mark gespart. Es werden Standardentwürfe angeboten für Reihen- oder Einzelhäuser mit weniger oder mehrereren Räumen, in verschiedenen Raumgrößen, mit ein oder mehreren Feuchträumen, ein- oder mehrgeschossig mit unterschiedlichen Dachformen und dergleichen mehr. Den Bauherren wird dann weisgemacht, dass diese Nullachtfünfzehn-Entwürfe auf fast alle Bauplätze zugeschnitten werden können. Zukünftig wird sich dieses amerikanische Prinzip in Form von billigen Katalogbüchern mit Hunderten von Haustypen ausbreiten – als reiner Dummenfang! Die Folgen: Einmal können Bauherren damit alles falsch machen, was entwurflich falsch zu machen ist: Zum Beispiel die Orientierung zur Sonne, die Zuordnung der Räume, die topographischen Gegebenheiten eines Grundstücks, sämtliche kostenwichtigen Gesichtspunkte und vieles mehr. Damit werden dem Bauherrn dann auch die wesentlich höheren Baukosten von den Unternehmern präsentiert. Aber auch der Gebrauchswert und Wiederverkaufswert eines solchen 500 DM-Entwurfes ist stark herabgesetzt. Der Autor kennt viele solcher gebauten Beispiele. Aber das ist ein Thema für sich. Kurzum: Nicht empfehlenswert!.

Es spricht also vieles für einen Architekten, wenn dieser über die Erfahrungen und Erkenntnisse verfügt, die der Bauherr braucht. Vom Architekten sind daher Referenzen, Daten, Pläne und Fotos vorzulegen. Hierzu zählen auch die Kostenergebnisse bereits abgewickelter Projekte, Besichtigungen und Gespräche mit ehemaligen Bauherren sowie der Nachweis einer ausreichend hohen Berufs-Haftpflichtversicherung.

Siehe auch Kapitel 3.4: Planer, Architekten

2.6.3 Kriterien

Natürlich kann der Bauherr auch so vorgehen, dass er sich empfohlene oder von ihm selbst entdeckte Häuser ansieht, die ihm gefallen und die Eigentümer nach einem vorher überlegten Fragenschema um Antworten bittet. Das führt dann zu einer **Vorauswahl** bei einer Mehrzahl von Architekten. Diese Fragen sollten sich um die im Folgenden aufgezählten wichtigsten Problemkreise drehen:

- Um wie viel hat der Architekt die Kosten gegenüber der Kostenberechnung überschritten? Mit welcher Begründung? In welchen Bereichen oder auf wessen Veranlassung?
- Hat der Architekt in der Bedarfsermittlung (Aufstellung des Raum- und Bauprogramms), während der Entwurfsplanung und der Bauvorbereitung Kostenplanung betrieben, wie sie auf den Seiten 117 bis 123 des vorliegenden Buches dargelegt ist?
- Hat der Architekt den Bauherrn von Anfang an kostenlenkend beraten und Vergleichsalternativen in allen Phasen der Planung vorgelegt?
- Welche Erfahrungen hat der Architekt mit dem Erfolgshonorar?
- Hat der Architekt sich eingehend mit der Planung der technischen Bereiche (Heizung, Sanitär, Elektro) im Sinne der Kostenziele eingesetzt?
- Waren Ausführungsplanung und Ausarbeitung der Leistungsverzeichnisse so gründlich und umfassend, dass kaum nennenswerte Nachträge zu den Kostenanschlägen der Handwerkerfirmen eingegangen sind? Wenn doch, wie hoch waren diese?
- Ist der Planungs- und Bauablauf so erfolgt, dass keine wesentlichen Terminüberschreitungen vorkamen? Wenn doch, bei welchen Leistungen und warum?
- Wie oft übte der Architekt seine Bauleitung aus? Mindestens jeden zweiten Tag?
- Kann man Zahlen erfahren, mit welchen Kosten pro m^3 Bruttorauminhalt und pro m^2 Wohnfläche abgerechnet worden ist?
- **Waren die treuhänderische Abwicklung und die unabhängige Vertretung der Interessen des Bauherrn gut, bedenklich oder mangelhaft?**
- Zahl, Fachrichtung und Qualifikation der Mitarbeiter?
- Höhe der Honoraransprüche?
- Zahl und Ausmaß der Mängel? Wie wurden die Mängelbeseitigungsarbeiten und Gewährleistungsansprüche durch den Architekten bearbeitet?
- Wo lagen die Schwachpunkte bei den Architektenleistungen?

Liegen **negative Erfahrungen** mit Architekten vor, so kann das mehrere Gründe haben. Einmal kommt das in jeder Branche vor, zum anderen gibt es sicher auch negative Erfahrungen mit Bauherren.

Ein enttäuschter Bauherr muss sich auch fragen lassen, ob er denn seinerzeit den Architekten nach den beschriebenen Leistungskriterien ausgesucht hat. Wenn nicht, ist es ja kein Wunder, dass die Erwartungen nicht erfüllt wurden.

Wollen oder müssen Bauherren in den **Honorarausgaben einsparen,** so heißt dies, **an der falschen Stelle zu sparen.** Denn gerade diese Stelle bestimmt den Abrechnungspreis. Kein Bauherr leistet sich selbst damit einen Gefallen. Schließlich lassen Architekten über das Honorar mit sich reden. Es bestehen immer Möglichkeiten, die Honorarausgabe angemessen – auch geringer, als es die Honorarordnung für Architekten und Ingenieure (HOAI) vorschreibt – zu berechnen bzw. zu pauschalieren. Allerdings sollte das **vor** der Inanspruchnahme des Planers geschehen. Bauherren können sich darüber beraten lassen, welche Architekten- und Ingenieurleistungen entfallen oder reduziert werden können. Dies dann schriftlich und klar in einem Vertrag festzulegen, gehört auch zu dem korrekten Ablauf, den jeder Bauherr sich wünscht. Seien Sie als Bauherr vor dem Vertrag ruhig skeptisch und kritisch. Nach dem Vertrag sollten Sie als Bauherr für ein **vertrauensvolles Arbeitsklima** sorgen. Misstrauen gegenüber ihrem Berater, Treuhänder und Interessenvertreter wirkt sich in den meisten Fällen nur nachteilig aus.

Planungs- und Ausführungsänderungen unbedingt vermeiden!

Hier liegt die Hauptursache für die Verfehlung der Kostenziele! Aufgrund vielfacher Erfahrung aller Architekten kann kaum ein Bauherrn-Ehepaar der Versuchung widerstehen, in die Ausführungsvorgaben einzugreifen. Siehe 4.2 Änderungen und Extras.

2.6.4 Wettbewerbe unter Architekten

Wettbewerb ist immer gut, hebt das Architekturniveau und senkt die Baukosten. Deutschland ist Spitze in der Ausschreibung von öffentlichen und auch privaten Architekten- und Bauwettbewerben. Bezogen auf unser Thema hier – bessere Architekturqualität bei geringen Gesamtkosten – kann das nur von Vorteil sein, wenn Bauherren auch diese Ansprüche formulieren und das Optimum aus beiden Forderungen konsequent verfolgen.
Das Erfolgshonorar im Rahmen der Honorarordnung ist dafür ein gutes Werkzeug. Wer niedrigere Baukosten belohnt, sollte auch höhere Baukosten „bestrafen", indem nämlich der Architekt seinen Teil der Verantwortung dafür übernimmt.
In der Regel zahlt sich ein Wettbewerb auch bei kleineren Bauaufgaben immer aus und ist daher nur zu empfehlen. Ein Lageplan, ein Raum- und Bauprogramm und einige Erläuterungen genügen, um eine kleine Ausschreibung für ein Wohnhaus zu machen. Bei größeren Aufgaben sind bestimmte, von den Architektenkammern vorgegebene Vorschriften zu beachten.

Zu unterscheiden sind jedoch Umfang und Art des Wettbewerbs:
– Der Wettbewerb soll die **günstigste Entwurfsidee** erbringen.
– Der Wettbewerb soll neben der Entwurfsidee auch das vorteilhafteste Honorarangebot ermitteln. Diese zweitgenannte Art der Ausschreibung sollte gemäß den Grundsätzen der Berufsverbände vermieden werden. Denn prinzipiell ist die geistige Leistung der Planer von der Güterproduktion der gewerblichen Wirtschaft zu unterscheiden. Daher ist es nur logisch, diese Leistung nicht nach dem Preis zu unterscheiden, sondern allein nach der Leistungsqualität zu beurteilen und zu vergeben.

Das schließt nicht die Einholung von **Honorarangeboten** guter und leistungsfähiger Büros aus, setzt allerdings eine eindeutige und umfassende Beschreibung der Einzelleistungen durch den Auftraggeber oder seine Fachberater voraus. So kann mit Hilfe einer Vorauswahl und einer fachspezifischen Wertung „demjenigen der Vorzug gegeben werden, der dem Zweck des Bauvorhabens unter technischen und wirtschaftlichen Gesichtspunkten am besten gerecht wird".

Im Rahmen des normalen Wohnungsbaues ist die Honorarordnung für Architekten und Ingenieure (HOAI) eine gute Richtschnur, wenn Bauherren die zu vergebenden Leistungen ausschreiben möchten. Je nach Marktlage – Konjunktur oder Rezession – lassen sich mehr oder weniger begabte Architekten für einen formlosen Wettbewerb interessieren. Der Auftraggeber erhält durch die Form der Leistungsauslese eine **große Zahl von Alternativen** und wird sich in jedem Falle bewusst, welche Leistungsunterschiede bei den Architekten bestehen – wie überall und in jedem Beruf. Da es in keinem anderen Berufsbereich üblich und möglich ist, dass sich eine Mehrzahl von Berufskollegen an einer Wettbewerbsauslese beteiligen und nur einer den Auftrag erhalten kann, wäre es nur ein Gebot der Klugheit, wenn Bauherren von dieser Chance Gebrauch machen. Das gilt gerade und besonders für auftragsarme Zeiten und bei geringer Nachfrage auf dem Baumarkt. Denn das sind immer Zeiten, in denen das Bauen teuer ist und die Minimierung von Kosten primäre Bedeutung hat. Der Bauherr erhält eine Zahl von Planungen mit Kostenberechnungen, für die er nur einen Bruchteil des eigentlichen Honorars zu zahlen hat.

Wettbewerbe der Kommunen, Magazine ...:

Zur Kostenminimierung im Bauwesen schreiben Ministerien, Gemeinden und Magazine ab und zu Wettbewerbe aus. Zum Beispiel: Die Stadt Chemnitz veranstaltete zusammen mit dem Initiativkreis Bauen und Umwelt e.V. (Meistersingerweg 9, 22559 Hamburg, Tel. 040-817991) 1998 eine Ausschreibung mit dem Ziel, innovative Bauideen zu bekommen, die kostengünstigeres und ökologisches Bauen ermöglichen.
Architekt Prof. Jos Weber erhielt den 1. Preis im Wettbewerb „Kostengünstiger Mietwohnungsbau" in Nordrhein-Westfalen. In Hengelo (Holland) verwirklichte er den gleichen Haustyp mit 96 Quadratmeter Wohnfläche sogar für 1346 DM pro Quadratmeter.
Capital und Dresdner Bauspar AG suchten auf dem Weg eines Wettbewerbs 1998 die originellste und preiswerteste Lösung für Bauen auf schmalen und schwierigen Bauplätzen (Capital 1998). Ein verdienstvolles Unternehmen, weil Baukosten unter 2 000 Mark pro Quadratmeter angesteuert wurden und das Bauen auf kleinen und problematischen Bauplätzen gefördert werden muss.

Wettbewerb des Bundesbauministeriums 1999:

Zum Zwecke der Senkung der Baukosten und der Rationalisierung des Bauvorganges beim Wohnungsbau hat das Ministerium wie in den Vorjahren Bundesmittel zur Förderung der Technischen Forschung gemäß II. Wohnungsbaugesetz zur Verfügung gestellt. Antragsteller sollen das Merkblatt anfordern. Besonders hingewiesen wird auf die Auskunftsdienste des Fraunhofer Informationszentrums RAUM und BAU (IRB), Nobelstr. 12, 70569 Stuttgart, Tel. 0711/970-2500.

2.6.5 Vorteile mit einem Architekten

Alle konfektionierten Wohnungs- und Hausarten, Bauträgerhäuser, Fertighäuser, Bausatzhäuser, Ferien- und Eigentumswohnungen und dergleichen mehr, unterliegen den Vorgaben durch die Herstellerfirmen. Daran ändert auch die Berücksichtigung von Änderungswünschen nichts. Auch im Energieverbrauch sind die Weichen durch die Raumgrößen, die Fensteranordnung, die Hausform und manches andere gestellt.

Architekten können dagegen Häuser **maßgeschneidert** auf die gesamten Programmforderungen der Bewohner zuschneiden, wenn diese frühzeitig durchdacht und präzisiert werden. Von Architekten entworfene Gebäude bilden dennoch keineswegs immer das Optimum an Form, Funktionserfüllung und Preis. Den vollen Nutzen aus der Arbeit mit einem Architekten, mit dem Ziel einem Optimum möglichst nahe zu kommen, erreicht der Bauherr erst, wenn er die Verwendung seiner Mittel unter folgende Prioritäten stellt:

– Stellen Sie das **Raum- und Bauprogramm** möglichst genau auf; aber stellen Sie es gegenüber dem Architekten nicht als unabänderlich hin, sehen Sie es besser als Arbeitsgrundlage an. Aufgrund Ihrer bisherigen Informationen, die notwendigerweise nur ein Bruchteil dessen sein können, was ein guter Architekt kann, legen Sie Ihre Vorstellungen auf den Tisch und lassen Sie den Architekten sprechen. Ein guter Architekt – und das sollte auch als Qualitätstest angesehen werden – wird Ihren Vorschlag nicht als letzte Weisheit ansehen und sich somit zum reinen Bauzeichner degradieren, indem er davon eine Bauantragszeichnung macht. Er wird Ihnen ganz neue Aspekte eröffnen, Alternativen, an die Sie als Unbefangener noch nie gedacht haben, sei es, dass es die Hausform, die Grundstücksausnutzung, die Dachgestaltung, die Grundrissanordnung, das gesamte Konzept oder sonst etwas betrifft. Seien Sie daher aufgeschlossen und geistig beweglich! Bei diesen Alternativen werden Sie auch mit neuen Kostenaussagen und Kostenrelationen konfrontiert. Wenn der Architekt eine Wand zeichnet, zeichnet er sie dorthin, wo sie neben der Erfüllung vieler Funktionen auch am preiswertesten nach Lage, Dicke und Ausführung zu erstellen ist.

– Hinsichtlich weiterer Einzelheiten über Honorar- und Vertragsfragen informieren Bauherren sich auf den Seiten 101 bis 115.

– Bei der Honorarbemessung sollte jeder Bauherr abwägen, was klüger ist: das Honorar weitgehend zu reduzieren und dem Architekten die Motivation zu nehmen oder dem Architekten einen Ansporn zu geben – wie es das Erfolgshonorar ja darstellt. Häufig ist es ja so, dass die Geldausgabe von etwa 10 Prozent für die Planer dem Bauherrn Kostenvorteile von 15 bis 30 Prozent erbringt. Hinzu kommen die Vorteile in der baufachlichen Abwicklung, der entwurflichen und konstruktiven Durcharbeitung, der fachlich einwandfreien und kompletten Ausschreibung und einer Wahrnehmung der Interessen des Bauherrn im gesamten Ablauf. Die gültige Honorarordnung überlässt es den Vertragsparteien, Mindest-, Mittel- oder Höchstsätze zu vereinbaren. Aber auch Abstriche von der Honorarordnung sind möglich.

– Gegenüber fertigen Häusern und Wohnungen sind Architektenhäuser mit **verschiedenen Ausbaustufen** zu planen und zu bauen. Ob der Bauherr selber Hand anlegen will oder sich der wachsenden Familie anpassen möchte, diese Häuser bieten viele Möglichkeiten und lassen anfangs die Baukosten schrumpfen. Verbunden mit den individuellen Wünschen können Bauherren in diesen Häusern die Vielfalt menschlicher Wohnvorstellungen realisieren. Ein Großraum ist ebenso möglich wie die jederzeitige Unterteilung.

– Der **Uniformierung** im Bauen und in der Gestaltung von Grundrissen, Fassaden und Räumen kann hier entgegengewirkt werden. Das macht das Gebäude zum unverwech-

selbaren Objekt, was auch bei einem etwaigen Wiederverkauf seinem Besitzer Kostenvorteile einbringt.
- Bauherren sollten daran denken, dass es mehr Gestaltungsmöglichkeiten gibt, wenn man sich richtig informiert. Das muss keineswegs – wie diejenigen es immer vortragen, denen sowieso nichts einfällt – zu höheren Kosten führen. Die Beweise liegen auf der Hand, wenn man nur die Fachzeitschriften eines bestimmten Niveaus durchsieht.
- Des Architekten Empfehlung ist neben dem guten Entwurf und der treuhänderischen Abwicklung eine günstige Abrechnungssumme. Er arbeitet bereits in der Programmierung und im Vorplanungsstadium **kostenreduzierend.** Das Büro einer Gesellschaft arbeitet dagegen nach dem Prinzip: Wenig Aufwand bei großem Umsatz. So ein angestellter Architekt muss sich bezahlt machen. Dass dabei keine Zeit für eine gute Durcharbeitung von Vorentwurf, Entwurf, Werk- und Detailplanung, Ausschreibung und dergleichen mehr bleibt, liegt auf der Hand. Damit kann man aber keine Kostenminimierung erreichen.

2.6.6 Bauherren-Leistungen

Übersicht:

- Beschaffung des Grundstücks in Zusammenarbeit mit dem Architekten. Klärung aller Grundstücksverhältnisse, Eigentumsrechte, Nachbarbindungen und dergleichen, siehe auch Seiten 28 bis 35
- Überlassung aller Planunterlagen, wie Lageplan, Grundbuchauszüge, Vermessungs- und Höhenpläne usw.
- Mitteilung aller wichtigen Anschriften von Ämtern, Institutionen und dergleichen, mit denen schon verhandelt worden ist
- Darstellung aller die Planung beeinflussenden Faktoren, etwaiger Einschränkungen und Erschwernisse
- Zusammenstellung des Raumprogramms entsprechend Muster, siehe Seite 117
- Auflistung des Bauprogramms mit den besonderen Wünschen an Planung, Ausschreibung, Auswahl von Firmen usw.
- Auswahl des Architekten und der Sonderingenieure gemäß den Empfehlungen auf Seite 101 ff.
- Vertretung der Projektinteressen, soweit dies nicht dem Architekten obliegt bzw. zusammen mit diesem gegenüber Behörden, Finanzierungsinstituten, Bausparkassen, Nachbarn, Verbänden und anderen
- Vorgaben für die Kostenziele und Kostenlimits, aufgegliedert nach DIN 276/1993, Kostenberechnung
- Kontrolle und Fortschreibung der Kostenplanung vom Vorentwurf bis zur Abrechnung in enger Zusammenarbeit mit dem Architekten

- Überlassen bzw. Beschaffung von Lager- und Arbeitsplätzen, Zufahrtswegen und sämtlichen Anschlüssen (Wasser, Kanal, Gas, Elektro usw.) für die Realisierung
- Zusammen mit den Planern: Auswahl der Firmen, die an den Ausschreibungen beteiligt werden sollen; Auswertung der Ausschreibungsergebnisse und Beauftragung der günstigsten Bieter
- Aufstellung der Selbsthilfearbeiten und Organisation innerhalb der Bauleitung mit dem Architekten
- Vorgaben der Terminziele und Abstimmung mit dem Architekten zwecks Ausarbeitung eines Kosten- und Terminplanes, siehe Seite 270
- Übernahme und Inbetriebnahme des Bauobjektes, Teilnahme an Abnahmen, Kontrolle der Mängelbeseitigungsarbeiten, Verfolgung von Gewährleistungsansprüchen, Kontrolle der Endabrechnung, Prüfung der Honorarabrechnung der Planer
- Abschluss einer Bauwesenversicherung vor Baubeginn
- Anweisen der vom Architekten bzw. Fachplanern geprüften Rechnungen

3 Marktinteressen

3.1 Grundwissen

3.1.1 Markt und Macht

Auf dem Baumarkt stehen dem Bauherrn oder Käufer im Interessenkampf um den Auftrag **viele Anbieter** gegenüber:
- Makler oder Immobilienhändler
- Bauträger oder Baugesellschaften
- Siedlungsgenossenschaften
- Gemeinnützige Wohnungsbaugesellschaften
- Baubetreuungsgesellschaften
- Anbieter schlüsselfertiger Objekte
- Generalunternehmer
- Architekturbüros
- Ingenieurbüros (Statik, Sanitär, Heizung, Elektro etc.)
- Planungsgesellschaften
- Handwerksbetriebe
- Bauunternehmen
- Fertighausfirmen
- Hersteller von Bausatzhäusern

Aus allen drei Gruppen bieten sich Kombinationen an, z.B.:
- Planungs- und Baugesellschaften
- Makler- und Baufirmen
- Planungs- und Baufirmen

Hinzu kommen die Finanzierungsgesellschaften, hinter denen Banken, Sparkassen oder Versicherungen stehen.

3.1.2 Interessenkampf

Sie alle beanspruchen, die Interessen des Auftraggebers wahrzunehmen und sein Vertreter, Sachwalter oder Berater sein zu können.
Tatsächlich stehen sich aber nur zwei Interessenlagen gegenüber:
- die **Auftraggeber** oder Bauherren bzw. Käufer und ihre **Treuhänder** und Vertreter, die von wirtschaftlichen Interessen **unabhängigen** Architekten und Ingenieure. Unabhängig

heißt, sie dürfen keine Verkaufs-, Hersteller- oder Umsatzinteressen haben. Sie dürfen nicht mit Firmen, gleich welcher Art, kooperieren oder deren Interessen vertreten.
- die **Auftragnehmer** oder Unternehmer, deren legitimes Ziel es ist, einen **möglichst hohen Umsatz** bei entsprechenden Gewinnen zu erzielen. Ihre Orientierung schließt jeden treuhänderischen Anspruch aus, auch wenn dieser noch so glaubhaft beteuert werden sollte. Zu ihnen zählen Makler, Bau- und Betreuungsgesellschaften, Bauunternehmen, Herstellerfirmen und Handwerksbetriebe, sowie Generalunternehmen usw. Bauherren sollten dieser Gruppe gegenüber stets ein entsprechendes Misstrauen an den Tag legen und sich allein und ohne den Sachverstand eines treuhänderischen Architekten nicht zur Unterschrift unter einen Vertrag bewegen lassen.

Ein Blick auf die folgende Übersicht genügt, um festzustellen, auf welcher Seite derjenige steht, der Ihnen irgendwelche Planungs- oder Ausführungsleistungen anbietet.

Auftraggeberseite: **treuhänderisch orientiert**	**Auftragnehmerseite:** **umsatzorientiert**
Bauherren, Käufer von Bauobjekten, Gemeinden, Kreise, Städte, Kommunen. Auftraggeber der Wirtschaft, der Industrie usw.	Architekten, die in einer der nachfolgend genannten Gesellschaften oder Firmen tätig sind, sei es als Inhaber, Geschäftsführer, Angestellter, Vertreter usw.; Architekten, die ein Bauprodukt vertreten und verkaufen, ebenso Ingenieure in gleicher Orientierung
Freischaffende Architekten, ihre Angestellten und Ingenieure, freischaffende Ingenieure und ihre Angestellten, Sonderfachleute für Heizung, Lüftung, Sanitär, Elektro. Bodenuntersuchungen, Statik, Prüfstatik	Makler, Immobilienhändler, Bauträger, Baugesellschaften, gemeinnützige oder halbstaatliche Wohnungsbauunternehmen, Betreuungsfirmen aller Art, Siedlungsgenossenschaften, Neue Heimat, Anbieter schlüsselfertiger Objekte, Handwerksbetriebe, Bauunternehmen, Sanierungsgesellschaften, Hersteller oder Fabrikanten von Fertig- oder Teilfertighäusern, Planungs- und Baugesellschaften, Generalunternehmer, Kombinationen von Planern und Ausführungsfirmen
Unabhängige und treuhänderisch tätige Planungsbüros oder -gesellschaften, freischaffende Berater für besondere Fachgebiete, Spezialisten für Kostenberatung und Kostensteuerung	

Die Tendenzen der am Baumarkt Beteiligten sind in Bild 2 dargestellt. Unternehmern, Maklern, Bauträgern usw. geht es mehr um einen hohen Preis, während Bauherren und Auftraggeber die umgekehrte Tendenz verfolgen. Planer, Architekten und Ingenieure stehen zwischen beiden. Je nach ihrer Orientierung verfolgen sie entweder die Auftraggeber- oder die Auftragnehmerinteressen.

Bei der Gegenüberstellung beider Seiten ist die senkrechte Linie die **Front,** an der sich beide Parteien gegenüberstehen. Ist die Interessenlage eines Baufachmannes nicht klar, sollten sich Bauherren bei der Architektenkammer erkundigen. Das ist dann besonders wichtig, wenn die **Auftragnehmerseite auch Planungen,** Entwürfe, Ausschreibungen, Kostenberechnungen und dergleichen übernimmt. Jeder weiß, dass kein planender Unternehmer seine gewinnorientierte Interessenlage offen legt. Im Gegenteil, gerade diejenigen, die „das Bauen aus einer Hand" als Werbeslogan benutzen, verfolgen ja bewusst das Ziel, den Bauherrn von allen treuhänderischen Fachleuten zu isolieren. Automatisch muss sich in diesem Fall das Preis-Leistungsverhältnis zu Ungunsten des Auftraggebers verschieben.

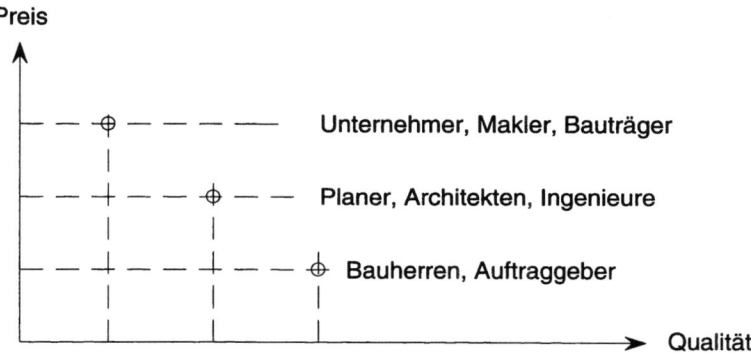

Bild 2   Tendenzen der am Bau Beteiligten

3.1.3   Interessengegensätze

Für den Bauherrn ist die **klare Unterscheidung der beiden,** in ihrer **Interessenlage** stark gegensätzlichen Gruppen, kostenentscheidend wichtig. Einige Veröffentlichungen gehen so weit zu behaupten, Anregungen und Nebenangebote der Ausführungs- oder Auftragnehmerseite müssten unbedingt in die Planung einfließen, ja, man müsse dafür sorgen, dass Planer und Firmen die Angebote für die Auftraggeber zusammen ausarbeiten sollten. Auch Architektenkammern machen zwischen den treuhänderisch arbeitenden und gewinnorientierten Architekten kaum einen Unterschied.
Diesen Auffassungen muss ganz entschieden widersprochen werden.
– Bei Ausschreibungen werden im Allgemeinen Nebenangebote zugelassen, um Alternativen aus der Sicht der Anbieter zu erhalten. Bei der Auswertung dieser Nebenangebote stellt sich in den meisten Fällen heraus, dass eine preiswertere Ausführungsart vorgeschlagen wird, der damit verbundene Qualitätsverzicht aber mehrfach höher als der Preisnachlass ausfällt.

Beispiel:

Bei der Ausschreibung für die Dachdeckerarbeiten schlug ein Anbieter einen Preisnachlass von 3 Prozent vor, wenn die Eindeckungsmaterialien auf ein anderes Fabrikat umgestellt werden würden. Die eingehende fachliche und rechnerische Prüfung ergab: Die Qualitätsminderung durch das Alternativmaterial betrug gegenüber dem ausgeschriebenen Material mindestens 10 Prozent! Sicher würde jeder Bauherr 3 Prozent Rabatt gerne wahrnehmen, jedoch nicht unter der Bedingung, dass der Auftragnehmer dabei mindestens 7 Prozent mehr verdient und der Bauherr sich mit einer Minderwertigkeit von mindestens 7 Prozent und den dadurch bewirkten höheren Unterhaltungskosten abfinden muss.

– Viele **Nebenangebote** werden nur ausgearbeitet, um „den Fuß zwischen die Türe" zu bekommen. Wenn die anbietende Firma nicht das preiswerteste Angebot gemacht hat und damit ausscheidet, hofft sie doch, durch das eine oder andere Nebenangebot in die engere Wahl zu kommen.

– Durch Beteiligung der Auftragnehmerseite an den Planungen in Form von **Änderungen,** Umplanungen, Neuplanungen im Entwurf und den Ausführungszeichnungen wird eine Lawine von konstruktiven und technischen Änderungen ausgelöst, die natürlich unter dem Zeitdruck und in den Kostenfolgen überhaupt nicht vom Architekten und den Fachingenieuren übersehen werden kann. Und gerade das ist die Absicht der Unternehmerseite! Jetzt ist es ihr möglich, aufgrund der erfolgten Änderungen in vielen Einzelheiten **nachträgliche Preisforderungen** zu stellen. Da die Zeichnungen und die Leistungsverzeichnisse in vielen Dingen einfach überholt sind, die Einheitspreise sich ja auf eine ganz andere Ausführungsart beziehen, werden jetzt neue Preise ohne jeden Wettbewerbsdruck in der entsprechenden Höhe gefordert. Der Auftraggeber kann unter dem Zeitdruck und unter dem schon erteilten Auftragsdruck nur noch zustimmen.

Vor einer Zusammenlegung von treuhänderischen Planungs- mit unternehmerischen Ausführungsinteressen kann nur gewarnt werden. Die **Grenze** zwischen beiden kann gar nicht **scharf** genug gezogen werden. Geschieht das nicht, wird der Bauherr in die Defensive getrieben. Wenn Planung und Ausführung – wie es in vielen Fällen geschieht – zusammenfallen oder gezwungen werden, ein Angebot einschließlich Planung zu machen, dann kann es, auch bei mehreren Anbietern, keinen Preis-Leistungsvergleich aufgrund eines einheitlichen Beurteilungsmaßstabes geben.

3.2 Unternehmer

3.2.1 Marktverhalten

Das gesamte Bauen könnte erheblich preisgünstiger sein, wenn die einfache und unwiderlegbare Tatsache tiefer in das Bewusstsein von Auftraggebern und Bauherren eindringen würde, dass die Zielsetzung der treuhänderischen Planer der der Unternehmer diametral entgegengesetzt ist. Hier steuert nicht der Bauherr mit seinem Planer die Kosten in Richtung Minimum, hier wird die Auftraggeberseite schon durch die Auftragnehmerseite gesteuert. Um in Richtung Gewinnorientierung gegen die treuhänderische Aufwandsminimierung zu steuern, werden von der Unternehmerseite präzise und korrekte Preis-Leistungsvergleiche gescheut, vernebelt oder bewusst undurchsichtig gemacht. Das ist der Grund, warum Baubeschreibungen, Kostenkalkulationen oder Angebote so unvergleichbar für den Bauherrn und den Fachberater ausfallen. Das ist Absicht, denn ein **fehlender Vergleich erschwert den echten, fairen Wettbewerb.** Bauherren müssen daher über diese den Wettbewerb verzerrenden oder ihn ausschaltenden Prinzipien unterrichtet werden. Leider wird das von vielen, auch Publikationen der öffentlichen Hand, versäumt, obwohl gerade dieses Wissen kostenträchtige Fehlentscheidungen vermeidet.

Zu den Verzerrungen des Wettbewerbs gehören die immer wieder vorkommenden und nachgewiesenen **Absprachen** über Preise. Das gilt gerade auch bei mittleren und kleineren Aufgaben.

Die Organisation innerhalb der Baubranche ist so perfekt entwickelt, dass es keinerlei Probleme bereitet, in kurzer Zeit herauszufinden, welche Firmen zur Angebotsabgabe aufgefordert wurden.

Nicht immer sind Baupreise das Ergebnis von echten Kalkulationen, seien sie nun in einem echten oder verzerrten Wettbewerb ermittelt. Die jeweilige Marktlage – steht eine Konjunktur oder eine Rezession ins Haus – schlägt auf die Preise durch. Hinzu kommt die besondere Auftragslage eines Unternehmens, die, unabhängig von der Wirtschaftslage im Allgemeinen, die Preise beeinflusst. Ob nun Saisonzeiten oder schlechte Zeiten angebrochen sind, eine Firma wird bei vollen Auftragsbüchern nur dann einen Auftrag annehmen, wenn die Gewinnspanne hoch ist. In flauen Zeiten wird ein Handwerksbetrieb auch einmal zum Selbstkostenpreis anbieten, wenn er auch nichts verdient, um seine Leute über die Runden zu bringen.

Ein Unternehmen soll und muss in guten Zeiten gute Gewinne machen, damit es in schlechten Zeiten die Verluste abdecken kann und auch investieren und expandieren kann.

Schließlich muss ein Betrieb längerfristig disponieren. Das heißt, es muss auch rationalisiert werden, um die Wettbewerbsfähigkeit gegenüber der Konkurrenz zu erhalten. Das erfordert Kapital. Nur wer selbst einmal die Risiken und den hohen persönlichen Einsatz eines Unternehmers kennen gelernt hat, weiß das richtig einzuschätzen. Der Bauherr selbst erwartet ja auch, dass die dem Unternehmer abzufordernde Leistung rationell und mit Engagement erbracht wird, dass Kosten und Termine eingehalten werden.

Weitere Faktoren, die sich preisbestimmend auswirken, sind das besondere Interesse an einer Bauleistung aus lokalen Gründen, aus Gründen der besonderen Beziehungen zu einer Institution oder einer Person.

Die Preisbildung eines Bieters ist im Normalfall auf der Addition von Material, Lohn, Wagnis und Gewinn aufgebaut. Eingerechnet sind die allgemeinen Geschäftsunkosten („Gehäusekosten") und etwaigen Sonderaufwendungen für die Betreuung von Subunternehmen oder für ein besonderes Know-How, das nur diese oder jene Firma aufgrund von Forschung und Entwicklung besitzt.

3.2.2 Immobilien-Makler

Diese Gruppe steht nicht auf Seiten des Bauherrn, sondern ist, wie die Produzenten von Bauprodukten, umsatz- und **gewinnorientiert**. Sie folgt damit der gleichen Geschäftspolitik, wenngleich mit weit geringerem Risiko. Ihre Gebühren von etwa 5 Prozent plus Mehrwertsteuer sind im Verhältnis zu ihrer Leistung und zu ihrem Risiko unbegründet hoch. Ihre **Qualifikation** ist **sehr unterschiedlich.** Da gibt es sehr seriöse und angesehene Makler auf dem Markt. Andererseits ist größte Vorsicht gegenüber denen geboten, deren Geschäftspraktiken keinen guten Ruf haben. Leider gibt es in der Bundesrepublik keinerlei staatliche Kontrolle über die Ausbildung und Tätigkeit der Haus- und Grundstücksvermittler. Praktisch jeder kann sich in diesem Beruf niederlassen.

Kaufinteressenten ist folgendes Verhalten gegenüber Maklern anzuraten:

– Bevor Sie sich auf die Vermittlung durch Maklerbüros einlassen, diese auch nur ansprechen oder sich von ihnen mündliche oder schriftliche Angebote machen lassen, sollten Sie versuchen, **ohne sie auszukommen.** Sie sparen wenigstens vier-, wenn nicht fünfstellige Summen! Schreiben Sie auf Privatanzeigen und inserieren Sie selbst. Grundstücke, Althäuser, Neubauten usw. werden von ihren Eigentümern oft auch ohne Makler angeboten.
Besitzer von Immobilien aller Art sind bei den Liegenschafts-, Kataster- oder Grundbuchämtern in Erfahrung zu bringen.

– Auch **telefonische Vermittlungen** von Immobilien durch Vermittler sind **gebührenpflichtig.**

– Sollten Sie schon ein Maklerangebot besitzen, dann sollten Sie sofort bei Vorlage desselben Angebotes aus der Hand eines anderen Maklers dieses schriftlich als bereits bekannt ablehnen, ebenso bei Vorlage von zwei Vermittlern.

– Niemals sollten Kaufinteressenten sich an nur **einen** Immobilienhändler binden. Die Maklerbedingungen sind in den meisten Fällen zum Nachteil des Interessenten. Das gilt auch beim Verkauf von Immobilien.

– **Provisionen für Makler sind kein Gegenstand von Kaufverträgen.** Dennoch versuchen Makler, ihre Ansprüche in die Kaufverträge einzubinden und empfehlen daher auch bestimmte Notare, die das automatisch zum Vertragsbestandteil machen. Der Käufer muss sich dann verpflichten, bei Vertragsabschluss die volle Maklerprovision zu zahlen, unabhängig von dem Risiko, ob der Vertrag wie vereinbart durchgeführt wird oder vielleicht am Rücktritt des Verkäufers oder infolge eines Vorkaufsrechtes scheitert. Also erst zahlen, wenn auch alles wie im Vertrag vereinbart, abgewickelt worden ist.

- Makler übernehmen **nicht die geringste Haftung** für den Zustand des Kaufobjektes. Sie bemühen sich daher, die Angebote so unverbindlich und vage wie möglich zu halten. Anlässlich von Hausbesichtigungen werden nur positive Aussagen gemacht und Fragen hinsichtlich Mängeln schönfärberisch beantwortet. Eine mehrfache Besichtigung mit einem Baufachmann, am besten ohne den Vermittler, ist ratsam.
- Die Höhe der **Vermittlungsprovision** ist reine Ermessens- und **Verhandlungssache**. Besonders in Zeiten geringerer Nachfrage sind Prozentsätze von 1 bis 3 Prozent keine Seltenheit.
- Um Ansprüche von mehreren Vermittlern für das gleiche Haus abzuwehren, sollten Sie sich beim Eigentümer und bei Ihrem Notar darüber beraten lassen, wem die Provision zusteht und wem nicht.
- Eigentumswohnungen werden häufig von Baugesellschaften erstellt und von mehreren Vermittlern angeboten. Hier gilt der gleiche Rat: Wenden Sie sich an den Erbauer, nicht an die Vermittler.
- In schlechten Zeiten für Hausverkäufer lassen sich Makler – auch wenn sie von den Verkäufern beauftragt sind – von den Kaufinteressenten einspannen, um den Kaufpreis zu drücken. Dem Makler geht es um einen schnellen Vertragsabschluss. Daher rät er dem Verkäufer, den Kaufpreis zu reduzieren.
- **Kritisch** sollten Sie auch die vorgelegten Zahlen betrachten. Wenn Makler von der Übernahme günstiger Alt-Hypotheken sprechen, sollten Sie sich direkt mit dem Hypothekengeber in Verbindung setzen. Dieser wird in der Regel die Zinsen erhöhen. Wenn Makler von günstigen Energiekosten sprechen, sollten Sie sich über das Heizungsverhalten der bisherigen Bewohner informieren. Steuervorteile nennt Ihnen verbindlich nur das Finanzamt.

3.2.3 Bauträger

Auf dem Baumarkt sind diese Verkäufer von Gebäuden und Wohnungen unternehmerisch tätig. Sie können **nicht Treuhänder** oder Interessenvertreter des Bauherrn sein. Sie bieten Wohnungen, Einzelhäuser und andere Bauobjekte an, um zu verdienen – je mehr, desto besser.
Das immer knapper werdende Bauland haben sie zum Teil in der Hand, machen es baureif und bebauen es bzw. lassen es bebauen. Nicht alle Gesellschaften dieser Art haben komplette Planungsabteilungen. Sie übernehmen aber immer die kaufmännische Seite und werden daher auch vielfach von Kaufleuten geführt, während Planung, Bauleitung und technische Abwicklung nur zum Teil von ihnen oder von freischaffenden Architekten bearbeitet werden. Immerhin übernehmen Bauträger Risiken beim Kauf und Verkauf von Bauplätzen und Gebäuden. Sie wissen nie, ob sie ihre Objekte zu den von ihnen anvisierten

Preisen verkaufen werden. Bleiben Wohnungen oder Häuser monatelang unverkäuflich, müssen sie auch manchmal zu Selbstkosten verkaufen. Sicher kommt dieser Fall selten vor, weil sie vor Inangriffnahme eines Vorhabens die Risiken weitgehend zu vermindern suchen. Oft werden die Baukosten durch Pauschalpreise so abgesichert, dass die Handwerksfirmen das Risiko übernehmen müssen. Die eingehende Erfahrung und Kenntnis des Baumarktes erlaubt es den Gesellschaften, die reinen Verkaufsrisiken gering zu halten.

Verhaltenstips gegenüber Bauträgern:

– Da diese Gesellschaften Empfänger Ihrer Teilzahlungsbeträge sind, sollten Informationen über die **Liquidität,** Bonität und Zahlungsfähigkeit bei Banken, Sparkassen, Auskunfteien und dergleichen eingeholt werden. Den Bauherren sind von den Gesellschaften Referenzen nachzuweisen. Da es keine absolute Gewähr für die Zuverlässigkeit dieser Informationen gibt – die finanziellen Verhältnisse einer Firma können sich auch kurzfristig ändern – , müssen Käufer besonders vorsichtig bei der Zahlung sein. **Teilzahlungen nur nach Baufortschritt** und bei entsprechender Absicherung auf dem Grundbuchblatt, das bereits auf den Namen des Käufers lauten sollte!

– Der Kaufvertrag sollte nur abgeschlossen werden, wenn alle Hinweise berücksichtigt worden sind, die unter dem Titel „Angebotsbeurteilung von Bauträgerhäusern", Seite 35 ff. aufgeführt worden sind.

– Infolge der Abnahme größerer Summen von einer Hypothekenbank bieten die Gesellschaften auch **günstige Zins- und Tilgungssätze** an, die Sie mit denen Ihrer Hausbank vergleichen sollten. Natürlich sollten Sie auch die Konditionen Ihrer Bausparkasse in den Vergleich einbeziehen.

3.2.4 Schlüsselfertige Objekte

Dieser Begriff ist nur glaubwürdig und sinnvoll, wenn dem Käufer Folgendes schriftlich zugesichert wird und als **Vertragsbestandteil** gilt.

– Der **Festpreis** muss **fest** sein und Folgendes enthalten
sämtliche Kostenbestandteile, wie sie die DIN 276, Kostenberechnung, aufführt, einschließlich aller Nebenkosten;
die Preise für alle Sonderwünsche und Extras entsprechend einer gesonderten Aufstellung, einschließlich aller Einbauten;
die Berücksichtigung von Eigenleistungen und Selbsthilfearbeiten, siehe auch Seite 61 ff. unter dem Thema „Festpreis" (bei Fertighäusern).

– Der **Leistungsumfang** muss qualitativ und quantitativ **fest umrissen** sein. Eine Baubeschreibung sollte keine dehnbaren Begriffe enthalten wie „überdurchschnittliche Qualität" oder „komfortable Ausführung", sondern eine präzise Detailbeschreibung aller Einzelheiten, beginnend mit der Bodenart und Fundamentierung und endend mit den Maler- und Außenarbeiten, siehe auch Seite 68.

- Dem Vertrag muss ein kompletter Satz **Zeichnungen** im Maßstab 1 : 100, besser 1 : 50, mit allen Grundrissen, Ansichten, Schnitten und dem Lageplan beigefügt werden, aus dem
    - Raumgrößen, Raumhöhen, Fenster- und Türgrößen, Beweglichkeit der Fenster;
    - Installationsobjekte für Heizung, Sanitär und Elektro einschließlich Lage der Heizkörper, Waschbecken, WC, Duschen, Warm- und Kaltwasserhähne, Steckdosen, Schalter, Auslässe, Einbauten;
    - Fußbodenbeläge, Fliesenbeläge

    hervorgehen.
- Die notwendigen Angaben über die Einhaltung der DIN 4108 (Wärmeschutz), 4109 (Schallschutz), der Verdingungsordnung für Bauleistungen (VOB), der anerkannten Regeln der Technik usw. müssen zugesichert werden.
- Die Erteilung der **Baugenehmigung** muss vorliegen oder gesichert sein.
- Die **Terminangaben** für den Bezug und die Gewährleistung müssen garantiert werden.

Sind diese Punkte erfasst und garantiert und ist auch die Finanzierung abgesichert, so ist der Käufer aller Sorgen enthoben. Er bekommt eine fest umrissene Leistung zu festem Termin und festem Preis, ist entlastet von etwaigen Reibereien mit vielen Firmen, Planern, Ämtern und dergleichen.

3.2.5 Achtung, Kleingedrucktes!

- Auch über die vorgedruckten Verträge lassen Bauträger mit sich reden. Wenn auch die meisten Verträge mit **Gewährleistungszeiten** von zwei Jahren (VOB) ausgestattet sind, sollten Sie versuchen, diese auf **fünf Jahre** gemäß dem BGB zu verlängern.
- Erklären Sie sich **nicht** damit einverstanden, wenn vertraglich vereinbart wird, dass der Verkäufer die Haftung für „**verdeckte Mängel**" ausschließt.
- Machen Sie auf jeden Fall technische **Änderungen,** die sich die Hausverkäufer in vielen Fällen vorbehalten, von Ihrer **Zustimmung** abhängig.
- Verträge enthalten oft den Passus, dass, von einem bestimmten Zeitpunkt an, sämtliche Ansprüche auf **Mängelbeseitigung** an den Architekten oder die beteiligten Unternehmer vom Verkäufer auf den Käufer übergehen. Besser für den Käufer ist es, wenn der **Verkäufer** selber tätig wird.
- **Vorauszahlungen** sollten Sie nur unter dem Vorbehalt einer angemessenen **Sicherungsübereignung** von Materialien leisten.
- Eine Zahlungsweise entsprechend dem Baufortschritt ist üblich.
- Bei der Schlusszahlung dürfen nach der offiziellen Übergabe auch noch 5 Prozent von der Schlusszahlung abgezogen und bis zum Ablauf der Gewährleistungsfristen einbehalten werden, wenn dies vereinbart worden ist.

- Geben Sie bei der **Übergabe** keine Bestätigung darüber, dass alle Mängel beseitigt sind! Sollten sichtbare Mängel beseitigt worden sein, können Sie dies bestätigen, mehr aber nicht.
- Nach der „Neufassung der Verordnung zu § 34c der Gewerbeordnung" sind Sie als Käufer vor der **Zahlungsunfähigkeit** von Verkäufern besser geschützt. Neben weiteren anderen Vorteilen ist auch die Zahlungsweise geregelt.

3.3 Bauherren

3.3.1 Marktverhalten

Bauherren ohne Beratung, ohne Fachwissen und Erfahrung provozieren mehr oder weniger, übervorteilt zu werden. Das spielt sich dann etwa so ab:

Beispiel 1:

Aus einem Wohnhaus sollen die alten Einscheiben-Fenster entfernt und durch **neue Zweischeiben-Fenster** ersetzt werden.
Einige Tischler werden zur Angebotsabgabe aufgefordert, nehmen Maß und machen Kostenanschläge. Der Bauherr erteilt dem günstigsten Bieter den Auftrag.
Ohne Einzelheiten zu kennen, kann dennoch auf den ersten Blick festgestellt werden, dass der Bauherr sich hier selbst betrogen hat.

Falsch war,
- dass er nur nach der Endsumme den günstigsten Bieter beauftragt hat, denn der Baupreis oder die Angebotssumme allein sagen gar nichts aus;
- dass er keinerlei Leistungsbeschreibung als einheitliche Kostenberechnungsgrundlage herausgegeben und
- dass er auch die Auftragsbedingungen nicht genannt hat.

Der Bauherr bekommt somit in der Regel einen Preis, der keinen Leistungsvergleich erlaubt. Er zahlt auf jeden Fall zu viel für eine relativ schlechte Leistung. Nur deshalb kann ein Bieter einen günstigeren Preis bilden als die anderen.

Richtig ist es,
- wenn der Bauherr ein Leistungsverzeichnis aufstellt oder aufstellen lässt, das folgende Angaben enthält:
- Zahl und Größe der Fenster, Schlagrichtung und Verglasung, Art des Holzes und der Beschläge, Marken- und Gütebezeichnungen, Beachtung der Vorschriften, wie VOB oder BGB, Haftung und Gewährleistungsangaben, Nebenleistungen, wie Demontage der alten Fenster, Abfuhr, Reinigung, Verleistung, Verkittung, Anschlussarbeiten an Fensterbänken, -stürzen und -leibungen;

- wenn der Bauherr auch die Auftragsbedingungen nennt, wie zum Beispiel Termine für die Ausschreibung und Ausführung, Angaben für die Bauleitung und Abrechnung, Zahlungsweise und sonstige Konditionen.

Nur so erhält der Auftraggeber einen Preis, der sich mit anderen vergleichen lässt und stets die gleiche Quantität und Qualität voraussetzt. Der günstigste Bieter kann den Bauherrn nicht übervorteilen oder nachträgliche Mehrkosten für Leistungen berechnen, die in seinem Angebot nicht enthalten waren.

Beispiel 2:

Eine Familie möchte das **Dach ausbauen** und lässt sich von einem Fachmann eine Leistungsbeschreibung anfertigen, die alles an Einzelheiten, Qualitäten und Quantitäten enthält. Das Angebotsverfahren läuft korrekt, der günstigste Bieter wird ermittelt und erhält den Auftrag. Auf der Baustelle macht der Auftragnehmer einen **Alternativvorschlag** für die Ausführung. Die Zimmermannskonstruktion, die Ausführung der Wände, Decken und Fenster sollen geändert werden: Preisnachlass ... DM. Der Bauherr akzeptiert trotz der fachlichen Bedenken des Architekten diesen Vorschlag in der Hoffnung, einige tausend Mark einsparen zu können. Auch in diesem Falle kann festgestellt werden, dass der Bauherr sich selbst übervorteilt hat.

Falsch war,
- dass der Bauherr trotz eingehender Vorbesprechungen und Planungen mit dem Planer und trotz der einheitlich ausgeschriebenen Kalkulationsgrundlage einem Ausführungsvorschlag der Firma zugestimmt hat, der nichts anderes zum Ziel hatte, als diesen Vergleichsmaßstab zu verlassen. Damit hat die Ausführungsseite das gleiche Ziel wie im Beispiel 1 erreicht.

Auch in diesem Beispiel ist kein Preis-Leistungsvergleich möglich. Der Bauherr wird auf jeden Fall zu viel für eine Leistung zahlen, die er preislich nicht mehr vergleichen kann. Wahrscheinlich wird er auch mit Nachtragsforderungen konfrontiert werden, so daß der günstigere Preis bei der Abgabe des Sondervorschlags überholt ist.

Richtig ist es,
- wenn Bauherr und Architekt sich nach gründlicher Planung zu einem Ausführungsvorschlag entschließen, diesen detailliert ausschreiben und auch realisieren.

Nur so erhält der Bauherr einen Preis, der zu seinen Gunsten ausfällt.

Resümee für die Beispiele 1 und 2

Es ist die Regel, dass Ausführungsfirmen versuchen, die ausgeschriebene Leistungsbeschreibung zu verlassen, weil sie ja einen für den Bauherrn günstigen, aber für sie ungünstigen Preis mit einer geringen Gewinnspanne gemacht haben. Über nichts freut sich ein Unternehmer mehr, als wenn der naive Bauherr erst gar keine Leistungsbeschreibung aufstellt, sodass er nur einen Preis zu berechnen hat, der ohne Leistungsvergleich ausfällt. Das heißt, für den Bauherrn muss es ein Niedrigpreis sein, für den Unternehmer ein Preis mit großem Gewinnanteil. Ein Laie wird die Qualitätsunterschiede kaum erkennen. Liegt eine Leistungsbeschreibung vor, ist es nur logisch, wenn ein Unternehmer versucht, diese zu verlassen. Sonderangebote sind auch bei Bauherren mit großer Erfahrung und einem fachlichen Know-How beliebt. Es liegt also allein am Bauherrn, die Folgen dieser Unternehmerangebote ohne einen Leistungs bezogenen Vergleichsmaßstab zu erkennen und sich in allen Aufgaben, ob groß oder klein, auf eine Leistungsbeschreibung zu verlassen.

Das gilt auch bei ganzen Häusern, seien es nun Ein- oder Mehrfamilienhäuser, Ferienwohnungen usw.

Beispiel 3:

Sparen ist Trumpf! Also lässt ein Bauherr sich in Nebenarbeit einen **Entwurf für ein größeres Wohngebäude** machen und legt ihn einem ihm bekannten Unternehmer vor. Da der Bauherr weitere Honorare einsparen möchte, bittet er den Unternehmer ihm ein Angebot zu unterbreiten. Um es mit anderen Angeboten zu vergleichen, bietet sich der Bauunternehmer an, gleich drei weitere Angebote aufgrund des vorliegenden Entwurfs von bekannten Firmen ausarbeiten zu lassen. Der Bauherr ist einverstanden. So geschieht es. Ergebnis: Alle drei anderen Angebote fallen höher aus, so daß der Bauherr dem ihm bekannten Unternehmen den Auftrag erteilt.

Falsch war,
– dass der Bauherr auf jegliche Fachberatung verzichtete, so als ob er auch auf einen Anwalt verzichten könnte, wenn es um die Vertretung seiner Interessen in der gerichtlichen Auseinandersetzung mit einer Gegenpartei geht;
– dass der Bauherr außer dem Entwurf keine Leistungsbeschreibung für die Preisberechnung vorlegt und beim Vergleich der Preise nicht erkennen kann, welches Angebot günstiger für ihn ist, ob die kurze Baubeschreibung des Unternehmers überhaupt eine komplette Ausführung erwarten lässt usw.;
– dass der Bauherr es dem ihm bekannten Unternehmen überließ, die drei anderen Bieter zu bestimmen (und dass alle drei Bieter voneinander wussten).

Richtig ist es,
– wenn auch in diesem Falle die neutrale und treuhänderische Beratung auf Seiten des Bauherrn und nicht gegen ihn steht;
– wenn gleiche Leistungen mit Preisen versehen werden und nicht, wie im skizzierten Fall, nicht Vergleichbares verglichen wird;
– wenn der Bauherr dafür sorgt, dass die Firmen bei der Ausschreibung voneinander nichts wissen und die Auswahl der Firmen breiter gestreut wird.

Nur so fällt der Preis zu Gunsten des Bauherrn aus.

Indem der Bauunternehmer andere Kollegen auffordert, ein Angebot zu machen, wird dieser immer den Auftrag erhalten, und zwar zu einem mehr als auskömmlichen Preis. Die anderen Unternehmer werden natürlich so ausgesucht, dass sie im Kalkulationsniveau (größere Kapazitäten, mehr Maschineneinsatz, zentralere Dienste usw.) mit Sicherheit höher liegen.

Die Erarbeitung von Gewinnen ist und bleibt das Primärziel eines Unternehmers. Das bleibt auch Sinn und Zweck jedes Produktionsbetriebes und ist legitim. Der Bauherr sollte diesem Interesse die Forderung nach planungs- und ausschreibungsgerechter Ausführung entgegensetzen.

Dafür benötigt jeder Auftraggeber den planenden Architekten oder Fachingenieur an seiner Seite. Die dafür erforderlichen Kosten werden am Ende durch eine auf das Notwendigste beschränkte, aber solide durchgearbeitete Ausführung und Bauleitung wieder eingespart. Auf diese Weise können auch bei Bauaufträgen mit geringerem Umfang die Kosten zugunsten des Bauherrn gelenkt werden.

3.3.2 Entscheidungsvorbereitung

– **Nehmen Sie sich immer einen Architekten** für die Ausarbeitung und Bewertung der Entwurfsvorlagen, Leistungsbeschreibungen, Angebotsunterlagen usw. – unabhängig davon, ob es sich um eine einzelne Bauleistung, einen An- oder Umbau oder ein komplettes Gebäude handelt. Suchen Sie sich nicht einen möglichst preiswert auftretenden, sondern qualifizierten Experten aus!

– Wie bei der Auswahl von Küchen- und Phonogeräten sollten Sie Ihre **Kaufentscheidung eingehend vorbereiten,** die Alternativen gegeneinander abwägen und dann konsequent Ihre Entscheidung verwirklichen. Oder gehören Sie zu den 75 Prozent jener Bauherren, die nach einem Impuls, einer Emotion entscheiden? Kein Wunder, wenn dann über hohe Baukosten geklagt wird.

– Kluge Bauherren stellen die **Weichen** für die Kostenentwicklung im Wesentlichen **bei den ersten Entscheidungen** über den Kauf des Grundstücks, des Fertighauses oder der Wahl des Architekten und der Fachingenieure. Je höher Ihr Informationsstand ist, desto eher vermeiden Sie Fehlentscheidungen und damit Kostenerhöhungen. Wenn Sie wissen, wo und wie am wirksamsten eingespart werden kann, verringern Sie automatisch auch den Geldbedarf und damit Ihre monatliche Belastung.

– Die maßlose Information verwirrt viele Bauherren, zumal sie nicht billig ist. Aber **der Preis für Unkenntnis ist erheblich höher als für die Beschaffung vieler Informationen.** Wenn der Bauwillige weiß, dass er für seine Unkenntnis fünfstellige Summen bezahlen muss, wird es ihm leicht fallen, sich qualifizierte Informationen für Bauherren zu besorgen.

– Ebenso wie es ratsam ist, mit der Kostensteuerung möglichst früh zu beginnen, ist es empfehlenswert, die **Terminplanung am Anfang** des Bauentschlusses konkret aufzustellen; denn gerade zu Beginn wird mit dem Faktor Zeit sehr großzügig umgegangen. Die dabei verlorene Zeit ist dann kaum wieder aufzuholen.

– Bauherren sollten sich nicht mit der immer wiederkehrenden Behauptung der Fertighausindustrie bluffen lassen, dass der Bauherr ja die Planungshonorare einsparen würde, sollte der Auftrag an eine Fertighausfirma erteilt werden.
Das Gegenteil ist der Fall. **Fertighäuser** bedürfen einer langen Forschungs- und Entwicklungszeit. Dafür arbeitet ein Team von Planern und erstellt nicht nur die Bauanträge für die Serientypen, sondern entwickelt diese Produkte auch weiter. Neue Produkte entstehen, alte werden nicht mehr produziert. Das alles ist mit einem **erheblichen**

Planungsaufwand verbunden, den der **Käufer bezahlen** muss. Zum Zweck des Vergleichs sollten die Honorare daher stets getrennt ausgewiesen werden.

- Generalunternehmer müssen immer teurer als Einzelunternehmer anbieten, weil sie mindestens 5 Prozent Honorar für die Betreuung der Subunternehmer berechnen müssen. Ob ein Unternehmen nur die eigenen Arbeitskräfte organisiert oder darüber hinaus Fremdfirmen zu integrieren hat, macht in der Planung, Bauvorbereitung, Bauleitung und Abrechnung einen erheblichen Unterschied.
- Bauherren gehen ein Risiko ein, wenn sie sich nicht um die richtige Auswahl der Firmen kümmern, die an den **Ausschreibungen** teilnehmen. Der Architekt sollte dem Bauherrn eine **Vorschlagsliste** vorlegen. Hier kann der Bauherr Firmen streichen, wenn sie seiner Meinung nach nicht geeignet sind oder weitere Firmen benennen, die sich am Verfahren beteiligen sollten. **Auswahlkriterien** sind
  - die Solvenz oder Zahlungsfähigkeit einer Firma,
  - die gute, handwerksgerechte Arbeit und das Know-How in der Planung, Organisation und Bauleitung,
  - gute Referenzen von bereits abgewickelten Bauvorhaben,
  - die Aussicht auf ein günstiges Preisangebot und
  - ein Minimum an Baufehlern.

Es gibt genug Bauten, die nie mängelfrei werden. Auch ein guter Bauleiter kann aus einer unqualifizierten Firma nicht mehr machen als „drin" ist. Für größere Mängel bekommt der Auftraggeber sowieso nur eine Wertminderung und muss sich damit abfinden.
Schließen Sie als Bauherr so genannte „Billig-Bieter" ebenso aus wie teure Spitzenfirmen. Die einen bedeuten für Sie ein zu großes Risiko, die anderen sind für Sie zu teuer.
Die Wahl sollte sich nicht auf einen zu engen lokalen Kreis beschränken. Kombinieren Sie Firmen, die selten bei Submissionen zusammenkommen. Damit verringern Sie die Gefahr von Absprachen. Wenn ein Architekt Ihnen sagt, dass er mit seinen Vorschlägen immer Firmen habe, mit denen er gut kooperiert habe, dann mag das durchaus zutreffen. Fügen Sie aber zwei bis drei weitere Firmen hinzu, damit die Nachteile einer allzu häufigen Zusammenarbeit bei der Kalkulation vermieden werden.

Es geht um Geld, um viel Geld! Daher müssen Bauherren vor jeder Entscheidung – welche Entscheidung ist keine Kostenentscheidung? – für eine entsprechende Vorbereitung sorgen. Diese besteht hauptsächlich darin, die Marktverhältnisse transparenter zu machen. Information steht dabei an erster Stelle. Wenn die Marktverhältnisse durchschaubar sind, kommt es darauf an, die Wettbewerbsregeln zu beachten und durch eine scharfe Konkurrenz das Gleichgewicht auf dem Baumarkt abzusichern.

3.4 Planer, Architekten

3.4.1 Leistungshonorar

Über die Auswahl von Architekten ist schon einiges gesagt worden.

Nun zum Thema: **Leistungsgüte und Honorarhöhe**, siehe Seite 101 und Seite 112.

- Wählen Sie Ihren Architekten nicht nach dem billigsten Honorarangebot aus, sondern machen Sie sich eine **Preis-Leistungsübersicht** nach dem auf Seite 78 ff. gegebenen Muster.

- Auch für den Laien sind die Leistungsunterschiede erkennbar und die für ihn durchschlagenden **Kostenvorteile** einschätzbar. Gehen Sie von den Honoraransätzen der Honorarordnung aus, suchen Sie sich das Büro aus, das Ihnen die beste Gewähr für die Erzielung eines optimalen Preis-Leistungsverhältnisses bei der Planung Ihres Hauses bietet. Verhandeln Sie mit dem Architekten über Honorarabmachungen und beauftragen Sie ihn. Was nutzt Ihnen die Einsparung von einigen Tausend DM im Honorar, wenn Sie zigtausend DM zu viel für die Realisierung Ihres Programms ausgeben müssen.
Für eine Architektenleistung ohne kostenbewusste Überprüfungen und dementsprechend **fehlende Kostenlenkung ist jedes Honorar zu hoch.** In diesen Fällen erhalten die Auftraggeber eine Ware (Haus), die entweder im Verhältnis zur Qualität zu teuer oder deren Qualität im Verhältnis zum Preis zu gering ist.
Ein dritter Faktor kommt hinzu: Entweder sind die Baukosten in Relation zu den laufenden Unterhaltungskosten oder die Unterhaltungskosten in Relation zu den Baukosten zu hoch. Alles hat der Architekt in der Hand.
Wenn der Gegenwert eines höheren Honorars – wie zum Beispiel für rationalisierungswirksame Planungsleistungen – in einer bedeutend höheren Baukosteneinsparung liegt, sollten Sie nicht zögern, dieses zu vereinbaren. Vergewissern Sie sich durch Vorlage von Referenzen, Nachweisen und konkreten Belegen, dass der Architekt diesen Gegenwert in ausreichendem Maße auch erbracht hat. Jeder Architekt wird behaupten, dass er wirtschaftlich baue.

- Die **Leistungsgüte** eines Planers muss in hinreichender Weise auch in der Qualität seiner Denkarbeit zutage treten. Keine Honorarordnung weist den genauen Umfang aus, den ein Architekt im Einzelnen zu erbringen hat. Wie viel Vorentwürfe, Entwürfe, Ausführungszeichnungen und Details in welcher Ausführlichkeit ein planender Architekt vorzulegen hat, ist weitgehend ins eigene Ermessen gestellt. Schwierigere Aufgaben verlangen eingehende Durcharbeitung. Wie viel Denk- und Zeichenarbeit ein Architekt auch investiert, wie oft die Baustelle besucht wird, wie viel Angaben der Bauleiter macht und was er alles den Firmen überlässt, die entsprechenden Honorare bleiben die gleichen. Es kann nicht im Interesse der Sache sein, wenn Planer und Bauleiter mit einem **Minimum an Stundenaufwand** versuchen müssen, mit der durch ein Mini-Honorar bestimmten Stundenzahl zurechtzukommen. Wenn Sie daher ein Haus erwarten, das nicht nur preiswert ist, sondern auch nach den „Allgemeinen Regeln der Baukunst" mängelfrei errichtet wird, so ist dieser Aspekt in Ihre Überlegungen einzubeziehen.

- Es entspricht dem Charakter der Honorarordnung, dass die besonderen Anstrengungen eines Büros mit dem Ziel, die Kosten bei gleicher Qualität zu senken, eher durch ein niedriges Abrechnungshonorar „bestraft" als belohnt werden. Je höher die Abrechnungssumme, desto höher auch das Honorar.
- Bringen Sie gleich **am Anfang Ihre kostenplanerischen Vorstellungen zur Sprache.** Schaffen Sie eine gute, die ökonomische Bauplanung günstig beeinflussende Honorarbasis. Nach der Honorarordnung ist jeder Alternativentwurf zusätzlich zu bezahlen, obwohl davon kaum Gebrauch gemacht wird. Das hat natürlich seine Grenzen. Normalerweise sind einige Vorentwurfs- und Entwurfsvorschläge selbstverständlich kostenlos, wenn es immer um die **gleichen Anforderungen** geht. Nichts ist so hemmend und niederziehend wie ständig wechselnde bauherrliche Vorstellungen mit immer neuen Erwartungen. Damit können Sie jedem Architekten jede Motivation nehmen! Und Sie müssen mit Zusatzhonoraren rechnen. Es geht ja nicht nur um ein baukostensparendes, sondern auch um ein die Kosten der Planungsleistungen deckendes Honorar. Ein Planungsbüro, das durch Leistungskontrolle feststellt, dass die Honorarsumme allzu frühzeitig verbraucht werden sein wird, wird sich nicht mehr so für Ihr Bauvorhaben einsetzen können, wie dies eigentlich notwendig wäre.
- **Nachlässe** auf die Honorarordnung sind in Zeiten geringer Nachfrage und bei der Überzahl von Architekten auf dem Markt an der Tagesordnung. Verhandeln Sie mit Ihrem Architekten im Rahmen der erwähnten Überlegungen.

Anhaltspunkte
- „Honorarordnung für Architekten und Ingenieure" (HOAI) [3]
- Die **Mindestsätze** sind im Allgemeinen ausreichend.
- Bei **einfachen Planungsaufgaben** mit weniger Arbeitsaufwand lässt sich auch über Nachlässe von Mindestsätzen verhandeln.
- **Nebenkosten** sollten grundsätzlich **pauschaliert** und schriftlich vereinbart werden. Pausenrechnungen sind dabei auszunehmen, wenn der Bauherr die Rechnung direkt bezahlt. Bei geringen Nebenkosten für Porto, Telefon und dergleichen sollten sie ganz entfallen. Wenn die Baustelle am Ort des Architekten liegt, werden normalerweise keine Fahrtkosten erstattet.
- **Selbsthilfeleistungen,** Vergünstigungen von Unternehmern, vorhandene Baustoffe usw. sollten nicht noch mit Honoraren verteuert werden, sofern der Architekt dadurch kaum oder wenig belastet wird. Dazu bedarf es einer schriftlichen Vereinbarung, siehe Seite 104.
- Die **Honorarzone III** ist zu berechnen, wenn es sich um Wohnbauten mit durchschnittlichem Planungsaufwand handelt. Falls Zweifel über die Zuordnung bestehen, ist § 11 der HOAI anzuwenden. Nach einem Punktesystem ist zu ermitteln, ob nicht auch die Honorarzone IV für Wohnbauten angesetzt werden kann. Hier spielen allerdings Ermessensfaktoren eine Rolle. § 11 HOAI erwähnt auch die **Honorarzone II** für „einfache Wohnbauten mit gemeinschaftlichen Sanitär- und Kücheneinrichtungen".

- Sind Bauherren bereits an einen Architekten gebunden, so besteht durchaus die Möglichkeit, einen zweiten für die Beratung oder Begutachtung eines Entwurfs, einer Kostenberechnung oder eines fertigen Baues zu konsultieren. Diese Aufgabe kann mit dem Stundensatz oder einer Teilleistung abgegolten werden.
- Oft empfiehlt sich, **zuerst einige Teilleistungen** zu beauftragen, z.B. eine Voranfrage an das Bauamt, oder einen Vorentwurf mit Kostenschätzung und einigen Alternativen zu einem Pauschalpreis, um bei negativen Bauentscheidungen von Behörden nicht unnötige Planungsmittel zu investieren. Dieses Verfahren hat den Vorteil, dass Bauherren schon vorweg die **Qualität der Planer testen** können und keinerlei weitere Verpflichtungen eingehen. Der Gewinner von mehreren Vorentwurfsarbeiten bekommt dann den endgültigen Auftrag. Leider wird hiervon zu wenig Gebrauch gemacht. Gemäß § 19 HOAI können jedoch bei Beauftragung von Einzelleistungen höhere Prozentsätze vereinbart werden. Zum Beispiel beim Vorentwurf statt 7 nun 10 Prozent oder beim Entwurf statt 11 nun 18 Prozent.
- In vielen Fällen werden **Positionen des Leistungsbildes gestrichen,** weil die Gegenleistungen gering bzw. nicht erforderlich sind:
Nr. 1, Grundlagenermittlung und Nr. 9, Objektbetreuung: Wer gewisse Vorarbeiten für die Planung geleistet hat und wer weiß, was er will und was er genehmigt bekommen kann, kann auf die Leistungsphase 1 verzichten.
Es ist jedoch nicht ratsam, auf die Phase 9 zu verzichten, auch wenn das der Architekt anbietet. Grund: „Gilt Phase neun, beginnt die fünfjährige Gewährleistungsfrist des Architekten für Fehler, die auch er zu vertreten hat, erst dann zu laufen, wenn die Gewährleistungsfrist der Handwerker abgelaufen ist." (Capital 1998)
– Zur **Preis-Leistungsübersicht** bei der Architektenauswahl – siehe Kap. 2.6.1. Seite 78 – Die Leistungsunterschiede in der praktischen Arbeit der Architekten und Fachingenieure sind genau so groß wie in jeder anderen Berufsgruppe. Eine kritische Auswahl ist daher dringend anzuraten. Dabei kann und darf die Architektenkammer nicht helfen. Das Image, die Empfehlung oder die Größenordnung sind daher ungeeignete Kriterien; **allein der Leistungsmaßstab** sollte für die Auswahl entscheidend sein.
Eine Anfrage bei mehreren Architekten ist daher durchaus empfehlenswert. Bei der Vielzahl an Architekten ist es kein Problem, eine Vorauslese zu treffen und anschließend in Form der Kriterientabelle die Ergebnisse auszuwerten.
Diese Tabelle kann entsprechend der Art und Größe des Bauobjekts beliebig erweitert oder auch verringert werden. Die Antworten lassen sich leicht klassifizieren in „sehr zufrieden stellend", „zufrieden stellend" und „nicht zufrieden stellend".
Bauherren sollten sich nicht scheuen, sich Arbeitsresultate zeigen bzw. Aussagen belegen zu lassen. Gerne legen Architekten ihre Arbeiten vor. Desgleichen ist eine ausreichende Zahl von Referenzen auszuwerten. Nutzen Sie diese Gelegenheiten, um nach den Qualitäten des Architekten und seiner Mitarbeiter zu fragen. Werbung durch Transparenz der Arbeitsweise und Infrastruktur ist immer ein positives Merkmal. Intransparenz und Auskunftsverweigerung müssen dagegen einen negativen Eindruck beim Bauherrn hinterlassen.

3.4.2 Architekten-Honorare

Wissenswertes für Bauherren:

- **Gesetzliche Grundlage** ist die „Honorarordnung für Architekten und Ingenieure", genannt HOAI (Januar 1977, 5. novellierte Fassung: 1.1.1996).
  Kosten senkende Hinweise:
  1. Honorarbemessung nach den endgültigen Baukosten
  Der Bauherr kann gemäß der Honoarordnung vereinbaren, dass sich das Honorar nicht nach den endgültigen (meist höheren) Baukosten bemisst, sondern nach dem Kostenvoranschlag. Der Bauherr sollte sich demgemäß auch um die Einhaltung bemühen und nicht durch Änderungen kostenanheizend wirken.
  Ratsam ist es auch, das Honorar zu pauschalieren.
  2. Bonus für Kostensenkungen – Erfolgshonorar gemäß HOAI § 5Abs.4a
  „Für Besondere Leistungen, die unter Ausschöpfung der technisch-wirtschaftlichen Löungsmöglichkeiten zu einer wesentlichen Kostensenkung ohne Verminderung des Standards führen, kann ein Erfolgshonorar zuvor schriftlich vereinbart werden, das bis zu 20 % der vom Auftraggeber durch seine Leistungen eingesparten Kosten betragen kann."
  3. Niedrigere Honorare
  Gemäß Bundesgerichtshof (BGH VII ZR 290/95) darf der Architekt auch niedrigere Honorare unter den Mindestsätzen der HOAI vereinbaren, wenn er ein enges freundschaftliches Verhältnis zum Bauherrn hat.

- Das Honorar richtet sich nach der **schriftlichen Vereinbarung über einzelne oder alle Teilleistungen,** die die Parteien bei Auftragserteilung im Rahmen der durch die HOAI festgesetzten Mindest- und Höchstsätze treffen (§ 4 HOAI). Die **Mindestsätze** können durch schriftliche Vereinbarung **in Ausnahmefällen unterschritten** werden – nicht nur in Ausnahmefällen – wie es in der HOAI heißt –, weil ein richterliches Urteil dies zulässt. [4] Sofern bei Auftragserteilung nichts anderes schriftlich vereinbart worden ist, gelten die jeweiligen Mindestsätze als vereinbart (§ 4 HOAI).

- **Zeithonorare** (Stundensätze) sind durch Vorausschätzung des Zeitbedarfs als Fest- oder Höchstbetrag zu berechnen. Folgende Beträge können in Ansatz gebracht werden: **75,– bis 160,– DM** pro Stunde für Architekten oder Ingenieure, **70,– bis 115,– DM** pro Stunde für die Mitarbeiter, die technische oder wirtschaftliche Aufgaben erfüllen (§ 6 HOAI).

- **Nebenkosten** (§ 7 HOAI): Post- und Telefongebühren, Kosten für Vervielfältigungen, für das Baustellenbüro, für Fahrten zur Baustelle und dergleichen.
  Bauherr und Architekt können schriftlich vereinbaren, dass, abweichend von § 7, Satz 1, eine Erstattung ganz oder teilweise ausgeschlossen ist.

- Honorarzahlungen nach erbrachter Leistung und aufgrund einer prüffähigen Honorarrechnung (§ 8 HOAI). Auch **Abschlagszahlungen** können für nachgewiesene Leistungen gefordert werden.

- Die **Mehrwertsteuer** ist in den berechneten Honoraren nicht enthalten.
- Das Honorar wird nur auf der Grundlage bestimmter Positionen berechnet. Die **DIN 276, 1981**, die alle Kostenbestandteile aufzählt, muss hier gemäß HOAI herangezogen werden. Nicht anrechenbar sind folgende Positionen aus der DIN 276: 1.1.0.0 bis 1.3.0.0, 1.4.0.0, 2.1.0.0, 2.2.0.0, 2.3.0.0, 4.0.0.0, 5.0.0.0, 5.3.0.0, 5.4.0.0, 6.0.0.0, 7.0.0.0 (§ 10 HOAI). Ermäßigungen sind bei den Positionen 3.2.0.0 bis 3.4.0.0 und 3.5.2.0 bis 3.5.4.0 zu berücksichtigen.
- Als **anrechenbar** gelten die ortsüblichen Preise, wenn der Auftraggeber
  - selbst Leistungen oder Lieferungen übernimmt,
  - vom bauausführenden Unternehmer oder von Lieferern sonst nicht übliche Vergünstigungen erhält;
  - Lieferungen oder Leistungen in Gegenrechnung ausführt oder
  - vorhandene oder vorbeschaffte Baustoffe oder Bauteile mitverarbeiten lässt.

  Ratsam ist es, diese Punkte bei Auftragserteilung schriftlich zu klären, damit keinerlei unerwartete Ansprüche geltend gemacht werden können.
- Für **Wohnhäuser** sind zwei Honorarzonen vorgesehen (§§ 11, 12 HOAI):
  - Honorarzone **III** bei Wohnhäusern mit durchschnittlichen Planungsanforderungen oder durchschnittlicher Ausstattung
  - Honorarzone **IV** bei Wohnhäusern mit überdurchschnittlichen Anforderungen oder überdurchschnittlicher Ausstattung
- Das Leistungsbild (§ 15 HOAI) umfasst die Leistungen für Neubauten, Neuanlagen, Wiederaufbauten, Erweiterungsbauten, Umbauten, Modernisierungen, raumbildende Ausbauten, Instandhaltungen und Instandsetzungen. Die hier aufgeführten neun Leistungsphasen sind mit den Prozentsätzen versehen, die zeigen, was eine Teilleistung kostet. Es ist durchaus möglich und in vielen Fällen empfehlenswert, Teilleistungen in Auftrag zu geben und diese dann nach Bedarf zu erweitern.

  Das Leistungsbild setzt sich wie folgt zusammen:

Grundleistungen	**Besondere Leistungen**
1. Grundlagenermittlung	
Klären der Aufgabenstellung	Bestandsaufnahme
Beraten zum gesamten Leistungsbedarf	Standortanalyse
Formulieren von Entscheidungshilfen für die Auswahl anderer an der Planung fachlich Beteiligter	Betriebsplanung
	Aufstellen eines Raumprogramms
Zusammenfassen der Ergebnisse	Aufstellen eines Funktionsprogramms
	Prüfen der Umwelterheblichkeit
	Prüfen der Umweltverträglichkeit

Grundleistungen	Besondere Leistungen

2. Vorplanung (Projekt- und Planungsvorbereitung)

Analyse der Grundlagen Abstimmen der Zielvorstellungen (Randbedingungen, Zielkonflikte) Aufstellen eines planungsbezogenen Zielkatalogs (Programmziele) Erarbeiten eines Planungskonzepts einschließlich Untersuchung der alternativen Lösungsmöglichkeiten nach gleichen Anforderungen mit zeichnerischer Darstellung und Bewertung, zum Beispiel versuchsweise zeichnerische Darstellungen, Strichskizzen, gegebenenfalls mit erläuternden Angaben Integrieren der Leistungen anderer an der Planung fachlich Beteiligter Klären und Erläutern der wesentlichen städtebaulichen, gestalterischen, funktionalen, technischen, bauphysikalischen, wirtschaftlichen, energiewirtschaftlichen (zum Beispiel hinsichtlich rationeller Energieverwendung und der Verwendung erneuerbarer Energien) und landschaftsökologischen Zusammenhänge, Vorgänge und Bedingungen, sowie der Belastung und Empfindlichkeit der betroffenen Ökosysteme Vorverhandlungen mit Behörden und anderen an der Planung fachlich Beteiligten über die Genehmigungsfähigkeit Bei Freianlagen: Erfassen, Bewerten und Erläutern der ökosystemaren Strukturen und Zusammenhänge, zum Beispiel Boden, Wasser, Klima, Luft, Pflanzen- und Tierwelt, sowie Darstellen der räumlichen und gestalterischen Konzeption mit erläuternden Angaben, insbesondere zur Geländegestaltung, Biotopverbesserung und -vernetzung, vorhandene Vegetation, Neupflanzung, Flächenverteilung der Grün-, Verkehrs-, Wasser-, Spiel- und Sportflächen; ferner Klären der Randgestaltung und der Anbindung an die Umgebung Kostenschätzung nach DIN 276 oder nach dem wohnungsrechtlichen Berechnungsrecht Zusammenstellen aller Vorplanungsergebnisse	Untersuchen von Lösungsmöglichkeiten nach grundsätzlich verschiedenen Anforderungen Ergänzen der Vorplanungsunterlagen aufgrund besonderer Anforderungen Aufstellen eines Finanzierungsplanes Aufstellen einer Bauwerks- und Betriebs-Kosten-Nutzen-Analyse Mitwirken bei der Kreditbeschaffung Durchführen der Voranfrage (Bauanfrage) Anfertigen von Darstellungen durch besondere Techniken, wie zum Beispiel Perspektiven, Muster, Modelle Aufstellen eines Zeit- und Organisationsplanes Ergänzen der Vorplanungsunterlagen hinsichtlich besonderer Maßnahmen zur Gebäude- und Bauteiloptimierung, die über das übliche Maß der Planungsleistungen hinausgehen, zur Verringerung des Energieverbrauchs sowie der Schadstoff- und CO_2-Emissionen und zur Nutzung erneuerbarer Energien in Abstimmung mit anderen an der Planung fachlich Beteiligten. Das übliche Maß ist für Maßnahmen zur Energieeinsparung durch die Erfüllung von Anforderungen gegeben, die sich aus Rechtsvorschriften und den allgemein anerkannten Regeln der Technik ergeben.

Grundleistungen	Besondere Leistungen

3. Entwurfsplanung (System- und Integrationsplanung)

Durcharbeiten des Planungskonzepts (stufenweise Erarbeitung einer zeichnerischen Lösung) unter Berücksichtigung städtebaulicher, gestalterischer, funktionaler, technischer, bauphysikalischer, wirtschaftlicher, energiewirtschaftlicher (zum Beispiel hinsichtlich rationeller Energieverwendung und der Verwendung erneuerbarer Energien) und landschaftsökologischer Anforderungen unter Verwendung der Beiträge anderer an der Planung fachlich Beteiligter bis zum vollständigen Entwurf Integrieren der Leistungen anderer an der Planung fachlich Beteiligter Objektbeschreibung mit Erläuterung von Ausgleichs- und Ersatzmaßnahmen nach Maßgabe der naturschutzrechtlichen Eingriffsregelung Zeichnerische Darstellung des Gesamtentwurfs, zum Beispiel durchgearbeitete, vollständige Vorentwurfs- und/oder Entwurfszeichnungen (Maßstab nach Art und Größe des Bauvorhabens; bei Freianlangen: im Maßstab 1 : 500 bis 1 : 100, insbesondere mit Angaben zur Verbesserung der Biotopfunktion, zu Vermeidungs-, Schutz-, Pflege- und Entwicklungsmaßnahmen sowie zur differenzierten Bepflanzung; bei raumbildenden Ausbauten: im Maßstab 1 : 50 bis 1 : 20, insbesondere mit Einzelheiten der Wandabwicklungen, Farb-, Licht- und Materialgestaltung), gegebenenfalls auch Detailpläne mehrfach wiederkehrender Raumgruppen Verhandlungen mit Behörden und anderen an der Planung fachlich Beteiligten über die Genehmigungsfähigkeit Kostenberechnung nach DIN 276 oder nach dem wohnungsrechtlichen Berechnungsrecht Kostenkontrolle durch Vergleich der Kostenberechnung mit der Kostenschätzung Zusammenfassen aller Entwurfsunterlagen	Analyse der Alternativen/Varianten und deren Wertung mit Kostenuntersuchung (Optimierung) Wirtschaftlichkeitsberechnung Kostenberechnung durch Aufstellen von Mengengerüsten oder Bauelementkatalog Ausarbeiten besonderer Maßnahmen zur Gebäude- und Bauteiloptimierung, die über das übliche Maß der Planungsleistungen hinausgehen, zur Verringerung des Energieverbrauchs sowie der Schadstoff- und CO_2-Emissionen und zur Nutzung erneuerbarer Energien unter Verwendung der Beiträge anderer an der Planung fachlich Beteiligter. Das übliche Maß ist für Maßnahmen zur Energieeinsparung durch die Erfüllung der Anforderungen gegeben, die sich aus Rechtsvorschriften und den allgemein anerkannten Regeln der Technik ergeben.

Grundleistungen	Besondere Leistungen

4. Genehmigungsplanung

Erarbeiten der Vorlagen für die nach den öffentlich-rechtlichen Vorschriften erforderlichen Genehmigungen oder Zustimmungen einschließlich der Anträge auf Ausnahmen und Befreiungen unter Verwendung der Beiträge anderer an der Planung fachlich Beteiligter sowie noch notwendiger Verhandlungen mit Behörden

Einreichen dieser Unterlagen

Vervollständigen und Anpassen der Planungsunterlagen, Beschreibungen und Berechnungen unter Verwendung der Beiträge anderer an der Planung fachlich Beteiligter

Bei Freianlagen und raumbildenden Ausbauten: Prüfen auf notwendige Genehmigungen, Einholen von Zustimmungen und Genehmigungen

Mitwirken bei der Beschaffung der nachbarlichen Zustimmung

Erarbeiten von Unterlagen für besondere Prüfverfahren

Fachliche und organisatorische Unterstützung des Bauherrn im Widerspruchsverfahren, Klageverfahren oder ähnliches

Ändern der Genehmigungsunterlagen infolge von Umständen, die der Auftragnehmer nicht zu vertreten hat

5. Ausführungsplanung

Durcharbeiten der Ergebnisse der Leistungsphasen 3 und 4 (stufenweise Erarbeitung und Darstellung der Lösung) unter Berücksichtigung städtebaulicher, gestalterischer, funktionaler, technischer, bauphysikalischer, wirtschaftlicher, energiewirtschaftlicher (zum Beispiel hinsichtlich rationeller Energieverwendung und der Verwendung erneuerbarer Energien) und landschaftsökologischer Anforderungen unter Verwendung der Beiträge anderer an der Planung fachlich Beteiligter bis zur ausführungsreifen Lösung

Zeichnerische Darstellung des Objekts mit allen für die Ausführung notwendigen Einzelangaben, zum Beispiel endgültige, vollständige Ausführungs-, Detail- und Konstruktionszeichnungen im Maßstab 1 : 50 bis 1 : 1, bei Freianlagen je nach Art des Bauvorhabens im Maßstab 1 : 200 bis 1 : 50, insbesondere Bepflanzungspläne, mit den erforderlichen textlichen Ausführungen

Bei raumbildenden Ausbauten: Detaillierte Darstellung der Räume und Raumfolgen im Maßstab 1 : 25 bis 1 : 1, mit den erforderlichen textlichen Ausführungen, Materialbestimmung

Aufstellen einer detaillierten Objektbeschreibung als Baubuch zur Grundlage der Leistungsbeschreibung mit Leistungsprogramm

Aufstellen einer detaillierten Objektbeschreibung als Raumbuch zur Grundlage der Leistungsbeschreibung mit Leistungsprogramm

Prüfen der vom bauausführenden Unternehmen aufgrund der Leistungsbeschreibung mit Leistungsprogramm ausgearbeiteten Ausführungspläne auf Übereinstimmung mit der Entwurfsplanung

Erarbeiten von Detailmodellen

Prüfen und Anerkennen von Plänen Dritter nicht an der Planung Beteiligter auf Übereinstimmung mit den Ausführungsplänen (zum Beispiel Werkstattzeichnungen von Unternehmen, Aufstellungs- und Fundamentplänen von Maschinenlieferanten), soweit die Leistungen Anlagen betreffen, die in den anrechenbaren Kosten nicht erfaßt sind

Grundleistungen	Besondere Leistungen
Erarbeiten der Grundlagen für die anderen an der Planung fachlich Beteiligten und Integrieren ihrer Beiträge bis zur ausführungsreifen Lösung Fortschreiben der Ausführungsplanung während der Objektausführung	

6. Vorbereitung der Vergabe

Grundleistungen	Besondere Leistungen
Ermitteln und Zusammenstellen von Mengen als Grundlage für das Aufstellen von Leistungsbeschreibungen unter Verwendung der Beiträge anderer an der Planung fachlich Beteiligter Aufstellen von Leistungsbeschreibungen mit Leistungsverzeichnissen nach Leistungsbereichen Abstimmen und Koordinieren der Leistungsbeschreibungen der an der Planung fachlich Beteiligten	Aufstellen von Leistungsbeschreibungen mit Leistungsprogramm unter Bezug auf Baubuch/Raumbuch Aufstellen von alternativen Leistungsbeschreibungen für geschlossene Leistungsbereiche Aufstellen von vergleichenden Kostenübersichten unter Auswertung der Beiträge anderer an der Planung fachlich Beteiligter

7. Mitwirkung bei der Vergabe

Grundleistungen	Besondere Leistungen
Zusammenstellen der Verdingungsunterlagen für alle Leistungsbereiche Einholen von Angeboten Prüfen und Werten der Angebote einschließlich Aufstellen eines Preisspiegels nach Teilleistungen unter Mitwirkung aller während der Leistungsphasen 6 und 7 fachlich Beteiligten Abstimmen und Zusammenstellen der Leistungen der fachlich Beteiligten, die an der Vergabe mitwirken Verhandlung mit Bietern Kostenanschlag nach DIN 276 aus Einheits- oder Pauschalpreisen der Angebote Kostenkontrolle durch Vergleich des Kostenanschlages mit der Kostenberechnung Mitwirken bei der Auftragserteilung	Prüfen und Werten der Angebote aus Leistungsbeschreibung mit Leistungsprogramm einschließlich Preisspiegel Aufstellen, Prüfen und Werten von Preisspiegeln nach besonderen Anforderungen

Grundleistungen	Besondere Leistungen

8. Objektüberwachung (Bauüberwachung)

Überwachen der Ausführung des Objekts auf Übereinstimmung mit der Baugenehmigung oder Zustimmung, den Ausführungsplänen und den Leistungsbeschreibungen sowie mit den allgemein anerkannten Regeln der Technik und den einschlägigen Vorschriften

Überwachen der Ausführung von Tragwerken nach § 63 Abs. 1 Nr. 1 und 2 auf Übereinstimmung mit dem Standsicherheitsnachweis

Koordinieren der an der Objektüberwachung fachlich Beteiligten

Überwachung und Detailkorrektur von Fertigteilen

Aufstellen und Überwachen eines Zeitplanes (Balkendiagramm)

Führen eines Bautagebuches

Gemeinsames Aufmaß mit den bauausführenden Unternehmen

Abnahme der Bauleistungen unter Mitwirkung anderer an der Planung und Objektüberwachung fachlich Beteiligter unter Feststellung von Mängeln

Rechnungsprüfung

Kostenfeststellung nach DIN 276 oder nach dem wohnungsrechtlichen Berechnungsrecht

Antrag auf behördliche Abnahmen und Teilnahme daran

Übergabe des Objekts einschließlich Zusammenstellung und Übergabe der erforderlichen Unterlagen, zum Beispiel Bedienungsanleitungen, Prüfprotokoll

Auflisten der Gewährleistungsfristen

Überwachen der Beseitigung der bei der Abnahme der Bauleistungen festgestellten Mängel

Kostenkontrolle durch Überprüfen der Leistungsabrechnung der bauausführenden Unternehmen im Vergleich zu den Vertragspreisen und dem Kostenanschlag

---

Aufstellen, Überwachen und Fortschreiben eines Zahlungsplanes

Aufstellen, Überwachen und Fortschreiben von differenzierten Zeit-, Kosten- oder Kapazitätsplänen

Tätigkeit als verantwortlicher Bauleiter, soweit diese Tätigkeit nach jeweiligem Landesrecht über die Grundleistungen der Leistungsphase 8 hinausgeht

Grundleistungen	Besondere Leistungen
9. Objektbetreuung und Dokumentation	
Objektbegehung zur Mängelfeststellung vor Ablauf der Verjährungsfristen der Gewährleistungsansprüche gegenüber den bauausführenden Unternehmen	Erstellen von Bestandsplänen
	Aufstellen von Ausrüstungs- und Inventarverzeichnissen
Überwachen der Beseitigung von Mängeln, die innerhalb der Verjährungsfristen der Gewährleistungsansprüche, längstens jedoch bis zum Ablauf von fünf Jahren seit Abnahme der Bauleistungen, auftreten.	Erstellen von Wartungs- und Pflegeanweisungen
	Objektbeobachtung
	Objektverwaltung
	Baubegehungen nach Übergabe
Mitwirken bei der Freigabe von Sicherheitsleistungen	Überwachen der Wartungs- und Pflegeleistungen
Systematische Zusammenstellung der zeichnerischen Darstellung und rechnerischen Ergebnisse des Objektes	Aufbereiten des Zahlenmaterials für eine Objektdatei
	Ermittlung und Kostenfeststellung zu Kostenrichtwerten
	Überprüfen der Bauwerks- und Betriebs-Kosten-Nutzen-Analyse

- Leistungen für die Planung der **Außenanlagen** sind nicht in den Grundleistungen inbegriffen.

- Bei mehreren gleichen Gebäuden sind je nach der Zahl der **Wiederholungen** die Honorare zu mindern (§ 22 HOAI).

- Honorare für **Umbauten** und Modernisierungen sind nach den anrechenbaren Kosten wie bei Neubauten zu berechnen, wobei eine angemessene Erhöhung um 20 bis 33 Prozent vereinbart werden kann (§ 24 HOAI).

- Was Honorare **in konkreten Zahlen** ausmachen, wie sie sich aufgliedern je nach Teilleistung, ist aus Tabelle 17 auf Seite 112 zu ersehen.

- **Alle Leistungen, ob Grundleistungen oder aber insbesondere die Besonderen Leistungen, sollten gemäß § 4 HOAI bei Auftragserteilung schriftlich vereinbart werden.**

- Für die Leistungsphasen 1 bis 4 wird das Honorar nach der Kostenberechnung, solange diese nicht vorliegt nach der Kostenschätzung, ermittelt. Nach Genehmigung der Baukosten auf der Grundlage der vorgenannten Berechnungsarten (Kostenschätzung oder Kostenberechnung) liegt das Honorar für diese Leistungsphasen endgültig fest.

- Für die Leistungsphasen 5 bis 7 wird das Honorar nach dem Kostenanschlag und für die Leistungsphasen 8 und 9 nach der Kostenfeststellung ermittelt.

3.4.3 Honorarhöhe

Tabelle 17

Nr.	Leistungsbild	%	Anrechenbare Kosten in DM				
			100 000,00	200 000,00	300 000,00	400 000,00	500 000,00
1	Grundlagenermittlung	3	346,50	678,30	993,60	1 293,00	1 579,50
2	Vorplanung	7	808,50	1 582,70	2 318,40	3 017,00	3 685,50
3	Entwurfsplanung	11	1 270,50	2 487,10	3 643,20	4 741,00	5 791,50
4	Genehmigungsplanung	6	693,00	1 356,60	1 987,20	2 586,00	3 159,00
5	Ausführungsplanung	25	2 887,50	5 652,50	8 280,00	10 775,00	13 162,50
6	Vorbereitung der Vergabe	10	1 155,00	2 261,00	3 312,00	4 310,00	5 265,00
7	Mitwirkung bei der Vergabe	4	462,00	904,40	1 324,80	1 724,00	2 106,00
8	Bauüberwachung	31	3 580,50	7 009,10	10 267,20	13 361,00	16 321,50
9	Objektbetreuung	3	346,50	678,30	993,60	1 293,00	1 579,50
	Summen	100	11 550,00	22 610,00	33 120,00	43 100,00	52 650,00
	zuzüglich Mehrwertsteuer		11,5 %	11,3 %	11,0 %	10,8 %	10,5 %

Honorare für Wohnhäuser mit durchschnittlicher Ausstattung in DM
(Honorarzone III, §§ 11 und 12 HOAI) Mindestsatz

3.4.4 Rationalisierungshonorar

Bis zum 31.12.1990 gab es in der Honorarordnung (HOAI) den § 30, Rationalisierungsfachmann im Wohnungsbau. Dieser Paragraph wurde gestrichen, da nach Meinung der Honorarkommission „Rationalisierungsfachleute im Wohnungsbau nicht in der beschriebenen Art tätig sind". Trotzdem kann sich die Idee, einen Rationalisierungsfachmann zur Begutachtung der Arbeitsergebnisse des Architekten und der Ingenieure zu beauftragen, sehr schnell bezahlt machen.

Beispiel

Bauwerkskosten	DM 300 000,–
Honorar, Mindestsatz nach HOAI	DM 31 240,–
Frei vereinbartes Honorar für rationalisierungswirksame Leistungen	DM 4 686,–

Bezogen auf die Bauwerkskosten sind das **Mehrkosten von 1,562 Prozent;** damit gewinnt der Bauherr die Chance, das Fünf- oder Zehnfache dieses Betrages an Baukosten einzusparen. Auch **bei skeptischer Einstellung spart er** vielleicht immer noch das **Dreifache** ein. Es gibt aber auch Beispiele aus der Praxis, wo Bauherrn dreißig Prozent der Bauwerkskosten eingespart haben.

Zusatzhonorare dieser Art bedeuten, dass die Ware „Haus" zuerst einmal verteuert werden muss, um sie im Gesamtresultat billiger zu machen. Der Bauherr als Investor geht immer ein unternehmerisches Risiko ein. In diesen Zeiten, in denen alle Welt im unternehmerischen Bereich unter dem Zwang zur Rationalisierung steht, sollte es dem Bauherrn leichter fallen, auch in seinem Vorhaben dieses Mehr an Honorar mit der aussichtsreichen Gewinnchance zu riskieren.

Leistungen des Rationalisierungsfachmannes oder Kostenberaters sind insbesondere die Begutachtung der

– Grundriss- und Baukörperkonzeption,
– Tragwerkskonzeption (statische Berechnung),
– Ausbaukonzeption,
– Integration der Leistungen der an der Planung fachlich Beteiligten in die Objektplanung
– Vergabe

3.4.5 Architektenvertrag

Zur Beachtung:

– **Fehlen schriftliche Vereinbarungen** bei der Beauftragung eines Architekten, so gilt automatisch die Honorarordnung für Architekten und Ingenieure (HOAI). Sie als Bauherr sind dann verpflichtet, die **Mindestsätze** aus dieser Gebührenordnung zu zahlen. Daher sollten Sie den Mustervertrag der Architektenkammern nutzen und vor Inspruchnahme eines Architekten den Umfang und die Honorierung festlegen.
Ein Architekt kann sich jeden zeichnerischen Lösungsversuch honorieren lassen – auch ohne Bestehen eines Vertrages. Denn der Vertrag gilt als abgeschlossen, wenn ein Bauherr den Architekten mündlich um einen Planungsvorschlag bittet.

– Benutzen Sie die **Honorartabelle** auf Seite 112, aus der die Einzelleistungen mit den entsprechenden Beträgen in DM ersichtlich sind, wenn Sie nicht gleich das gesamte Leistungsbild beauftragen möchten, was sich in vielen Fällen empfiehlt.

– Unterschreiben Sie vor Vertragsabschluss keinerlei **Vollmachten,** Zusagen oder Anerkennungen der Gebührenordnung.

– Die **Vertragsform** ist nicht vorgeschrieben. Sie können somit den Muster-Vertrag beliebig ändern und zu einer Sache der freien Vereinbarung machen.

– Jede Planungsleistung ist genau zu beschreiben und abzugrenzen. Dabei sollte der Architekt möglichst viele **fachplanerische Leistungen** (Heizung, Sanitär, Elektro, Statik)

mitübernehmen. Sie gewinnen dabei die Vorteile der Abwicklung mit nur einem Vertragspartner für alle Architekten- und Ingenieurleistungen.

- Der **Vertrag** sollte auch die **Höhe der Baukosten** und die Dauer der Planungs- und Bauzeiten enthalten.
Der Architekt übernimmt normalerweise keine Garantie für die Einhaltung der Baukosten, weil er bei Vertragsabschluss weder das gesamte Raum- und Bauprogramm kennt noch die Preise macht. Was die Ausschreibungsergebnisse an Preisen erbringen, kann kein Architekt vorhersehen. Dennoch hat der Architekt eine Verantwortung für die Einhaltung der Baukosten innerhalb bestimmter Grenzen. Das heißt, Kostenüberziehungen in einem gewissen Rahmen sind vom Bauherrn zu akzeptieren, nicht aber über diesen Rahmen hinaus in ungewöhnlicher Höhe.
- Honorare sollten **pauschaliert** und nach Abschluss der Teilleistungen nach einem bestimmten Zahlungsplan ausbezahlt werden.
- Die Haftung des Architekten für seinen Auftragsbereich ist im BGB geregelt (fünf Jahre nach Gestellung seiner prüffähigen Schlussrechnung) und sollte nicht auf die ausführenden Firmen abgewälzt werden, weil das nur die Firmenpreise erhöht. Der Planer sollte somit für den gesamten, von ihm verursachten Schaden haften. Haftungsbeginn und -ende sollten zeitlich fixiert werden.
- Der Abschluss einer **Berufs-Haftpflichtversicherung** durch den Architekten in genügender Höhe für die Dauer der Planungs- und Bauzeit ist in den Vertrag aufzunehmen und durch Vorlage der Versicherungspolice nachzuweisen. Mit einzubeziehen sind alle übernommenen Leistungsbereiche und alle im Büro und für den Bauherrn tätigen Büromitglieder einschließlich derjenigen, die vom Büro in freier Mitarbeit oder als Gutachter verpflichtet werden.
- Der Vertrag sollte auch Angaben über die Fachkräfte enthalten, die das Bauvorhaben als **Projektleiter** oder Sachbearbeiter für die verschiedenen Fachbereiche abwickeln.
- Bei **Partnerschaften** sind die rechtlichen Beziehungen unter den Partnern so zu beschreiben, dass keine Zweifel über den Grad der Gemeinsamkeiten bestehen.
- Bei größeren und schwierigeren Projekten ist die Beratung durch einen **Juristen** zu empfehlen.
- Verträge sollten auch die Leistungen und Honorare für **zusätzliche rationalisierungswirksame Planungsalternativen** enthalten.

3.4.6 Honorarkürzungen

Den vielen Bauherren, die es sich nicht nehmen lassen wollen, aus was für Gründen auch immer, die Honorare zu kürzen, sei folgendes Beispiel gegeben:
Ein Planer hat beispielsweise ein Mindesthonorar von DM 20 000,– vereinbart. Das entspricht etwa einer Arbeitsleistung von 200 Stunden oder fünf Wochen à 40 Stunden. In dieser Zeit würde er nicht nur die normale und gewissenhafte Leistung in Form von Zeichnungen und Berechnungen erbringen, sondern auch gerne noch die darüber hin-

ausgehenden Wünsche des Bauherrn nach Alternativvorschlägen, Wirtschaftlichkeitsuntersuchungen und dergleichen. Das ist jedenfalls im Wohnungsbau das Verhalten in kleineren und mittleren Büros. Billigt ihm der Bauherr nur DM 8 000,– zu, muss er die Aufgabe in zwei Wochen erledigt haben. Der Planer wird also schon von der Normalleistung den Teil entfallen lassen, der nach Auffassung der Honorarordnung eine Ermessensentscheidung des Planers ist.

Bauherren wissen zumeist nicht, dass ein Entwurf gut und weniger gut durchgearbeitet sein kann, dass die Ausführungsplanung mit sehr vielen oder nur mit einem Minimum an Details und Angaben ausgestattet sein kann und dass es sich ein Planer sehr leicht machen kann, indem er gleich den ersten Gedanken zu Papier bringt, ohne dabei nach der günstigsten Lösung zu suchen. Dies alles merken Bauherren zunächst nicht; im Gegenteil, es mag sein, dass manch ein Bauherr durchaus zufrieden ist, wenn ihm nicht in seinen eigenen Entwurfsvorschlag hineingeredet wird. Er weiß oder will nichts von den dadurch schon relativ hoch fixierten Endkosten wissen. Er nimmt das Know-How der Planer nicht in Anspruch, mag ihm aber dann später einmal vorhalten, dass sein Bau ja viel zu teuer gekommen sei.

Ja, für diese Leistung sind die DM 8 000,– eigentlich schon zu viel Geld. Ein Bauzeichner hätte es für 10 Prozent der Summe genauso gut aufgezeichnet.

Resümee: Ist ein Bauherr wirklich an einer wirksamen Kostensenkung interessiert, sollte er **auf Honorarkürzung verzichten.** Diese – in seinen Augen vielleicht als Mehrausgabe bezeichnete – Honorarsumme ist im Verhältnis zur letztlich eingesparten Summe von etwa 20 Prozent oder DM 50 000,– gering. Einen Bauherrn interessiert doch die geringstmögliche Gesamtabrechnungssumme und nicht ein geringer Teilbetrag.

3.4.7 Der Profi-Kostenberater

Der in anderen Ländern seit Jahrzehnten tätige Kostenplaner übernimmt dort neben dem Architekten die Steuerung der Kosten zum gewünschten Kostenziel als rechte Hand des Bauherrn. Eines muss betont werden:

Ein Kostenspezialist bringt das Mehrfache ein von dem, was er kostet!

Bei Auftraggebern, die ein Team von Architekten und Ingenieuren haben, ist ein unabhängiger Kostenberater die beste Gewähr für eine entschiedenere Strategie zur Kostenminimierung ohne Qualitätsminderung. Er rechnet jedem Bauherrn aus, was seine Entscheidungen kosten und welche Alternativen preisgünstiger sind.

Wählen Sie diesen Experten nach folgenden Kriterien aus:

– treuhänderische Unabhängigkeit von allen Verkaufs- und Umsatzinteressen;
– fachliche Qualifikation nach Ausbildung und Erfahrung;
– Wohn- und Arbeitsort sind uninteressant, weil es um eine Beratung in Kostenfragen geht, die nicht den Architekten ersetzen soll

- angemessenes Leistungshonorar je nach Aufgabenstellung: nach Stundenlohn oder prozentual;
- Einschaltung zum frühesten Zeitpunkt.

Leistungen des Baukostenberaters:

- Beratung bei der **Grundstückssuche** Raum hinsichtlich der Kostenfolgen und der Renditeberechnung.
- Hilfe bei der Aufstellung des **Raum- und Bauprogramms** bezüglich der Kostenfolgen. Abstimmung mit Kosten- und Terminzielen. Bewertung der Vorentwurfsalternativen des Architekten hinsichtlich der Kostenauswirkungen. Überprüfung der **Architektenplanung** hinsichtlich der Korrekturen für die Erreichung der Kostenziele Vorentwurf, Entwurf und Ausführungsplanung. Beratung bei der Aufstellung und der Einhaltung der **Kostenschätzung**, der **Kostenberechnung** und des **Preisvergleichs** nach den Submissionen für die Einzelgewerke. **Kostenkontrolle** während der Bauausführungsphase bis zur **Kostenabrechnung**;
- Beratung für Auftraggeber mit eigenen Architekten und Ingenieuren, sei es die **Industrie**, die **Wirtschaft** oder die **öffentliche Hand.** Unabhängige und treuhänderische Kostenplanung vom Raumprogramm bis zur Endabrechnung.

4 Kostenbewusstsein

4.1 Raum- und Bauprogramm

4.1.1 Aufstellung des Raumprogramms (Musterbeispiel)

1. **Bewohner**

   Die Eltern,

   das 1. Kind Alter   Jahre,

   das 2. Kind Alter   Jahre,

   außerdem folgende Personen:

2. **Einfamilienhaus**

3. Zur **Lage** auf dem Grundstück

   Vorgarten sollte so klein wie möglich ausfallen, Haupt- und Sonnengarten zum Süden sollte desto größer werden. Nach Osten minimaler Abstand, nach Westen maximal, soweit es die Hausbreite und der Grundstücksschnitt zulassen. Keine Garage, sondern ein überdeckter „Carport" in Verbindung mit dem Haupteingang des Hauses, überdacht und mit leichten Seitenwänden versehen. Die Größe sollte reichlich bemessen sein, mit der Möglichkeit der Unterstellung eines zweiten PKW, der Abstellung von Fahrrädern und dem Fußgängerdurchgang. „Carport" = Waschplatz für den PKW.

4. **Hausform**

   Aus Kostengründen Kompakthaus, Verzicht auf Vor- und Rücksprünge. Dennoch Schutz der großen Sonnenterrasse gegen Einsicht aus drei Seiten erforderlich, nicht nur im Sommer.
   Sonnenschutzeinrichtung. Die Besonnung aus allen drei Seiten, Osten, Süden und Westen, sollte für alle Jahreszeiten gewährleistet sein.
   Schon bei der Festlegung der Hausform ist auf eine Reduzierung des Energieverbrauchs größten Wert zu legen.
   Der unmittelbare Kontakt von Wohnräumen zum Garten sollte vorgesehen werden.

5. **Zahl der Geschosse**

   Erdgeschoss und Obergeschoss
   Alternative: Ausbaufähiges Dachgeschoss

Wenn möglich, sollte eine kleine Einliegerwohnung vorgesehen werden, die sowohl getrennt als auch zeitweise (bei Familienvergrößerung) der Wohnfläche zugeschlagen werden kann.

6. **Dachform**

   Flachgeneigtes Satteldach oder bis zu 30-Grad-Satteldach

7. **Wohnfläche** (Zirka-Größen)

Erdgeschoss:		
Wohn-, Ess- und Spielbereich	22 m^2	
Kochen	6 m^2	
Kinderzimmer	12 m^2	
Kinderzimmer	12 m^2	
Kinder-Duschbad	3 m^2	55 m^2
Obergeschoss:		
Wohnzimmer	20 m^2	
Arbeitszimmer	12 m^2	
Eltern-Schlafzimmer	13 m^2	
Badezimmer	5 m^2	
Abstellraum	5 m^2	55 m2
Summe Wohnfläche einschließlich Abstellraum		110 m^2
+ Flur- und Verkehrsfläche etwa		18 m^2
Summe		128 m^2

8. **Besondere Anforderungen**

   Die Wohn-, Kinder- und Elternzimmer sollten besonnt sein, möglichst von Süden und Westen. Die Küche sollte sich zum Mehrzweckraum im Erdgeschoss öffnen, sei es über eine Tür oder dadurch, dass die Küche selbst nicht durch eine Wand vom Mehrzweckraum getrennt ist. Ausgang zur Sonnenterrasse von 2 Räumen.
   Alle drei Feuchträume (Küche und Bäder) sollten von **einem** Installationsschacht bedient werden. Das heißt, diese Räume sollten neben- bzw. übereinander liegen. Die Heizung ist in Form einer Gastherme in der Küche unterzubringen (Außenwandanschluss).
   Die Einliegerwohnung sollte mit getrenntem Zugang vom Windfang aus erschließbar sein.

9. **Sonstiges**

   Die Vorentwürfe sind mit kompletter Möblierung vorzulegen, wobei die existierenden Einrichtungsgegenstände keine primäre Rolle spielen. Das heißt, wenn ihre Unterbringung zu erhöhtem baulichen Aufwand führt, sollte darauf verzichtet werden. Die

Kücheneinrichtung ist vorhanden und sollte auf die neuen Maße umgestellt und ergänzt werden, sofern sich dies aus Kostengründen empfiehlt.

Der Bauherr erwartet, dass die Planungsalternativen mit Kostenschätzungen verglichen werden. Konstruktiv-statisch einfachen Systemen wird der Vorzug gegeben werden, wobei es nicht auf die Einhaltung der Raumgrößen ankommt, sondern auf ein funktionierendes Gesamtkonzept, das bereits mit dem Statiker abgestimmt worden ist. Desgleichen sollte bereits eine kurze Beurteilung durch Fachingenieure vorgelegt werden.

10. **Kostenziele und Kostenlimit:**

Gemäß DIN 276/1993, Kostenberechnung (siehe Anhang), stehen annähernd folgende Summen zur Verfügung:

100 Grundstück	DM 123 000,–
200 Erschließung	DM 5 000,–
300 Bauwerk – Baukonstruktion	DM 213 750,–
400 Bauwerk – Technische Anlagen	DM 71 250,–
Kgr. 300 + 400 =	DM 285 000,–
500 Außenanlagen	DM 7 000,–
600 Ausstattung	DM 10 000,–
700 Baunebenkosten	DM 45 000,–
Summe	DM 475 000,–

An den Endkosten wird sich jedoch nichts ändern. Das heißt, es handelt sich bei der Summe um ein absolutes Kostenlimit einschließlich aller Reserven!

Sollte das Programm mit dieser Summe nicht bezahlt sein, sind geeignete Vorschläge zu machen, wo Abstriche vorzunehmen sind. Ziel bleibt jedoch, das Gesamtprogramm mit dieser Summe zu realisieren. Alternativ sollten konkrete Überlegungen vorgetragen werden, wie durch ein Bauen in Bauabschnitten oder mit Hilfe von Eigenleistungen die Verwirklichung möglich ist. Natürlich können auch Abstriche bei der Materialwahl, bei der Ausstattung usw. dienlich sein.

Bauprogramm (Muster)

1. **Raumprogramm und Bedarfsermittlung:** siehe Seite 117

2. **Kostenziele und Kostenlimit:** siehe Seite 119

3. **Entwurf**

Die Planung ist mit dem Konstruktionskonzept und der Materialgebung im Rahmen der Kostenlimits auszuarbeiten. Sollte das dabei zugrunde liegende Raumprogramm nicht mit den Kostenzielen zu realisieren sein, sind die Mehrkosten nach der DIN 276 aufzugliedern und Vorschläge vorzulegen, auf welche Weise und mit welchen Einschränkungen im Programm oder bei den Bauteilen unter Einhaltung der Kostengrenzen sich das Programm verwirklichen lässt.

4. **Terminziele**

Folgende Termine sind einzuhalten (vom Datum des Planungsauftrages, Architektenvertrag):
– 1,5 Monate Klärung des Vorentwurfs mit Kostenschätzung, Vorverhandlungen mit Behörden;
– weitere 1,5 Monate Klärung des Entwurfs, Abstimmung mit den Bauämtern, Aufstellung einer Kostenberechnung nach DIN 276;
– weitere 1,5 Monate für die Erarbeitung der kompletten Genehmigungsplanung einschließlich Statik, Entwässerungsplanung, m^2- und m^3-Berechnungen und Ausfertigung aller Anträge;
– weitere 1,5 Monate für die Vorlage der Ausführungsplanung im Maßstab 1 : 50, aller Details und Konstruktionszeichnungen, endgültige Abstimmung mit allen Fachingenieuren;
– weitere 4 Wochen für die Ausarbeitung der Leistungsverzeichnisse für 80 Prozent der Gewerke (damit der 1. Auftrag erst erteilt wird, wenn fast die gesamten Kosten zu überblicken sind);
– Bauzeit: 8 Monate bis zum Bezug des Hauses;
– Abrechnung, Mängelbeseitigung und Verfolgung von Gewährleistungsansprüchen im Laufe der folgenden 3 Monate.

Diese Terminziele müssen Teil aller Kooperationsbesprechungen sein. Sie sollten auch in den Ausschreibungen nicht fehlen. Zur Einhaltung ist ein sehr stark aufgegliederter Terminplan vorzulegen, mit den Firmen abzustimmen und zum Vertragsbestandteil zu machen.

5. **Betriebskostenziele**

Bereits in der Vorentwurfsphase sind die Kostenfolgen für die laufenden Gebäudekosten zu schätzen und vorzulegen. In erster Linie sollten alle Möglichkeiten zur Beeinflussung des Energieverbrauchs genutzt werden.
In den fortschreitenden Planungsphasen sind immer genauere Angaben für die Alternativvorschläge mitvorzulegen.
Das endgültige Konzept ist spätestens während des Entwurfes zwischen Heizungsplaner, Architekten und Bauherrn abzustimmen und festzulegen.

6. **Materialgebung**

Über die Wahl der Konstruktion ebenso wie über die Materialien, Farben usw. ist eingehend mit dem Architekten zu diskutieren. Dabei müssen die eigenen Vorstellungen an architektonischen, kostenbezogenen, bauphysikalischen usw. Überlegungen des Architekten geprüft werden. Ein wirklich sachverständiger und kultivierter Architekt wird Ihnen Ideen unterbreiten, die in Bezug auf die Wahl dieses oder jenes Materials weder willkürlich noch bestimmten Moden unterworfen sind. Ideen, die nach Abwägung vieler

Aspekte, wie z. B. der Bauschadensträchtigkeit, die jeweils beste und Kosten adäquateste Lösung bieten.

4.1.2 Kostenfolgen von Raumprogrammen

Bei der Zusammenstellung der Raumgrößen geht es nicht nur um angemessene Größenordnungen für die einzelnen Räume, um die Wunschvorstellungen der zukünftigen Bewohner oder um die die Größe mitbestimmenden Einbauten und Möblierungen, sondern ganz entscheidend um die Kostenfolgen, und zwar

– in den Investitions- oder **Baukosten** ebenso
– wie in den laufenden **Kapitalkosten**.

Frage:
Wie kann ich bei der Programmierung die Kostenfolgen abschätzen?
Oder:
Was kosten die ermittelten m^2 in den Bau- und Kapitalkosten?

Der Bauherr kann seine Kosten nur dann steuern, wenn hierauf eine konkrete Antwort gefunden werden kann.
Bevor die Antwort in Form konkreter Zahlen vorliegt, sei Folgendes angemerkt:

– Die hier genannten Kosten entsprechen dem Preisniveau von 1999 und sind mit Hilfe des amtlichen Baukostenindex in den folgenden Jahren zu prüfen bzw. zu korrigieren. Siehe Kapitel „Kostenhochrechnungen" Seite 23.

– Es handelt sich hier um Durchschnittswerte, die variieren können
  • nach der Wirtschaftslage (Konjunktur oder Rezession),
  • nach den regionalen Verhältnissen (Großstädte sind teurer als Vororte oder Dörfer),
  • nach der Bebauungsart (Geschosswohnungsbau, Einzelhäuser, Reihenhäuser, Eigentums- oder Mietwohnungen usw.),
  • nach der Größe der Wohneinheit (kleinere Häuser oder Wohnungen sind im Quadratmeterpreis teurer als größere),
  • nach der Lage der Baugrundstücke (Citylage ist wesentlich teurer als Randlage) und
  • nach der Art der Bauherrschaft (Neue Heimat, Privatbauherren, Siedlungsgenossenschaft usw.).

– Der Bauherr muss sich selbst einstufen in die drei Klassen des Qualitätsniveaus in der Bauweise und in der Ausstattung (siehe Tabelle 18), was unproblematisch ist. Innerhalb der Variationsbreite der Zahlenangaben sollten Bauherren dann wählen.

– Bei der Ermittlung der monatlichen Belastung ist ein Zinssatz von 6 Prozent und ein Tilgungssatz von 1 Prozent angesetzt worden. Diese Angaben müssen gegebenenfalls verbessert werden. Im vorliegenden Fall sind sie mit 7 Prozent addiert und durch 12 Monate geteilt worden.

4.1.3 Gesamtkosten m^2 – Kostenüberschlag (Bezugsjahr 1999)

Bauherren können selbst die Kosten ihres Bauprogramms anhand folgender Zahlenangaben ermitteln!

Tabelle 18 Investitions- oder Baukosten

Qualitätsniveau in der Bauweise und Ausstattung	Bauwerkskosten in DM/m^2 (WF) DIN 276: Ziffer 300 + 400 Wohnfläche (WF)	Gesamtkosten in DM/m^2 (WF) DIN 276: Ziffer 100 bis 700 Wohnfläche (WF)
Solider Mindeststandard	1 450,– bis 2 343,–	2 566,– bis 3 905,–
Gehobener Standard; durchschnittlich	2 343,– bis 3 460,– mittel: 2 901,–	3 905,– bis 5 802,– mittel 4 854,–
Repräsentativ; überdurchschnittlich	ab 3 500,–	ab 5 802,–

Tabelle 19 Kapitalkosten – Beispiele

Summe der Wohnfläche (WF) in m^2	Laut Tabelle 18 Mindeststandard, obere Grenze in DM/m^2 WF	Gesamtkosten in DM abzüglich 30 Prozent Eigengeld	Monatliche Belastung in DM (Beispiel): $\frac{6+1}{100} : 12 = 0{,}00583$
74	3 905,–	288 970,– – 86 691,– 202 279,–	x 0,00583 = 1 179,–
93	3 905,–	363 165,– – 108 950,– 254 215,–	x 0,00583 = 1 482,–
111	3 905,–	433 455,– – 130 037,– 303 418,–	x 0,00583 = 1 769,–
130	3 905,–	507 650,– – 152 295,– 355 355,–	x 0,00583 = 2 072,–

Die erste Kostenberechnung kann nur einen Anhaltswert ergeben. Der Unsicherheitsfaktor ist noch ziemlich groß. Die Kostenannahmen (Tabelle 18) basieren auf dem Preisniveau von 1999 und müssen in den folgenden Jahren entsprechend dem Preisindex des Statistischen Landesamtes hochgerechnet werden. Siehe Seite 23.

Immerhin gewinnt der Bauherr mit dieser einfachen Methode einen Vorsprung. **Er weiß jetzt, ob Anspruch und bauliche Wirklichkeit sich decken oder nicht.** Im folgenden Abschnitt 4.1.4 ist dargelegt, wie er seinen Kurs korrigieren kann, um weiterplanen zu können.

Bei allen Fragezeichen hinsichtlich der Ungenauigkeit der Kosten pro Quadratmeter Wohnfläche kann der Auftraggeber aber auch jetzt schon variieren. Bei einem Wechsel des Standards im Qualitätsniveau und in der Ausstattung sind Kostenüberschreitungen oder Kostenunterschreitungen leicht auszugleichen. Ausgehend von den maximal möglichen Belastungen im Monat vermag er jetzt die Größe der Wohnfläche oder die Güte des Ausbaustandards zu ändern, so daß seine Arbeit und die Planung des Architekten immer realistisch bleiben.

Die monatliche Belastung ist selbstverständlich abhängig von den jeweiligen Zins- und Tilgungssätzen. Wenn im vorliegenden Fall von 6 % Zinsen und 1 % Tilgung ausgegangen worden ist, so sind das Annahmen, die u.U. korrekturbedürftig sind.

Jede Bank oder Sparkasse wird Ihnen die neuesten Prozentsätze sagen können, so daß Sie diese dann in Tabelle 20 einsetzen können.

Beispiele

Die auf Seite 118 ermittelte Wohnfläche kostet:

Bauwerkskosten: 128 m² x 2 901,– DM/m²   = 371 328,– DM

Gesamtkosten: 128 m² x 4 854,– DM/m²   = 621 312,– DM

Monatliche Belastung: Gesamtkosten: 621 312,– DM
                        abzüglich 30 % Eigengeld: 186 394,– DM
                        Summe der Hypotheken: 434 918,– DM

$$\frac{6\% \text{ Zinsen} + 1\% \text{ Tilgung}}{12 \text{ Monate}} = 0{,}00583$$

434 918,– DM x 0,00583 = 2 536,– DM monatliche Belastung

4.1.4 Kostensteuerung

Sobald das Raumprogramm aufgestellt worden ist, sollten die Kostenfolgen ermittelt, überdacht und korrigiert werden. Dieses im Folgenden wiedergegebene Verfahren ist simpel zu handhaben und erspart den üblichen Reibungs- und Zeitverlust.

Auf Schiene 1 werden die überschläglichen Kosten für die Erfüllung des Raumprogramms ermittelt, auf Schiene 2 die Rückschlüsse aufgrund des Kostenlimits oder der maximal möglichen Monatsbelastung gezogen.

Beide Resultate werden in den Weichenstellungen zusammengeführt und aufeinander abgestimmt. Erst dann kann das Verfahren mit den neuen Daten weiterlaufen. **Entweder** sind – im Normalfall – die **Kosten des Programms** zu hoch, dann muss der Raumbedarf reduziert werden, so dass dieser wieder **mit den Maximalkosten übereinstimmt. Oder** es ist von den Programmforderungen nichts zu streichen, dann muss das Kostenlimit aufgestockt werden.

Im Prinzip kann diese Weichenstellung sich mehrere Male wiederholen, und zwar solange, bis beide Schienen wieder konform laufen.

Sollte weder das Programm zu verringern noch nachzufinanzieren sein, bietet sich die Möglichkeit an, durch mehr Selbsthilfe einen Ausgleich zu schaffen. Weitere Einsparungen können durch folgende Maßnahmen erzielt werden:

– Es wird durch Wegfall des Anbaues eine Summe von soundsoviel Mark eingespart. Später kann dieser Bauabschnitt dann angebaut werden.

– Es wird am Bauprogramm, an der Qualität der Materialien so viel eingespart, dass die finanzielle Lücke damit geschlossen werden kann.

– Es wird an der Einrichtung gespart.

Kosten-Rückkoppelung

Weichenstellung zwischen Anspruchsniveau und Wirklichkeit
oder: zwischen **Raumprogrammforderungen und Kostengrenzen**
(Kostenstand: 1999)

Beispiel

Schiene 1	Schiene 2
Informationssammlung	Gesamtkostenlimit: DM 475 000,–
Informationsauswertung	abzüglich:
Entscheidungsvorbereitung	Grundstückskosten
Bedarfserfassung	Außenanlagenkosten
Aufstellung des Raumprogramms	Ausstattungskosten
	Baunebenkosten
Summe: **128 m² Wohnfläche**	Bauwerkskosten: DM 285 000,–

Fragestellung:
Kosten 128 m² Wohnfläche
DM 285 000,– oder mehr?

Weichenstellung:
Basis: 2 566,– DM/m² Wohnfläche (WF)
128 m² WF x 2 566,– DM/m² = 328 320,– DM

Die Bauwerkskosten sind um ca. 18 Prozent zu hoch.
Da das Kostenlimit nicht zu erhöhen ist, ist
entweder die Wohnfläche oder der Preis pro m²
Wohnfläche zu reduzieren.

1. Reduzierung der Wohnfläche um rund 13 Prozent von 128 auf 111 m²:

$$\frac{285\,000,-\text{DM Bauwerkskosten}}{2\,566,-\text{DM/m}^2 \text{ Wohnfläche (WF)}} = 111 \text{ m}^2$$

2. Reduzierung des Preises pro m² Wohnfläche auf DM 2 230,–:

$$\frac{285\,000,-\text{DM Bauwerkskosten}}{128 \text{ m}^2 \text{ Wohnfläche (WF)}} = 2\,227,-\text{DM/m}^2 \text{ WF}$$

Beide Lösungen bieten die Grundlage für die weitere Planung.
Die Abstimmung zwischen Programm und Kostenlimit oder Kostenziel ist erfolgt.

4.2 Änderungen und Extras

4.2.1 Negative Praxis

Um es klar und umweglos zu sagen:

Hohe Baukosten sind nicht zuletzt eine Folge des Fehlverhaltens der Bauherren und Käufer!

Jede Änderung der Planungs- und Ausführungsvorgaben treibt die Kosten sebstverschuldet hoch!

Sogar die Änderung einer Position ist teurer, da die neue Position immer mehr kostet als die genau die gleiche Postion vor Auftragserteilung gekostet hätte. Teurer fallen die genehmigungsbedingten Änderungen mit Statik, Planungsaufwand und Ausführungsumstellung aus. Am teuersten aber ist es, wenn ausgeführte Arbeiten geändert werden sollen mit allen Material- und Lohnkosten. Jeder Architekt kann davon ein Lied singen (auch der Autor) und kaum ein Bauherrn-Ehepaar kann der Versuchung widerstehen, dieses und jenes zu ändern und zu versuchen die Folgen herunter zu spielen. Aber jeder Unternehmer freut sich auf Änderungen und wartet darauf.
Weil viele Bauträger und Architekten das wissen, können sie Häuser und Wohnungen in vielen Fällen relativ preisgünstig anbieten. Die im Laufe der langen Planungs- und Bauzeit

vom Auftraggeber eingebrachten Sonder- und Änderungswünsche summieren sich dann dermaßen, dass hier die eigentlichen Verdienste der Verkäufer von Häusern und Wohnungen liegen. Bedenkenlos werden Extras vorgetragen, die in den einzelnen Besprechungen nur wenige hundert oder tausend DM ausmachen, sich aber letztlich zu fünfstelligen Summen addieren und Ärger und Verdruss hinterlassen.

Dies gilt gleichermaßen für Eigentums- und Ferienwohnungen, für Bauträger- und Architektenhäuser, für Alt- und Fertighäuser.

Statt „Abspecken": „Aufstocken"!

Um nur einige Fälle zu nennen:

– Da können sich die Mitglieder der Bauherrschaft nicht auf ein gemeinsames Programm einigen. Die Anforderungen an Zahl, Größe und Ausstattung der Räume wechseln ständig, je nachdem, wer sich gerade durchsetzt. Noch im Entwurf, ja noch in der Ausführungsphase werden über das Programm Grundsatzdebatten geführt! Die Folgen in Form von zum Teil nicht übersehbaren Änderungen bleiben nicht aus. Sogar Abbruch von gerade errichteten Bauteilen ist nicht selten.

– Die Wohnzeitschriften geben viele Anregungen. Davon werden jedoch manche sehr teuer, weil sie auch zu spät vorgetragen werden und die damit verbundenen Änderungen in den Kostenkonsequenzen nicht einmal von Fachleuten überblickt werden können.

– Ein Wohngebäude mit einer Werkstatt ist ausgeschrieben worden. Statt der vorgeschlagenen preisgünstigen Holzbinderkonstruktion schlägt eine Betonfirma vor, das Dach nicht in Holz, sondern in Stahlbetonbindern herzustellen – zum gleichen Preis wie Holz. Grund: Da das eigene Betonwerk unausgelastet ist, wird dieses Sonderangebot gemacht. Der Bauherr nimmt diesen Vorschlag an, weil Beton eine höhere Lebensdauer habe, weil eine höhere Feuersicherheit gegeben ist und weil die konstruktiven Teile sich schlanker dimensionieren lassen, Raum sparender also. Der Architekt jedoch befürchtet Mehrkosten: Die gesamte Planung ist auf Holz abgestellt, die Kostenfolgen seien unübersehbar. Der Bauherr lässt jedoch die Betonbinder einbauen. Fazit: Die **endgültigen Baukosten erhöhten sich um 9 Prozent.** Gründe: Während die Binderabstände bei Holz sich unterschiedlich auf die räumlichen Anforderungen einstellten, musste bei Beton von einem einheitlichen Achsmaß aus neugeplant und statisch neu gerechnet werden. Vom Entwurf bis zur Ausführungsplanung, den Details, den Leistungsbeschreibungen und so weiter musste alles geändert werden. Wenn auch die Binderkonstruktion selbst nicht teurer wurde, so waren doch die Folgegewerke stark davon betroffen. Zu den Folgen dieser Entscheidung kam der Zeitdruck. Die Entscheidung war kurz vor Baubeginn getroffen worden. Die unmittelbar folgenden Gewerke (Dachdecker, Klempner, Fensteranschlüsse und Heizungsinstallation) mussten zum Teil improvisiert, neu zur Angebotsabgabe, aufgefordert werden. Da sie bereits die Aufträge erhalten hatten, mussten von ihnen Änderungspreise akzeptiert werden, die ohne Vergleichsalternativen zu hoch lagen.

– Aber auch normal und rechtzeitig eingespeiste **Extras** sind bei standardisierten Eigentumswohnungen und Fertighäusern oder auch Bauträgerhäusern stets **überzogen kalkuliert.** Hier hat der Käufer oder Bauherr keinerlei Vergleich durch Angebote anderer

Firmen. Die am Bau arbeitenden bzw. beauftragten Firmen müssen aus organisatorischen Gründen auch die Sonder- und Änderungswünsche ausführen. Der Verkäufer von Wohnungen und Häusern hat alle möglichen Alternativen in den Leistungsverzeichnissen vorgesehen. Für Betreuung, Planung und Bauleitung berechnet er jedoch seine Gebühren. Daraus resultiert die Erfahrung, dass hier hohe Verdienstspannen liegen.

4.2.2 Kostenfolgen

Warum sind nachträgliche Änderungen so teuer?

Im Planungsalltag bedeutet dies, dass

- nach Diskussion und Formulierung des Raum- und Bauprogramms „Redaktionsschluss" für Änderungen sein sollte,
- nach Absegnung der Vorentwurfsplanung der nächste Schritt folgt und dass
- nach Erörterung des Entwurfs rückwirkend keine Änderungen mehr möglich sein sollten. Wenn diese Stufe von allen Beteiligten geprüft, besprochen, korrigiert und abgeschlossen worden ist, folgt die nächsthöhere Stufe:
- Die Ausführungs- und Werkpläne werden wie vor geprüft, so daß dann die Leistungsverzeichnisse aufgestellt werden können.

So vollzieht sich die Verwirklichung der Planungsgedanken, aufbauend von den Ergebnissen einer abgeschlossenen Planungsphase zur anderen.
Wenn jetzt – nach Abschluss aller Entwurfs- und Detailarbeiten – eine Änderung des 1. oder 2. Planungsschrittes erfolgt, muss der gesamte Ablauf wiederum auf die Änderungs- und Kostenkonsequenzen durch alle Planungsstufen hindurch mit allen Beteiligten erneut vollzogen werden. Das ist der Grund dafür,

- warum Änderungen den Ablauf blockieren, die Zeiten im Terminplan sich verschieben und damit auch den Bezugstermin in Frage stellen,
- warum Kostenschätzung, Kostenberechnung und Kostensteuerung überholt werden müssen und
- warum das Kostenendergebnis stark verunsichert wird.

Konsequenzen:
Wenn Bauherren das Recht, jederzeit nachträglich ändern zu wollen, in Anspruch nehmen, sollten sie 5 bis 15 Prozent Änderungszuschlag bei der ersten Kostenannahme aufschlagen. Desgleichen sollten sie zeitlich einige Monate zugeben.
Jeder Auftraggeber erwartet einen gesteuerten und gut geführten Ablauf. Gleichzeitig kann er sich nicht die Möglichkeit eventueller Eingriffe vorbehalten. Gerade aber dies tun Bauherren, wenn sie sich – um einen Vergleich zu wählen – bei der Montage der Karosserie eines Fahrzeugs ans Fließband stellten, es stoppten und verlangten, dass **jetzt** Änderungen am **Fahrwerk** vorgenommen werden müssten.
In der Planungspraxis ist der Umfang der Änderungswünsche so groß und das Erinnerungsvermögen der Käufer und Bauherren an die von ihnen verursachten Änderungen und deren Kosten so klein, dass die Planer bzw. Bauträger mit Protokollen oder vorge-

druckten Formblättern die Extras erfassen, kalkulieren und weitergeben an die beteiligten Firmen.

Halten Sie die **Kostenfolgen von nachträglichen Änderungen** in Grenzen,

- indem Sie erst nach gründlicher Diskussion das Raum- und Bauprogramm zusammen mit der Kostenbegrenzung verabschieden, wobei völlige Einigkeit innerhalb der Bauherrschaft herrschen sollte; dabei sollten auch die Extras nicht fehlen;
- indem Sie sich konsequent an die auf Seite 123 f. beschriebene Regelung halten und mit dem Abschluss einer Planungsphase auch auf alle weiteren nachträglichen Änderungen und Sonderwünsche verzichten;
- indem Sie keine Sonderangebote annehmen, deren Kostenfolgen von den Architekten und Ingenieuren nicht zu übersehen sind;
- indem Sie sich auf jede Planungsphase intensiv vorbereiten, die aktuellen Fragen behandeln und zu einem eindeutigen Resultat kommen;
- indem Sie nie Unsicherheit aufkommen lassen, sondern auch in Zweifelsfällen Ihre Entscheidung bis zur nächsten Sitzung offen halten, wenn Sie sich nicht gleich entscheiden können oder wollen;
- indem Sie Ihre Änderungs- und Sonderwünsche präzisieren, nach Alternativen fragen und sich die Kosten kalkulieren lassen;
- indem Sie sich die Einzelkosten schriftlich geben lassen und über diese mit Daten, Beschreibung und Preis Buch führen;
- indem Sie keinerlei Änderungskosten akzeptieren, wenn diese nicht vorher durch Sie abgezeichnet worden sind.

4.3 Kostenerhöhungen

4.3.1 Nachfinanzieren

Den wenigsten Bauherren gelingt es, die Ansprüche so maßvoll zu halten, dass die finanziell tragbaren Grenzen nicht überschritten werden.
In der Regel fallen die Ansprüche an Zahl und Größe der Räume, an Bauweise und Ausstattung höher aus, als es finanziell zu verkraften ist.
Daher müssen von Zeit zu Zeit während der Planungsphase Korrekturmöglichkeiten vorgesehen werden, die beides – Bauvorstellungen und Kostenrahmen – aufeinander abstimmen. Wenn dies nicht geschieht, muss nachfinanziert werden. Wer will und kann das schon?

Wo und wie kann man „abspecken" (Ansprüche reduzieren, damit die Kosten stimmen)?

Jeder Bauherr hat **fünf Chancen:**

1. Bei der Zusammenstellung des **Raum- und Bauprogramms;** siehe Seiten 117 ff. und 137 ff.
2. Bei der Vorlage des **Vorentwurfs** und der Kostenschätzung; siehe Seiten 147 ff.
3. Bei der Vorlage des **Entwurfs** und der Kostenberechnung; siehe Seiten 147 ff.
4. Bei der Beschreibung der **Leistungen** für alle Gewerke; siehe Seiten 271 ff.
5. Bei der Auswertung der **Ausschreibungsergebnisse;** siehe Seiten 275 ff.

Mit der Vergabe der Arbeiten und mit dem Baubeginn sollte der Bauherr keine Änderungen mehr vornehmen, siehe Seite 125 ff. Jede Änderung in dieser letzten Phase fällt im Allgemeinen zu Ungunsten des Bauherrn aus.

Mit den genannten fünf Chancen zur Kostensteuerung hat der Auftraggeber genug Spielraum, um in vielfältiger Weise mit Hilfe von Alternativen optimale Entscheidungen zu treffen. Hinzu kommt noch eine sechste Chance: **Eigenleistungen** müssen umfangreicher angesetzt und verwirklicht werden, wenn das Geld nicht reicht.

Muss dennoch – trotz Ausschöpfung aller Möglichkeiten, Einsparungen bei Größe und Qualität des Hauses zu erzielen – nachfinanziert werden, so ist folgendes Vorgehen zu empfehlen:

– Es muss geprüft werden, ob **Rückstellungen** erfolgen können: in den Außenanlagen, in dem Ausbau des Daches, in etwaigen Anbauten, in der Einrichtung der Küche oder anderer Räume und dergleichen mehr.

– Der Umfang der **Eigenleistungen** sollte zusammen mit dem Architekten noch einmal in allen Arbeitsvorgängen hinsichtlich einer Ausdehnung des Umfanges untersucht werden.

– Führen auch diese Bemühungen nicht zu einer Schließung der Finanzierungslücke, sollten zuerst die schon beteiligten Finanzierungsinstitute befragt werden. Banken und Bausparkassen bieten die **vielfältigsten Nachfinanzierungsmöglichkeiten** zu ganz unterschiedlichen Belastungen an.

Wünschen Sie eine geringere Dauerbelastung bei längerer Laufzeit oder lieber einen kurzfristigen Kredit mit einer höheren Monatsbelastung, den Sie schnell abgezahlt haben? Auch die Aufnahme von Ersatzgeldern für die Erhöhung des Eigenkapitals (Verwandtendarlehen, Arbeitgeberkredit usw.) sollte in Betracht gezogen werden.

Auch auf eine Immobilie (Grundstück, Wohnung, Haus) kann eine Hypothek aufgenommen werden.

Schließlich können auch andere Werte (Aktien, PKW, Boot) als Sicherheiten für die Aufnahme von Krediten dienen, siehe dazu Abschnitt „Baufinanzierung", Seite 244.

– Sind die genannten Punkte ergebnislos geprüft, bleibt immer noch die Aufnahme eines Darlehns zu normalen Konditionen. Die hierbei entstehenden Zusatzbelastungen können durch den Mieter einer Einliegerwohnung getragen werden. Der Einbau eines Appartements empfiehlt sich in vielen Fällen, und zwar nicht nur am Anfang, um die finanzielle

Belastung zu verringern. Im Laufe der Zeit treten immer Veränderungen in der Anzahl der Bewohner ein. Bei geschickter Grundrissanordnung – siehe Sparhaus, Seite 207 – ist dann die Einliegerwohnung von der Familie mitzubenutzen oder aber zu vermieten.

4.3.2 Einsparungen Raumprogramm

Flächen- und Kosteneinsparungen

– Bei allen Kostenansätzen und Überlegungen hinsichtlich der Größenbemessung von Räumen sollten Bauherren von folgenden drei Durchschnittszahlen als groben Anhaltswerten ausgehen (Kostenstand: 1999):

1 m^2 Wohnfläche kostet rund 2 901,– DM (Bauwerkskosten, siehe Tabelle 18, Mittelwert)

oder

1 m^2 Wohnfläche kostet rund 4 854,– DM (Gesamtkosten, siehe Tabelle 18, Mittelwert)

und

1 m^2 Wohnfläche kostet (bezogen auf die Gesamtkosten) mindestens 17,– DM an monatlicher Belastung (bei 30 % Eigenkapital, 128 m^2 Wohnfläche und 6 % Zinsen).

Mit Hilfe dieser Zahlen können Sie sofort die Mehr- oder Minderkosten errechnen.

Beispiel
Es geht um 10 m^2 Wohnfläche. Kostenermittlung:
29 010,– DM, bezogen auf die Bauwerkskosten
48 540,– DM, bezogen auf die Gesamtkosten
170,– DM mehr oder weniger in der monatlichen Belastung, bezogen auf die Gesamtkosten.
Primär sind die Gesamtkosten (Ziffer 100 bis 700 DIN 276/1993) mit etwa 4 854,– DM pro m^2 Wohnfläche zu sehen. Denn mit den Bauwerkskosten steigen bzw. fallen auch die Honorare, Nebenkosten usw.

– **Trennung oder Zusammenlegung von Wohn- und Schlafräumen**
Räume sind zusammenzulegen, wenn sie funktionell zusammengehören und wenn die Kostensituation dies erfordert.

Frage: Sollen Küche (7 m^2) und Essraum (10 m^2) getrennt werden oder ist eine Wohnküche mit 14 m^2 zu planen? Einsparung: 3 m^2 und ein Raum weniger.

Alternativlösung: Wohnraum 27 m^2 + Essraum 10 m^2 = 37 m^2. Besser: Wohnraum mit Essnische, zusammen 32 m^2. Einsparung: 5 m^2 Wohnfläche.

Eine weitere Alternative: Die Flurdiele ist als reine Verkehrsfläche zu teuer. Flurdiele 8 m^2 + Essraum 10 m^2 = 18 m^2. Besser: Essdiele mit 13 m^2. Einsparung: 5 m^2.

Thema: Kochen – Essen – Wohnen um den Kamin anordnen. Das ist die großzügige Lösung und zugleich sparsam und funktionell.

Nächstes Thema: Wohnen und Schlafen. Die rigorose Trennung beider Bereiche ist teuer (viel Flur) und funktionell bedenklich.

Alternativen zu dieser Trennung:
Wohnen – Arbeiten – Schlafen der Eltern (Obergeschoss)
und
Kochen – Kinderspieldiele – Kinderschlafzimmer (Erdgeschoss)
Dabei führt diese Anordnung zu einer Reihe von Vorteilen:
- Am Tage hat die Mutter die Kinder stets unter Kontrolle.
- Die Kinder bleiben in ihrem Spiel- und Schlafbereich, auch akustisch.
- Durch kleinere Schlafkammern und eine davor liegende Spieldiele wird der Flächenbedarf ebenso wie der Fluranteil reduziert.
- Der ruhigere Bereich ist der Elternteil.

Auf diese Weise wird nicht nur Wohnfläche eingespart, sondern auch Anteile von Wänden, Türen, Fenstern und Installationen. Weder für die Eltern noch für die Kinder ist es ein Vergnügen, in einem Raum zu schlafen, der nur aus einer schmalen Bewegungsfläche zwischen Schrank, Bett und Tisch besteht und fest abgeschlossen ist. Schließen Sie diesen Raum an einen Spiel- oder Arbeitsraum an, indem Sie ihn öffnen und diesen Eindruck durch eine geschickte Möblierung wie Einbauschränke verstärken, dann gewinnen Sie zweierlei: eine interessante Raumfolge ohne hässliche Flureindrücke und ohne Enge, aber verbunden mit entscheidenden Kosteneinsparungen.

Schreiben Sie also in ihrem Raumprogramm nicht die Größe von Einzelräumen auf, sondern die von Raumgruppen wie zum Beispiel: „Gruppe Kinderspiel- und -schlafbereich, zusammen (nicht 10 + 10 + 15 = 35 m^2) 24 m^2 Wohnfläche." Und damit auch nach dem Auszug der Kinder die Räume umgebaut werden können: „Alle Trennwände in diesem Bereich sind aus nichttragenden Materialien bei durchlaufenden Fußböden und Decken auszuführen."

Diese Angaben sind dann vom Architekten in Raumordnungsvorschläge umzusetzen, mit dem Bauherrn abzustimmen und in einem Kostenvergleich zu bewerten.

– **Weitere Flächeneinsparungen:** Zusammenlegung von **Wohnbereichen mit Treppenräumen.** Es bleibt nur ein kleiner Eingangsflur übrig; alles andere wird dem Wohnbereich zugeordnet. Die Treppe liegt in einer Nische, ist aber zum Wohnen hin offen.

– Im Ober- oder Dachgeschoss kann **auf jede Verkehrsfläche verzichtet** werden, wenn dieser Erschließungsraum gut belichtet, belüftet und interessant gestaltet ist. Dann kann dieser Zentralraum als Spieldiele, als Hausarbeitsraum mit den notwendigen Wandschränken oder als Bibliothek mit Bücherregalen dienen.

– Flächeneinsparungen sind auch möglich durch **Weglassen oder Reduzieren von Balkonen oder Loggien,** die oft zugig, einsehbar – und teuer sind. Die Kosten für die Betonplatte, das Geländer, die Entwässerung und dergleichen machen auch ohne die Unterhaltungskosten einige tausend Mark aus. Die auskragenden Teile verschatten auch noch die dahinterliegenden Räume. Die bessere und preiswertere Lösung ist die Anordnung von bis auf den Fußboden reichenden Fenstern oder Fenstertüren. Schon eine zweiflügelige Tür würde ausreichen, um in einer ausreichenden Breite das Zimmer selbst zum großzügigen Freiraum zu machen.

- Denken Sie stets an die **Verminderung der Verkehrsfläche.** Da sieht man manchmal Grundrisse, die bis zu 25 Prozent Flure aufweisen. Bei einem Haus von 140 m^2 Wohnfläche sind dann allein 35 m^2 für die Erschließung notwendig. Umgerechnet zahlt der Bauherr dafür DM 169 890,– (Gesamtkosten) und belastet das monatliche Budget mit 595,– DM. Vom Windfang aus betritt man einen Hauptflur, von dort einen Nebenflur zum Schlafbereich und einen Stichflur zum Wirtschaftsbereich. Das gleiche Prinzip erscheint dann auch im Dachgeschoss. Ungeschickter und teurer kann eine Entwurfsplanung nicht ausfallen. Denn **Flurfläche kostet ebenso viel wie Wohnraumfläche.**
Richtwert für einen besonders niedrigen Anteil an reiner Verkehrsfläche (ohne zusätzliche Nutzung): 6 Prozent.
Verkehrsfläche (ohne zusätzliche Nutzung): 6 Prozent.

- Flächeneinsparungen sind undenkbar, wenn man sie nicht mit intensiven Überlegungen zu deren Nutzung verbindet. Dabei sollte man nicht den Fehler begehen, von den vorhandenen Möbeln auszugehen und um sie herum die Räume zu planen. Bei diesem Verfahren kommen unnötig große Zimmer heraus. Die dabei zu viel zu bauenden Quadratmeter Wohnfläche machen ein Mehrfaches gegenüber dem Planverfahren aus, das auch von ökonomischen Ansätzen ausgeht. Es ist auch falsch, die Räume so groß wie möglich zu machen in der Hoffnung, sie ließen sich dann später problemlos möblieren; das Gegenteil könnte der Fall sein.
Es gibt genug Beispiele für große, schlecht zu möblierende und zu nutzende Räume. So ist es notwendig, mit dem Raumprogramm auch die Einrichtung jedes Zimmers dem Architekten aufzugeben. Dabei sollte dem Planer ein entsprechender Spielraum hinsichtlich der Raumgrößen gegeben werden, um durch ungewohnte Raumkonstellationen Einsparungen zu erzielen.

- **Küchen** (siehe auch Seite 178)
Kein Raum kann so viel Geld verschlingen wie die Küche. Eine ungeschickte Lage im Hausentwurf kann eine große und doch teure Einbauküche zur Folge haben. Daher ist die Küche bereits im ersten Vorentwurf besonders gut zu durchdenken. Reine Arbeitsküchen mit allen notwendigen Arbeitsgeräten benötigen nur 6 bis 8 m^2 Wohnfläche. Ess- oder Wohnküchen sind in einer Größe von 9 bis 14 m^2 zu haben.

- **Bäder** (siehe auch Seite 180)
Selbstverständlich müssen auch Bäder von Anfang an gut durchdacht sein, wenn keine teuren Fehlplanungen entstehen sollen. Das einfache Duschbad hat einen Flächenbedarf von 1,50 x 1,50 = 2,25 m^2; hier sind Dusche, WC und Waschbecken unterzubringen. Das einfache Wannenband benötigt 1,75 x 2,25 = 3,94 m^2; es enthält Wanne, Waschbecken und WC.
Teuer wird es, wenn zwei Bäder an verschiedenen Stellen vorgesehen werden sollen. Dann sind die Leitungen unwirtschaftlich verzweigt. Die konzentrierte Lage aller Feuchträume ist nicht immer möglich, aber anzusteuern.

- **Keller und Nebenräume**
Hier werden schon „Glaubensfragen" berührt. Diejenigen, die sich einen Keller wünschen, lassen sich gerne erzählen, wie preiswert Kellerraum zu errichten sei. Natürlich

könne man an Nebenraum gar nicht genug haben. Und da man ja sowieso einen Heizungskeller brauche, sei auf den Raum unter dem Haus nicht zu verzichten.

Dem muss Folgendes entgegengehalten werden.
- Die Mehrkosten für den Keller betragen mindestens DM 50 000,– = 250,– DM/Monat.
- In vielen Fällen kommen zusätzliche Kosten für besondere Abdichtungsmaßnahmen, Kelleraußeneingänge, eine Wasserhaltung während der Bauzeit und teure Rampen für die PKW-Zufahrt hinzu.
- Keller sind oft muffig, feucht und dunkel und sollen dennoch vielen gehobenen Zwecken dienen wie Hobby-, Party-, Hausarbeits-, Heizungs-, Vorrats-, Abstell-, Fahrradraum – ja sogar als Gästeraum. Er erhöht den Wiederverkaufswert und er ist eine Raumreserve. Nur bei ausreichender Heizung, Lüftung und Tageslichtversorgung kann er erhöhten Ansprüchen gerecht werden, was aber mehr kostet als ein Billigkeller für 30 000 bis 50 000 DM.

Entscheiden Sie nach der Kostengegenüberstellung!

Jeder Fall liegt anders je nach der Gründung, dem Gelände, der Entwurfskonzeption und den Alternativen. Wenn Ihnen die konkreten Zahlen vorliegen, können Sie sagen, ob der Keller finanzierbar ist oder wie viel mehr Zinsen sie monatlich mehr zahlen müssten.
- Heizung, PKW, Vorräte und abzustellende Gegenstände lassen sich **erheblich preiswerter über Terrain** unterbringen.

Dies sollten Bauherren bedenken, bevor sie einen Keller in das Programm einbeziehen. In einer einfacheren Bauweise lassen sich alle diese Raumanforderungen auch im Erdgeschoss in Form von geschickt angeordneten Baukörpern als Sichtschutz gegenüber den Nachbarn verwirklichen. Sicher lassen sich auch weitere Abstellflächen im Dachraum (Spitzboden und Abseiten) gewinnen, so daß in der Zahl und Größe von Abstellflächen keine Not herrschen muss.

Bei Hanglagen oder anderen Entwurfslösungen bieten sich Kellerräume an. Dann sollten sie auch beansprucht werden.

Ein Kompromiss scheidet aber aus Kostengründen aus. Das ist die Lösung „Teilunterkellerung" in einem flachen Gelände unter einer durchgehenden Sohle. Das Herunterführen der Fundamente vom nichtunterkellerten zum unterkellerten Teil und andere konstruktiv bedingte Kosten sind so teuer, dass dann besser ganz unterkellert werden sollte.

– **Geneigte Dächer oder Flachdächer** (siehe auch Seite 164)

Auch diese Entscheidung wird wie die Vorangegangenen nicht ohne Emotionen zu fällen sein. Vorweg sollten Bauherren dem Architekten Gelegenheit geben, die Fakten und Informationen zu sammeln. Erst dann ist zu entscheiden, welche Dachform die geeignetste ist.

Hier die wichtigsten Hinweise für Ihr Raumprogramm:
1. In den wenigsten Fällen ist die Wahl der Dachform freigestellt. Die Stadt- oder Dorfgestaltungsgrundsätze nehmen oft starken Einfluss auf Dachform und Material. (Die Baunutzungsverordnung oder die Auflagen aus dem Bebauungsplan legen die Nutzung eines Grundstücks fest.)

Hinzu kommen die einengenden Bauvorschriften und die Zwänge aus einer möglichst optimalen wirtschaftlichen Lösung. Sie geben den Ausschlag bei der Frage nach dem Ausbau eines Daches oder dessen Form. Dennoch gelingt es findigen Architekten zusammen mit ihrem Bauherrn, zu einer ideenreichen Dachgestalt bei mäßigen Preisen zu kommen.

2. Das flach geneigte Dach (Dachdecke = Raumabschluss) von etwa 15 Grad ist das preiswerteste, wenn es mit den richtigen Materialien in der richtigen Konstruktion ausgeführt wird.
3. In der Preishöhe folgt dann das einfache Satteldach mit einer zusätzlichen Nutzung des Dachraumes. Konstruktion: Sparrendach, Dachneigung: 25 bis 45 Grad, Spannweiten: kleiner als etwa 9 m.
4. Das reine Flachdach mit einer Neigung von mindestens 2,5 Prozent kann sehr wirtschaftlich sein, wenn es in Holz konstruiert ist, wenn es nach den bewährten Regeln der Technik und gemäß den Flachdachrichtlinien ausgeführt ist und wenn es vom Grundriss her vorteilhaft ist. Dies zu beurteilen, ist Sache des Architekten. Es muss jedoch sehr intensiv durchgeplant sein und in der Ausführung überwacht werden. Gerade hier sollten keine billigen Materialien verwendet werden.
5. Sehr preiswert kann auch ein Pultdach sein, wenn es einfach konstruiert ist.
6. Ausgesprochen teuer werden Dächer, die nicht als Raumabschluss dienen können, weil sie zu steil sind und die, die nicht der räumlichen Nutzung zugeführt werden können, weil sie zu flach geneigt sind.

Dachausbauten fallen bis auf die normalen Dachflächenfenster immer teuer aus, weil diese Ausschnitte immer mit vielen und komplizierten Anschlüssen verbunden sind.

– **Kosten von „Standards"**

Der Wille zu ernsthaften Kostensenkungen sollte nicht vor Bauteilen, Ausstattungen oder Zubehör Halt machen, die man gemeinhin als „normal" bezeichnet, jedoch für viele Tabu sind. Obwohl sie in anderen Kulturländern seit Jahrzehnten weggelassen werden, sind deren Bewohner keineswegs unglücklicher als die Bewohner unserer Häuser:

Dazu gehört der schon angesprochene Keller, der sich in Räumlichkeiten über Terrain viel preisgünstiger und technisch problemloser erstellen lässt als unter Terrain. Der Wegfall eines zusätzlichen Geschosses, der Kellertreppen und vieler damit verbundenen Probleme wirkt sich nicht nur für Kinder, Ältere und Behinderte vorteilhaft aus.

Zu den „Standards" gehört auch das geneigte Dach in seinen vielfachen, meist modischen Formen mit den zahlreichen Versprüngen, Ausbauten, Glasvorbauten und dergleichen. Von der Kostenseite muss solchen Lösungen eine Absage erteilt werden. Hier kann man nicht mehr von Wirtschaftlichkeit sprechen. Hüten sollte man sich auch vor Kostenvergleichsrechnungen aus der Hand der Flachdach- beziehungsweise Steildachindustrie. Man merkt die Absicht und ist verstimmt. Derartige Vergleiche haben immer nur eine Tendenz. Nur der qualifizierte Architekt kann entscheiden, welche Dachform und welches Material die richtigen Antworten auf die Probleme eines bestimmten Hauses sind.

Der Markt bietet heute genug ausgereifte Konstruktionen und Materialien, um Flach- und Steildächer einwandfrei herzustellen. Baumängel und -schäden kann es bei flachen und steilen Dächern geben. Einen Dachraum bekommt man nicht zum gleichen Preis wie ein Flachdach oder ein nur minimal geneigtes Dach. Das vergessen all jene, die sich von vornherein auf geneigte Dächer eingestellt haben. Wenn nicht ganz konkrete Raumansprüche für die Nutzung von Dachraum als Erweiterung zwangsläufig berücksichtigt werden müssen, ist es sinnlos, zusätzlichen Dachraum zu planen und zu bauen, um irgendwann einmal daraus einen Nutzen zu ziehen – jedenfalls nicht dann, wenn Bauherren vom Zwang zur Kosteneinsparung sprechen.

Dachraum schaffen bedeutet auch Probleme schaffen wie: die mangelnde Kopfhöhe, viele Ecken, Winkel, Schrägen und den bautechnischen Details. Was soll man mit „totem" Dachraum von 30 bis 140 cm Höhe, der schlecht zugänglich ist und sich über beiden Längsseiten des Hauses, also über vielleicht 20 m Länge, erstreckt? Alle diese Problemzonen müssen mit viel Geld geschaffen werden, belasten das monatliche Budget über viele Jahre, und niemand hat etwas davon.

Später ist alles anders! Dann hat jeder andere Vorstellungen. Neue Kompromisse und Improvisationen sind die Folge.

Standards im Sinne von möglichen Einsparungen sind auch die repräsentativen Dielen, die selten genutzt werden, aber viel Geld kosten.

Auch die Fenster, die bis zum Fußboden reichen und die wegen des Kaltlufteinfalls dann wieder „zugebaut" werden, und die direkt davor angeordneten Heizkörpern, gehören manchmal zu den „unverzichtbaren" Standards. Besser wäre es, wenn die unteren Brüstungsfelder dieser Fensterelemente mit einer Sandwichplatte gedämmt werden würden. Übergroße Fenster gehören längst der Vergangenheit an. **Bei günstiger Anordnung genügen Fenster von einem Fünftel bis einem Neuntel der Fußbodenfläche, den betreffenden Raum ausreichend zu belichten, wie z.B. ein größeres Fensterelement im Wohnzimmer einzubauen.**

- **Garagen und Einstellplätze**

    Die teuerste Lösung ist mit Sicherheit die **Tiefgarage** in Form von Sammelgaragen. Die Ergebnisse von ausgeführten Planungen zeigen, dass Tiefgaragen im Durchschnitt 380,– DM pro m^2 Wohnfläche kosten. Das heißt, bei einer 80 m^2 großen Wohnung kostet der Einstellplatz in der Tiefgarage für den Wohnungsinhaber **DM 30 400,–**.

    Die zweitteuerste Lösung ist die **Kellergarage.** Voraussetzung ist die Genehmigungsfähigkeit der Anlage mit Rampe, der Zu- und Ausfahrt und dergleichen. Sie kostet je nach Größenordnung einschließlich Rampe, Entwässerung, Stützmauern, Geländer, Tor usw. **11 600,– bis 17 500,– DM.**

    Auch eine Garage über Terrain kann und wird diese Kostenhöhe erreichen, wenn sie auch noch als Nebenraum genutzt werden soll, wenn sie beheizt wird und wenn sie eine entsprechende Zufahrt mit einem Benzinabscheider enthält.

    Etwa auf **DM 11 000,–** werden sich die Kosten für eine solide Beton-**Fertiggarage** belaufen, wenn Zufahrt, Entwässerung usw. als so genannte bauseitige Leistungen hinzugerechnet werden.

    Am preisgünstigsten ist sicherlich der überdeckte, aber zum Teil offene Einstellplatz („Carport"). Die Kosten belaufen sich auf etwa **DM 4 500,–**. Dieser Vorschlag ließe sich auch in Eigenleistung realisieren, wenn der Architekt diesen Bauteil in Form und Konstruktion plant.

Anbaugaragen oder überdachte Einstellplätze bieten die Möglichkeit, sie später anbauen zu können, so dass damit die Baukosten reduziert werden können. Denn rein wirtschaftlich gibt es keinen Grund, eine Garage zu bauen. Die Kapitalaufwendungen und die damit verbundenen Zinsen werden sicherlich nicht durch einen höheren Verkaufswert des zeitweise in der Garage stehenden PKW wettgemacht.

Tabelle 20 Zusammenfassung der möglichen Flächeneinsparungen

Schlechter und teuer	Besser und kostensparend
Wohnzimmer, Esszimmer, Küche, Diele } als einzelne Räume	Wohnzimmer mit Essnische **oder** Küche mit Essecke **oder** Essdiele
Trennung von Wohnbereich und Schlafbereich	**Flurfläche mindernd:** Wohnen – Arbeiten – Schlafen Eltern **und** Kochen – Spieldiele – Schlafen Kind
Extra-Treppenhaus mit abgeschlossenem Wohnzimmer	Treppe liegt in einer Nische der Wohndiele, die Teil des Wohnzimmers ist.
Kinderzimmer an langem Flur	Gruppe Kinderspielbereich: Um eine Spieldiele werden kleinere Kinderzimmer gelegt.
Haupt- und Nebenflure	Verkehrsfläche mit Funktionen füllen, wie Hausarbeitsdiele, Bibliothek, Musikraum, TV-Ecke ...
Eltern-Schlafraum	Auch Tagesnutzung vorsehen, wie Nähzimmer, Leseecke, Gymnastikraum, Bügelecke ...
Keller, der nur für die Heizung benötigt wird	**Nichtunterkellert bauen:** Über dem Terrain: Heizungsnische für Kessel, Abstellraum, Vorratsraum neben der Küche usw.
Waschküche im Keller	Waschmaschine in der Küche, Trockenraum im Freien, überdacht, („Carport")
Garage	„Carport", überdacht
Balkone oder Loggien	Fenstertüren im Wohnraum
Windfang mit zwei Türen	Absolut dichte Haustür ohne Windfang

Mindestflächen

Die Beantragung öffentlicher Mittel setzt die Beachtung der Förderungsbestimmungen voraus. Damit müssen sich die Bauherren verpflichten, die Mindestraumgrößen nach der Norm DIN 18011, Stellflächen, Abstände und Bewegungsflächen im Wohnungsbau nicht zu unterschreiten:

Wohnzimmer ohne Essplatz	18,5 m^2
Essplatz	5,9 m^2
Küche	9,8 m^2
Elternschlafzimmer	14,5 m^2
Kinderschlafzimmer (1 Kind)	7,1 m^2
Kinderschlafzimmer (2 Kinder)	14,6 m^2
Bad, WC	4,5 m^2

Aus dieser Norm gehen die Stellflächen für Möbel und Schränke, Abstände und Bewegungsflächen im Einzelnen genau hervor.
Die Einzelflächen für die Küche, das Bad und das WC gehen aus der DIN 18022 hervor.

Höchstgrenzen für die Wohnfläche nach § 39 (1) und § 82 (1) gemäß dem II. Wohnungsbaugesetz [27]:

Öffentlich geförderte Mietwohnung	90 m^2
Steuerbegünstigte Mietwohnung	108 m^2
Öffentlich geförderte, eigengenutzte Eigentumswohnung	120 m^2
Öffentlich gefördertes Familienheim	130 m^2
Steuerbegünstigte, eigengenutzte Eigentumswohnung	144 m^2

4.3.3 Einsparungen Bauprogramm

Muster eines Bauprogramms – siehe Seite 119 ff.
Das Raumprogramm erfasst Zahl, Größe und Zusammenhänge der Räume.
Das Bauprogramm nennt die das Programm begleitenden Umstände, wie zum Beispiel die Kosten- und Terminvorstellungen, die Wahl der **inneren und äußeren Materialien** und die sonstigen Bedingungen. Kosten sind daher insbesondere während der Planung der Materialien zu beeinflussen. Die Steuerung in der Auswahl vieler Einzelheiten der Baumaterialien obliegt im Allgemeinen dem Architekten. Er sollte aber seine Vorschläge breiter streuen, nach Kosten gliedern, Alternativen vorlegen und mit dem Bauherrn abstimmen.
Wenn Bauherren einige ihrer Vorstellungen gleich zu Beginn im Bauprogramm nennen und nach günstigeren Möglichkeiten fragen, haben sie hier die Chance, ihre Baukosten zu beeinflussen. Diese Alternativen müssen sich auf alle Gewerke und Gebäudeelemente beziehen. Sie bringen besonders im Installationsbereich hohe Summen bei alternativen Lösungsmöglichkeiten zum Vorschein, auf die der Bauherr zurückgreifen kann, wenn ihm die Erfüllung eines anderen Wunsches wichtiger ist.

Jedenfalls muss das Denken und **Planen in alternativen Möglichkeiten** schon in der Programmierungsphase beginnen und dann in einer Auflistung der wichtigsten Punkte mit den größten Einsparungschancen enden (Beispiel: Tabelle 21).

Tabelle 21

Bauteil/Material/ Konstruktion usw.	Wunsch		Alternative	
	Ausführung	Kosten (DM)	Ausführung	Kosten (DM)
Heizkessel + Warmwasserbereitung	Ölkessel mit zentraler Warmwasserbereitung	35 000,-	Gastherme ohne Warmwasserbereitung + dezentrale elektrische Warmwasserbereitung	12 000,- 3 000,-
Deckenverkleidungen	Kiefer natur	9 000,-	Gipskartonplatten, tapeziert	3 000,-
Fußbodenbeläge	Teppichauslegware	7 500,-	PVC-Beläge	3 000,-

Stand 1999

Auf diese Weise bleibt dem Bauherrn bis zur endgültigen Auftragserteilung ein Spielraum, die Kosten zu senken oder sich noch einen weiteren Wunsch zu erfüllen.
Bei der Vorlage weitgehend aller Ausschreibungsergebnisse geht er kein Risiko mehr ein, hier und dort die Leistungsbeschreibung zu korrigieren, um so zu der Qualität und dem Kostenziel zu kommen, die seinen Vorstellungen entsprechen.

Tabelle 22 „Abspecken" beim Bauprogramm (Zusammenfassung)

Bauteil, Material	Beispiele für Minimallösungen
Außenwände	Innenputz, 24 – 30 cm Wanddicken, Wärmedämmung mit armiertem Putz
Decken (Einfamilienhaus)	Tragende Holzkonstruktion mit Dielenfußboden und Holzdecken entsprechend „Informationsdienst Holz" [29]
Trennwände	Ständerwerk aus Blechprofilen, verkleidet mit Gipsplatten
Innentreppen	Stahlvierkantrohr als Tragkonstruktion, mit Trittstufen aus Massivholz belegt
Gesims	Entfällt, da Rinne direkt vor das Außenmauerwerk ohne Vorsprung gelegt wird. Auch kein Ortganggesims
Fenster	Keinerlei größere Elemente bis auf Haus- und Terrassentüren. Reine Lochfassade im Mauerwerk. Fenster in Größe und Zahl nach Funktionen anordnen
Fenstermaterial	Gute Standardfabrikate in Holz sind allem anderen vorzuziehen.
Verglasung	Unbesonnte Seiten: dreifach Besonnte Seiten: zweifach
Dachrohbau	Holz-Sparrendach (Satteldachform) oder Holz-Pfettendach (flachgeneigt) oder Holz-Pultdach
Dacheindeckung	Je nach Dachneigung und Form. Gute Tonpfannen haben die längste Lebensdauer. Am leichtesten sind Welltafeln oder Pappschindeln.
Dachfenster	Dachflächenfenster
Schwimmender Estrich	Zementestrich auf Mineralwolle
Fußböden	Linoleum oder PVC
Deckenverkleidungen	Gipskartonplatten
Wandbehandlung	Binderfarben
Innentüren	Limba-Türblätter in Stahlblechzargen

Fortsetzung S. 140

Tabelle 22 (Fortsetzung)

Bauteil, Material	Beispiele für Minimallösungen
Heizungsinstallation	Gas-Wandtherme ohne Warmwasserbereitung, Stahlradiatoren, Steuerung nur über Wohnzimmerthermostat
Sanitärinstallation	Bad mit Wanne, WC und Waschbecken, evtl. 2. Waschbecken und 2. WC
Elektroinstallation	Nur in Räumen mit hohem Strombedarf zusätzliche Stromkreise vorsehen. Statt wahllos Steckdosen anzuordnen, besser weniger, überlegter und Doppelsteckdosen installieren
Fliesen	Küche: Fliesenspiegel über Arbeitswand. Bad: Fußboden und Wandfliesen bis zur Türhöhe
Kücheneinbau	Einzelgeräte oder Küchenzeilen zum Sonderpreis sind kostengünstig. Auch eine selbstgebaute Abdeckplatte mit benötigten Geräten oder Unterschränken ist ausreichend
Außenanlagen	Rasen, notwendige Einfriedigungen und Plattenbeläge. Später Bepflanzung, Pergola, überdachter Einstellplatz mit separatem Anbau für Fahrräder, Kinderwagen, Gartengeräte, Gartenstufen in Holz
Kellertreppen	Eine Treppe genügt, wenn diese richtig liegt, zum Beispiel im Vorraum
Stützmauern	Kernimprägnierte Rundhölzer in mehreren Stufen

5 Kostenplanung*

5.1 Allgemeines

5.1.1 Prinzipien

Das eigentliche **Zentralthema dieses Buches – die Kostenplanung** – behandelt die entscheidenden Fragen im Ablauf der gesamten Planung.

Kostenplanung kann zweierlei bedeuten [30]:

1. das **Maximalprinzip** der Wirtschaftlichkeit, das heißt: Ein Bauherr hat eine bestimmte Summe Geld und versucht damit ein Maximum an Bauleistung zu verwirklichen.
2. das **Minimalprinzip** der Wirtschaftlichkeit, das heißt: Ein Bauherr hat ein bestimmtes Raum- und Bauprogramm und sucht es mit möglichst wenig Kosten zu verwirklichen.

Wenn es bei beiden Prinzipien nur um die Investitionskosten geht, darf bei einem so langfristigen Kapitaleinsatz der Faktor „**Folgekosten**" nicht vergessen werden.
Bei der Erfassung der Gesamtwirtschaftlichkeit (Rentabilität) muss es um die Erfassung aller Kostenfaktoren gehen, und zwar nach der Formel

Geldmenge zu — **Herstellungskosten** eines Gebäudes
— **Folgekosten**
— **Kapitalkosten** für die Bau- und Betriebskosten

Bauherren müssen daher während der Dauer der Planung in Zusammenhängen denken und entscheiden. Die Herstellungs- und Folgekosten beeinflussen sich gegenseitig. So weiß jeder Bauherr, dass er durch einen höheren Wärmeschutz in der Außenschale eines Gebäudes geringere Heizungskosten erzielt. Umgekehrt nimmt er bei niedrigen Baukosten, bei Vernachlässigung des Wärmeschutzes hohe Folgekosten in Kauf.
Mit jeder Bauentwurfsentscheidung fällt auch eine Teilentscheidung über die Folge- oder Betriebskosten. Bauherren müssen sich diese Gesamtschau zu Eigen machen und von ihren Planern das Gleiche fordern.

---

* alle Kostenangaben beziehen sich auf das Jahr 1999

5.1.2 Baunutzungskosten

Während diese Kosten früher nur bei Bauten der Industrie und der Verwaltung ermittelt wurden, werden sie im Wohnungsbau zunehmend interessant.
Die dafür zuständige **DIN-Norm 18960 Baunutzungskosten im Hochbau** soll hier vereinfacht dargestellt werden.

1. **Kapitalkosten:** Zinsen, Tilgungen und Gebühren für die Fremdmittel, Eigengeldverzinsung (wird meistens vernachlässigt)
2. **Abschreibungen**
3. **Verwaltungskosten:** Diese Kosten fallen bei Eigentumswohnungen, Anlageobjekten, Ferienwohnungen und dergleichen an.
4. **Steuern:** Grunderwerbsteuern, Grundsteuern, Gebühren und dergleichen
5. **Betriebskosten:** Gebäudereinigung, Wartung und Inspektion (zu vernachlässigen), Betriebskosten (Öl, Gas, Kohle, Wasser, Strom, Abwasser usw.)
6. **Unterhaltungskosten:** Kosten für Instandhaltung und Instandsetzung

Nicht erwähnt, aber zu berücksichtigen sind die Kosten für die Versicherung (Feuer, Wasser, Sturm, Haftpflicht, Glas), die Fernseh- und Rundfunkgebühren, Fernmeldegebühren usw. Weitere Informationen sind der Broschüre des Bundesministers für Raumordnung, Bauwesen und Städtebau – Baunutzungskostenplanung im Wohnungsbau – zu entnehmen (die Veröffentlichung stammt aus dem Jahr 1983). Bei einem Vergleich von sieben Haus-Modelltypen (Frei stehende Häuser, Reihenhäuser und Doppelhäuser) ergeben sich bei einem Betrachtungszeitraum von 50 Jahren folgende Extremwerte:

– Eingeschossig, frei stehendes Haus, **Energiekosten: 437 DM/m^2 Wohnfläche (WF)**
  Dreigeschossig, Reihenmittelhaus, **Energiekosten: 296 DM/m^2 Wohnfläche (WF)**
  Mit anderen Worten: Die Energiekosten des letztgenannten Objekts betragen etwa zwei Drittel des erstgenannten!
– Die Betriebs- oder Energiekosten haben die gleiche Größenordnung wie die Unterhaltungskosten bei allen Modelltypen.

5.1.3 Kosten nach DIN 276, 1993

Bauherren und Käufer sollten sich nicht von unpräzisen Marktbegriffen – „Baukosten", „Endpreis", „Wohnnutzfläche" usw. – täuschen lassen. Fordern Sie von allen Anbietern eine Kostenzusammenstellung nach dem in der Norm DIN 276 präzisierten Begriff **„Kostenberechnung"** oder „Kostengliederung". Nur sie allein garantiert die Erfassung aller einzelnen Kostenbestandteile. Wenn Ihnen eine Baugesellschaft die Kostenberechnung nach DIN 276 vorlegt, kann sie später nicht erklären, sie habe dies oder jenes nicht in den Kosten erfasst.
Um nun die sehr detaillierte Aufgliederung der Kosten in der DIN 276 mit den Kostenangaben der verschiedenen Anbieter zu vergleichen, sollten Sie sich diese DIN-Norm 276 zum Beispiel über den Buchhandel beschaffen. Sie ist von größter Bedeutung für den gesamten Ablauf.

Die Endsummen:
	100 Grundstück	DM
	200 Herrichten und Erschließen	DM
	300 Bauwerk – Baukonstruktion	DM
	400 Bauwerk – Technische Anlage	DM
	500 Außenanlagen	DM
	600 Baunebenkosten	DM
	Gesamtkosten	DM

(Der Anhang enthält eine vereinfachte Kostengliederung der DIN 276, 1993.)

Auch in dieser Kostenaufteilung kommt es entscheidend darauf an, in dem richtigen Bereich die Kosten so zu beeinflussen, dass in der Endabrechnung von mindestens 10, maximal 30 Prozent Kostensenkung gesprochen werden kann.

Mit anderen Worten: Als Bauherr kann man nicht für das Grundstück schon 40 Prozent ausgeben, wenn man für die übrigen sechs Kostengruppen mindestens 70 Prozent benötigt; es sei denn, man kann 10 Prozent nachfinanzieren. Normalerweise haben Bauherren ein bestimmtes Kostenlimit. Wenn man diese Summe mit 100 Prozent gleichsetzt, kann man eine Kostenaufteilung nach den sieben Kostengruppen vornehmen, um festzustellen, wo die Grenzen für die Einzelbereiche liegen. Notwendigerweise hat der Bauherr damit auch eine Kontrolle, ob er beim Kauf des Bauplatzes, des Hauses oder bei der Berechnung der Honorare im Kostenrahmen bleibt oder reduzieren muss. Schließlich wird jedem Bauherrn gleich am Anfang klar, wo die Kosten liegen, die am meisten zu Buche schlagen, zum Beispiel die Bauwerkskosten.

5.1.4 Kostengliederungen

Die im Folgenden wiedergegebenen Werte sind aus einer Analyse über mehr als 400 Wohneinheiten aus den Jahren 1979/1980 entnommen [29]. Gerade weil es sich um eine Mischung von Mietwohnungen, Eigentumswohnungen, Einfamilienhäusern und Stadthäusern handelt, lassen sich die Unterschiede in diesen Wohnformen gut ablesen.

Jeder Bauherr muss wissen, dass es nicht nur keine festen Prozentsätze für die sieben Kostengruppen, sondern sehr starke regionale und viele andere Unterschiede gibt, die diese Prozentsätze prägen. Das ändert jedoch nichts an der guten Brauchbarkeit des Instruments „Kostengliederung in Prozentsätzen".

Ein weiterer Schritt ist die „Kostengliederung für einen Quadratmeter Wohnfläche", die noch besser für Kostenvergleiche geeignet ist.

Tabelle 23

	Eigentums-wohnungen		Einfamilien-häuser		Miet-wohnungen	
	min. %	max. %	min. %	max. %	min. %	max. %
100 Grundstück	9	14	9	13	5	18
200 Herrichten + Erschließen	1	2	–	1	1	6
300 **Bauwerk – Baukonstruktion** 400 **Bauwerk – Techn. Anlagen**	56	66	58	58	49	**69**
500 Außenanlagen	2	4	3	8	2	7
600 Ausstattung + Kunstwerke	–	1	–	1	1	2
700 Baunebenkosten	17	21	21	22	10	24
Zusätzliche Maßnahmen	1	13	–	10	1	16

Bemerkungen
Es handelt sich hier ausschließlich um Bauobjekte aus der Hand von Bauträgern. Daher rühren auch die zum Teil recht hohen Ansätze für „Zusätzliche Maßnahmen" (z.B. Tiefgaragen) und „Baunebenkosten". Im Citybereich lassen die Kosten für die Tiefgaragen auch die Kosten für die Außenanlagen, das Bauwerk und die Baunebengebühren stark anschwellen.
Hervorgehoben sind die höchsten Anteile und damit die am meisten zu beeinflussenden Kosten. Das sind die Bauwerkskosten mit ca. 50–60 Prozent.

Ein Einfamilienhaus, gehobener Standard gemäß Tabelle 18, Mittelwert, mit einem normalen Ablauf weist folgende Daten auf:

– Grundstück 450 qm à DM 180,0 pro qm

– Erdgeschoss und ausgebautes Dachgeschoss, nicht unterkellert

– Wohnfläche 130 qm à 2.901,0 pro qm

– Summe Baukosten nach DIN 276/93: Kgr. 100 – 700 = DM 569 297,– (Tabelle 24, S. 145)

Tabelle 24

	Kosten in DM gemäß DIN 276/93	Prozentuale Aufgliederung	Aufteilung DM/m^2 Wohnfläche (WF)
100 Baugrundstück	81 000,-	14,23	623,-
200 Herrichten + Erschließen	15 000,-	2,64	115,-
300 Bauwerk u. Baukonstruktion 400 Bauwerk – Techn. Anlagen	377 130,-	66,23	2 901,-
500 Außenanlagen	32 056,-	5,64	247,-
600 Ausstattung	3 771,-	0,66	29,-
700 Baunebenkosten	60 340,-	10,60	464,-
Summen	569 297,-	100	4 379,-

Stand 1999

Sobald die hier genannten Grenzen stark überschritten werden, müssen Bauherren dem entgegensteuern. Je weniger Geld ein Bauherr hat, desto vorsichtiger sollte er sein. Je höher das Kostenlimit ist, desto größer kann die Variationsbreite in den einzelnen Prozentsätzen zwischen Minimum und Maximum sein.

Zu den Kostengruppen seien noch einige Hinweise gegeben.

- **Baugrundstück:** In Sanierungsgebieten sind die Kosten erheblich höher als in einer Stadtrandlage. Weitaus am günstigsten sind Bauplätze für Reihenhäuser oder Atriumbungalows mit gemeinsamen Außenwänden.
- **Bauwerk:** Hier liegen die größten Einsparungschancen, wenngleich die Bauwerkskosten nicht im selben Maße wie die Grundstückskosten gestiegen sind. Beim Geschosswohnungsbau ist der Zwei- oder Dreispännertyp preisgünstiger als der Einspänner.
- **PKW-Einstellplätze:** Die Tiefgarage ist mit Abstand die teuerste Lösung. Am billigsten ist der Einstellplatz. Es folgt die Sammelgarage und die mit einer Summe (zahlbar an die Gemeinde) abgelöste Garage, sofern dies das Bauamt akzeptiert.
- **Baunebenkosten:** Finanzierungskosten und Betreuungs- oder Sondergebühren können hier schnell höher als 10 Prozent steigen. Im Normalfall liegen die Baunebenkosten bei 7 bis 10 Prozent.

Der Bauherr weiß nun, wo er seinen Rotstift ansetzen muss, um während des gesamten Ablaufs kostenhaltend bzw. -mindernd zu wirken. Im Bereich der **Bauwerkskosten** muss er seinen Einfluss geltend machen.

Der Bauherr weiß aber noch nicht, wo er im Bereich der Bauwerkskosten kostenreduzierend wirken kann. Auch die in Tabelle 25 gegebene Aufstellung kann nicht für alle Fälle gelten. Die Prozentzahlen verschieben sich je nach Gebäudeart, Bauvolumen, den jeweiligen regionalen Verhältnissen, nach Entwurf, Auftragslage der Firmen und manch anderen Ein-

flüssen. Präzisere Daten sind auch gar nicht erforderlich. Es genügt, die Dimension oder die Größenordnung zu erfassen. Nur so ist zu erkennen, wie stark oder wie wenig sich die Bemühungen um Kostensenkungen auswirken.
Zugrunde gelegt ist ein Einfamilienhaus.
Bausumme nach DIN 276/93: DM 569 297,– (Kostengruppe 100 – 700).
Bauwerkskosten DM 377 130,– (Kostengruppe 300 und 400)

Tabelle 25

	Einzelkosten (DM)	Anteile (%)
Erdarbeiten	3 771,–	1
Maurer-, Beton- und Putzarbeiten	147 081,–	39
Zimmererarbeiten	30 170,–	8
Dachdeckerarbeiten	15 085,–	4
Klempnerarbeiten	5 657,–	1,5
Treppenarbeiten	15 085,–	4
Tischlerarbeiten (Fenster + Glas)	26 399,–	7
Schlosserarbeiten	5 657,–	1,5
Heizungsarbeiten	37 713,–	10
Sanitäre Installation	30 170,–	8
Elektroinstallation	18 857,–	5
Fußbodenarbeiten	7 543,–	2
Estricharbeiten	5 657,–	1,5
Fliesenarbeiten	3 771,–	1
Malerarbeiten	15 085,–	4
Sonstige Arbeiten	9 428,–	2,5
Summen	377 130,–	100

Einsparungen in Höhe von 3 Prozent wirken sich bei den Maurer-, Beton- und Putzarbeiten mit DM 3 950,– und bei den Fußbodenarbeiten mit DM 203,– aus. Bauherren sollten sich also in erster Linie auf die Kostenanteile konzentrieren, die sich effektiv am meisten auswirken.

5.1.5 Kosten-Rückkoppelung

Nach dem Muster der ersten Rückkoppelung nach Aufstellung des Raumprogramms (Seite 124) erfolgt nun auch die Kostenabstimmung von Wunsch und Wirklichkeit oder Planung und Kostengrenze während des Vorentwurfs- und Entwurfsverfahrens. Auf diese Weise werden Planungs- und Kostenziele miteinander immer wieder verknüpft und zu einem optimalen Resultat geführt.

Diese Forderung an den Architekten bedarf keines Honoraraufschlages, weil mit Vorentwurf und Entwurf eine Kostenschätzung bzw. eine Kostenberechnung zu liefern ist.

Für beide Seiten – Bauherr und Architekt – bedeuten diese Weichenstellungen zwischen Raum- und Bauansprüchen auf der einen und Kostenzwängen auf der anderen Seite ein reibungsloses Miteinander.

Zu den einzelnen Planungsschritten

1. Vorentwurfsplanung (siehe Leistungsbild Seite 106)

Es beginnt mit der probeweise erfolgenden Skizzierung in Form erster Lösungsansätze. Gemeint sind Skizzen in den Maßstäben 1 : 100 oder 1 : 200: Grundrissvorschläge mit einigen Ansichts- und Schnittzeichnungen. Diese sind dann zu ergänzen mit Kostenschätzungen aufgrund der groben m^2- und m^3-Berechnungen. Mit diesen Unterlagen und den Alternativen gewinnt das Vorhaben zum ersten Male Gestalt und Kostengestalt. In der Diskussion wird entschieden, wie die Weichen in der Abstimmung zwischen Kostenschätzungsergebnis und Kostenlimit zu stellen sind, das heißt, ob nachfinanziert oder „abzuspecken" sein wird.

Der Bauherr sollte sich klar für eine Alternative und die damit verbundenen Änderungswünsche entscheiden, so daß der Planer eine eindeutige Richtung weiterverfolgen kann. Dieser Vorgang wird sich solange wiederholen, bis beide Partner zu einem Entwurf gefunden haben, der auch in den Kosten stimmt.

2. Entwurfsplanung (siehe Leistungsbild Seite 107)

Der mit den Kostenzielen abgestimmte Vorentwurf wird nunmehr intensiver hinsichtlich der Einzelheiten – Wanddicken, Statik, Raummöblierung, Energieeinsparung, Installationen, Kostenplanung, Treppenanlage, Fassaden- und Dachausbildung usw. – durchgearbeitet, und zwar unter voller Beteiligung der Fachingenieure für Statik, Heizung, Lüftung, Sanitär und Elektro. Dabei können durchaus noch ein oder zwei weitere Entwürfe im Rennen sein. Erst diese weitere Bearbeitung wird zeigen, welcher Entwurf der kostenplanerisch günstigste ist. Natürlich kann es auch eine Kombination aus zwei oder drei Entwürfen als optimale Lösung geben, die dann weiterverfolgt wird.

Das Ergebnis der Entwurfsplanung wird jedenfalls im Maßstab 1 : 100 mit allen Grundrissen, Ansichten und Schnitten, sowie einem Lageplan und einer Kostenberechnung nach DIN 276 vorzulegen sein. Hier sollten alle Maße enthalten sein, nicht nur für die tragenden Bauteile, sondern auch für alle Öffnungen (Fenster, Türen), Schornsteine, Treppen, Raum- und Dachböden.

Am Ende dieser Entwurfsplanung muss erneut die Weichenstellung nach dem Muster des Verfahrens am Ende der Vorplanung erfolgen, siehe Seite 148. Hier müssen die Resultate des Entwurfs mit den Kostenzielen erneut abgestimmt und meistens auch mehrfach korrigiert werden. Erst nach mehreren Weichenstellungen und übereinstimmender Planung mit den Kostengrenzen des Bauherrn kann die endgültige Fassung des Entwurfs vorgenommen werden. Dieser Entwurf wird dann die Grundlage der Genehmigungsplanung, der nächstfolgenden Aufgabe des Architekten.

Kosten-Rückkopplung

Weichenstellung zwischen Vorentwurfsergebnis und Kostenziel
Kostenangaben: Bezugsjahr 1999

Beispiel

Schiene 1	Schiene 2
Vorentwurfsskizzen auf der Grundlage des Raumprogramms Kostenschätzung gemäß m^3-Berechnung: 980 m^3 Bruttorauminhalt (BRI) x 482,- DM = **472 360,- DM** Bauwerkskosten	Aus der Gesamtkostenaufstellung nach DIN 276: abzüglich: Grundstückskosten Herrichten und Erschließungskosten Außenanlagenkosten Ausstattungskosten Baunebenkosten Rest = Bauwerkskosten: **377 130,- DM** = maximale Kostengrenze

1. Weichenstellung:
Die um fast 30 Prozent zu teure Vorplanung muss reduziert werden: im Bruttorauminhalt und im Preis pro m^3 BRI.

Reduzierte Planung: 890 m^3 BRI x 412,- DM = 366 680,- DM

2. Weichenstellung:
Obwohl der neue Vorentwurf noch um 10 450,- DM zu teuer ist, soll nicht weiter reduziert werden. Die Finanzlücke wird durch mehr Eigenleistung ausgeglichen. Falls dies nicht realistisch ist, wird auf den Garagenanbau vorläufig verzichtet. Zurückgestellt werden ebenfalls die Ausgaben für die Außenanlagen.

3. Genehmigungsplanung (siehe Leistungsbild Seite 108)
Diese Phase hat kostenplanerisch keine Auswirkungen, da sie auf dem bereits ausgearbeiteten Entwurf basiert und durch die Statik, die Entwässerungsplanung und die Bauanträge lediglich ergänzt wird.

5.2 Bebauung

Sollten Sie in diesem Zusammenhang sich zu den folgenden Themen noch nicht informiert haben, so schlagen Sie bitte nach:

- Grundstückssuche   Seite 27
- Preis-Leistungsvergleich   Seite 28
- Bebauungsplanauflagen   Seite 30 ff.
- Nebenkosten des Grundstückskaufs   Seite 32
- Preisbestimmende Faktoren   Seite 33
- Lohnt sich der Kauf   Seite 34
- Grundstücks- und Gesamtkosten   Seite 35

Die Art der von einem Bebauungsplan vorgeschriebenen oder – sofern dieser nicht existiert – einer eventuell möglichen Bebauung ist vor dem Kauf gründlich zu prüfen. Das Ergebnis sollte man sich durch eine Voranfrage beim Bauamt oder durch eine Klausel im Kaufvertrag bestätigen lassen.

Mit der Art der Bebauung steht und fällt das wirtschaftliche Endergebnis. Daher müssen Bauherren über ein gewisses Mindestwissen verfügen – dies um so mehr, als Bauplätze knapp und teuer sind und man sich schnell entschließen muss.

Die vielen möglichen Zwänge aus den Auflagen eines Bebauungsplanes und den Vorstellungen der Bauämter können die Hausplanung sehr belasten und verteuern. Die Bewohnbarkeit, die Freude am Haus und Garten und die Wiederverkäuflichkeit werden stark beeinträchtigt, wenn Bauherren die notwendigsten Kenntnisse zur Beurteilung und Bewertung einer möglichen Bebauung fehlen.

Das schönste und preiswerteste Haus kann nicht wieder verkauft werden, wenn es zum Beispiel aufgrund der Auflagen aus dem Bebauungsplan einen Riesenvorgarten im Norden und einen Minigarten (siehe Bild 5, Seite 151) im Süden hat. In den Bebauungsplänen sind bebaubare Flächen manchmal so nachteilig für die Lage des Hauses zum Garten festgelegt, dass dieser Fehler nur durch hohe Zusatzkosten in Form von Mauern oder Dachgärten wieder gutgemacht werden kann.

Neue Bebauungsideen

Aus der Not und dem Dilemma, dass die große Mehrheit der Bevölkerung sich ein möglichst freistehendes Einfamilienhaus mit einem gegen Einsicht geschützten Bereich wünscht und den dadurch bedingten untragbar hohen Grundstückskosten hat man neue Bebauungsformen entwickelt, die individuelles Wohnen zu einem attraktiven Preis ermöglicht. Unter vielen lohnenden und interessanten Bebauungsvorschlägen seien hier nur die Innenhof- und Gartenhofhäuser genannt. Vorteile: Gegen Störungen von außen vollständig abgeschirmt, extrem tiefe Grundrisse, gut belichtet, geringe Grundstückgrößen, hoher Wohnwert, individuelles Familienleben gewährleistet, geringe Gesamtkosten. Mehr dazu nachzulesen unter „Kosten-und flächensparendes Bauen" Linhardt/Kandel/Höfler – Verlag Georg D.W. Callwey.

5.2.1 Bebauungsvorteile

Beispiel eines Vergleichs von 2 Bebauungsarten für dasselbe Grundstück [8]
Bebauung mit 76 Wohneinheiten (siehe Bilder 3 und 4)

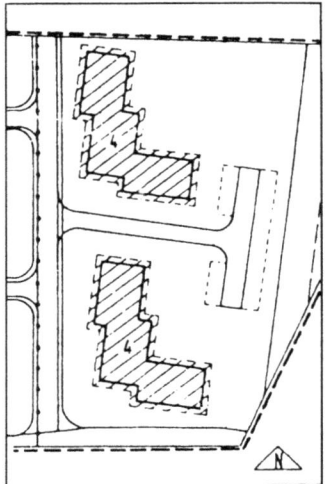

Bild 3 Vorschlag A

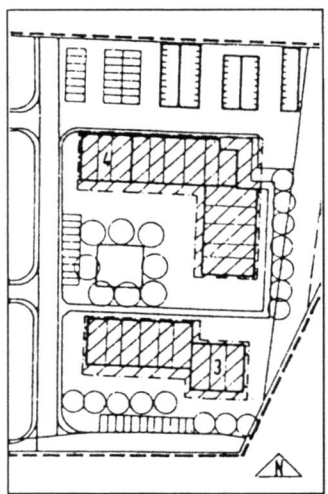

Bild 4 Vorschlag B

Vorteile der Bebauung A

– **Höhere Nutzung**
Durch Verbesserung der Bebauungsmöglichkeiten und eine Tiefe der bebaubaren Flächen von 16 bis 20 m kann eine **bis zu 30 Prozent höhere Nutzung** erzielt werden, wenn derjenige, der den Bebauungsplan aufstellt, über Kenntnisse in der Bebauung solcher Bautiefen verfügt, mit anderen Worten: wenn er weiß, welche flächensparenden Grundrisse und Wohnungstypen hierfür in Frage kommen.

– **Geringere Folgekosten**
Da die künftigen Käufer oder Mieter die Kosten einer Fehlplanung zu bezahlen haben, müssen die Folgekosten einer Bebauung ermittelt werden, bevor der Bebauungsplan rechtskräftig wird. Eine Änderung des bestehenden Bebauungsplans ist nur mit relativ hohem Zeitverlust zu erreichen. Es gibt aber auch Beispiele, bei denen sich dieser Aufwand für den Bauherrn oder die Baugesellschaft gelohnt hat.
Der m^2-Preis ist beim Vorschlag A nicht nur in der Errichtung, sondern auch in den laufenden Belastungen günstiger.

– **Geringere Baukosten**
Infolge der günstigeren Lage der Garagen und Einstellplätze, dem damit verbundenen geringeren Erschließungsaufwand und dergleichen konnten bei Vorschlag A im Jahre

1974 **DM 50,– pro m² Wohnfläche eingespart** werden. Umgerechnet nach den Messzahlen der Bauindizes von 1974 zu 1999 entspricht das einem **aktuellen Preis von DM 116,– pro m²**. Bei einer Vierzimmerwohnung von 100 m² Wohnfläche macht das einen Preisvorteil von 11 598,– DM aus. Bei 76 Wohneinheiten unterschiedlicher Größe sind im Falle des Bebauungsvorschlages A die **Baukosten um DM 574 937,– geringer**.

– **Besserer Wohnwert**
Vorschlag A ist gegenüber Vorschlag B gekennzeichnet durch Vorteile in der Beziehung von Wohnräumen zum Hauptfreiraum (Grünanlage), in der Abkehr von den an der Nordseite gelegenen Garagen und durch größere Distanz zwischen Wohnräumen und Straßenverkehr.

– **Höherer Marktwert**
Im **marktwirtschaftlichen Sinne** hat Bauen nur Sinn, wenn bei einem hohen Wohnwert ein Preis pro Quadratmeter Wohnfläche erzielt wird, der die Häuser oder Wohnungen vermietbar oder verkäuflich macht. Gerade die Bebauung entscheidet mit der Lage, mit der Art der Erschließung, mit Lage und Größe der Nebenflächen und mit dem Grad der Nutzung über das wirtschaftliche Endergebnis.

5.2.2 Grundstücksvergleich

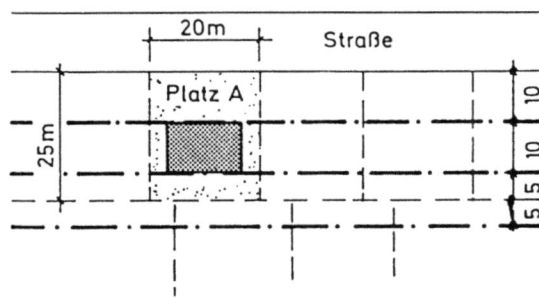

Bild 5 Mittelgrundstück

Bebaubare Fläche: (20–6) x 10 = 140 m²
Grundstücksgröße: 20 x 25 = 500 m²

WR : Reines Wohngebiet
I   : Eingeschossig
O   : Offene Bebauung

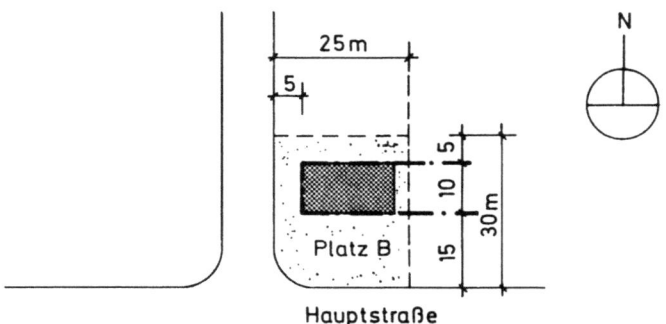

Bild 6 Eckgrundstück

Bebaubare Fläche: (25–8) x 10 = 170 m²
Grundstücksgröße: 25 x 30 = 750 m²
WR : Reines Wohngebiet
I : Eingeschossig
O : Offene Bebauung

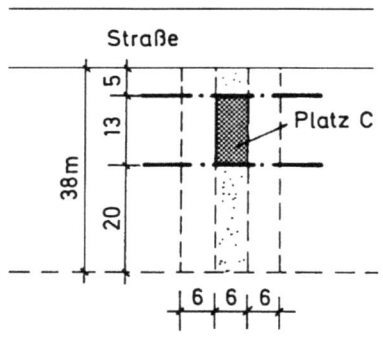 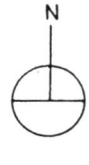

Bild 7 Reihenhausgrundstück

Bebaubare Fläche: 6 x 13 x 2 = 156 m²
Grundstücksgröße: 6 x 38 = 228 m²
WR : Reines Wohngebiet
II : Zweigeschossig
G : Geschlossene Bebauung

Es werden drei Grundstücke im gleichen bevorzugten Stadtgebiet angeboten:
Platz A: offene Bebauung, eingeschossig, Bebauung mit Grenzabständen
Platz B: offene Bebauung, eingeschossig, Bebauung mit Grenzabständen, Eckgrundstück
Platz C: geschlossene Bebauung, zweigeschossig, Bebauung von Grenze zu Grenze möglich, Reihenhaustyp

	Platz A	Platz B	Platz C
Grundstücksgröße	500 m^2	750 m^2	228 m^2
Tiefe des Südgartens	5 m	15 m	20 m
Bebaubare Fläche Bruttogeschoßfläche	140 m^2	170 m^2	156 m^2
Zahl der Geschosse	I	I	II
Preis* pro m^2	300,- DM	300,- DM	600,- DM
Gesamtpreis	150 000,- DM	225 000,- DM	136 800,- DM
Zusätzliche Kosten	15 000,- DM	18 000,- DM	–
Bewertung	nicht empfehlenswert	nicht empfehlenswert	**empfehlenswert**

* Stand 1999

Obwohl das Reihenhausgrundstück im Quadratmeterpreis doppelt so teuer ist wie die beiden Einzelhausgrundstücke, ist von der Ausnutzung her in der Beziehung Haus – Garten weitaus am günstigsten und preislich am interessantesten. Wert und Preis stimmen hier und versprechen eine einfache Hausplanung, eine vorteilhafte Bewohnbarkeit und ein wirtschaftliches Endergebnis bei einem guten Wiederverkaufspreis. Nachteile sind ebenso wenig in Kauf zu nehmen wie teure Gartenmauern zum Nachbarn oder zur Hauptstraße – Besonnungs- oder Verkehrsbeeinträchtigungen. Die gemeinsamen Brandmauern zu den Nachbarn des Reihenhauses können bautechnisch einwandfrei durch zusätzlichen Schallschutz gedämmt werden.

5.2.3 Grundstücksteilung

Zu teure Grundstücke können dennoch **zu Kostensenkungen** in den Gesamtkosten **führen,** wenn sie sich teilen lassen. Geteilt werden können Grundstücke auf die unterschiedlichste Weise. Hier soll von zwei Möglichkeiten die Rede sein.

1. Lösung (Bild 8): Bau eines Doppelhauses

Das Grundstück wird halbiert. Ebenso die Kosten für das Grundstück und die Nebenkosten. Ob Sie als Käufer beide Grundstücksteile behalten oder einen Teil für sich bebauen und den anderen Teil, um die Belastung zu senken, als Anlageobjekt verwerten oder vermieten, sei dahingestellt. Denkbar sind auch andere Nutzungen, wie die Aufteilung in Einzel-Appartements oder der Bau und Verkauf von Eigentumswohnungen. Mit dem dabei zu erzielenden Gewinnanteil können Sie Ihre Baukosten wesentlich senken. Gerade kleine Wohnungen lassen sich gut verkaufen.
Grundstücke in guter Wohngegend sind immer gefragt. Lassen Sie sich Zeit mit dem Wiederverkauf der zweiten Hälfte und bieten Sie sie auch für eine individuelle Bebauung

an. Werden beide Häuser gleichzeitig geplant und bebaut, so sparen Sie Planungskosten und Baukosten. Ohne Risiko sollten Sie die eine Doppelhaushälfte zum Festpreis verkaufen. Dabei müssen die Grundrisse beider Hälften sich nicht notwendigerweise entsprechen.

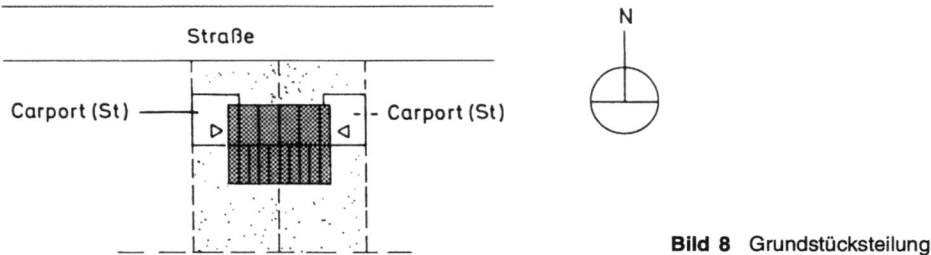

Bild 8 Grundstücksteilung

2. Lösung (Bild 14): Bau einer Eigentumsanlage

Wenn es die Grundstücksverhältnisse und eine geschickte Grundrisskonzeption erlauben, sollten zwei neue Grundstücke entstehen, von denen das hintere durch eine eigene Zufahrt getrennt vom vorderen Grundstücksteil erschlossen wird. Sofern dies nicht erreicht werden kann, bietet sich die Aufteilung in Form einer Eigentumsteilung nach dem Wohnungseigentumsgesetz an; das heißt, es entstehen zwei völlig getrennte Häuser mit den dazugehörigen Gartenbereichen, aber mit gemeinsamem „Carport" (zwei Einstellplätze).
Als Alternative bietet sich natürlich auch die Vermietung der einen Hälfte an, wenn das Gesamtobjekt finanzierbar ist und die Mieteinnahmen kostendeckend sind.

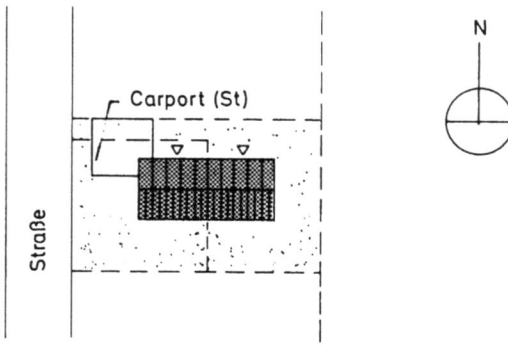

Bild 9 Grundstücksteilung

5.2.4 Gute Geländeausnutzung

Kostensenkungen durch die richtige Höhenfestlegung

Nichtunterkellerte Häuser

- Bei **ebenem Gelände und gutem Baugrund** (Bild 10). Das Haus wird so in das Gelände gesetzt, dass nicht mehr als eine Stufe zu den Eingängen erforderlich ist und das Oberflächenwasser vom Hause wegfließen kann.

Guter Baugrund   **Bild 10** Nicht unterkellert

- Bei **ebenem Gelände und schlechterem Baugrund** (Bild 11). Die Fundamente müssen bis auf den tragfähigen Grund geführt werden. Damit werden die Streifenfundamente so tief wie Kellerwände. In vielen Fällen empfiehlt sich dann eine Vollunterkellerung (Bild 12). Der Erdgeschossgrundriss kann um die Räume verkleinert werden, die nun in den Keller verlegt werden können, wie zum Beispiel Heizungsraum, Installationskeller, Abstell- und Nebenräume, sowie Vorratsraum. An Mehrkosten entstehen dann nur die zusätzlichen Erdarbeiten, die Kellersohle, die Kellerfenster und die Treppe zum Kellergeschoss. Hinzu kommen die Verstärkung der Kellerdecke, die Innenwände, die Türen und die Installationen.

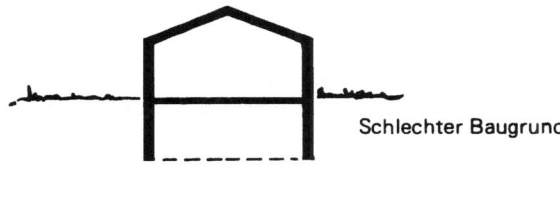

Schlechter Baugrund   **Bild 11** Nicht unterkellert

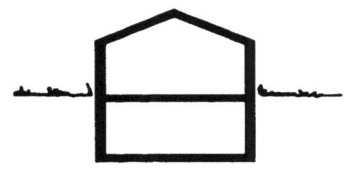

Bild 12 Voll unterkellert

Unterkellerte Häuser

- Bei **ebenem Gelände und gutem Baugrund** (Bilder 13 und 14). Auch hier sollte das Haus so konzipiert werden, dass nach dem Kosten/Nutzen-Vergleich entschieden werden kann.
  In der Regel sind die Kostenunterschiede zwischen beiden Alternativen gering, so daß man nach entwurflichen Aspekten die Festlegung treffen sollte. Ob eine volle Kellertreppe (Bild 13) oder zwei halbe Treppen (Bild 14) zu kalkulieren sind, macht kaum eine Differenz aus.
- Bei **ebenem Gelände und schlechtem Baugrund** ist die Lösung gemäß Bild 13 zu empfehlen.

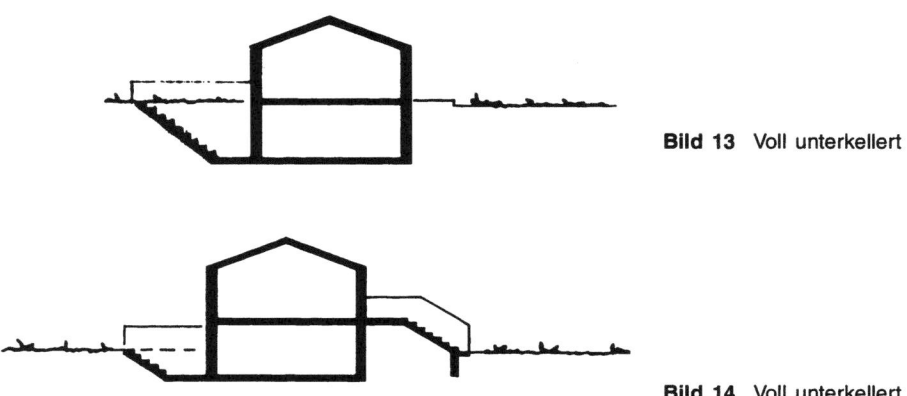

Bild 13 Voll unterkellert

Bild 14 Voll unterkellert

Hanglage (Bild 15)
In diesem Fall bietet sich eine **Teilunterkellerung** an, da die Geschosse durch das ansteigende Gelände versetzt werden und die Nebenräume bei geschickter Aufteilung gut in den Hang hinein gebaut werden können.
Ein Hang kann auch durch Einbau einer **Zweitwohnung** – sei es als Einliegerwohnung oder als Zweifamilienhaus – ausgenutzt werden. Durch das Versetzen der Räume hat jeder Raum eine nicht verbaubare Aussicht. Auch die getrennte Zugänglichkeit ist in den meisten Fällen kein Problem.

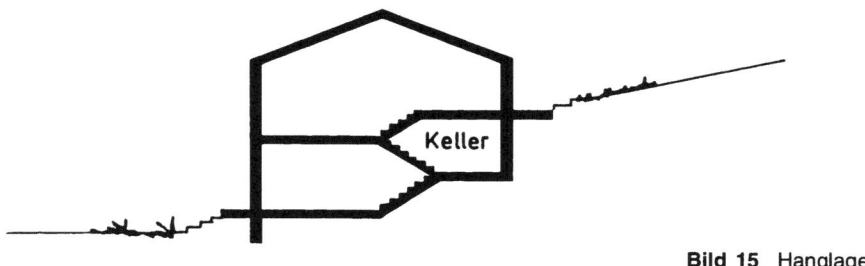

Bild 15 Hanglage

5.2.5 Mehr- und Minderkosten

Unerwartete Mehrkosten können entstehen,

- wenn vor dem Kauf eines Grundstücks keine zuverlässigen Informationen über die **Tragfähigkeit des Bodens** eingeholt worden sind. Unzureichend sind allgemeine Erkundigungen beim Verkäufer oder den Nachbarn. Zuverlässige Daten erhalten Bauherren nur durch Probebohrungen oder durch verbindliche Auskünfte bei den Ämtern, die über Bodenkarten verfügen. Allerdings sind diese Angaben relativ grob und sagen nichts über die Tragfähigkeit aus, denn auch innerhalb eines Kies- oder Sandbodens können Einlagerungen aus weniger tragfähigem Boden sein. Auch sandige Böden können sehr lose sein, so daß sich eine Verdichtung empfiehlt.
Sammeln sollte man daher alle Erfahrungen von den Baufirmen und Statikern, die in der letzten Zeit in der Nähe gebaut haben.
Mehrkosten entstehen bei umfangreicheren Bodenvorbereitungsarbeiten, Bodenaustauschverfahren, bei einer bewehrten Grundplatte statt einfacher Streifenfundamente, bei einer vollen Einschalung von Fundamentierungen und dergleichen mehr;
- wenn vor dem Kauf nicht die **Höhe des Grundwasserstandes** geklärt ist. Informationen bei Wasserwirtschaftsämtern verschaffen dem Bauherrn genaue Werte über die höchsten Grundwasserstände. Daraus können dann Architekt und Statiker Rückschlüsse über die Art der Gründung, der **Wasserhaltung** und der notwendigen Maßnahmen zur **Feuchtigkeitsisolierung** ziehen. Das teuerste ist eine so genannte „Wanne", die um den Keller herum gebaut werden muss, um das Eindringen von Wasser zu verhindern. Hierdurch können schnell zusätzliche Kosten von DM 35 000,– und mehr entstehen.
Während der Bauarbeiten für Gründung und Keller müssen in Bereichen von hohem Grundwasserstand Wasserhaltungen vorgenommen werden; während der Bauarbeiten müssen Tag und Nacht Pumpen laufen, um die Baugrube frei von Wasser zu halten. Nicht selten sind dafür auch Spundwände zu bauen, damit die Baugrube an den Rändern nicht einfällt. Die **Baumschutzbestimmungen** verlangen, dass der Baumbestand im Umkreis der Baustelle nicht durch Absenken des Wasserstandes gefährdet wird. Daher sind bei Wasserhaltungen Anträge an das Wasserwirtschaftsamt zu stellen, die nur dann genehmigt werden, wenn die Jahreszeit eine Wasserabsenkung ohne Schaden für die Bäume zulässt. Diese Gesamtproblematik kann dazu führen, dass aus Zeit- und Planungsgründen auf einen Keller oder auf eine Tieferlegung des Bauwerks verzichtet werden muss. Es ist gar keine Frage, dass hier mit zusätzlichen Kosten zu rechnen ist;
- wenn die Höhenlage der Anschlusskanäle kostspielige **Hebeanlagen** erfordert. Nur wenn vom Keller keine Abwässer in den höher liegenden Kanal zu pumpen sind, kann auf eine teure Pumpe mit Pumpensumpf und Entwässerungsschacht verzichtet werden. Bauherren sollten sich daher rechtzeitig nach den Anschlusshöhen erkundigen oder bei den Nachbarn fragen. Natürlich bleibt es immer noch möglich, das Gebäude so hoch zu legen, dass Abwässer mit natürlichem Gefälle ablaufen (aber auch die höhere Gebäudelage hat ihren Preis);

- wenn ein Bodengutachter, eine Bohrfirma oder eine **Spezialgründung** erforderlich wird. Das ist zwar selten der Fall, kann aber bei mehrgeschossigen Wohngebäuden mit Tiefgaragen notwendig werden. Da die hierfür aufzubringenden Mehrkosten erheblich sind, kann eine derartige Erschwernis die gesamte Planung in Frage stellen;
- wenn die Herrichtung eines Grundstücks relativ teuer ist. Das kann der Fall sein, wenn **Abbrucharbeiten** vorgenommen werden müssen, für die eine Ausschreibung erforderlich ist, oder wenn das Gelände von Pflanzen, **Kleingartenresten,** alten Einfriedigungen und dergleichen befreit werden muss.
Schließlich kann auch eine Bodenabsenkung oder -auffüllung aus Planungsgründen notwendig werden.
Mutterboden ist stets vor Baubeginn abzuschieben, seitlich zu lagern und zu schützen, um ihn dann nach Fertigstellung wieder zu verteilen. Jeder weiß, dass der Kauf, das Anfahren sowie Verteilen von Mutterboden zusätzliche Kosten erfordert;
- wenn der Boden aus **Fels** ist. Lose Teile müssen beseitigt werden. In den Bereichen, in denen Bauteile in das Erdreich gebaut werden müssen, ist der Felsboden zu sprengen;
- wenn das **neue Gebäude** gegen oder **zwischen Nachbargebäude** errichtet werden soll oder muss. In Sanierungsvierteln kann das besonders teuer werden, weil Fundamente von Altbauten oft von geringer Stabilität sind. Architekt und Statiker sind unbedingt zu Rate zu ziehen. Sie werden entscheiden, ob der benachbarte Altbau zu unterfangen oder mit neuen Stützmauern zu sichern ist. Dabei sind unter Umständen schwierige Verhandlungen mit den Nachbarn unumgänglich. Vor der Gründung des eigenen Hauses sind im Falle von Pfahlgründungen **Beweissicherungsverfahren** für alle nachbarlichen Häuser durch einen neutralen und vereidigten Sachverständigen zu Lasten des Bauherrn durchzuführen.
Aber auch bei Anbauten an den aus den letzten Jahren oder Jahrzehnten stammenden Neubauten müssen vor der Festlegung der Planung eingehende Untersuchungen über die Höhenlage der nachbarlichen Fundamente vorgenommen werden, wenn hierüber keine zuverlässigen Ausführungspläne und Berechnungen vorliegen. Diesen Anschlüssen ist größte Aufmerksamkeit zu widmen, da die Folge von Vernachlässigungen in diesen Planungsuntersuchungen sich in Form von Dauerschäden, Rissen und Setzungen zeigen werden.
- wenn der Grund und Boden ökologisch unzulässig belastet und eventuell mit hohem Aufwand auszutauschen und zu entsorgen ist.

Minderkosten

Kosten durch vorläufige Einschränkungen

Es ist durchaus möglich, frühzeitig zu bauen, um dann später nach Bedarf zu erweitern. Damit werden die finanziellen Belastungen bei geringem Einkommen auf das Notwendige reduziert, ohne die Zukunft „zu verbauen". Mit wachsender Familie wächst das Haus. Voraussetzung ist eine **Gesamtplanung** im Hinblick auf den Endzustand. Im **ersten Bauabschnitt** wird zunächst der wichtigste Teil realisiert.

Beispiel:

1. Bauabschnitt
Wohnzimmer, Schlafzimmer, Arbeitszimmer, Küche, Bad
zusammen 75 m^2 Wohnfläche
Bauwerkskosten: 217 575,– DM

2. Bauabschnitt
2 Kinderzimmer mit Spieldiele und Duschbad
zusammen 30 m^2 Wohnfläche
Bauwerkskosten: **87 030,– DM** + Preissteigerungsrate

3. Bauabschnitt
„Carport" (oder Garage), Geräteraum, Gartenzimmer
zusammen 50 m^2 Fläche
Bauwerkskosten: **55 000,– DM** + Preissteigerungsrate

Weitere Bauabschnitte für die Schaffung von Hausarbeitsräumen, mehr Wohn- und Essraum, Hobbyraum usw. sind durch Ausbau von Dach oder Keller möglich. Für die Bebauung der bebaubaren Fläche eines Grundstücks müssen die Flächen für den 2. und 3. Bauabschnitt freigehalten werden. Anderenfalls müssten später erhebliche Umbauten im bestehenden Teil in Kauf genommen werden – mit allen negativen Folgen (Abbruch, Erweiterungen der Leitungen, Einlegen neuer Unterzüge, Schutt).
Bei einer sinnvollen Erweiterungsplanung werden die zusätzlichen Räume vorgebaut, ohne den Betrieb zu stören. Erst nach Fertigstellung und Anschluss aller Leitungen werden die nichttragenden (früheren) Außenwände entfernt. Die Endplanung sollte baurechtlich gesichert werden. Die Genehmigungen für die Anbauten müssen nach Ablauf einiger Jahre entsprechend den Landesbauordnungen verlängert werden.

Kostensenkung durch den Rationalisierungskatalog [10]

„Rationell bauen heißt: Bauten von bestimmtem Wert mit niedrigen Kosten herstellen, oder: mit bestimmten Kosten mehr oder mit höherem Wert bauen." [9]

Im **Rationalisierungskatalog** sind die **wesentlichsten Rationalisierungsprinzipien** zusammengestellt. Für den Bebauungsplan werden die einzelnen Maßnahmen einer wirtschaftlichen Bebauung vorgegeben.
Im **blauen** Unterdruck werden die Orientierungsdaten für Verkehrsflächen, Hausform, Wohnungsgrundriss und anderes vorgegeben. Sie gehen von den in Forschung und Praxis entwickelten und bewährten Erkenntnissen aus und berücksichtigen vielfältige Erfahrungen.
Im **gelben** Unterdruck sollen die geforderten Einzelmaßnahmen im konkreten Fall erfasst und deren Erfüllung nachgewiesen werden.
Im **roten** Unterdruck werden in Form einer Checkliste die in der Nachweisliste (gelber Unterdruck) bereits erfassten Angaben geprüft.

Beim rationellen Bauen müssen die einzeln gewonnenen Erkenntnisse geschlossen angewendet werden, hier sind insbesondere die Planverfasser und Bauherren angesprochen. Während sich Aufwand und Kosten leicht mit Zahlen belegen lassen, müssen bei der Beurteilung des Wohnwertes zahlreiche materielle und immaterielle Fakten berücksichtigt werden.
In den folgenden Abschnitten werden immer wieder diejenigen Zahlen und Fakten genannt werden, die im Rationalisierungskatalog zu finden sind.

5.3 Gebäudeform

5.3.1 Kosten sparende Baukörper (Kostenstand 1999)

Planungstips

– Wählen Sie **quadratische** statt winkelförmiger **Grundrisse** (Bilder 16 und 17).

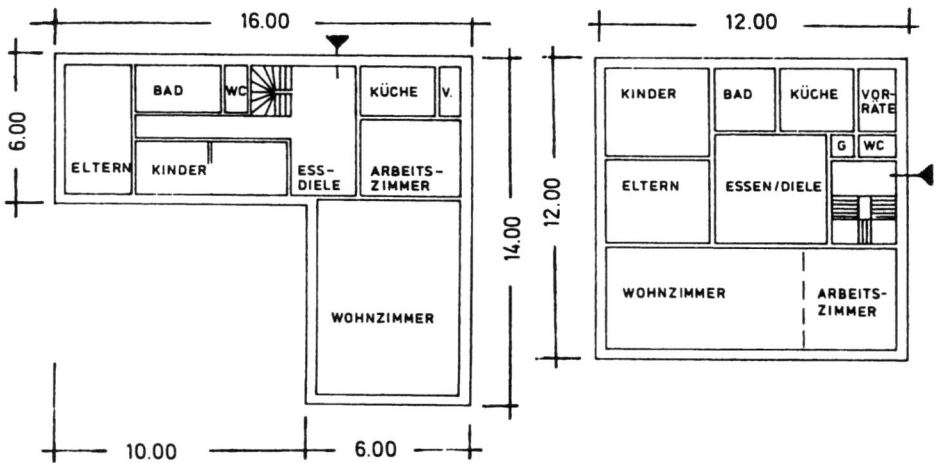

Bild 16 Winkelförmiger Grundriß   **Bild 17** Quadratischer Grundriß

Der Vergleich beider Gebäudeformen bei gleich großer Fläche sieht bei diesem Beispiel so aus:

	Bruttoge-schossfläche (m²)	Außenfläche einschließlich Keller (m²)	Außenfläche (DM/m²)	Gesamtkosten der Außen-flächen (DM)
Haus A (Winkel)	144	390	438,-	171 023,-
Haus B (Quadrat)	144	312	438,-	137 605,-
Differenzen	-	78	-	33 418,-

Bei gleicher Wohnfläche liegen beim winkelförmigen Grundriss die Bauwerkskosten um etwa 10 bis 16 Prozent höher.

Zusätzlich müssen Sie aufgrund der größeren Abkühlungsflächen bei dem Winkelhaus mit dementsprechend mehr Heizungskosten rechnen.

Der rechteckige Grundriss fällt nicht so ungünstig wie der winkelförmige aus, ist aber teurer als der quadratische. Vor Festlegung des Grundrisses sollten Sie sich daher berechnen lassen, was Sie als Bauherr für eine vom Quadrat abweichende Grundrissform in den Bau- und Heizungskosten mehr zahlen müssen. Es kann sich auch aus der speziellen Grundstückslage oder aus der grundrisslichen Situation eine nicht quadratische Form ergeben, die trotz der Mehrkosten eine ganze Reihe anderer Vorteile aufweist, so daß man sich dafür entscheidet.

– Sie sparen natürlich auch, wenn Sie Vor- und Rücksprunge, T- oder U-Formen vermeiden und sich für eine klare, dem Quadrat angenäherte Form entscheiden. Die Vorteile einer nicht quadratischen Form, wie zum Beispiel die geschützte Terrasse, lassen sich mit erheblich geringeren Kosten auch bei einem Quadrathaus herstellen. Mit Hilfe einer Pergola, einer formal gelungenen Holzwand oder einer berankten Holzwand erreichen Sie das Gleiche.

Im Erdgeschoss anzuordnende **Nebenräume,** wie Garage, überdachter Einstellplatz, Abstellräume und dergleichen lassen sich an eine kompakte und geschlossene Quadrat- oder Rechteckform (Haupträume) **mit leichten Materialien** gut und preiswert anbauen.

– Lassen Sie kleinere, aber **teure Extras** bei der Formgebung des Gebäudes weg, Sie sparen in der Summe wiederum 10 bis 15 Prozent der Bauwerkskosten.

Beispiel [11]

Auskragendes Obergeschoss bei 6 m Hausbreite je nach der Tiefe	mindestens DM 2 850,-
Wandvorlage bei zwei Geschossen und 1,50 m Tiefe je nach Breite	mindestens DM 7 128,-
Vorspringender Erker, 2 m breit, 1 m tief	ca. DM 11 515,-
Wandvorlage als Sichtschutz, außen, bei 2 Geschossen, 0,5 m tief	ca. DM 2 193,-
Balkon, 5 m², mit Fenstertüre	ca. DM 7 128,-
Loggia, 5 m²; mit Fenstertüre	ca. DM 8 554,-
Summe	DM 39 368,-

(Kostenstand: 1999)

- Gewächshausartig gestaltete **Wintergärten** mit viel Glas in Aluminiumrahmen sind kaum unter DM 70 000,– zu haben [12].
  Vorstehende und verglaste **Windfänge** kosten von 7 000,– DM aufwärts. Unterfahrten und die damit verbundenen Abfangungen von Gebäudeteilen einschließlich der konstruktiven und bauphysikalischen Aufwendungen kosten in kleinerem Umfange wenigstens DM 25 000,–.
  Grundrisse mit **versetzten Geschossen** sind bei ebenem Gelände in der Regel teurer als durchgehende Deckenkonstruktionen, insbesondere dann, wenn sich diese Höhenunterschiede auch in der Gebäudeform abbilden.
- Lassen Sie sich Einzelheiten dieser Art vom Architekten genau berechnen (das gilt ganz besonders bei Vorschlägen des Architekten, die diese zusätzlichen Bauteile aufweisen). Ungenügend ist es, die Feststellung auf die Bemerkung zu beschränken, dass dies oder jenes ja nur geringe Mehrkosten verursache. Basis Ihrer Entscheidung müssen **konkrete DM-Beträge** für Alternativen und Ergänzungen sein. Nur dann können Sie sagen: „Einen Betrag in Höhe von DM .... gebe ich für diese Extras aus." Dringen Sie auch auf eine nachprüfbare Berechnung der Kosten, um objektiv deren Berechtigung beurteilen zu können. Dabei sind nicht nur die Kostendifferenzen zu nennen, sondern auch die der Unterhaltungsaufwendungen, insbesondere Heizungskosten, Wartungskosten und Ähnliches.

Vergleich der Gebäudeformen nach Kostengesichtspunkten

Reduzieren wir die Zahl der Haustypen auf vier, dann unterscheiden diese sich folgendermaßen:

- **Frei stehendes Haus**
  Grundstücksbedarf minimal 400 m^2. Stellplatz problemlos. Bauwerkskosten gegenüber allen anderen Typen maximal. Energiekosten im Vergleich zu anderen Typen ebenfalls am höchsten. Kosten für Außenanlagen, Erschließung und Nebenkosten relativ hoch.

- **Reihenhaus**
  Grundstücksbedarf minimal 180 m^2. Stellplatz in Sammelanlagen. Bauwerkskosten im Vergleich zu anderen Typen sehr günstig. Energiekosten infolge der geringen Außenwandflächen sehr gering. Kosten für Außenanlagen, Erschließung und Nebenkosten gering. In den Bauwerks- und Energiekosten sind Reihenmittelhäuser notwendigerweise günstiger als Reihenhäuser.
  Die Variante „Kettenhaus" (Einzelhäuser, zweigeschossig, mit einem eingeschossigen Verbindungsbau) ist in den Grundstücks-, Bauwerks- und Energiekosten wie ein Reihenendhaus oder noch etwas aufwändiger anzusehen. Beispiel: siehe Seite 175.

- **Gartenhofhaus**
  Grundstücksbedarf minimal 250 m^2. Stellplatz gut unterzubringen.
  Bauwerkskosten günstiger als Einzel-, jedoch ungünstiger als Reihenhäuser.
  Energiekosten aufgrund des hohen Anteils an Außenfläche relativ hoch.
  Kosten für Außenanlagen, Erschließung und Nebenkosten etwas höher als beim Reihenhaus.

- **Doppelhaus**
Grundstücksbedarf minimal 280 m^2. Stellplatz günstig anzuordnen.
Bauwerkskosten höher als beim Reihenhaus, vergleichbar mit dem Reihenendhaus.
Energiekosten entsprechen denen des Reihenendhauses.
Auch die Kosten für Außenanlage, Erschließung und Nebenkosten entsprechen denen des Reihenendhauses.

Allgemeines zu diesen Unterscheidungsmerkmalen:

Einschränkend muss bemerkt werden, dass diese Angaben nicht auf jeden konkreten Fall zu übertragen sind. So gibt es sicher Beispiele, die beweisen, dass auch ein Reihenhaus in jeder Hinsicht teurer als ein bestimmtes Einzelhaus sein kann. Dabei spielen viele Faktoren eine Rolle: Lage und Wert des Grundstücks, Qualität des Architekten und seiner Planungsarbeit, Bauweise und Ausstattung der jeweiligen Vergleichsobjekte usw. Einzelhäuser haben nicht immer die Vorteile, die man von ihnen erwartet, und nicht alle Reihen- und Doppelhäuser haben die Nachteile, die so selbstverständlich vorausgesetzt werden. Die Trennung von Reihenhäusern in optischer und akustischer Hinsicht ist heute technisch und gestalterisch kein Problem. Bei der Einhaltung der DIN-Normen und der allgemeinen und bewährten Regeln der Baukunst ist der Reihenhausbewohner heutzutage genau so vor der Lärmbelästigung durch Nachbarn geschützt wie in einem frei stehenden Einfamilienhaus.

Empfehlungen

Wenn es nicht wirklich große und gegen Einsicht gut zu schützende Grundstücke sind, sollten Bauherren sich nicht scheuen, auch andere Hausformen und Hausarten in ihre Überlegungen einzubeziehen. Einzelhäuser auf kleineren Grundstücken unter 800 m^2 bieten selten die Möglichkeit der Abschirmung und Unabhängigkeit, wie sie die späteren Bewohner erwarten. Warum also nicht auch ungewöhnliche Hausentwürfe und Ideen aus der Fachliteratur [27, 35, 36] bzw. von qualifizierten Architekten in Erwägung ziehen?
Die gemeinsame, aber akustisch völlig sichere zweischalige Brandwand zwischen zwei Häusern muss doch nicht nachteilig sein, wenn sie so geschickt angeordnet wird, dass sie jedem Bewohner universellen Sicht- und Hörschutz bietet.
Dagegen sitzen viele Eigenheimbesitzer im Sommer vor ihrem frei stehenden Einfamilienhaus wie auf einem „Präsentierteller", einsehbar von allen Nachbarn. Die Folge: Sichtschutzwände, die als „Scheuklappen" eine Art Reihenhauseffekt im negativen Sinne entstehen lassen.
Zwei gemeinsame Wände sind daher oft eine Chance, das Haus nicht nur in den Bau- und Heizkosten billiger zu machen, sondern sich auch das geschützte Leben zu sichern, das man benötigt.
Schließlich sollten Bauherren daran denken, dass auch nichtteilbare Grundstücke sich mit Doppel- oder Reihenhäusern bebauen lassen – ohne die bekannten Nachteile, wenn man nach dem Wohnungseigentumgesetz verfährt. Allerdings hat man bestimmte Verpflichtungen einzugehen, die das Gesetz vorschreibt. Von der Nutzung, vom Wohnwert

und vom täglichen Gebrauch her haben die Eigentümer jedoch keinerlei Nachteile zu akzeptieren. Sie gewinnen aber den Vorteil, ein zu großes und zu teures Grundstück besser auszunutzen.

5.3.2 Kosten sparende Dachformen

Was zur Gebäudeform gesagt wurde, gilt auch für die Dachform, die mit dem Grundriss und den Fassaden als Gesamtkonzeption zusammen entwickelt werden muss. Dachformen mit einem großen Außenflächenanteil kosten weit mehr als Dächer, die den Baukörper mit wenig materiellem Aufwand decken.

Die **Kosten eines Daches** (unausgebaut, ohne Tragwerk) sind abhängig
- von der Dachform: Einfache Formen sind billiger als Sonderformen;
- von der Dachneigung: je steiler, desto teurer;
- von den Dachbaustoffen: Welltafeln kosten halb so viel wie Dachziegel; Betondachsteine sind 20 Prozent billiger als Falzziegel;
- von den Ansprüchen hinsichtlich Lebensdauer, Gestaltung, Funktion, Gebäudeart und anderen Faktoren;
- von den darunter liegenden Räumen und deren Zweckbestimmung.

Dabei geht es nicht nur um den Witterungsschutz (Dachhaut), sondern auch um technisch-konstruktive Bedingungen, um die Wärmedämmung und um Fragen der Belichtung und Belüftung des Daches.

Wählen Sie daher

- **einfache Dachformen** wie **Satteldächer** in Form einfacher Pfettendächer oder Sparrendächer; das heißt, einfache statische und konstruktive Lösungen;
- **nicht** die aufwändigeren und anfälligeren Formen, wie **Walmdächer,** abgewinkelte Dächer mit Kehlen, Graten und dergleichen;
- Dächer ohne Höhensprünge, ohne komplizierte Anschlüsse und mit parallelen Kanten;
- **keine** aufwändigen **Dachvorsprünge** und Gesimse;
- **Dachflächenfenster** statt Dachgauben oder Erker;
- **Belichtungsöffnungen in Giebeln** statt in Dachflächen;
- bei geneigten Dächern eine zweifache Be- und Entlüftung über der Dämmschicht und unter den Dachpfannen;
- eine mindestens 10 cm dicke Dämmung, die absolut **luft-** und **winddicht** an allen Anschlüssen anschließt und daher keinerlei Fugen aufweist;
- Dachformen, die zu den preisgünstigsten gehören und **Raumabschluss und Dach gleichzeitig** darstellen. Beispiel: Flachgeneigtes Satteldach von etwa 15 Grad. Hierfür genügen Holzpfetten, die von Schottenwand zu Schottenwand gespannt werden. Sie

werden mit einer guten Wärmedämmung versehen, oberseitig mit belüfteten Welltafeln abgedeckt und unterseitig mit Gipskarton oder Holz geschlossen;

- Dachformen, die billiger als zweischaliges Außenmauerwerk sind. Beispiel: **Nurdachhaus,** das relativ billig ist (Bild 18);

Bild 18 Nurdachhaus (Arch. Brehmer)

- zweischalige Kaltdächer, wenn die Luftströmung durch einen entsprechenden Auftrieb mit dem notwendigen Höhenunterschied zwischen Zuluftöffnung und Abluftöffnung gewährleistet ist;
- Flachdächer nur, wenn das Mindestgefälle von 2,5 Prozent an allen Stellen gegeben ist und es sich um eine einschalige Konstruktion handelt („Warmdach");
- Mineralwolle als Dämmung, weil diese sich besser luft- und winddicht anpassen lässt. Ausnahme: Flachdach. Hier ist Styropor besser, wenn das Gefälle durch die Unterkonstruktion hergestellt wird. Wenn dies nicht möglich ist, empfiehlt es sich, die Gefälleplatten etwa von Rockwool zu verwenden (Mineralwolle, 150 kg/m^3);
- ein Flachdach nur dann, wenn es hundertprozentig in allen Details, im Aufbau, in allen Abschlüssen und in der Materialwahl durchdacht ist. Billigausführungen sind zu vermeiden;
- gleich oder später auszubauende geneigte Dächer nur mit einer Rauhspundschalung und einer Lage Dachpappe statt einer provisorischen Unterspannbahn;

- keine Dächer, die in der Neigung zu flach für einen effektiven Ausbau sind oder so steil, dass ein zusätzlicher Raumabschluss geschaffen werden muss. Dürfen Dächer nicht so steil sein, lohnt es sich, einen Drempel oder einen Kniestock in Erwägung zu ziehen, um eine höhere Ausnutzung zu erzielen;
- Dächer mit Außenentwässerung, da diese in den Entwässerungskosten nur halb so viel kosten;
- bei auszubauenden Dächern besser eine Neigung von 48 als 38 Grad, da die steilere Dachneigung wirtschaftlicher ist;
- bei einem nichtauszubauenden Dach lieber eine Neigung von 16 als 38 Grad. Bei eingeschossigen Häusern sparen sie dadurch 5 bis 6 Prozent, bei zweigeschossigen 4 bis 5 Prozent.

5.3.3 Kostengünstige Grundrisse (Stand: 1999)

Allgemeines:

Viele Praxisbeispiele zeigen, dass während der Entwurfsarbeit, von den ersten Vorentwurfsskizzen an, ganz entscheidende Akzente für die Kostenentwicklung gesetzt werden. Für diese Arbeit sollte daher eine ausreichende Planungszeit angesetzt werden.
Ziel ist es, das Raum- und Bauprogramm in eine Bauform umzusetzen, die den Raum- und Flächenbedarf erfüllt, die individuellen Vorstellungen in Qualität und Wohnwert berücksichtigt und die finanziellen Rahmenbedingungen beachtet.
Mit dieser Planungsarbeit entwickelt sich nicht nur der Grundriss, sondern auch die baukörperlichen Elemente wie die Grundform des Hauses (Quadrat, Winkel usw.); die Dachform, die Bauteile unter Terrain, die Fassaden, die Treppen, die Raumhöhen, die Wahl der Baumaterialien und die statische tragende Konstruktion des Gebäudes.

Daher müssen von Anfang an folgende **Voraussetzungen** erfüllt sein:

- Ein konkretes Raum- und Bauprogramm muss vorliegen (siehe Seite 117 ff.).
- Die Bauwerkskosten nach DIN 276/93 Kostengruppe 300 und 400 müssen feststehen, sofern eine Kostengrenze gesetzt worden ist.
- Die Zirka-Kosten je m^2 Wohnfläche sollten vor der Entwurfsarbeit fixiert werden (siehe Seite 122 ff.).
  Auf der Preisbasis des Jahres 1999 betragen die groben Schätzwerte **(Kostenhochrechnungen nach 1995 – siehe Seite 23),**
  für 1 m^2 Wohnfläche etwa 2 870,– DM bei einem durchschnittlichen Standard, bezogen auf die reinen Bauwerkskosten;
  für 1 m^2 Wohnfläche etwa 4 806,– DM, bezogen auf die Gesamtkosten.
  Der letzte Wert ist der für den Bauherrn interessante! Denn mit den Bauwerkskosten steigen auch die Nebenkosten.

Beispiel:
Summe 100 m² Wohnfläche x 4 806,– DM/m² = 480 600,– DM
Monatliche Belastung je m² Wohnfläche – siehe Seite 122 ff. und Seite 130
- Es muss das kostenplanerische Fachwissen darüber vorliegen, wo und wie eingespart werden kann. Die Erfahrung über kostenplanerische Praxis darf nicht fehlen.
- Neben dem Architekten muss der Statiker die Kostenfolgen sofort abschätzen.

Raumzuordnungen:

Insbesondere für größere Häuser ist es ratsam, eine **Zuordnungsmatrix** anzufertigen, die die Raumbeziehungen klärt – sehr enge oder enge oder konträre Zuordnung. (Bild 19) [13].

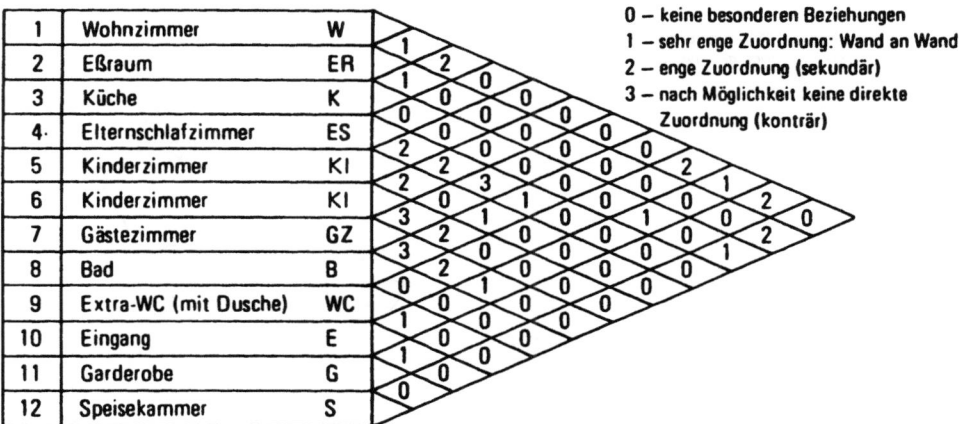

Bild 19 Zuordnungsmatrix für ein Wohnhaus nach Funktionen

Nächster Schritt (Bild 20) [13].

Entsprechend der Matrix werden nun die Kreise mit den Raumnummern wie in einem Puzzle zusammengeschoben. Das Ergebnis ist die optimale Zuordnung der Räume mit folgenden **Vorteilen:**
- kürzere Verbindungswege, besserer Betriebsablauf;
- weniger Flur- und Verkehrsflächen;
- bessere Nutzung und Auffindbarkeit von Räumen und Raumgruppen bei größeren Gebäudeplanungen;
- geringere Personal- und Gebäudekosten bei komplexen Gebäudeanlagen infolge der Reduzierung von Verkehrsflächen.

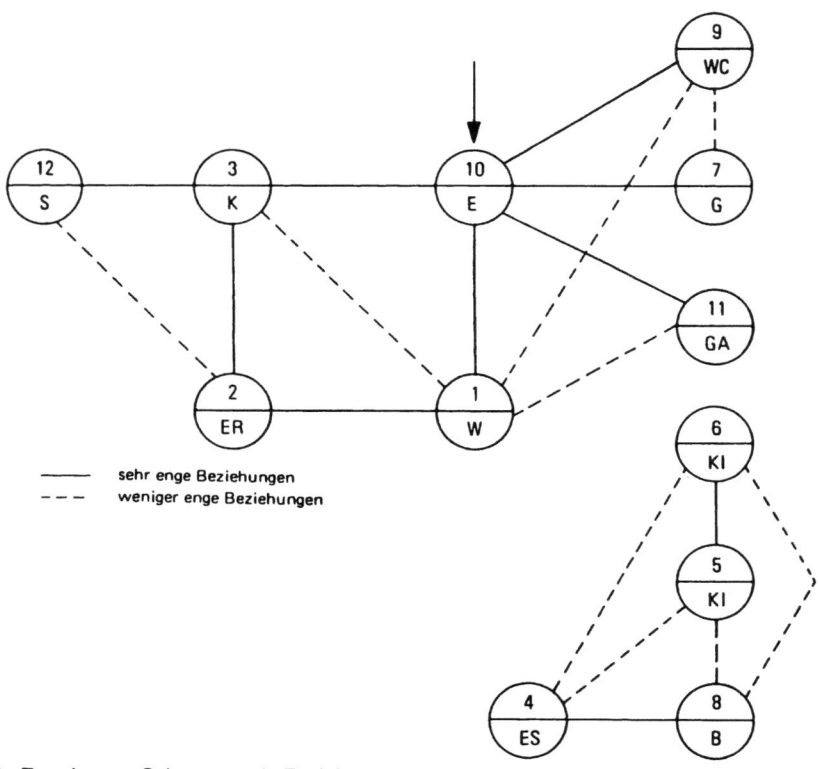

Bild 20 Zuordnungs-Schema nach Funktionen

Die Einteilung in Gruppen: ein Beispiel von vielen

Wirtschaftsbereich: Küche, Hausarbeitsraum, Vorratsraum und dergleichen
Wohnbereich: Wohnraum, Esszimmer, Arbeitsraum usw.
Schlafbereich: Eltern- und Kinderzimmer, Umkleide- und Schrankräume
Sanitärbereich: Bäder, Duschen, WC
Verkehrsbereich: Windfang, Diele, Flure, Treppen
Berufsbereich: Praxisräume, Warteraum, Laborräume usw.

Bei diesen Schemata müssen gleichzeitig Besonnung oder Beschattung, Zuordnung oder Abkehr von der Straße, Ruhebedürfnis, Anlieferung, Gegebenheiten des Grundstücks in der besonderen Lage, dem Geländegefälle und was es sonst noch an Bedingungen gibt, berücksichtigt werden. Die Außenanlagen wie Zufahrten, Einstellplätze, Garagen, Freiraumkonzeption, Einsichts- und Aussichtsmöglichkeiten spielen in diese Raumzuordnungen natürlich auch noch stark hinein. Mit der zunehmenden Größe und Komplexität eines Raumprogramms wächst auch der Schwierigkeitsgrad. Umgekehrt kann auf die Gruppeneinteilung und die Matrix verzichtet werden, wenn es sich um einfache Raumprogramme handelt, bei denen es aber auf jeden m² Wohnfläche und auf jeden m³ umbauten Raum ankommt.

In jedem Falle werden an die Begabung, Erfahrung und Beweglichkeit des Architekten bzw. Planers hohe Anforderungen gestellt, um allen Einzelanforderungen weitgehend gerecht zu werden.

Hier werden aber die Weichen für die Gebäudequalität und deren Kosten gestellt.

Kosten senkende Planungsprinzipien (Kostenangaben: Bezugsjahr 1999)

Für alle Arten von Wohngebäuden sei gesagt:

- Die **Schottenbauweise** bringt **Kostenvorteile** in den Wänden, Decken, Unterzügen, Fassaden usw. (Bilder 21 und 22).

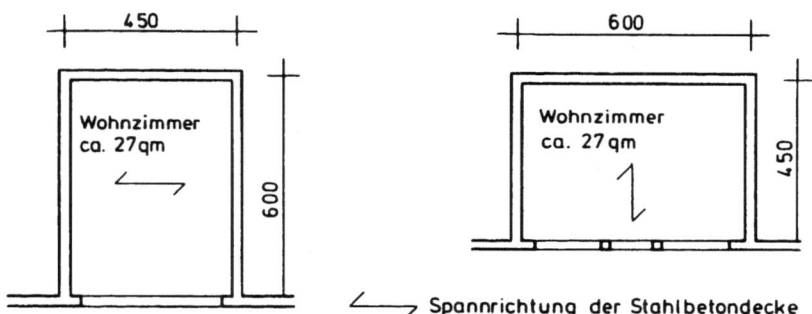

Bild 21 Kostenvergleich von zwei Wohnzimmeranordnungen

- Tragende Wände müssen nicht immer 24 cm dick sein. Bei geschickter Anordnung der Räume (Bild 22) können alle tragenden Wände **11,5 oder 17,5 cm dick** sein. Voraussetzung: Aussteifung der tragenden Schottenwände durch Querwände, was sich bei der Lage der Türen auswirkt.

Der gezeigte Reihenhausentwurf demonstriert exemplarisch die Ausnutzung der DIN 1053 bis an die Grenze des Zulässigen. Alle Räume sind so mit tragenden Decken überspannt, dass die Fensterwände nicht belastet werden. Die Deckenlasten werden ausschließlich auf die Seitenwände abgeführt. Tausende wurden eingespart, Wohnfläche wurde gewonnen, eine beliebige – also nicht durch bestimmte Konstruktionsmerkmale definierte – Fensterteilung wurde ermöglicht. Die Deckenstärke wurde aufgrund der geringen Spannweite auf ein Minimum verringert.

- Die Spannweite von 4,50 m ist ein statischer Grenzwert, dessen Beachtung Kostenvorteile mit sich bringt. Als nächsthöherer Wert ist das Maß von 6,00 m zu berücksichtigen. Von diesen Maßen aufwärts müssen Wände dicker werden.

- Ein Dachausbau kostet gegenüber einem Dachflächenfenster je nach Art und Größe etwa 8 846,– bis 12 778,– DM mehr.

- Was Vor- und Rücksprünge, Balkons und Loggien oder auch Erker und Auskragungen kosten, ist bereits auf Seite 161 gesagt worden.

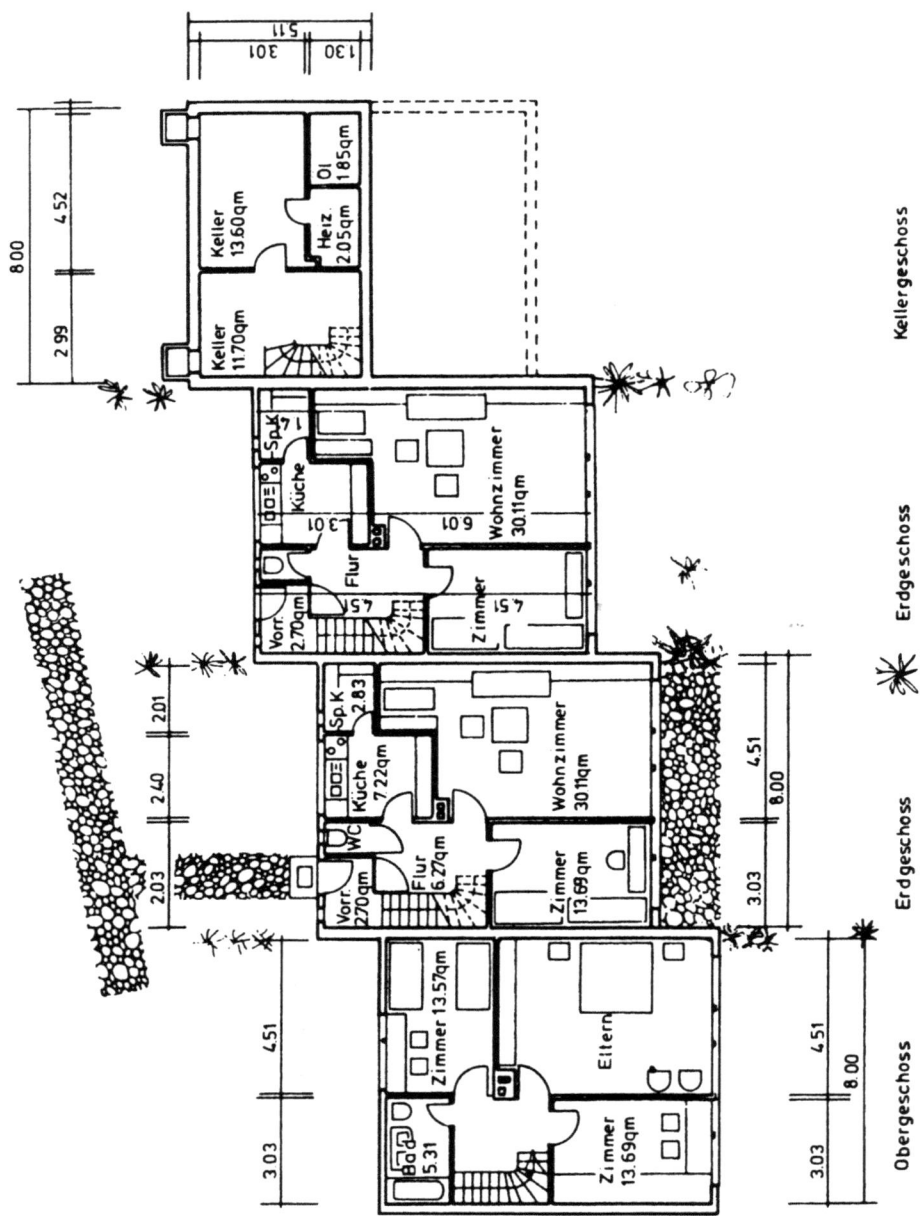

Bild 22 Ergebnis eines Kostenvergleichs für einen Reihenhaustyp (Arch. Brehmer)

- Für tragende und aussteifende **Massivwände** gilt: Sie sollten grundsätzlich in allen Geschossen übereinander stehen; der Architekt rät ohnehin zu nichts anderem. Ist das nicht der Fall, müssen Deckenverstärkungen, Unterzüge und andere teure Konstruktionen in Kauf genommen werden.

- **Nichttragende**, aber notwendige Wände werden aus **Leichtbaumaterialien** – wie Gipskarton, Spanplatten oder ähnlichem – ausgeführt. Der Baumarkt bietet hier eine Fülle von Möglichkeiten. Diese Wände sind so leicht, dass keine pauschalen Deckenzuschläge bei der statischen Berechnung angesetzt werden müssen. Auch Einbauschränke oder dergleichen sind zu empfehlen, weil sie keinerlei Zuschläge erforderlich machen.

- Bauherren sollten – bei Beachtung der Schalldämmwerte – auf einer **Minimierung der Wanddicken** bestehen, wenn sich die Tendenz abzeichnet, die Bemessung der Wände, Decken, Aussteifungen und dergleichen allzu großzügig vorzunehmen. Eine statische Berechnung sollte bis an die Grenzen der Zulässigkeit gehen, anderenfalls hat der Statiker sein Geld nicht verdient.
  Die Vorschriften enthalten immer noch so viel Sicherheiten, dass hier überhaupt kein Risiko besteht. Es kann auch über die Grenzen der DIN 1053 – Mauerwerksbau – hinweggegangen werden, wenn dies statisch nachgewiesen wird. Von diesen Möglichkeiten wird viel zu wenig Gebrauch gemacht.
  Wanddicken müssen nicht erhöht werden, weil Schlitze für Installationsleitungen ausgeführt werden müssen. Abwasserrohre können vor die Wand gelegt und nur in Feuchtwandbereichen verkleidet werden. Dünnere Leitungen können vor die Wand (zum Beispiel hinter Gardinen), hinter Fußleisten oder im Bereich des schwimmenden Estrichs verlegt werden.

- Zusammenlegung der Leitungsstränge – siehe Seite 192.

- Die Materialwahl wird nicht nur nach technisch-konstruktiven Gesichtspunkten getroffen, sondern auch nach den Faktoren „Kosten", „Gestaltung" und „Statik".
  Für den reinen Mauerwerksbau sollten folgende Vereinfachungen angesteuert werden: Mauerwerk sollte nicht vielfach durch vielfältige Fensteröffnungen unterbrochen werden, sondern in geschlossenen Wandscheiben zusammengefasst werden, um Unterzüge, Stürze, Fensterbänke und deren kostspielige Wärmedämmung zu vermeiden. Desgleichen sollten Fenster und Türen, wo möglich und auch funktionell sinnvoll, zu nichttragenden Außenwandteilen zusammengefasst werden. Hier können die Glasöffnungen mit geschlossenen Wandteilen aus Holz (mit geringen Wanddicken für die Heizkörper) mit einer Wärmedämmung von 10 cm kombiniert werden.

- **Stahlbetondecken** können so dünn wie möglich sein, wenn es sich um ein Einfamilienhaus handelt, in dem Schallschutzforderungen keine oder nur eine geringe Rolle spielen. Ein „schwimmender Estrich" sorgt für den Mindestschallschutz auch im Einfamilienhausbau.

- **Holzdecken** bringen Einsparungen, sind jedoch mit zusätzlichen Auflagen hinsichtlich der Statik verbunden, die die Kostensenkungen wieder aufzehren können. Jedenfalls wäre es eine Untersuchung wert, ob im Einzelfall einzelne Decken in Holz konstruiert werden sollten.
- **Öffnungen** in nichttragenden Wänden können aus Einsparungsgründen ohne Stürze bis zur Decke reichen und gegebenenfalls durch Falt- oder Schiebetüren geschlossen werden.
- **Treppen** sollten in Spannrichtung der Decken laufen. Dann sind die Deckenöffnungen sparsam zu bemessen. Anderenfalls müssen teure Auswechslungen und zusätzliche Bewehrungen vorgesehen werden.
- **Flexibilität** kostet viel Geld und wird nur selten genutzt. Der Trend zur totalen Flexibilität ist daher schon wieder vorbei, weil der „Großraum" mit frei aufteilbaren Wandelementen von der Bauherrschaft nicht angenommen wurde. In Teilbereichen sollten aber Überlegungen hinsichtlich der Folgen einer sich verändernden Nutzung angestellt werden. So empfiehlt es sich, die Wandaufteilung im Schlafzimmerbereich nicht so starr vorzunehmen. Erfahrungen zeigen aber auch, dass es billiger ist, eine zerstörbare Wand aufzustellen als ein bestimmtes Fertigwandelement, das ziemlich teuer wird. Später sich ändernde Grundrisse können auch durch Abriss von Altwänden und durch Stellung einer Stütze bzw. eines Mauerwerkbogens geschaffen werden. Das kann durchaus vorteilhaft sein. In derartigen Wänden sollten aber schon beim Neubau eine Balken- oder Stützkonstruktion vorgesehen werden.

5.3.4 Kostenresultate (Stand: 1999)

Bereits die erste Skizze, die erste Vorplanung, jeder Strich in der Entwurfs- und erst recht in der Werkplanung kostet Geld. Rund 66 Prozent möglicher Kostenbeeinflussungen ergeben sich in der Vorplanungs- und in der Entwurfsphase. Über den Rest, in erster Linie bezüglich der Ausführungsqualität, wird in der Ausführungsplanung und bei der Ausführungsvorbereitung entschieden.
Zwei Resultate von vielfach gebauten Beispielen einer Kostenplanung sollen hier vorgestellt werden.

Erstes Beispiel (Bilder 22, 23 und 24)

Reihenhaustyp, zweigeschossig, Fünfzimmerhaus, Küche, Bad, WC, teilunterkellert. Entstanden aus einem Wirtschaftlichkeitswettbewerb unter drei Architekten, wurde der Auftrag zu einem Preis erteilt, der etwa 30 Prozent unter dem der Konkurrenz lag. Zu diesem Preis wurde auch abgerechnet.

Kostenvorteile des Entwurfs:
- kompakter Grundriss, geringer Außenflächenanteil;
- maximale Spannweiten 4,50 m; dadurch geringe Abmessungen für alle tragenden Bauteile;

Bild 23 Reihenhäuser, Ansicht Süd (Arch. Brehmer)

Bild 24 Reihenhäuser, Ansicht Nord (Arch. Brehmer)

- Innen- und Außenwände fast alle nur 11,5 cm dick; eine Wand 17,5 cm. Außenwände zusätzlich mit 7 cm Kerndämmung (Verringerung der Energiekosten) und Verblendmauerwerk (geringe Unterhaltskosten) versehen;
- durch Schottenbauweise keine Fensterstürze und dergleichen;
- minimaler Verkehrsflächenanteil;
- Dachform: Flachgeneigtes Satteldach. Raumabschluss im Obergeschossdach, das heißt, die Räume im Obergeschoss haben eine leichte Deckenschräge (Dachneigung etwa 15 Grad).

Daten:
- Wohnfläche (WF): 125 m^2
- Kellerfläche: 30 m^2
- Bruttorauminhalt (BRI): 530 m^3
- Verhältnis von BRI zu WF: 4,24 – ein gutes Ergebnis
- Kosten im Baujahr 1962: DM 53 000,– reine Bauwerkskosten
  Gemäß Bauindex hochgerechnet: November 1998 DM 252 436,– reine Bauwerkskosten

Das heißt:
1 m^2 Wohnfläche kostet November 1998 DM 2 020,–
1 m^3 Bruttorauminhalt kostet November 1998 DM 476,–.

Zweites Beispiel (Bilder 25, 26, 27)

Kettenhaustyp, zweigeschossig. Vier- bis Fünfzimmerhaus (je nachdem, ob das Wohnzimmer geteilt oder ungeteilt geplant wird), Küche, Bad, WC, nichtunterkellert. Überdachungen für Eingang und Terrasse, Garage und Nebenräume (Öltankraum, Vorratsraum, Geräteraum) im eingeschossigen Zwischentrakt. Der Heizkesselraum liegt im Kern an der günstigsten Stelle. Der Nebenraumtrakt bildet gleichzeitig die optische und akustische Trennung zwischen zwei Häusern.

Kostenvorteile des Entwurfs:
- kompakter Grundriss; geringer Außenflächenanteil des beheizten zweigeschossigen Baukörpers;
- geringe Spannweiten; dadurch geringe Abmessungen der tragenden Bauteile;
- Außenwände zweischalig mit 7 cm Kerndämmung und Verblendmauerwerk;
- Funktionsablauf um den Kamin: Kochen – Essen – Wohnen;
- Dachform: Flachdach als zweischaliges Kaltdach;
- Fenster: Naturhartholzfenster mit Isolierglas.

Daten:
- Wohnfläche (WF): 137 m^2
- Nebenräume: 23 m^2 + Garage 15 m^2
- Summe: 160 m^2
- Bruttorauminhalt (BRI): 627 m^3
- Verhältnis von BRI zu WF = 4,57 – als gut zu bezeichnen
- Kosten im Baujahr 1969 DM 69 709,– reine Bauwerkskosten
  Gemäß Bauindex hochgerechnet: November 1998 DM 259 796,– reine Bauwerkskosten

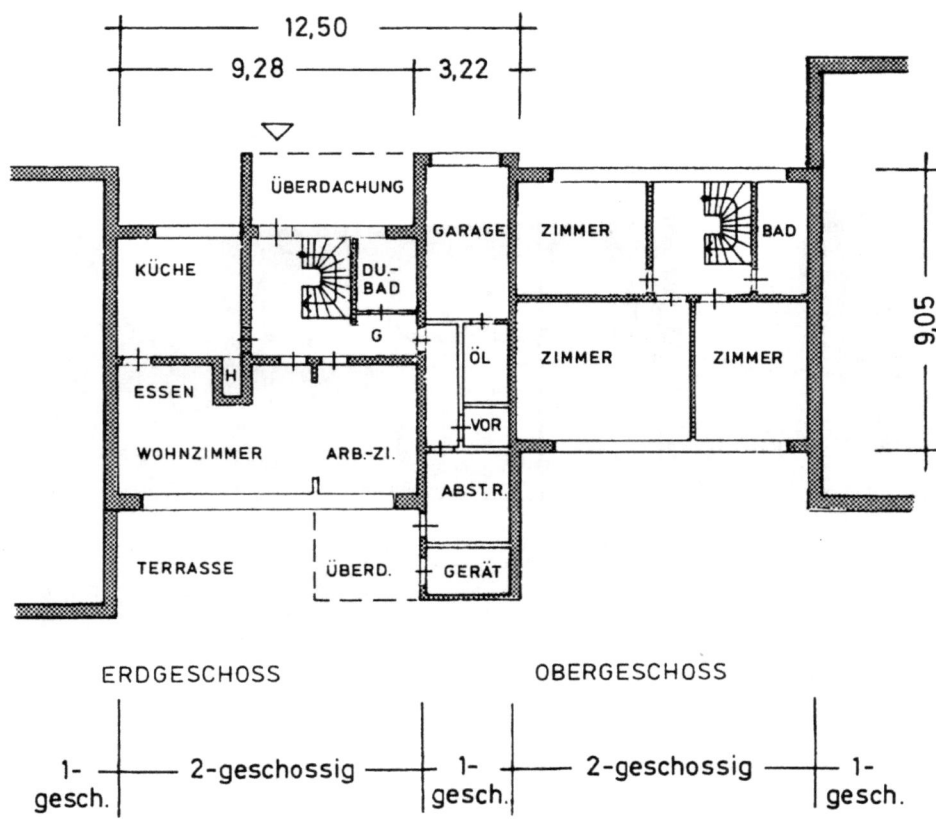

Bild 25 Kettenhaustyp, nichtunterkellert (Arch. Brehmer)

Das heißt:
1 m² Wohnfläche kostet November 1998 DM 1 900,– einschließlich Garage,
oder
1 m³ Bruttorauminhalt kostet November 1998 DM 415,– einschließlich Garage.

Bild 26 Kettenhaus, Südseite (Arch. Brehmer)

Bild 27 Kettenhaus, Nordseite (Arch. Brehmer)

5.4 Räume, Raumnutzungen

Mit der Vorentwurfsplanung einhergehen sollte die Einzelraumplanung jedes Raumes unter Einbeziehung der Einrichtung. Nicht frühzeitig, also parallel zum Entwurf durchgeführte Innenraumplanung muss sich für das Endergebnis preistreibend auswirken. Nicht die Flächenminimierung allein ist das Ziel, sondern eine bessere Raumnutzung, Raumgestaltung und -ausnutzung bei weniger Flächenbedarf.

Maßgebend für die ökonomische Bemessung von Räumen [33] sind die persönlichen Anforderungen und Vorstellungen der Bewohner, aber auch die Normen:

– **DIN 18 011 Stellflächen,** Abstände und Bewegungsflächen
– **DIN 18 022 Küche, Bad, WC,** Hausarbeitsraum – Planungsgrundlagen für den Wohnungsbau
– sowie die Wohnungsbauförderungsbestimmungen der Bundesländer.
– Darüber hinaus sind eventuell weitere Vorschriften für Altenwohnungen und Behinderte zu beachten.

Bei der Planung des Mindestraumbedarfs sollte die voraussehbare Entwicklung für die nächsten Jahre so weit wie möglich berücksichtigt werden. Eine Familie wächst und schrumpft in der Zahl und im Alter und damit in den Ansprüchen ihrer Mitglieder. Aus den finanziellen Möglichkeiten heraus ergeben sich weitere Zwänge oder auch Chancen für die Größenbemessung und Einrichtung der Räume. Schließlich sind durch Einbauten – Schränke, Betten, Arbeitstische usw. – Räume wirtschaftlicher zu bemessen, wenn die Mittel für das fest eingebaute Inventar vorhanden sind. **Vorhandene Möbel** sollten nur dann zwingend eingeplant werden, wenn es sich um besonders wertvolle Stücke handelt oder wenn dies nicht zu baulichen Mehrkosten führt. Einen Entwurf auf eine 6 m lange vorhandene Schrankwand auszurichten und damit unter Umständen Kostenerhöhungen von mehreren Tausend DM in Kauf zu nehmen, lohnt sich in den wenigsten Fällen. Sie sollten aufgeschlossen genug sein, die Vorschläge des Planers offen zu prüfen. Aufgrund seines Wissens und seiner Erfahrung findet sich oft eine optimale Lösung, auf die Sie allein vielleicht nicht gekommen wären. Nur selten lassen sich schematische und konventionelle Vorstellungen auf einen neuen Entwurf übertragen.

5.4.1 Wohnzimmer – Lage: Süden, Westen

Mindestanforderungen nach DIN einschließlich Essplatz [10]:
– für 4 Personen 20 m^2
– für 5 Personen 22 m^2
– für 6 Personen 24 m^2

Die Raumverhältnisse – Länge, Breite, Form – müssen bei der Größenbemessung mitbedacht werden, ebenso die Lage, Zahl und Größe (Belichtung!) der Fenster und Türen, sowie die der Heizkörper.

Natürlich spielt die **Besonnung** eine beachtliche Rolle bei der Einrichtungsplanung. Der Bezug zum Ess- und Sonnenplatz im Freien ist ebenfalls von Bedeutung.

Ebenso wichtig ist die Beziehung Essplatz – Küche und die Lage der Geschirrschränke zum Esstisch. Ist das Wohnzimmer vom Essraum zu trennen, so sollten beide Räume auch zu vereinigen sein.

Schiebe- und Falttüren können teuer sein, wenn sie auch schalldämmend sein sollen.

Kosten senkend wirken sich Raumzonen aus, die ineinander übergehen und durch geschickte Versprünge gegeneinander abgegrenzt sind, wie zum Beispiel eine Zone ohne Türen von der Küche zum Essplatz und von dort zum Wohnraum, oder eine Zone von den einzelnen Kinderzimmern zum gemeinsamen Spielraum.

5.4.2 Küche – Lage: Osten (Bild 28)

Gerade bei Küchen muss man sagen: Es kommt nicht auf einen möglichst großen Raum an, sondern auf die **richtige Anordnung** der Einrichtungsgegenstände, Geräte usw. Manchmal ist eine gut geplante Küche von 7 m^2 Größe besser zu nutzen als eine fehlerhaft eingerichtete Küche vom 15 m^2. Die reine Arbeitsküche ist mit 2,40 m x 3,00 m = **7,20 m^2** für 4 bis 6 Personen ausreichend groß bemessen.

Voraussetzungen: Fenster und Tür liegen in der Mitte der kurzen Seiten. Auf jeder Seite sind die Geräte und Unterschränke mit je 60 cm Tiefe angeordnet. Ebenso gut kann eine Winkelanordnung vorgesehen werden. Der **Essplatz** für 4 Personen erfordert eine Erweiterung von mindestens etwa **5 m^2**.

Küchenplanung heißt, den Planer über alle gewünschten Einrichtungsgegenstände mit dem Raumprogramm rechtzeitig zu informieren. In der Reihenfolge und im Platzbedarf muss jedes Stück schon im Vorentwurf seinen Platz erhalten. Bild 28 zeigt einige der vielen Möglichkeiten.

Küchenplanung ist Detailplanung bis zu den Leitungen für Wasser, Abwasser, Gas und Elektrizität. Hin und wieder kommen hinzu: die Gastherme, ein Gefrierschrank, die Warmwasserbereitung und ein kleiner Klapptisch, sofern der eigentliche Essplatz außerhalb der Küche liegt. Nicht wenige schätzen es, einen eigenen Ausgang in den Garten zu haben oder auf einen Balkon hinausgehen zu können.

In allen Fällen muss die Planung von dem Prinzip geleitet sein, die **„größte Arbeitsstelle der Welt"** ohne unnötige Wege zu entwickeln!

Die **kleinste Küche** ist die Junggesellenküche: Herd, Kühlschrank und Spüle in einem Schrankelement bei einer Gesamtlänge von 1,50 m.

Kücheneinbauten sind **ab 3 000,– DM** in Form einer einfachen **Küchenzeile** als Sonderangebot mit Herd, Spüle und Kühlschrank, sowie einer Arbeitsfläche und ein paar Schrankeinheiten zu haben. Noch einfacher ist die Addition von Seriengeräten, wie Herd, Spüle, Kühlschrank, Unterschränken und Hängeschränken, von denen die Standgeräte und Unterschränke mit einer Arbeitstischplatte abzudecken sind. **Komplette Einbauküchen** kosten je nach Größe, Anspruch und Material von **8 000,– DM** an aufwärts. In vielen Fällen lassen sich vorhandene Küchen mit geringem Anpassungs- und Ergänzungsaufwand wiederverwenden. Bei der Einteilung sollte das Grundmaß von 60 cm angesetzt werden; dann sind im Allgemeinen alle Geräte und Schränke handelsüblicher Art unterzubringen. Die Anordnung einer **zum Wohnbereich offenen Küche** mit dem Esstisch an der Nahtstelle zwischen beiden Zonen ist letztlich eine Frage, um die allerorten heftig gestritten wird.

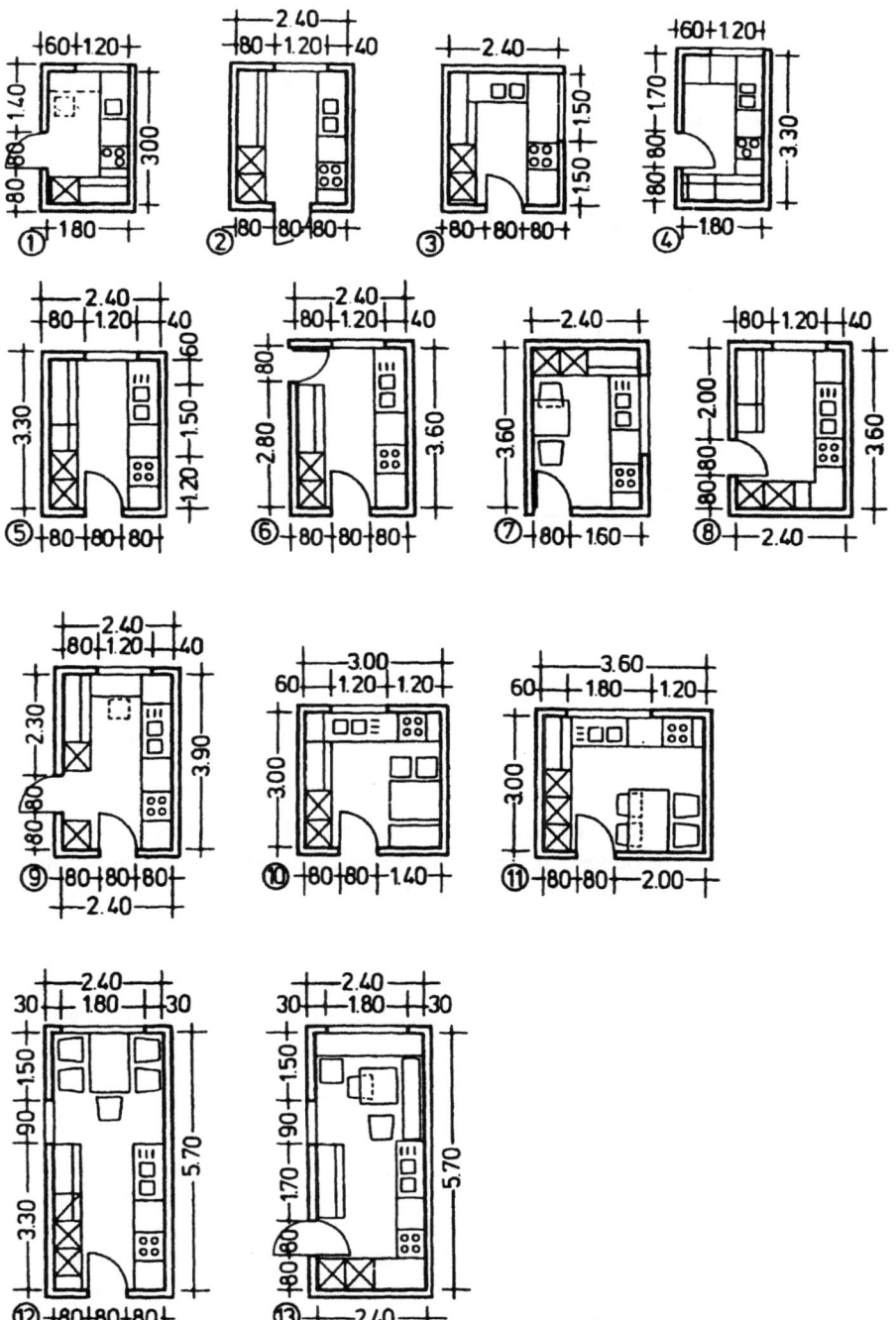

Bild 28 Küchenplanung

Nicht bezweifelt werden kann, dass die Integration der drei Vorgänge Kochen – Essen – Wohnen in einer typischen Familie die nahe liegendste und natürlichste Sache von der Welt ist. Dass sie zudem zweckmäßig, Raum sparend und familienfreundlich ist, spricht nur für diese Kombination.

5.4.3 Bäder – (Kostenangaben: Stand 1999) (Bild 29)

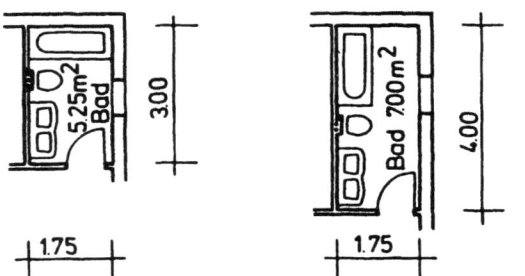

Bild 29
Vergleich zweier Bäder –
gleiche Zahl der Objekte

Vergleicht man die zwei Bäder in Bild 29, dann ergeben sich folgende Unterschiede:

	Ausführung A	Ausführung B
Größe in m^2	5,25	7,00
Kosten in Prozent	**100**	**135**
Bewegungsfläche in m^2	2,70	4,00

Die Lösung A ist völlig ausreichend, wenn die Nutzer nicht mehr Fläche für mehr Personen, für Regale und Schrankraum benötigen. Die Leitungen lassen sich gut in einem Strang zusammenfassen. Jeder Quadratmeter Fläche kostet etwa DM 4 000,–; das sollte bei einer Vergrößerung bedacht werden. Natürlich ist auch Raum für den Heizkörper, die Handtücher, einen kleinen Schrank und dergleichen zu schaffen. Sind mehr als zwei Erwachsene im Hause, sollten Anschlüsse für eine Baderweiterung geschaffen werden. Bei **vier Erwachsenen sollte ein zweites Bad** mit Dusche, Waschbecken und WC in einer Mindestgröße von 2,25 m^2 (1,50 x 1,50 m) vorgesehen werden.

Kosten für das **Wannenbad: ab DM 6 600,–**
Kosten für das **Duschbad: ab DM 6 000,–**   } ohne Baukosten
Kosten für das **WC: ab DM 2 700,–**   ohne Fliesenkosten

Bei größeren Bädern gilt der gleiche Grundsatz wie bei allen anderen Räumen: Mehr Fläche lohnt sich nur dann, wenn damit auch mehr Bewegungsfläche geschaffen wird. Zur Grundausstattung hinzu kommen von Fall zu Fall eine Waschmaschine, ein Bidet, ein zweites Waschbecken, eine Dusche. Zwischen diesen Objekten sollte der Platz minimiert werden – im Allgemeinen genügen 75 cm von Mitte WC bis Mitte Waschbecken oder Waschmaschine -, weil es keine Vorteile für die Nutzer bringt, wenn er größer als erforderlich ausfällt, es sei denn, der Zwischenraum wäre so groß bemessen, dass er Platz für ein Regal o.ä. böte.

Die Mehrpreise für farbige Sanitärobjekte gegenüber weißen oder die für **Einhebelmischer** gegenüber einer normalen Mischbatterie fallen so unterschiedlich aus, dass es in diesem Falle keine Empfehlungen geben kann. Je nach Einkaufsmöglichkeiten sind diese Differenzen manchmal so gering, dass es sich lohnt, den Mehrpreis zu bezahlen.

Die **Warmwasserbereitung** ist zentral über die Heizung mit oder ohne Zirkulationsleitung (beim Zapfen tritt sofort Warmwasser aus dem Hahn) zusammen mit dem Kessel oder getrennt von diesem möglich. Dabei kommt es auch auf die Medien Gas, Öl oder Strom an. Jede zentrale Warmwasserbereitung ist in der Installation teurer als eine dezentrale Anlage mit einfachen elektrischen Durchlauferhitzern oder über eine dezentrale Gastherme. Ein dezentral angeordnetes Gerät kann bei einem gut überlegten Entwurf aber auch mehrere Verbraucher (Bad, Küche, Dusche ...) versorgen. Hier spielen zu viele Faktoren eine Rolle, als dass man genaue Kosten angeben könnte. Nur einige von vielen Einflussfaktoren: die Zahl und die Anordnung der Zapfstellen, die Betriebskosten aufgrund eines bestimmten Verbrauchs in den verschiedenen Jahreszeiten und die Gesamtkonzeption. Bauherren sollten sich daher von einem neutralen Sanitärfachmann beraten lassen. Schon in wenigen Beratungsstunden erhält man gegen ein geringes Honorar für sein Haus eine Summe von Kostenvorteilen für den Bau und den Betrieb der Sanitäranlage, siehe auch Seite 192.

Angebote von Sanitärfirmen fallen in den seltensten Fällen so aus, dass sie weder über- noch unterdimensioniert sind; entweder zahlt der Bauherr ohne objektive Prüfung solcher Angebote zu viel oder er erhält zu wenig Qualität. Daher sollte ein unabhängiger Fachingenieur ein Leistungsverzeichnis aufstellen, damit alle Anbieter ihre Kosten auf der Grundlage eines einheitlichen Leistungsmaßstabes berechnen können. Bei 6 oder 8 Preisangeboten ist der Bauherr dann in der Lage, dem günstigsten Bieter den Auftrag zu erteilen.

Während der Ausführung darf es an einer fachlichen Kontrolle nicht fehlen.

5.4.4 Hausarbeitsraum – Lage: Osten oder Norden (Bild 30)

Folgende **Einrichtungen** sind unterzubringen [10]:

- Arbeitsplatte mit Zubehörschränken
- eventuell Bügel- und Nähmaschine
- Arbeitsplatte und Becken mit Abstelltisch
- Schmutzwäschebehälter und Waschgeräte
- Flächenbedarf insgesamt **5 bis 10 m^2**

Bei fehlendem Hausarbeitsraum sind die genannten Einrichtungen im Bad, in der Küche oder in anderen Räumen unterzubringen. Selbstverständlich lässt sich auch eine Diele mit einem Teil der Einrichtungen eines Hausarbeitsraumes so ausstatten, dass hierfür Schrankraum bereitgestellt wird und die Arbeiten in unmittelbarem Kontakt zu den Kindern verrichtet werden. Wenn auf einer Ebene Küche, Spieldiele und Kinderzimmer einander

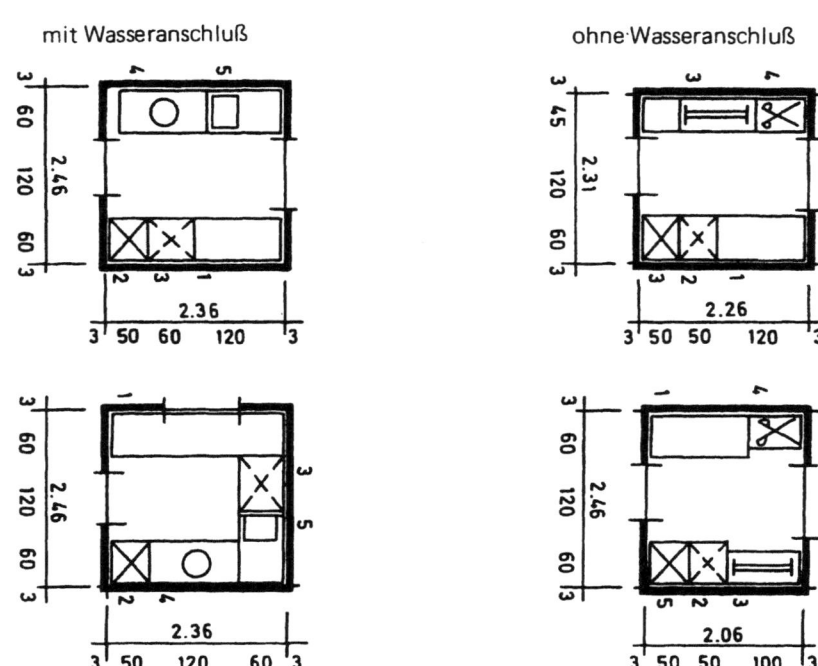

Bild 30 Hausarbeitsraum

zugeordnet sind, lassen sich auch die notwendigen Anschlüsse ohne großen Aufwand kostengünstig anlegen. Die mehrfach zu nutzende Diele ist eine sehr preiswerte Lösung. Ein Hausarbeitsraum im Keller bedingt einen heizbaren Raum, der ein Fenster und einen gedämmten Fußboden haben sollte.

5.4.5 Elternzimmer – Lage: Osten oder Süden

Um zwei Betten mit Nachtschränken und einen Kleiderschrank unterzubringen, genügt als absolutes Minimum ein Raum von 3,50 x 3,50 m bzw. **12,25 m² Fläche.** Die Bewegungsfläche um die Möbel herum ist jedoch so klein, dass man von Raum im Raum nicht sprechen kann.

Es bieten sich daher folgende **Alternativen** an:

– Das Schlafzimmer wird als Ergänzung des Elternbereichs mit dem Wohn- und Arbeitszimmer angesehen und lediglich durch einen leichten Raumteiler (Regal- oder Schrankwand) so getrennt, dass dennoch die Beziehung zum räumlichen Zusammenhang gewahrt bleibt. Schränke sollten in Nischen wandbündig eingebaut werden, so dass sie kleinere Räume nicht erdrücken.

- Kombinationen mehrerer Nutzungen sparen Raum und Kosten. Neben dem Schlafen können Elternzimmer auch andere Zwecke erfüllen, wie Nähen, Bügeln, Schreibtischarbeiten usw.

5.4.6 Kinderzimmer – Lage: Osten oder Süden

Unterzubringen sind bei konventioneller Einrichtung Bett, Kleiderschrank, Arbeitstisch und Stuhl.
Flächen von rund **7,0 m²** für ein Kind und **14,5 m²** für zwei Kinder sollten nicht unterschritten werden.
Kinder brauchen beim Spielen, allein oder zu mehreren, viel Bewegungsraum. Jedes Kind sollte sich auch zurückziehen können. Beiden Erfordernissen kann man gerecht werden, indem die Einzelzimmer um eine gemeinsam zu nutzende **Spielzone** gruppiert werden, die Schränke Platz sparend, ein- oder zweiseitig zugänglich, als Schrankwände ausgebildet werden und die Raumteilung in Form von leichten Elementen, versetzbar, möglich gemacht wird. Älter werdende Kinder verlangen dann größere Einzelzimmer zu Lasten der Diele, was nicht unmöglich gemacht werden sollte, wenn diese Frage im Planungsstadium ansteht. Auch die Vereinigung zu einem Raum, z.B. als Gästezimmer, sollte in Betracht gezogen werden.
Stockbetten sind Platz sparend und für Kinder einer bestimmten Altersstufe interessant. Sie bieten sich besonders in Dachgeschossen an, wenn der Spitzboden ausgenutzt werden kann.
Größere Kinderzimmer sollten bei kleineren Kindern in Nischen und differenzierte Kleinräume gegliedert werden.
Wie Kinderzimmer raumatmosphärisch besser gestaltet werden können, ist besonders bei gut gestalteten Waldorf-Kindergärten abzulesen. Mit ganz geringen Mitteln sind in diesen, in den meisten Fällen gar nicht so großen Spiel- und Aufenthaltsräumen mit den dazugehörenden Nebenräumen, Gruppenräumen und Toiletten kindgerechte Lösungen gefunden worden, die eigentlich bei allen Kindern ein starkes Wohlbefinden hervorrufen. An diesem Beispiel zeigt sich, dass Gestaltungsqualität und Kostenverringerung sich nicht ausschließen. Allein die Materialwahl und die Einrichtung der genannten Kindergärten ist beispielhaft, anregend und nachahmenswert.
Dachgeschoss- und **Bodenräume** eignen sich besonders für die Gestaltung von Kinderspielräumen, für Abenteuer- und Verspeckspiele.

5.5 Bauteile und Details – Preise

Liegt nun ein kostengünstiger Entwurf vor, so müssen auch Außenwände, Decken, Fenster usw. im Kostenrahmen konzipiert werden, wenn das ökonomische Ziel nicht wieder in Frage gestellt werden soll. Denn Bauteile und Details bestimmen den Preis für einen Quadratmeter Wohnfläche und damit das Kostenresultat ganz wesentlich. Und weil die Preise nicht mehr dieselben sind wie vor fünfzehn oder zwanzig Jahren, ist realistisches Denken gefordert. Das heißt:

- statt schaufensterartiger Terrassenöffnungen jetzt Fenster nach Maß und nur dort, wo sie gebraucht werden;
- statt durchweg beweglicher Fensteröffnungsflügel nur dort, wo sie nötig sind;
- statt teuerster Klinker, Fliesen, Deckenverkleidungen und anderem Luxusaufwand jetzt nur solide und preiswerte Lösungen.

Diese Liste ließe sich beliebig fortsetzen. Die Frage: Wie kommt man zu kostengünstigen Lösungen in den Einzelheiten der Bauausführung, ohne dass dabei ein Billigbau herauskommt?
Dem Architekten obliegt es, Planungsalternativen mit Preis-Leistungsvergleichen vorzulegen und diese mit dem Bauherrn zu bewerten.
Nur wer den Überblick hat, kann entscheiden.

Aus der Entwurfskonzeption, dem Kostenrahmen, der Konstruktion und den jeweiligen Bedingungen ergeben sich in der Regel wenige Alternativen, die zum Kostenziel führen. Für alle Bauteile, die das Haus begrenzen, gilt: Energieeinsparung muss hier der wichtigste Aspekt bei der Entscheidungsfindung sein.

5.5.1 Außenwände

Orientierungspreise für einige Außenwände (Service LBS und Zeitschrift „DAS HAUS") Stand 1999:

- Massive Wänd 36,5 cm dick zwischen 420,– und 460,– DM pro m^3
- Holzblockrahmenkonstruktion 12 cm dick 115,– DM pro m^2
- Holzblockwände 12 cm dick zwischen 285,– und 440,– DM pro m^2

Anforderungen an Außenwände.

- Tragfähigkeit
- Wärmeschutz (etwa 25 Prozent der Wärmeverluste gehen durch die Außenwände)
- Wärmespeicherung
- Schallschutz (besonders wichtig gegen Lärmbelästigung)
- Unterhaltungsfragen, Lebensdauer und dergleichen
- konstruktiv-technische Gesichtspunkte

Angaben über Preise der vielen möglichen Wandarten sind nur im Zusammenhang mit den Daten über die Güte des Wärmeschutzes, des Schallschutzes, der Wärmespeicherung usw. sinnvoll. Vor- und Nachteile der betreffenden Regionen kommen hinzu.

Von Bedeutung sind auch die jährlichen Heizkostenanteile je Quadratmeter Außenwand. Eine preiswerte Wand, die die Energiekosten ansteigen lässt (und vielleicht schon nicht mehr zulässig ist), ist am Ende teuer.

Eine vergleichsweise dünne Außenwand, deren eigene Wärmedämmung nicht den geforderten Werten entspricht, muss gemäß den DIN-Anforderungen in ihrer Wärmedämmung verbessert werden.

Je **mehr Außenwandflächen** ein Haus hat (Einzelhaus gegenüber Reihenhaus), desto mehr muss für die **Wärmedämmung** der Außenwände getan werden. Einschalige Massivwände müssen mindestens mit 6 cm, besser 12 cm Hartschaum versehen werden. Zweischalige Massivwände sollten die gleiche Dicke in Form einer Kern- oder belüfteten Dämmung erhalten.

Die so genannten k-Werte, die in den Informationsunterlagen über Außenwandkonstruktionen Auskunft über den Grad des Wärmeschutzes geben, sind umso besser, je niedriger sie sind. Der k-Wert von 0,5 (Einzelhaus, frei stehend) ist also besser als der von 1,0 (Reihenhaus).

Der offensichtlich noch immer werbewirksame Begriff „Vollwärmeschutz" ist irreführend. Es gibt nur einen optimal wirtschaftlichen Wärmeschutz, der aufgrund der Art der Energie für die Heizung, der Heizungsinstallationskosten und der laufenden Energiekosten rechnerisch ermittelt werden kann und dann die optimalen Werte anzeigt. Diese liegen bei oder unter k = 0,3 bzw. einer Dämmstoffdicke von 12 cm Hartschaum.

Aus Gründen der Unterhaltungskosten, der Lebensdauer und der Gestaltung ist ein zweischaliges Mauerwerk mit einer Gesamtstärke von 30 bis 36 cm und einem Klinker- oder Verblendstein (außen) empfehlenswert. Die Dicke der Wandstärke erhöht sich, wenn keine Kerndämmung von 6 cm, sondern eine Dämmung mit Belüftung vorgesehen werden soll.

Die Nebenkosten beim Einsetzen von Fenstern in Mauerwerk sind so hoch, dass sich auch Fachleute darüber nicht klar sind. Massive Stürze und Fensterbänke müssen verlegt und gedämmt werden; dennoch lassen sich Kältebrücken kaum vermeiden; die Unregelmäßigkeiten zwischen Mauerwerk und Fenster müssen ausgeglichen, gedämmt und abgedichtet werden; nachträgliche Stemm- und Putzarbeiten sind die Regel. Daher sollten Zahl, Größe und Anordnung der Fenster im Detail genau nach Kostengesichtspunkten überlegt werden.

Heizkörpernischen unter den Fenstern sollten vermieden werden. Sie sind umständlich herzustellen und daher teuer. Außerdem verringern sie gerade dort die Wärmedämmung, wo sie am wichtigsten ist.

Die **Winddichtigkeit** der Außenflächen, besonders bei Bauteilübergängen, ist sicherzustellen.

5.5.2 Innenwände

Orientierungspreise für einige Innenwände (Service LBS und Zeitschrift „Das Haus") Stand 1999:

- Ziegelwände 11,5 cm dick zwischen 70,– und 101,– DM pro m^2
- Sonstige Massivwände 11,5 cm dick zwischen 75,– und 88,– DM pro m^2
- Gipswand 10 cm dick 100,– DM pro m^2

Die Anforderungen an Innenwände sind wesentlich geringer als an Außenwände. Sind es tragende Wände, werden sie im Allgemeinen massiv in Wandstärken von 11,5 bis 24 cm Dicke ausgeführt. Aber auch aussteifende Wände müssen massiv sein, wenngleich sie nicht immer über die volle Raumbreite durchlaufen müssen. Haben diese Wände keine tragende Funktion, so sollte in jedem Falle geprüft werden, ob sie nicht auch im Hinblick auf zukünftige Nutzungsänderungen aus leichten und leicht zerstörbaren Materialien gebaut werden sollten.

Nichttragende Innenwände:

- Holz- oder Stahlblechständerwerk mit eingelegten Mineralwolleplatten und verkleidet mit Gipskartonplatten (preiswert)
- Bims-, Gasbeton- oder Gipsbauplatten, beidseitig geputzt (ebenfalls preiswert)

Tragende Innenwände:

- Betonwände als Trennwände im Geschosswohnungsbau mit guten schalldämmenden Werten, verputzt
- Mauerwerk in verschiedenen Arten und Dicken, verputzt
- Sichtmauerwerk aus 2 Dünnformat-(DF-)Steinen, unverputzt, mit Anstrich versehen

Zu den genannten Ausführungen gibt es Varianten in Form von Holzwänden mit Holzverkleidungen oder kunststoff- bzw. farblich beschichteten Spanplatten. Die teuersten Wände sind kurzfristig zu verändernde Wände, wie zum Beispiel Faltwände. Falls sie auch noch schalltechnischen Anforderungen gerecht werden sollen, erhöht sich ihr Preis schnell auf das Doppelte oder Dreifache.

Versetzbare oder elementierte Wände lohnen sich nicht. Ihr hoher Preis rentiert sich nur bei häufigem Umbau, was aber kaum oder nie stattfindet. Der Umbau ist oft nicht billig und erfordert Passstücke, die dann später oft nicht zu bekommen sind.

Bei nichttragenden Innenwänden ist anzuraten, die Stürze bei Öffnungen oder Türen entfallen zu lassen, weil das Anlegen relativ teuer ist. Billiger ist es, die Türen bis zur Decke reichen zu lassen oder ein festes Oberteil in der Art des Türblattes einzubauen.

5.5.3 Geschossdecken

Orientierungspreise für einige Decken (Service LBS und Zeitschrift „Das Haus")
Stand 1999.

- Stahlbetondecken 16 bis 20 cm dick zwischen 46,– und 53,– DM pro m^2
- Ziegelhohlkörperdecke 21 cm dick 135,– DM pro m^2
- Holzbalken, Spanplatten 84,– DM pro m^2

Anforderungen an Decken:

- Überspannung von Räumen gemäß statischer Berechnung
- Raumabschluss
- Schalldämmung (bei Einfamilienhäusern uninteressant)
- Aufnahme der Fußbodenkonstruktion

Vergleich der Rohdecken:

- Holzbalken mit Holzdielenfußboden: einfachste und kostengünstigste Konstruktion. Ausbaubar durch Einbau weiterer Schichten, wie Spanplatten auf Balken + Teppichbelag oder Einbau einer schalldämmenden Mineralfasermatte + unterseitiger Verkleidung aus einer sichtbaren Holz-Deckenverbretterung.
- Massivdecke im günstigsten Fall aus 14 cm Stahlbeton oder aus Element-Fertigteildeckensystemen (Einschalung entfällt, die Decke kann sofort nach der Verlegung begangen werden). Unterseitig Putz oder bei Fertigteilen planeben glatt und fertig. Auch Sichtbeton unverputzt ist denkbar.
Beide Ausführungsarten sind für den Einfamilienhausbau möglich. Sie müssen jedoch mit der Gesamtkonstruktion abgestimmt werden.
Teuer werden Decken durch **Deckenverkleidungen** sowie durch Art und Güte des Fußbodenaufbaues.
Holzdecken sind eine Gelegenheit für Eigenleistungen.

Decken, die gleichzeitig das Dach bilden, können preisgünstig sein. Bei flach geneigten Dächern ist eine einfache Pfetten-(= Balken-)lage vorzusehen, die mit Dämmung, Dacheindeckung und Deckenverkleidung alle Funktionen erfüllt.
Bei steileren Neigungen sind die Planer anzuhalten, zwei tragende Konstruktionen zu vermeiden (es sei denn, der Dachraum soll später genutzt werden), und zwar für den Raumabschluss und die Dachkonstruktion. In diesen Fällen empfiehlt sich eine statisch tragende Konstruktion, von der die Raumdecke abgehängt wird. Als Beispiel ist die Binderkonstruktion zu nennen.
Decken über Keller sind mit einer mindestens 6 cm dicken Dämmung zu versehen, da die Räume im Keller im Allgemeinen unbeheizt sind.
Sohlplatten unter nichtunterkellerten Räumen sind mit einer Feuchtigkeitssperre und einer mindestens 6 cm dicken Dämmung auf der Massivplatte auszubilden.
Vermeiden Sie Stemm- und Nacharbeiten in Decken. Sie kosten Lohnarbeiten und diese sind teuer. Sorgen Sie für eine Planung, die Öffnungen in Decken und Wänden für alle Installationen **vor** Beginn der Bauarbeiten berücksichtigt.

5.5.4 Treppen

Die Anforderungen an Treppen sind sehr unterschiedlich. Im Einfamilienhausbau können die Treppen aus Holz und Stahl und damit preislich vorteilhaft sein.
Die Landesbauordnungen schreiben Mindestauftrittsbreiten = 26 cm und maximale Steigungshöhen = 19 cm vor.
Sehen Sie die Treppe immer im Zusammenhang mit dem Flächenbedarf. Wenn also eine Treppe 3 bis 6 Quadratmeter benötigt, dann sind das bei 2 500 DM pro Quadratmeter Wohnfläche = Baukosten von 7 500 bis 15 000 DM plus die Treppe selbst nochmal 4 000 bis 6 000 DM macht insgesamt 11 500 bis 21 000 DM.

Die preiswerteste Treppe:
Stahlvierkantrohre als tragende Konstruktion mit Holzstufen ohne senkrechte Setzstufen, in der Werkstatt vorgefertigt, zum Schluss eingebaut. Reine Holztreppen sind vergleichsweise dazu durchaus konkurrenzfähig.
Die preiswertere Lösung ist die Treppe als Möbel in Holz oder Stahl oder Mischbauweise, weitgehend inklusive des Geländers vorgefertigt und dann in der Endphase wie ein Möbel eingebaut.
Eine Massivtreppe wird in der Regel teuer. Deshalb ist auch eine Kelleraußentreppe mit etwa 7 000 DM oder mehr eine nicht immer lohnende Investition. Oder ist Ihnen das eine monatliche Mehrbelastung von mindestens 70 DM wert?

5.5.5 Dach

Orientierungspreise für Dachdeckungen (Service LBS und Zeitschrift „Das Haus")
Stand 1999:

– Verschiedene Deckungen aus Dachpfannen zwischen 32 und 43 DM pro m^2

Anforderungen an Dächer:

– Tragfähigkeit und Stabilität
– Wetterschutz und Winddichtigkeit
– Wärmedämmung, gegebenenfalls auch Schallschutz
– Unterhaltungsfragen, Anfälligkeit, Lebensdauer
– Konstruktiv-technische Gesichtspunkte
– Nutzungsfragen (auszubauendes oder unausgebautes Dach)
– wesentliches Gestaltungselement

Wenn als Auflage aus dem Bebauungsplan eine Dachneigung von mindestens 30 Grad vorgeschrieben ist, sollten die Kehlbalken so hoch angesetzt werden, dass die vorgeschriebene lichte Höhe bei einem Dachausbau eingehalten werden kann.
Ein **freitragender Dachraum** ohne jede Stütze ist sicher für bestimmte Zwecke von Vorteil. Hinsichtlich der Kostenauswirkungen muss diese Forderung mit einer vergleichsweise aufwändigen und teuren Konstruktion bezahlt werden. Stützen im Raum schaffen dagegen

günstige Voraussetzungen für die tragende Konstruktion und sollten geschickt in die Raumplanung integriert werden.

5.5.6 Fenster

Orientierungspreise für einige Fensterarten (Service LBS und Zeitschrift „Das Haus") Stand 1999:
- Holzfenster, K-Wert 1,4, Kipp, 100 x 100 cm 448 DM/Stück
- Holzfenster, K-Wert 1,4, Kipp, mit Sprossen, 100 x 100 cm, 730 DM pro Stück
- Kunststoff-Fenster, K-Wert 1,4, 100 x 100 cm, 595 DM pro Stück

Ein Dreischeiben-Isolierglasfenster kostet gegenüber dem Zweischeiben-Isolierglasfenster zirka 20 % mehr. Sie verbessern die Wärmedämmung damit um 20 %.

Anforderungen an Fenster:
- Belichtung und Belüftung
- Kälteschutz
- Ausblick und Besonnung
- Mitbestimmend für den Charakter der Fassaden und der Räume
- Winddichtigkeit, Unterhaltung, Lebensdauer
- Konstruktiv-technische Gesichtspunkte

Sparmaßnahmen:
- Feste Verglasungen sind erheblich billiger als bewegliche Flügel. Sie können somit große und preiswerte Fensterflächen mit **Festverglasung** schaffen, wenn Sie die Fenster von außen reinigen können und die Lüftung mit kleineren Flügeln bewältigen können. Die Dreh-Kippbeschläge sind genau so gut und billiger, wenn sie aufliegend und nicht verdeckt angeboten und ausgeführt werden.
- Bemessen Sie die Fenster richtig. Die Landesbauordnungen schreiben Mindestgrößen vor. Nach der Faustformel sollten etwa **ein Fünftel bis ein Achtel der Grundfläche** des Raumes als Größenordnung der Fensterfläche im Wohnungshausbau angenommen werden. Ein Achtel der Grundfläche genügt für die Fenster bei Schlaf- und Arbeitsräumen, während bei Wohnräumen ein Fünftel anzusetzen ist. In begründeten Fällen sollte davon abgewichen werden.
- Bei der Größenbemessung spielt die **Lage der Fenster** im Raum eine wichtige Rolle. Ein im oberen bzw mittleren Bereich liegendes Fenster kann kleiner sein als ein seitlich und unten angeordnetes Fenster.
- **Französische Fenster:** Das sind Fenster von der Decke bis zum Fußboden. Sie werden als Fenstertüren ausgebildet und benötigen eine leichtes Außengeländer. Damit machen Sie den Raum zur Loggia und das erheblich billiger!
- Von so genannten **Vorsatzfenstern** – insbesondere im Altbau – [14] aus Kunststoff- oder Metallrahmen ist dringend wegen der Bildung von Kondenswasser zwischen den

Rahmen an den besonnten Seiten **abzuraten.** Besser sind auf jeden Fall Verbundfenster in der alten bewährten handwerklichen Ausführung.

- **Sonderformen** bei Fenster und Außentüren kosten Geld. Vereinfachen Sie daher die Form und stimmen Sie die Maße auf die Standardmaße der Fensterhersteller ab. Sie variieren in der Breite und Höhe jeweils um 10 cm, 108/128, 118/128, 128/128, 138/128 usw. Diese Produkte müssen keineswegs Billigware sein. Auch in dieser Branche werden qualitativ durchschnittliche Fenster zu günstigen Preisen und hochwertige Fenster mit höheren Preisen angeboten. Manchmal gibt es in den Baumärkten auch ab Lager besonders preiswerte und gute Fenster in Standardmaßen.

- Empfehlung: **Fenster nach Norden** und zu unbesonnten Seiten kleiner ausbilden und mit Zweischeiben-Wärmeschutzverglasung ausstatten. Fenster zu den Sonnenseiten größer dimensionieren und als Zweischeibenglas ausbilden.

- Für den Preis ist die Art der Aufteilung entscheidend. **Sprossen erhöhen den Preis.** Je dichter die Sprosseneinteilung, desto höher der Preis. Der Mehrpreis für Sprossen wird auch bestimmt durch die Art der Sprosse: Verdeckt zwischen den Scheiben liegend (nicht zu empfehlen!), auf die Scheiben aufgeklebt (konstruktiv und gestalterisch bedenklich) oder als echte, die Glasscheibe trennende Sprosse. Die Mehrkosten für Sprossen können je nach Größe, Art und Zahl **30 bis 300 Prozent** betragen.

- **Metall-** und **Kunststofffenster** sind in der Regel **17 bis 40 Prozent teurer** als Holzfenster.

- Setzen Sie Fenster **außen bündig,** sparen Sie die äußere Fensterbank und vermeiden die hässlichen Schmutzschlieren auf dem Mauerwerk unter der Fensterbank.

- Schreiben Sie Fenster auf jeden Fall unter 6 bis 8 Firmen nach einem einheitlichen **Leistungsverzeichnis** aus, unabhängig davon, ob es sich um einen Alt-, Neu- oder Erweiterungsbau handelt. Nur so erhalten Sie einen Preis-Leistungsvergleich wie beim Einkauf eines Küchengeräts oder eines Fernsehers.

- Thema: **Rollläden.** Prüfen Sie, ob überall Rollläden notwendig sind. Alternativen zum Rollladen: **Klappläden.** Sie sind besser in der Wärmedämmung und gleichgut im Einbruchschutz und Sichtschutz. Außerdem können sie auch später eingebaut werden.

- Schreiben Sie **Komplettfenster** aus: Fenster + Rollladen (alternativ: Klappläden) + innere und äußere Fensterbänke und vergleichen Sie diese mit der konventionellen Ausführung.

5.5.7 Türen

Kosten inklusive Zarge, Anstrich, Schloss circa 500 bis 700 DM

Einsparungstips:

- Verwenden Sie ausschließlich **Normtürzargen** und Normtürblätter und bestimmen Sie danach die Rohbauöffnungen.
- Vergeben Sie Türblatt und Türzarge zusammen an einen Auftraggeber. Sie haben es dann nur mit **einem Haftungspartner** zu tun.
- Nicht alle Türen müssen sofort eingebaut werden. Hier und da kann eine Tür erst einmal fehlen, zumal dann, wenn es Probleme mit dem Türschlag in einem zu engen Flur gibt. Die Türen von einer Spieldiele zu den Kinderzimmern können in den ersten Jahren weggelassen werden.
- Für das komplette Türelement gibt es auch fix und **fertig lackierte Türblätter.** Vorsicht! Erst nach Einzug einbauen! Oder sie nehmen die **Standardtüren** mit dem Limba- oder Makore-Furnier, was sie dann später selbst naturlasieren oder deckend streichen können. Schließlich: Nicht jede Tür braucht ein Schloss!

5.5.8 Verschiedene Bauteile

- Die Behandlung aller Wand- und Deckenflächen für ein Haus von 100 m^2 Wohnfläche einschließlich Putz, Tapete und Anstrich kostet **etwa 19 000,– DM.** Das ist eine Summe, die reduziert werden könnte, wenn der Deckenbeton als Sichtbeton und das Mauerwerk als Sichtmauerwerk hergestellt werden würde und lediglich eines Anstriches bedürfte. Das wiederum setzt zweierlei voraus: Einmal müsste mehr Planungsarbeit investiert werden, um die Decken- und Wandinstallationen so zu verlegen, dass sie nicht stören. Zum anderen dürfte der Preis-Zuschlag für Sichtbeton und Sichtmauerwerk nicht so hoch ausfallen.
Einsparend kann sich auch der Verzicht auf Tapeten auswirken. Bauphysikalisch (Baufeuchte!) wäre es ohnehin ratsam, wenn die erste Zeit lediglich ein Anstrich aufgebracht werden würde.
- **Schornsteine**

   Sofern überhaupt erforderlich (bei einem Gas-Außenwandgerät kann er entfallen), sollte der Schornstein in Fertigteilen errichtet werden. Die Isolierung ist besser, es wird Platz gespart, und die Ausführungsqualität ist nicht vom Zufall abhängig.
- **Leichte Anbauten für Nebenräume,** Abstellräume, Geräte, Fahrräder und dergleichen müssen nicht primitiv oder unansehnlich sein. Es kommt allerdings darauf an, dass sie vom Planer von Anfang an in das Gesamtkonzept einbezogen werden, und zwar in ihrem endgültigen Ausbauzustand. Die Verlockung ist groß, diese Bauteile selbst zu bauen, ohne vorherige Planung. Damit erscheinen dann diese Anbauten im Gesamt-

eindruck für jeden Betrachter nicht formal und materialkonform integriert, sondern als reine Flickschusterei, die den Gebäudewert stark herabsetzt und zu klaren Wertminderungen führt.

- **Fertiggarage**

  Kosten: ab etwa 12 000,– DM, im Allgemeinen viel zu teuer für eine zum Haupthaus unpassende Erweiterung. Ein großzügiger **„Carport",** gleichzeitig Eingangsüberdachung, nur an einer Seite offen: **etwa 5 000,– DM.** Diese Bauart kann sich in Form eines Geräteraumes fortsetzen. Baurechtliche Vorschriften beachten!

- **Außenanlagen**

  Viele Außen- und Gartenarbeiten können auf später verschoben werden. Im Hinblick auf die Verhinderung von Unfällen müssen Erdarbeiten jedoch ausgeführt werden. Dazu gehören nach Baufertigstellung die Planierarbeiten mit dem Ziel, das endgültige Niveau herzustellen, schließlich die Verteilung des Mutterbodens. Dabei sollten auch schon Arbeiten ausgeführt werden, die als Vorarbeiten für Ergänzungen und Erweiterungen anzusehen sind. Unter anderem seien erwähnt das Verlegen von Leitungen, die Fundamentierung von zukünftigen Bauteilen und Ähnliches.

  Statt Platten zu verlegen, sollte man versuchen, mit mehr Grün auszukommen, Kieswege anzulegen oder Platten in Abständen zu verlegen. Statt Böschungs- und Stützmauern mit hohen Kosten vorzusehen, sollten besser – mit mehreren kleineren Höhensprüngen – imprägnierte Rundhölzer dicht an dicht verlegt werden. Statt exotischer Pflanzen sollten lieber kostengünstige einheimische Gewächse angepflanzt werden.

5.6 Installationen

Für alle haustechnischen **Installationen** gilt:

- Wasser-, Abwasser-, Warmwasser-, Gas-, Heizungs- und Stromleitungen sollten **zu einer Gruppe** zusammengefasst werden, wobei Wasser- und Stromleitungen voneinander zu trennen sind. Damit werden viele Durchbrüche, Schlitze und Aussparungen vermieden. Die Herstellung dieser Öffnungen ist oft mit teuren Lohnarbeiten verbunden. Ein gemeinsamer Strang kann mit leichten Materialien verkleidet und durch eine Revisionsklappe zugänglich gemacht werden.

  Jeder weitere Strang ist mit **Mehrkosten** (1999) von mindestens **4 000,– DM verbunden.** Die Konzentration aller Leitungen zwingt im Vorentwurfsverfahren zu einer **Zusammenlegung aller Feuchträume** (Bäder, Küche, WC, andere) nebeneinander und übereinander (Bilder 31 und 32, sowie **Sparhaus** Seite 207).

- **Hausanschlüsse** für die Ver- und Entsorgung machen keinen Keller erforderlich. Eine Nische im Eingangsbereich des Erdgeschosses nimmt alle Anschlüsse, Zähler und Sicherungskästen auf.

- Die Wirtschaftlichkeit in den Installationskosten liegt in der **Einbeziehung** qualifizierter **Fachplaner** in den Entwurfsprozess, und zwar so früh wie möglich. Wenn ein Grundriss ohne Einbeziehung der Installationsplanung Gestalt angenommen hat, kann es für eine wirtschaftliche Sanitär- oder Heizungsplanung schon zu spät sein.
Der Idealfall ist dann gegeben, wenn – und das ist oft der Fall – der Architekt selbst über dieses Wissen verfügt. Wer auf dieses know-how glaubt verzichten zu können, zahlt bestimmt später obendrauf.

- Alt- oder Neubau, großer oder kleiner Auftrag – eine **Qualitätsbeschreibung** und eine **Ausschreibung** unter mehreren Firmen sollte selbstverständlich sein.

- Am Anfang jeder Planung steht die **Bedarfserfassung.** Stellen Sie als Bauherr selbst das Programm für Objekte, Geräte, Regelungen, Schalter, Dosen und dergleichen auf und vermerken Sie auf Ihrer Liste, was unerwünscht ist. Dabei sind Sie sicher offen für Vorschläge von Seiten der Planer. Also stellen Sie auch Ihre Fragen zusammen. Dabei sollten die Fragen nach den Kosten nicht fehlen. Lassen Sie sich nicht auf allzu vage Äußerungen zu den Kosten ein, zumal dann, wenn es heißt, dass das noch zu früh sei. Von einem versierten Planer müssen Sie verlangen, dass er sagen kann, was ein zusätzliches Duschbad mit einer bestimmten Objektausstattung kostet, wie hoch der Differenzbetrag von weißen zu farbigen Objekten ausfällt, welche Heizungssysteme in Frage kommen und was sie kosten usw.
Deshalb sollten Sie schon auch schnell zu den Einzelheiten kommen und ermitteln, was ein zusätzliches Waschbecken dort oder dort kostet, was der Preisunterschied zwischen drei oder sechs Steckdosen in einem Raum ist, was Blitzschutz, Alarmanlage, Türsprechanlage, 15 Thermostatventile usw. kosten.
Oder Sie verfahren umgekehrt und sagen offen, über welche Bauwerkskosten als äußerstes Kostenlimit zu reden ist. Dann wird Ihnen der Planer sagen können, was Sie für ein bestimmtes Budget erhalten werden: welche Heizung, welche Sanitäranlage, welche Elektroinstallation. Diese Angaben sollten Sie notieren und weiterverfolgen. Spätere Zusatzinstallationen sind ebenfalls mit Preisen und Benennung des Verursachers zu notieren.

- In vielen Fällen wird **wirtschaftlich zu viel oder zu knapp** installiert. Eine Installation, die zu sparsam ausfällt, muss später mit relativ hohen Kosten nachinstalliert werden. Eine Überdimensionierung, zum Beispiel im Heizungskessel, wird sich ebenfalls nachteilig auswirken.

- Freihändig, das heißt ohne Ausschreibung, eingeholte Firmen-Angebote sollten von einem neutralen Fachmann auf Qualität und Leistung überprüft werden.

5.6.1 Heizungsinstallation

Orientierungspreise für einige Heizungen (Service LBS und Zeitschrift „Das Haus") Stand 1999:
- Ölheizkessel, 18 kW, mit Regelung 6 750 DM pro Stück
- Gasheizkessel, ohne Gebläse, 18 kW, mit Regelung 7 462 DM pro Stück

Der Einfluss der Dämmwerte aller das Gebäude umschließenden Bauteile, auf die Kosten der Heizung und auf den Brennstoffverbrauch ist auf den Seiten 184 ff. behandelt worden. **Je kleiner die k-Zahlen** dieser Bauteile sind, **desto billiger wird die Heizanlage** mit dem Kessel, den Heizkörpern, dem Brenner und den Kleinteilen. Damit werden auch die Baulichkeiten und die Baukosten geringer. Der Heizkesselraum des Hauses auf Seite 175, das in mehreren Varianten gebaut worden ist, hat eine Größe von 0,75 x 0,65 m. Dementsprechend klein ist auch der Öltankraum. Im Falle einer **Gasheizung** genügt eine Wandtherme mit Außenwandanschluss, so daß der Schornstein entfallen kann. Weitere Räumlichkeiten sind bei einer Gasheizung nicht erforderlich. Zudem können Gasheizungen wie ein Kühlschrank in der Küche untergebracht werden und benötigen somit keinen eigenen Raum; ein Gaskessel dagegen bringt kaum Vorteile gegenüber der Therme, ist aber teurer und benötigt einen eigenen Raum mit Schornstein.

- Die **Ölheizung** arbeitet mit einem höheren baulichen Aufwand. Neben dem Heizkesselraum, der mit einer Stahltür abgeschlossen sein muss, ist das Öllager im Keller oder in Form eines Erdtanks vorzusehen. Auch die Wartungskosten für Tanks und Kesselanlage sind höher. Die Technik ist nicht so simpel und preisgünstig wie bei der Gasheizung. Hinzu kommen Mehrkosten für die Versicherung und erhöhte Abschreibung der Tankanlage.

- Die **Elektroheizung** ist aufgrund unserer Strompreise viel zu teuer, es sei denn, die Wärmedämmung wird gemäß der Wirtschaftlichkeitsberechnung (siehe Energie-Sparhäuser, Seite 218) so erhöht, dass der Verbrauch wieder interessant wird. Bis jedoch die zusätzlichen Baukosten für die Zusatzdämmung durch entsprechende Stromeinsparungen wieder herausgeholt worden sind, dürften Jahrzehnte vergangen sein. Zu prüfen ist, ob ggf. eine Nachtspeicherheizung mit Sondertarifen möglich ist. Die Speichergeräte haben aber oftmals einen größeren Platzbedarf in den Räumen und arbeiten auch nicht immer geräuschfrei.

- Der **Kohlekessel** ist weiterentwickelt worden, so daß er heute automatisch beschickt werden kann. Ob er allerdings in die engere Wahl kommt, muss ein Kostenvergleich ergeben. Sicher ist die Kohleheizung nicht billiger als die Ölheizung. Hinzu kommen ja die Zufahrt, die Aschebeseitigung, der Kohlenkeller und der hohe CO_2-Ausstoß.

Weitere Heizungsprinzipien:

Neben den schon genannten Wärmeerzeugern bietet der Markt eine Fülle von Kombinationen und Kesselformen an, die jedoch nicht im kostengünstigen Bereich liegen. Kostendimensionen von 20 000,– bis 40 000,– DM für eine Wohnfläche von 100 m^2 sind keine

Seltenheit. Sicher sind mit hoch entwickelten Modellen mancherlei Vorteile verbunden, wie z.B. Umstellung von Gas auf Öl oder umgekehrt, Papierverbrennung, Vollautomatik und viele andere Raffinessen; die Frage muss aber lauten, ob diese Vorteile nicht zu teuer eingekauft werden. Oder: Welcher Mehraufwand entstünde dem Benutzer, wenn er diesen Komfort oder diese Vielfalt beim Einsatz dieser Kesselmodelle nicht wahrnähme? Auch umgekehrt: welche Nachteile hätte er durch Nichtnutzung solcher Vorteile in Kauf zu nehmen?

– Der **Fernheizungsanschluss** ist mit Abstand die preiswerteste Lösung, wenn die Anschlusskosten nicht zu hoch sind und der Energietarif akzeptabel ist.

– Die **Ofenheizung** lebt zurzeit wieder auf, und zwar in Form des einfachen eisernen Ofens – bekannt sind die dänischen Modelle – und in Gestalt der Kachelöfen. Diese Heizungsart ist aber nicht nur als eine Art Zweitheizung für die Übergangszeiten oder für den Fall des Ausfalls der Zentralheizungen geeignet, sondern durchaus als Hauptheizung. Sie bietet auch für die kalten Tage im Frühjahr und Herbst die Möglichkeit, nur den Wohnraum zeitweise oder ganztägig zu beheizen und ist auch in der Lage, das ganze Haus über Luftkanäle vom zentral aufgestellten Ofen zu beheizen. In den meisten Fällen wird sie als Kachelofen mit festen oder flüssigen Brennstoffen gebaut und gibt dem Hauptwohnraum auch noch das gemütliche Gepräge. Dies gilt zum Teil auch für offene Kamine.

In anderer Form lässt sich die Ofenheizung auch einsetzen. Die Wand zwischen zwei Räumen wird mit einem Ofen versehen, der mit festen oder flüssigen Brennstoffen beschickt wird. Allerdings sind hierfür nur die wenigsten Grundrisse geeignet, da die Schornsteine so liegen müssen, dass sie nicht zu zahlreich werden oder gebündelt über Dach geführt werden können. Achtung: hoher CO_2-Ausstoß!

Die **Preise für Gas und Öl** differieren von Zeit zu Zeit. Umstellungen von Gas auf Öl oder umgekehrt sind im Einzelfall genau zu prüfen.

Beim Vergleich von flüssigen bzw. gasförmigen Brennstoffen mit festen Stoffen wie Holz oder Kohle kann es keinen Zweifel geben: Feste Brennstoffe lassen sich nicht regeln, wenn sie einmal brennen, ob die Energie nun gebraucht wird oder nicht. Insofern kann nicht von der wirtschaftlichen Überlegenheit von Heizungen mit Feststoffen die Rede sein. Aber auch in diesem Bereich ist die Entwicklung nicht stehen geblieben. Baubiologen beschäftigen sich mit Varianten der alten römischen **Hypokaustenheizung,** einer Art Wandstrahlungsheizung nach dem Prinzip: Warmer Kern – nach außen kühler werdend. Im Zentrum steht auf der Küchenseite ein Block, in dem sich die Heizung, der Koch- und Backherd und der Warmwasserbereiter befinden. Von dort aus leiten die Warmluftkanäle die Luft in die oberen Räume. [15].

– Die **Fußbodenheizung** hat zwar ein positives Image, ist aber bei näherer Betrachtung sehr umstritten. Schon die Römer schätzten ihre Vorteile: warme Füße, gleichmäßige Temperaturverteilung im Raum und ein kühler Kopf. Nachteilig sind die wesentlich höheren Investitionskosten, die enorme Trägheit in der Anpassungsfähigkeit an wechselnde Temperaturansprüche und auch die höheren Energiekosten. Letztlich kommen auch Risiken bei der Verlegung und der Gewährleistung hinzu. Die kühlende Wirkung des stärkeren Kälteeinfalls an den Fenstern ist im Vergleich zur normalen Zentralheizung mit Heizkörpern unter den Fenstern von Nachteil. Aufgrund des nicht einfachen Fußbodenaufbaues kann es zu Schäden kommen, die sehr umfangreich sein können, wenn man an undichte Rohrleitungen, und die dadurch verursachten Folgeschäden denkt. [16] Auf Teppiche sollte bei einer Fußbodenheizung verzichtet werden.

– Die **Gas-Etagenheizung** hat gegenüber der Sammelheizung manche Vorteile. In der Regelbarkeit ist sie ohne höheren Energieverbrauch überlegen. Auch der Heizkostenanteil liegt, aufgrund der überflüssig gewordenen Heizkostenverteiler, niedriger. Die Unterbringung kann im Bad, in der Küche oder im Flur erfolgen. Schornsteinanschluss erfolgt nur bei Innenwandanschluss. Für Mehrfamilienhäuser ist diese dezentrale Form einer Zentralheizung auf der Basis des Brennstoffes Gas nur zu empfehlen.

Die in den Preisen eingerechnete **Regelung** ist die einfachste und preiswerteste Art. Auf Thermostatventile sollte nicht verzichtet werden, um jeden Raum so sparsam wie möglich einstellen zu können. Die **Verbesserung** der Steuerungstechnik mit Außenfühler, Motormischer und mit einer Uhr, die die Nachtabsenkung automatisch regelt, kostet mindestens **2 000,– DM.** Eine weitere Verfeinerung der Regelung ist möglich, um sich der Lebensweise der Nutzer ohne jede Energieverschwendung automatisch anzupassen. Ohne diesen zusätzlichen Aufwand ist mehr Handbedienung erforderlich. Hinzu kommen Wartezeiten vom Zeitpunkt der Höherstellung, bis sich dies auf die Raumtemperatur ausgewirkt hat. Dieser Nachteil zeigt sich nur bei extrem niedrigen Außentemperaturen. Besonders schwerfällig ist in dieser Hinsicht die Fußbodenheizung.

Hinweise

– Bei der Planung der Heizanlage spielt die Größenbemessung eine entscheidende Rolle. Es ist für den Heizungsplaner wichtig zu wissen, welche **Raumtemperaturen** Sie im Einzelnen wünschen. Der gesamte Wärmebedarf eines Hauses wird nach diesen Angaben und nach dem niedrigsten Niveau der Außentemperaturen errechnet. Das sind normalerweise –15 Grad. Die Kesselanlage muss somit in der Lage sein, die Wohnräume konstant von –15 auf +22 Grad zu bringen, eine Differenz von 37 Grad also. Da diese Leistung jedoch nur an wenigen Wintertagen verlangt wird, wird die Kesselleistung im Allgemeinen nur gering belastet. Das aber macht den Kesselbetrieb unwirtschaftlich teuer, so daß es ratsam ist, die Kessel- oder **Thermengröße etwas knapper auszulegen,** als es die Berechnung eigentlich ergibt. Dann wird der Wärmeerzeuger nicht so viel Energie verbrauchen und nicht viele Male pausieren müssen. In Zeiten mit Temperaturen unter –10 Grad wird der Kessel voll durchlaufen, und die Raumtemperaturen werden geringfügig unter der Sollangabe liegen. Schlaf- und Nebenräume sind ohnehin etwas zu reduzieren.

– Zum Thema „Energie-Sparhaus" ist auf Seite 228 das **Benutzerverhalten** zu beachten, wenn die vielen Einsparungsmaßnahmen in Planung und Ausführung Erfolg haben sollen.

- **Schornstein**

  Wenn auch für die Gaswandtherme kein Schornstein erforderlich ist, so sind doch die Bestimmungen der jeweiligen Landesbauordnungen zu beachten, wonach es erforderlich werden kann, einen Notschornstein zu bauen.

  Einen Schornstein zu errichten, empfiehlt sich auch dann, wenn die Absicht besteht, später einmal einen Kamin oder einen Ofen aufzustellen.

  Wichtig ist, dass Länge, Querschnitt und Bauart eines Schornsteins auf die Art der Heizung (Gas, Öl oder Kohle) eingestellt werden. Bei Altbauten ist eine Fachberatung von Nöten. Vergessen Sie nicht, Ihren Schornsteinfeger zur Beratung heranzuziehen!

- **Versottete Schornsteine** in Altbauten können durch die Einführung eines nicht-rostenden Rohres geheilt werden.

- Von hundertprozentiger Brennstoffenergie gehen bei einer gutgeführten Zentralheizungsanlage **25 Prozent** für Abgase, Stillstand und Bereitstellung sowie für Leitungen **verloren**. Diese Verluste sind durch Verkürzung der Stillstandsphasen (kleinere Düsen) zu verringern. Mögliche Brennstoffeinsparung: etwa 5 Prozent.

  Ob eine Abgasklappe zu Einsparungen führt, ist nur von Fall zu Fall zu sagen. Wenn ein objektiver Sachverständiger dies bejaht, ist mit einer Einsparung von etwa 5 Prozent zu rechnen.

- Eine **Rohrdämmung** gegen Wärmeverluste ist besonders bei kalten Kellerräumen erforderlich; Mindestdicke: 30 mm. Eine gute Wärmedämmung an allen Teilen spart 4 Prozent Energie.

- 1 mm Ruß auf den Warmwasserrohren im Kessel bedeutet einen Verlust von 6 Prozent Energie! Eine einmalige Wartung im Jahr ist erforderlich.

- Der Wegfall von **Thermostatventilen** und der damit möglichen wirtschaftlichen Bedienung würde den Verbrauch an Energie um etwa 10 Prozent ansteigen lassen. Abgesehen davon schreibt die Wärmeschutzverordnung den Einbau von Thermostatventilen vor.

- Die Verantwortung für die **Heizungsplanung** sollte bei einem **neutralen** und unabhängigen Fachmann liegen. Insbesondere ist er zuständig für die Wärmebedarfsrechnung und die auf ihr fußende Bemessung aller Einzelteile. Das hat aber nur einen Sinn, wenn in seiner Hand auch die Ausführungsüberwachung, die Baustellenkontrollen und die Abrechnung liegen.

- Ratsam ist eine **Verbrauchskontrolle** in Form einer Zählerablesung oder eines Betriebsstundenzählers.

  Für die Messung des Ölverbrauchs bietet der Markt Zählgeräte an. Die Verbraucherzentralen bieten Checklisten an, auf denen Sie regelmäßig die Kontrollwerte eintragen können.

  Bei etwa 1 600 Betriebsstunden arbeitet der Kessel wirtschaftlich; je weniger Stunden, desto unwirtschaftlicher.

- Gasheizgeräte, bei denen nicht dauernd die **Zündflamme** brennt, sparen etwa 10 Prozent Energie.

Neue Heiztechniken

Preisvergleich: Wärmepumpen sind in gut isolierten Häusern eine gute Kostenalternative. Zum Beispiel sind sie bei einem Preis von circa 20 000 DM etwa 5 000 DM teurer als eine konventionelle Heizanlage. Sie entnehmen jedoch zwei Drittel der Heizenergie kostenlos aus der Erde, der Luft oder dem Grundwasser. So fallen nur die Stromkosten an. Wenn der Strom zum Sonderpreis bezogen wird, rechnet sich die Anlage nach etwa 10 Jahren.

- Die **Wärmepumpe** ist entwickelt worden, um den Verbrauch an teuren und nichtregenerativen Energien, wie Öl, Erdgas oder Kohle zu reduzieren. Sie nutzt die Umgebungswärme mit niedrigem Temperaturniveau (z.B. aus Luft, Grundwasser oder Erdreich) und „pumpt" das Medium mit Hilfe eines Kompressors auf ein Temperaturniveau hoch, das für Heizzwecke geeignet ist (etwa 40 bis 50 Grad). Die Kosten einer Wärmepumpe liegen in der Regel beim 2- bis 3-fachen eines normalen Kessels.

Es werden bei der Wärmepumpe zwei so genannte Betriebsweisen unterschieden:
1. nach den tariflichen und vertraglichen,
2. nach den anlagentechnischen Voraussetzungen der jeweiligen Region.

Zu 1

Aus der tariflichen oder vertraglichen Sicht wird unterschieden zwischen der so genannten durchlaufenden und unterbrechbaren Betriebsweise.

In der Bundestarifordnung (BTO) werden bundeseinheitlich diese Begriffe geregelt.

- Bei durchlaufenden Wärmepumpen steht die benötigte Stromzufuhr immer zur Verfügung. Das Elektrizitätsversorgungsunternehmen (EVU) kann die Stromzufuhr also in Spitzenzeiten nicht unterbrechen.
- Bei unterbrechbaren Wärmepumpen hat das EVU das Recht, die Belieferung mit elektrischer Energie zu unterbrechen.
  Während der Unterbrechung ist der gesamte Raumwärmebedarf anderweitig sicherzustellen.

Zu diesen allgemein gültigen Regelungen gibt es aber noch vielfach Sonderregelungen, die dann zu noch günstigeren Bedingungen für den Betrieb der Wärmepumpe führen können.

Zu 2

Aus anlagentechnischer Sicht wird zwischen folgenden Betriebsweisen unterschieden:
- Monovalente Betriebsweise, d.h. die Wärmepumpenanlage deckt als alleiniger Wärmeerzeuger den gesamten Wärmebedarf des Gebäudes. Vorausgesetzt wird dabei, dass das nachgeschaltete Wärmeverteilersystem auf eine maximale Vorlauftemperatur von +55 °C dimensioniert ist.
- Bivalente Betriebsweisen, d.h. die Heizungsanlage hat mindestens zwei Wärmeerzeuger. Dabei ist die elektrisch angetriebene Wärmepumpe mit mindestens einem weiteren Wärmeerzeuger kombiniert, der mit festem, flüssigem oder gasförmigem Brennstoff arbeitet.

a. Alternative Betriebsweise
   Bei Überschreiten eines bestimmten Wärmebedarfes wird die Wärmepumpenanlage abgeschaltet, und der zweite Wärmeerzeuger übernimmt allein die Deckung des Wärmebedarfes. Diese Art eignet sich auch für Wärmeverteilersysteme, die auf eine höhere maximale Vorlauftemperatur als +55 °C ausgelegt sind.

b. Teilparallele Betriebsweise
   Bei Überschreiten eines bestimmten Wärmebedarfes bleibt die Wärmepumpenanlage in Betrieb und wird durch den zweiten Wärmeerzeuger unterstützt. Beide Wärmeerzeuger arbeiten dann zeitweise zeitlich parallel, bis die Einsatzgrenze der Wärmepumpenanlage erreicht ist.

c. Parallele Betriebsweise
   Bei Überschreiten eines bestimmten Wärmebedarfes wird die Wärmepumpenanlage durch den zweiten Wärmeerzeuger unterstützt. Beide Wärmeerzeuger arbeiten dann immer zeitlich parallel. Die Wärmepumpe ist also immer in Betrieb. Allerdings bedingt diese Betriebsweise ein Niedertemperaturheizsystem (max. +55 °C).

Alternative und teilparallele Betriebsweise bieten die größten Einsatzmöglichkeiten:
— einsetzbar im Alt- und Neubau,
— geeignet für jedes Warmwasserheizungssystem,
— keine zusätzlichen Investitionen in Kraftwerks- und Übertragungsanlagen.

Die Praxis lehrt, dass bei Einsatz von Wärmepumpen zur Raumheizung entweder die monovalente oder bivalent-teilparallele Betriebsweise gewählt wird. Bivalent-teilparallel betriebene Wärmepumpenanlagen stellen den überwiegenden Anteil, da diese Betriebsweise praktisch überall eingesetzt werden kann.

Wärmequellen

1. Erdreich
   — Rohrschlangen werden in einer Tiefe von etwa 1,50 bis 2,00 m im Abstand von ca. 0,50 m im Erdreich verlegt.
   — Voraussetzung ist ein ausreichend großes Grundstück.
   — Erdreichsonden werden bis zu 100 m vertikal in den Erdboden eingebracht. Geringer Flächenbedarf.

2. Grundwasser
   Folgende Punkte müssen geklärt werden:
   — Steht Grundwasser in einer Tiefe bis max. 20 m und in welcher Menge zur Verfügung?
   — Wird eine Erlaubnis der zuständigen Wasserwirtschaftsbehörde über die Entnahme und Wiedereinleitung von Grundwasser für Heizzwecke erteilt?
   — Die Wasserqualität ist zu analysieren und mit dem Anlagenhersteller abzustimmen.
   — Die Wassertemperatur ist zu prüfen. In der Regel beträgt diese ca. +10 °C. Deutliche Abweichungen lassen einen hohen Anteil an Oberflächenwasser vermuten. Dies kann im Winter unter Umständen zu Wassermangel und zu unzureichender Temperatur führen.
   — Ein mindestens 48-stündiger Pumpversuch sollte gefahren werden.

– Die ausreichend bemessenen und den Erfordernissen entsprechenden Brunnenanlagen für die Wasserförderung und Wiedereinleitung sind äußerst sorgfältig zu planen und zu errichten.

3. Umgebungsluft

Unter Umgebungsluft wird hier ausschließlich die Außenluft verstanden. Diese ist immer verfügbar und unterliegt nicht den Einschränkungen wie bei der Erdreich- und Grundwasserpumpe.

Eine Verwendung der Innenluft von Wohnhäusern scheidet in der Regel für Heizzwecke aus, allenfalls in Verbindung mit kontrollierter Wohnungslüftung.

– Luft/Wasser-Wärmepumpen

Vordimensioniert im Werk. Die erforderliche Luftmenge wird mittels eines Ventilators, der im Gerät eingebaut ist, über den Verdampfer geführt und dabei abgekühlt.

4. Energieabsorber

Energieabsorber sind Wärmequellenanlagen für Wärmepumpen, bei denen ohne Einsatz eines Ventilators der Wärmeentzug aus der Umgebungsluft geräuschlos mit Hilfe großflächiger Wärmeaustauscher erfolgt. Sole, ein Wasser/Frostschutzmittel-Gemisch, durchströmt den Energieabsorber.

Zwei Arten von Energieabsorbern werden unterschieden.

a. Flächenabsorber: Energiedach, Energiefassade und Energiezaun. Aufgrund der großflächigen Anordnung kann, je nach der Himmelsorientierung, noch ein Energiegewinn aus diffuser und direkter Sonneneinstrahlung erreicht und die Leistungs- und Energiebilanz der Wärmepumpe verbessert werden.

b. Kompaktabsorber: statische Wärmeaustauscher aus Rohren, Rippen, Platten, Lamellen. Auch als Energiesäule, Energiestapel, Energieblock, Freiabsorber etc. bekannt. Alle sind Platz sparend in der Bauweise, daher spielt die Sonnenstrahlung eine untergeordnete Rolle. Die Wärme wird im Wesentlichen der Umgebungsluft entzogen. Diese Energieabsorbersysteme werden vorwiegend als bivalente Anlagen eingesetzt.

Je nach Systemkonzeption und Witterungsverlauf ist bei bivalenter Betriebsweise eine Deckung der Jahresheizarbeit von 60 bis 85 % mit Absorberanlagen möglich. D.h. nur 15 bis 40 % Zusatzheizung ist erforderlich.

Je nach gewähltem System der Wärmepumpenanlage kann beim heutigen Stand der Technik (1999) eine Einsparung von 30 % aufwärts erzielt werden. Dabei spielen die jeweiligen Ölpreise, Stromkosten und der spezifische Wärmebedarf des Wohngebäudes eine erhebliche Rolle.

– **Sonnenenergienutzung, Sonnenkollektoren**

Preisvergleich: Solarkollektoren auf dem Dach oder Warmwasser-Elektroboiler? Sechzig Prozent an Energieverbrauch können Sie sparen, wenn Sie sich für die Solaranlage entscheiden, aber das System mit Warmwasserspeicher, Flachkollektoren und der Reglung kostet mindestens 7 000 DM.

Orientierungspreise für einige Geräte (Service LBS und Zeitschrift „Das Haus")
Stand 1999:

- Sonnenkollektor, 2,5 m² 1 710,- DM pro Stück
- Solar-Brauchwasserspeicher, 500 Liter 2 440 DM pro Stück

Die gesamten Anlagekosten eines Sonnenklollektors inklusive Speicher kosten derzeit 8 000 bis 15 000 DM bei einer Kollektorfläche von 6 Quadratmetern, die zirka 120 liter warmes Wasser pro Tag erzeugen. Gute Sonneneinstrahlung vorausgesetzt! (NRW Publikation: Innovationen im Wohnungsbau)

Auch hier werden zwei Systeme unterschieden:
1. aktive Systeme für die Sonnenenergienutzung,
2. passive Systeme für die Sonnenenergienutzung.

Beide Systeme müssen in der Lage sein, Sonnenenergie aufzunehmen, zu speichern und zu verteilen.

Zu 1

Aktive Systeme für die Sonnenenergienutzung. Bei diesen Systemen müssen für Energieaufnahme, Speicherung und Verteilung Geräte, wie z.B. Kollektoren, Speicher, Pumpen, Rohrleitungen, elektrische Steuerungen, installiert werden.
Folgende Analgen zählen zu den aktiven Systemen:

- Sonnenkollektoren,
- Energieabsorber,
- Wärmepumpen,
- Solarzellen.

Zu 2

Passive Systeme für die Sonnenenergienutzung. Statt technischer Einrichtungen (allenfalls ein kleiner Ventilator) sind zur passiven Nutzung der Sonnenenergie bauliche Maßnahmen erforderlich. Das Haus selbst übernimmt die Speicherung der passiv gewonnenen Sonnenwärme.
Bekannt sind:

- die direkte Sonneneinstrahlung durch Südfenster,
- Speicherwandsysteme aus Beton, Naturstein oder schwerem Mauerwerk bzw. Wasserspeicherwände,
- Luft- und Wasserkollektoren, die z.B. die Wärme an einen Steinspeicher bzw. an eine Fußboden-Speichermasse abgeben,
- das Wasserdach,
- angebaute Gewächshäuser.
- *Photovoltaisches Verfahren – Stromerzeugung*
  Bei der Photovoltaik wird die Strahlungsenergie der Sonne direkt in elektrischen Strom umgewandelt. Der Strom wird meist in Batterien gespeichert, kann jedoch auch über Wechselrichter und Transformatoren in die Spannungsebenen der konventionellen Netze eingespeist werden.
- *Biogas*
  Entsteht durch anaerobe Gärung organischer Abfallstoffe unter Luftabschluss und wird aus Kläranlagen, landwirtschaftlichen Betrieben und Mülldeponien und in der

Ernährungsindustrie gewonnen. Biogas enthält als brennbaren Bestandteil hauptsächlich Methan.
- *Biomasse*
Eine Ergänzung der klassischen Brennstoffe zur Wärmeerzeugung aus rasch nachwachsenden Hölzern und Pflanzen sowie Rückständen aus landwirtschaftlichem Anbau (stroh-ökologischer Kreislauf)
- *Windenergie*
Die kinetische Energie des Windes wird mittels Windkrafträdern und Generatoren in elektrische Energie umgewandelt. Genaue Untersuchungen über Standorte und planungsrechtliche Bedingungen sind zwingende Voraussetzungen.
- *Brennwerttechnik*
Bei dieser Technik wird durch Nutzung der Verdampfungswärme mittels Kondensation des Wasserdampfes im Abgas ein zusätzlicher Gewinn erzielt. Allerdings benötigt die Brennwerttechnik spezielle Abgassysteme und eventuell eine Neutralisierung des Kondensats.
Brennwertkessel sind kaum teurer als Niederdrucktemperaturkessel. Ihr Einsatz ist jedoch bei Leistungen über 50 KW wirtschaftlich, denn sie nutzen die eingesetzte Primärenergie besser, verbrauchen also weniger bei gleicher Wärmelieferung.
- *Blockheizkraftwerke*
- *TWD* = Transparente Wärmedämmung

Eine frühzeitige Entscheidung für die Planung dieser Systeme ist erforderlich.
Bevor allerdings gewählt wird, hat die Verbesserung des gesamten baulichen Wärmeschutzes Vorrang. Denn der Stand der Technik ist noch nicht so weit, dass sich durch erzielbare Kosteneinsparungen die hohen Investitionskosten auch unter Berücksichtigung weiterer Ölpreissteigerungen und etwaiger staatlicher Zuschüsse in einem wirtschaftlichen Zeitraum amortisieren. Es wird daher an diese Stelle auf eine detaillierte Beschreibung der vorgenannten Systeme verzichtet.

5.6.2 Sanitärinstallation

Was über die Einrichtung von Bädern zu sagen ist, lesen Sie auf Seite 180. Dort finden Sie auch Kostenangaben über Bäder und Fliesen.
Sparen beginnt auch in diesem Falle beim Denkprozess in der Planung. Ohne Planung mit einem Drauflosarbeiten nach herkömmlicher Art wird jeder Bauherr zur Kostensteigerung kräftig beitragen. Planung ist aber nicht gleich Planung. Eine firmengesteuerte Ausarbeitung von Sanitäranlagen, die, obwohl kostenlos für den Bauherrn, in den Bau- und Betriebskosten um ein Vielfaches teurer ausfallen wird, kann teuer werden!
Das Sparen kann am **Wasserverbrauch** nicht vorbeigehen. Denn jeder Bauherr bezahlt Warmwasser **dreimal:** Trinkwasser, Abwasser und Energie für die Warmwasserbereitung.
Trinkwassereinsparungen: Durchlaufbegrenzer an den Armaturen der Waschbecken, Intervallgeber an Duschen, Einhebelmischbatterien generell, Spülkästen an WCs mit gestaffelter Wasserspülmenge, wassersparende Geräte.
Warmwasserleitungen sollten so verlegt werden, dass sie auch warm bleiben. Das heißt, sie müssen gut gedämmt und von Kaltwasserleitungen getrennt werden. Wasserleitungen,

gleich ob kalt oder warm, dürfen nicht in Außenwänden verlegt werden. Der Einbau von Mischbatterien ist zu empfehlen.

Systeme zur Warmwasserbereitung:

Orientierungspreise für einige Warmwasserbereiter (Service LBS und Zeitschrift „Das Haus") Stand 1999:
- Speicher-Wasserwärmer, 200 Liter, untergestellt 2 340,- DM pro Stück
- Speicher, 500 Liter, nebengestellt 4 500,- DM pro Stück
- Warmwasserspeicher, 220 Liter, gasbeheizt 2 135,- DM pro Stück0
- Die **zentrale, mit dem Heizkessel verbundene Warmwasserbereitung** ist in der Regel die teuerste Möglichkeit, da im Sommer eine Ölheizung allein für den Warmwasserbetrieb sehr unwirtschaftlich arbeitet. Daher ist zumindest eine Trennung von Heizung und Warmwasserbereitung dringend anzuraten.
- Die **zentrale, mit dem Heizkessel nicht verbundene Warmwasserbereitung** auf der Basis von Gas oder Öl hat den Vorteil, dass sie im Sommer und Winter getrennt nach Bedarf arbeiten kann. Liegen die Zapfstellen dicht beieinander, sollte man mit einem leistungsstarken Durchlauferhitzer oder einem geschlossenen Speicher arbeiten. Liegen die Zapfstellen weit auseinander und nicht an einer gemeinsamen Installationswand, ist die **Einzelversorgung** vorteilhafter: Diese ist besonders dann anzuwenden, wenn auch aus Gründen eines geringen Verbrauchs die **dezentrale Anlage** von Speichern oder Durchlauferhitzern mit Gas oder Strom ratsam erscheint. Dabei lässt sich aber das Gerät nach Größe und Leistung an den Bedarf anpassen. Die Industrie bietet dafür die vielfältigsten Geräte an. Es entstehen in diesem Fall keine Wasser- und Energieverluste. Die Geräte haben in vielen Fällen einen hohen Wirkungsgrad, die Bau- und Installationskosten für Leitungen entfallen. Auch bei nachträglicher Installation ist diese Art der Warmwasserbereitung angebracht.

Zirkulationsleitung: Von der zentralen Warmwasserbereitung wird nicht nur eine Leitung zur Abnahmestelle verlegt (Nachteil: das kalte Wasser muss erst abfließen, bevor das warme austritt), sondern auch eine Rückflussleitung. Mit Hilfe einer Pumpe zirkuliert das Wasser ständig, so dass sofort Warmwasser an jedem Zapfhahn austritt. Nachteilig ist, dass mehr Leitungen und mehr Energie aufgewendet werden muss.

Hinweise
- Durchlauferhitzer oder Speicher?
 Durchlauferhitzer haben folgende Vorteile:
 preiswerte Anschaffung, günstiger Energieverbrauch, keine Vorhaltung von Warmwasser
 Nachteile: keine gleichzeitige Versorgung mehrerer Zapfstellen, geringere Durchflussgeschwindigkeit.
 Warmwasserspeicher haben (je nach Gerätegröße) Vorteile in der Bereitstellung einer bestimmten Wassermenge innerhalb kurzer Zeit. Ist die Menge verbraucht, können bei Gerätegrößen von 100 Litern Wartezeiten bis zu einer Stunde auftreten. Die Abnah-

memenge muss mit dem Geräteinhalt abgestimmt werden. **Kombination** von Durchlauferhitzer und Warmwasserspeicher: = Durchlaufspeicher – nur elektrisch. Die Kosten dieser Geräte liegen zwischen denen von Durchlauferhitzern und Speichern, ebenso die Energiekosten. Bei geringer Entnahme arbeiten sie wie Speicher, bei größerer schaltet sich automatisch eine größere Heizleistung hinzu. Die Geräte sind Platz sparend.

– **Gas oder Strom?**
Sieht man von dem günstigeren Nachtstromtarif ab, so ist Gas in vielen Fällen günstiger als Strom. Dies ist von Fall zu Fall zu überprüfen.

– Sparen heißt in erster Linie Zusammenlegung oder **Konzentration** der Räume mit Sanitäranlagen. Dabei kommt es auf jedes WC, auf jedes Waschbecken an. Denn jedes Sanitärobjekt benötigt Wasser, oft auch Warmwasser und Strom. Die Trennung der Funktionen innerhalb eines Einfamilienhauses in Wohnen, Wirtschaften und Schlafen ist die Ursache dafür, dass die Feuchträume oft nicht zu einem „Sanitärblock" zusammengeführt werden können. Daher sollten Bauherren sich fragen, ob diese Trennung sinnvoll ist. Ob es sich um einen konventionellen Grundriss oder um eine unkonventionelle Raumaufteilung handelt, für den einen einzigen Leitungsstrang sprechen viele, nicht zuletzt Kostengründe. Denn jeder weitere Leitungsstrang kostet mindestens 3 000,– DM mehr.

5.6.3 Elektroinstallation

Die Einsparchancen sind bei den Elektroarbeiten relativ gering. Die **Kosten** für diese Installation belaufen sich auf etwa **9 000,– bis 16 000,– DM**. Davon können vielleicht 10 bis 15 Prozent beeinflusst werden. Umgerechnet auf den Quadratmeter Wohnfläche kostet die Normalinstallation etwa 85,– DM/m^2, die „zukunftsichere Elektroinstallation" etwa 95,– DM/m^2 Wohnfläche.

Die DIN 18 015 (Elektrische Anlage in Wohngebäuden) nennt für eine ausreichende und sichere Versorgung folgende Zahlen (ausschließlich Keller- und Bodenräume):

Anzahl der Stromkreise:	
Wohnfläche in m^2	Stromkreise
75–100	5
über 100	6
Anzahl der Steckdosen:	
Wohnfläche des Raumes in m^2	Anzahl der Steckdosen
bis 8	2
8–12	3
12–20	4
über 20	5
Küche	5

In einigen Räumen wie Küche und Hausarbeitsraum empfiehlt sich die Installation einer Ringleitung, um später nachrüsten zu können.

Bauherren sollten auch die Informationsschriften und Auflagen der Elektrizitätsversorgungsunternehmen (EVU) beachten. Eine Elektroanlage muss von einem dafür zugelassenen Elektromeister abgenommen und bei dem E-Werk angemeldet werden. Er übernimmt dann die Verantwortung für die Einhaltung der vielen VDE-Vorschriften, der technischen Anschlussbedingungen der Elektrizitätsversorgungsunternehmen usw.

Blitzschutz: Auf jeden Fall bei Holzhäusern, Strohdächern und leicht brennbaren Baumaterialien notwendig. Aber auch bei allen anderen Häusern sollten zumindest der Fundamenterder und die Anschlussmöglichkeit vorgesehen werden.

Einsparungstips:

- Werten Sie die **Warentestergebnisse** beim Kauf von Elektrogeräten aus. Dabei ist der Stromverbrauch im Vergleich mit Konkurrenzfabrikaten besonders interessant.
- Kühl- und Gefrierschränke nicht neben den Herd oder den Heizkörper stellen. Besser stehen diese Geräte am kühlsten Platz des Hauses an der Nordseite und in ungeheizten Räumen.
- Nutzen Sie den Nachtstromtarif, wenn Sie einen entsprechenden Vertrag mit dem Versorgungsunternehmen haben. Mit Hilfe einer Zeitschaltuhr können Sie dann auch nachts Wasch- und Spülmaschinen, Wäschetrockner (im Falle von Einfamilienhäusern, wegen der Lärmbelästigung nicht in Wohnungen) und Elektro-Speicheröfen laufen lassen.
- Bei einem Gasanschluss sollte nicht nur die Heizung auf Gasbetrieb laufen, sondern auch die Warmwasserbereitung, der Herd mit dem Backofen und die dezentralen Kleingeräte.
- Die Zahl der Brennstellen sollte sorgfältig im Zusammenhang mit der Einrichtungsplanung überlegt werden.
Wird zu aufwändig installiert, sei es aufgrund von Unkenntnis oder falscher Beratung, so entstehen unnötig hohe Kosten. Eine Installation, die zu sparsam ausfällt, muss später relativ teuer nachgerüstet werden. Lassen Sie sich jedoch nicht durch dieses Argument dazu verleiten, allzu großzügig bei der Ausstattung zu verfahren.
- Es genügt pro Raum ein Auslass für die allgemeine Deckenbeleuchtung. Selbstverständlich kann dieser Auslass auch kostengünstiger aus der Wand, zum Beispiel an einer Verteilerdose, sitzen. Auch die Zahl der Steckdosen lässt sich bei einer geschickten Anordnung reduzieren. Mehrfachsteckdosen bieten sich beim Anschluss von Phono- und Fernsehgeräten an.
- Leitungen lassen sich einsparen, wenn die Leitungsführung so erfolgt, dass Steckdosen jeweils an beiden Wandseiten erschlossen werden. Mehrkosten für teure Modelle im Design von Schalter und Dosen lohnen sich nicht. In Nebenräumen kann die Leitungsführung geordnet auf der Wand erfolgen.

6 Kostenziele

6.1 Sparhäuser

6.1.1 Das Sparhaus und Variationen (Bilder 31 und 32)

Einfamilienhaus mit **sechs Haupträumen** (keiner unter 13,2 m² Wohnfläche), zwei Bädern, Küche, Abstellraum, nichtunterkellert, **117,3 m² Wohnfläche,** Bauwerkskosten 245 723 DM (Stand: 1999)

Dieser Haustyp in konventioneller Bauweise hat folgende **Vorteile:**
– viel Wohnfläche bei wenig Bruttorauminhalt, siehe Seite 160 ff.;
– viel Wohnfläche bei wenig Außenwandfläche, das heißt: Sparsamkeit in den Bau- und Heizungskosten;
– viele Räume gleich im ersten Bauabschnitt: 6 Zimmer, Küche, 2 Bäder, das heißt: Eignung für Kinderreiche, für Programme mit einer Vielzahl von Räumen und für eine wachsende Familie;

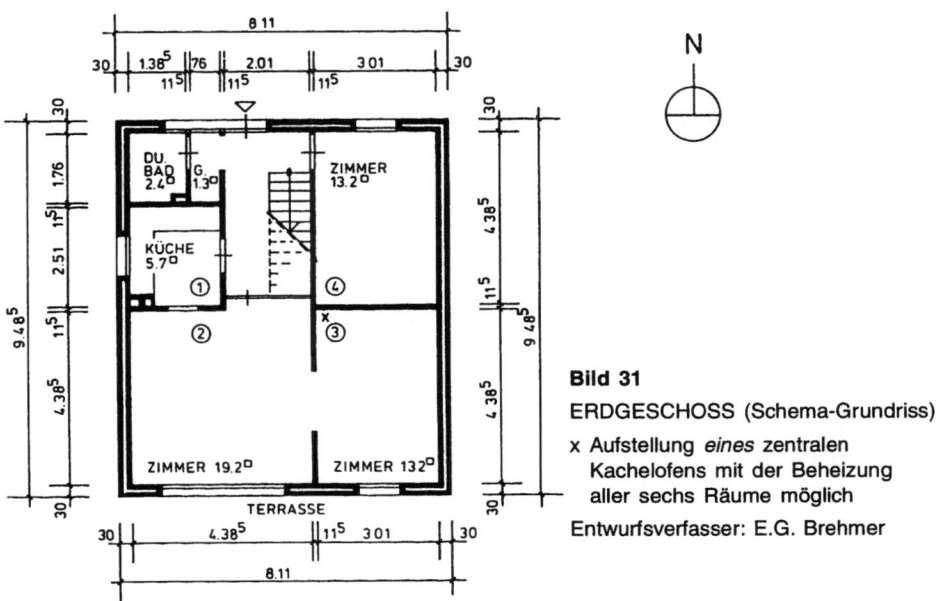

Bild 31
ERDGESCHOSS (Schema-Grundriss)
x Aufstellung *eines* zentralen
  Kachelofens mit der Beheizung
  aller sechs Räume möglich
Entwurfsverfasser: E.G. Brehmer

- weitere Nebenräume sind in Form von Anbauten für Abstellzwecke, Geräte, Fahrzeuge aller Art zu schaffen;
- dieser Grundtypus von Haus ist auch geeignet für
  - den Einbau einer **Einliegerwohnung** mit getrenntem Zugang und Installation eines Bades und einer Kochnische mit 26 m^2 Wohnfläche (im Bereich der Räume 3 und 4),
  - den Einbau einer **Altenwohnung** (wie vor) sowie
  - die Aufteilung in **zwei Dreizimmer-Miet- oder Eigentumswohnungen,** getrennt in Erd- und Obergeschoss. Dabei ist ein Windfang mit einer Leichtwand zu schaffen, von dem beide Wohnungen getrennt zu erschließen sind.

Durch minimalen Aufwand sind diese Einbauwohnungen wieder aufzulösen, und das Haus ist als Ganzes zu benutzen. So werden Zeiten mit einer hohen Belastung überbrückt. Es werden einige Jahre Mieteinnahmen erzielt, die das Haus tragbar machen.

Vorschläge für weitere **Raumaufteilungen:**

- Erdgeschoss: Ess-, Spiel- und Wohnzimmer (2), 2 Kinderzimmer (3, 4),
  Obergeschoss: Wohnzimmer der Eltern (6), Arbeitszimmer (7) und Schlafzimmer der Eltern (8).
  Je Etage ein Bad. Diese ungewöhnliche Aufteilung ist funktionell richtig. Im Erdgeschoss liegt der Bereich Mutter-Kinder. Im Obergeschoss ist der ruhigere Wohnbereich mit Arbeitszimmer und Schlafzimmer der Eltern.
- Konventionelle Aufteilung:
  Erdgeschoss: Wohnzimmer und Arbeitsraum (2, 3), Gästezimmer oder ein weiterer Arbeitsraum (4).

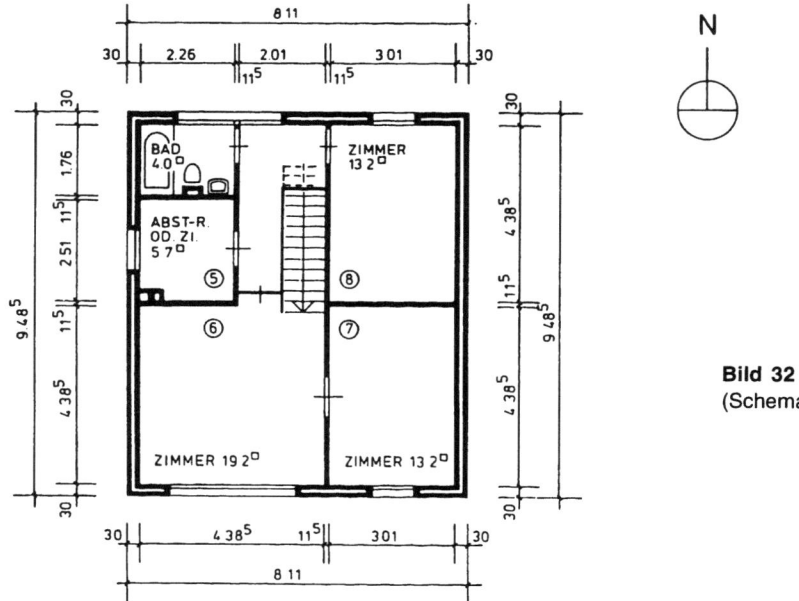

Bild 32 Obergeschoss (Schema-Grundriss)

Obergeschoss: 3 Schlafzimmer (6, 7, 8).
Alternative für **Kinderreiche** oder eine **Wohngemeinschaft:** Wohnraum (2) und 5 Schlafräume (3, 4, 6, 7, 8).
Ist das Wohnzimmer zu klein, kann es durch Hinzunahme von Raum 3 auf 32 m^2 erweitert werden, so daß immerhin noch 4 Schlafräume (4, 6, 7, 8) verbleiben.

– Erdgeschoss: Wohn- und Arbeits- oder Kaminzimmer (2 und 3),
  Gästeraum (4) mit Duschbad.
  Obergeschoss: Kinderspiel- und Schlafbereich (6 und 7) mit Elternzimmer (8) und einem gemeinsamen Wannenbad.

Kostenvorteile des Entwurfs
Kompaktbauweise, maximale Spannweiten bis 4,50 m; dadurch geringe Abmessungen für die tragende Decke und die Wände (ausnahmslos 11,5 cm dick), Schottenbauweise; dadurch freie Aufteilung der Fenster- und Außentüren ohne Stürze und dergleichen; gegebenenfalls auch Holzfachwerk an der Südseite wie Beispiel auf Bild 23. Dachform: flachgeneigtes Satteldach; Raumabschluss ist gleich Dach.

Daten:
Wohnfläche (WF): 117,3 m^2 + 5,7 m^2 Abstellraum = 123 m^2 Gesamtfläche
Bruttorauminhalt (BRI): 461 m^3
Verhältnis von BRI zu WF = **3,93** – ein sehr guter Wert!
Summe der Bauwerkskosten: 245 723,– DM (Stand: 1999)

Das heißt:
1 m^3 Bruttorauminhalt bezogen auf die Bauwerkskosten kostet 533,– DM. Je weniger Rauminhalt ein Haus bei möglichst viel Wohnfläche hat, desto teurer ist der Kubikmeter Rauminhalt. Je weniger Nebenraum (Keller, Abstellraum usw.) ein Haus hat, desto höher ist der Preis für einen m^3 BRI.
1 m^2 Wohnfläche kostet bezogen auf die Bauwerkskosten **2 095,– DM.**

Qualitäten
– Außenwände mit Verblendsteinen gemauert und verfugt (keine Unterhaltungskosten), zweischalig mit 7 cm Dämmung
– Erdgeschossfußboden mit 8 cm Dämmung unter dem schwimmenden Estrich; darauf Teppich- bzw. Linoleumauslegeware
– Dach = Decke im Obergeschoss mit 14 cm Dämmung, Schalung, Pappe, Welltafeleindeckung, unterseitig mit Holz-Deckenverkleidung
– Fenster aus Holz mit Isolierglas
– Innentreppe aus Holzstufen auf Stahlvierkantrohren
– Heizung: Gastherme in der Küche, Stahlheizkörper, Rohre, Thermostat-Heizkörperventile
– Sanitär: 1. Bad: Wanne, Waschbecken, WC. 2. Bad: Dusche, Waschbecken, WC. Inbegriffen sind alle Armaturen usw.
– Fliesen: Bad: Fußböden, Wandfliesen bis Türhöhe rundum. Küche: Fliesenspiegel über der Feuchtwand.

Variationen des Sparhauses

Einzelhaus als Einfamilienhaus entsprechend den Bildern 31 und 32. Reihenhaus: Im Erd- und Obergeschoss werden die Bäder mit der Küche bzw. dem darüberliegenden Raum ausgetauscht. Doppelhaus: wie Einzelhaus, jedoch spiegelbildlich. Kettenhaus: Zwischen den zweigeschossigen Haupthäusern werden die eingeschossigen Nebenraumtrakte eingefügt.

- **Siebenzimmerhaus:**
  Indem der Abstellraum in einem eingeschossigen Erweiterungsbau, vielleicht in Verbindung mit einer Eingangsüberdachung und einem „Carport" oder einer Garage, untergebracht wird, gewinnt man einen weiteren Raum. Kosten (Stand: 1999) des Anbaues: ab 8 620,– DM, Wohnfläche: 123 m²

- **Achtzimmerhaus:**
  Aufstockung des Grundtypus um ein halbes Geschoss auf 2 1/2 Geschosse mit einem 30-Grad-Satteldach. Gewinn an Wohnfläche: zwei Giebelräume mit zusammen 26 m² Wohnfläche, somit insgesamt 143,3 m² Wohnfläche, 5,7 m² Abstellraum + Dachschrägen (15 m² von 1,00 bis 1,60 m Höhe), 591 m³ Bruttorauminhalt, 315 006,– DM Bauwerkskosten (Stand: 1999)

- **Neunzimmerhaus:**
  Kombination von Sieben- und Achtzimmerhaus. In einem Anbau wird der Abstellraum untergebracht, so daß sich damit sieben Zimmer ergeben. Durch Aufstockung eines ausgebauten Dachgeschosses werden zwei weitere Zimmer gewonnen. Das ergibt insgesamt 149 m² Wohnfläche, etwa 15 m² Abstellraum im Anbau + Dachschrägen, 591 m³ Bruttorauminhalt + Abstellraum im Anbau, 315 006,– + 8 620,– = 323 626,– DM Bauwerkskosten (Stand: 1999)

- Auch **ein- oder anderthalbgeschossig** ließe sich das Haus als Drei-, Vier- oder Fünfzimmerhaus konzipieren. Bauwerkskosten (Stand: 1999) von 135 049,– bis 225 554,– DM.

Die abgekürzte Leistungsbeschreibung enthält den **kompletten Leistungsumfang,** der zur restlosen Fertigstellung erforderlich ist, auch wenn dieser nicht im Einzelnen beschrieben ist. **Ausführungsqualitäten:** durchschnittlicher Standard. Die Wärmeschutzverordnung und die Regeln der Technik wurden beachtet.

Es handelt sich hierbei um eine nach oben abgerundete Massenberechnung, bei der die Öffnungen für Fenster, Türen, Treppe usw. übermessen wurden. Mit diesem Verfahren sind Bauherr und Architekt in der Lage, in einem frühzeitigen Vorentwurfsstadium eine konkrete Kostenberechnung vorzunehmen, die vom Ausschreibungsergebnis kaum abweichen wird, weil hier die wesentlichen Arbeiten in einer Kurzfassung zusammengestellt werden können und durch das Übermessen der Öffnungen Reservebeträge enthalten sind, die die hier nicht extra erwähnten Leistungen, wie Fensterbänke, Leisten, Abdichtungen und dergleichen mehr, abdecken.

Auf diese Weise lässt sich bei entsprechender Sach- und Preiskenntnis jedes Bauvorhaben unabhängig von seinem Umfang analysieren und in den **voraussichtlichen Endkosten** berechnen.

Vergleich der Sparhäuser

Je mehr Angebote, desto mehr müssen Preis-Leistungsvergleiche aufgestellt werden. Bauherren müssen daher anhand konkreter Vergleichsdaten das günstigste Angebot heraussieben. Vergleichen Sie daher dieses Sparhaus mit den Alternativen, mit Fertighäusern usw. – siehe Tabelle 4, Seite 37.

Tabelle 26   Das Sparhaus – Zusammenstellung der Kombinationsmöglichkeiten

	Wohnfläche (m²)	Bruttoraum-inhalt (m³)	Bauwerks-kosten (DM) (1999)
Neunzimmerhaus, 2 1/2-geschossig Küche, 2 Bäder, Anbau, ausgebautes Dach, nichtunterkellert	149	591 + Anbau	323 626,–
Achtzimmerhaus, 2 1/2-geschossig Küche, 2 Bäder, ausgebautes Dach, nichtunterkellert	143,3	591	315 006,–
Siebenzimmerhaus, 2-geschossig Küche, 2 Bäder, flachgeneigtes Satteldach, nichtunterkellert	123	461 + Anbau	254 293,–
Sechszimmerhaus, 2-geschossig Küche, 2 Bäder, nichtunterkellert	117,3	461	245 723,–

Weitere Variationen sind bereits angesprochen worden. Neben den ein- bis anderthalbgeschossigen Versionen mit Vollkeller oder auch geneigtem 30-Grad-Satteldach, welches erst einmal unausgebaut bleibt, sind die Eigenleistungen bei diesen Überlegungen noch nicht angesprochen worden. Die bauliche Konzeption ist denkbar einfach.

Rechnen Sie nun auch die noch fehlenden Kostenfaktoren gemäß DIN 276 (siehe Anhang) nach folgendem **Beispiel** zusammen. Dann wissen Sie, was Ihr Haus (zum Preis von 1999) kostet.

100	Grundstück	57 467,– DM
200	Herrichten und Erschließen	8 620,– DM
300	Bauwerk und Baukonstruktion (Sechszimmerhaus)	248 596,– DM
400	Bauwerk – Tech. Anlagen	
500	Außenanlagen	8 620,– DM
600	Ausstattung	2 873,– DM
700	Baunebenkosten	22 984,– DM
	Gesamtkosten	**349 160,– DM** abzügl. Eigenleist.

6.1.2 Weitere Sparhäuser

Herzogenrath bei Aachen:
1996 entstanden hier 148 Reihen- und Doppelhäuser nach holländischem Vorbild. 105 qm große Häuser Marke Eurode wurden für 225 000,– DM inklusive Grundstück gebaut. Reine Baukosten 1 200,– DM pro Quadratmeter Wohnraum (Capital Bauen 1998).

Europahäuser:
Nach den Plänen von Architekt Jos Weber (Hamburg) und einem Limburger Generalunternehmer wurden 1998 Häuser gebaut mit knapp 120 Quadratmeter und mit einer großen Gestaltungsfreiheit bei der Ramaufteilung gebaut mit durchschnittlichen Quadratmter Baukosten von 1 675,– DM (Capital Bauen 1998).

LBS-Systemhäuser (siehe auch Internet)
Nach den Plänen von Architekt Georg Sahner (Stuttgart) wurde ein System mit variablen Grundrissen entwickelt, das folgende Daten aufweist: Doppelhäuser mit 109 Quadratmeter Wohnfläche für 1 560,– DM und freistehende Einfamilienhäuser mit 93 Quadratmeter für 1 975,– DM für den Quadratmeter Wohnfläche (Capital Bauen 1998).

Fertighäuser:
Im Programm der Fertighausfabriken finden sich Häuser in Preislagen von 1 100 oder 1 300 oder 1 500 und natuürlich mehr für Einfamilienhäuser bei unterschiedlichen Vertragsbedingungen.

Wettbewerb für Einfamilienhäuser: Siehe auch Kapitel 2.6.4
Wettbewerbe bringen immer eine Fülle von Ideen und preiswerten Lösungen! Ein Wohnmagazin (Schöner Wohnen 10/98) publizierte die Ergebnisse: ein Haus mit 242 Quadratmeter Wohnfläche, teilunterkellert, mit Fertigbetonteilen, Holzskelett, sichtbaren Deckenbalken, Gipskartonwänden, überwiegend Festverglasung, Gasheizung, Bauzeit 6 Monate, kostete pro Quadratmeter Wohnfläche 1 875,– DM. Andere lagen um oder knapp über 2 000,– DM.

Initiative des Bundesbauministers: Förderung für Baukosten unter 2 000,– DM pro Quadratmeter
Deutschland ist das Land mit den höchsten Baukosten in Europa! Die durchschnittlichen Baukosten in Rheinland-Pfalz und dem Saarland liegen bei zirka 2 600,–, in Baden-Württemberg bei 2 900,– je Quadratmeter Baukosten.

„Das junge Haus" wurde vom Ministerium initiiert mit Resultaten wie diesen: Reihenhäuser mit 111 Quadratmetern für Massivhäuser in Brühl liegen bei etwa 1 950,– DM, Einzelhäuser mit 172 Quadratmetern in Mackenbach bei Kaiserslautern liegen ebenfalls bei 1 950,–DM pro Quadratmeter (das sind 25 bis 32 % geringere Baukosten und ein weiterer Beweis, dass erhebliche Baukostensenkungen möglich sind!). Der Architekt arbeitete mit der seit 1996 vom Gesetzgeber in die Honorarordnung eingeführte **Erfolgsprämie.** Das Ergebnis war ein individuelles Haus mit Sparmaßnahmen wie Verzicht auf Keller und Balkon, re-

duzierte Wandstärken von 24 auf 11,5 cm, einfaches Satteldach und rechteckiger Grundriss sowie viel Eigenleistungen = eingesparte Summe 80 000,–.
Quelle: siehe Internet: Südwestfunk Fernsehen Infomarkt, email: infomarkt@swf.de, gesendet 14.4.1997; weitere Sparhäuser siehe Fachliteratur, Internet oder Zeitschriften.

6.1.3 Holzhäuser

Vor nicht ganz 100 Jahren waren Holzhäuser in Deutschlanmd weit verbreitet. Viele Fachwerkhäuser und jahrhundertealte Bauwerke befinden sich immer noch in einem ausgezeichneten Zustand. In skandinavischen Ländern, in USA (92 % Anteil Holzhäuser) und Kanada (80 % Anteil) gibt es Millionen von Holzhäusern, und sie erfreuen sich großer Beliebtheit.
Holz vereinigt viele Vorteile: Zeitgewinn, Preiswürdigkeit, Vorfertigung, Schnelligkeit in der Verarbeitung, Selbsthilfemöglichkeit, Flexibilität in der Raumaufteilung, Erweiterbarkeit, gute Wärmedämmung, wohnlicher Charakter des Baumaterials.
Nachteilig ist die geringe Schalldämmung, die jedoch bei Einfamilienhäusern meist wenig Bedeutung hat. Die Lebensdauer ist zwar wesentlich geringer als beim sorgfältig ausgeführten Massivbau. Die genannten Vorteile sollten mehr Bauherren bewegen, Holzbauweisen anzuwenden oder in bestimmten Bereichen wie nichttragenden Außen- und Innenwänden durchzusetzen.
Auch die Fertigteil- und Fertighausindustrie bietet eine Palette interessanter Konstruktionen an.
Die Bauzeiten beim Holzbau sind kurz: nach der Vorfertigung eine Montagezeit auf der Baustelle von ein bis drei Wochen. Die gesamte Bauzeit : fünf bis sechs Monate. Die Montage erfolgt unabhängig von der Witterung. Lediglich die Fundamente oder der Keller müssen bei frostfreiem Wetter erstellt werden.

Interessenten, die Holz in Form ganzer Häuser oder als Einzelbauteile anwenden möchten, wenden sich an die Arbeitsgemeinschaft Holz e.V., Füllenbachstr. 30, 40474 Düsseldorf. Email: argeholz@argeholz.de, Tel 0211/4 78 18-0 Fax: 0211/45 23 14 oder auch Deutsche Gesellschaft für Holzforschung 80335 München, Email: DGfH-EGH@t-online.de. Tel. 089/516 17 00, Fax 089/531 657. Fordern Sie zuerst die Informationsübersicht an.

Modellvorhaben in Bayern: 900 Wohneinheiten in Holzsystem seit 1992:
Für die Ausschreibung wurde eine Kostenobergrenze von 1 500,– DM je Quadratmeter Wohnfläche (reine Baukosten) festgesetzt. Einige Bieter unterschritten die Grenze noch. Bis 1995 wurden 640 Wohnungen erstellt.

Das Rosenheimer Haus:
1996 wurde es eingeweiht. Seit mehreren Jahren hatte die dortige Fachhochschule intensiv in Zusammenarbeit mit der Wirtschaft und Industrie an diesem Modell gearbeitet. Es steht für die Innovation im Hausbau und in der Holztechnologie. Wichtigste Kennzeichen: Einsatz

unbedenklicher Rohstoffe, sparsamer Umgang mit Energie, geringe Umweltbelastung, günstige Haus- und Betriebskosten, intelligente Gebäudetechnik. Drei Varianten.

Holzhäuser – Mehr Informationen:
Alle Bereiche des Holzbaues – vom Detail bis zu den Kosten, von der Statik bis zur Wärmedämmung und Konstruktion – werden in dem Buch „Wohnhäuser aus Holz – Die kostengünstige Alternative" von W. Lewitzki behandelt – sehr empfehlenswert.

Ansprechpartner für **Sparhäuser** sind die **Planungs- und Liegenschaftsämter** der Städte, sowie das Bundesbauministerium. Aber auch Banken, Fachzeitschriften und Bausparkassen veranstalten in zunehmender Weise Wettbewerbe und Ausschreibungen mit dem Ziel, für ein bestimmtes Gelände Hausentwürfe zu bekommen, die ein Optimum von Preis, Qualität und Gestaltung bilden. Voraussetzung für einen interessanten Endpreis sind Sonderkonditionen für die Bauplätze. Nur bei einem geringen Kostenanteil der Grundstücks- und Erschließungskosten an den Gesamtkosten können auch die günstigen Festpreise für die Häuser voll durchschlagen.

„Energie-Sparhäuser" siehe Seite 218.
Bei der Bewertung von Sparhäusern ist ein Merkmal neben den schon genannten besonders hervorzuheben: **die Trennung von teurem „Haupthaus" und geringwertigem „Nebenhaus".** Die Verlagerung von Abstell- und Nebenräumen in das Nebenhaus oder der Verzicht auf den Keller zugunsten eines größeren Nebenhauses bringt stattliche **Kosteneinsparungen.** Das wird auch von Bauforschungsinstituten bestätigt. Nebenhäuser können vielgestaltige, den Baukörper bereichernde Anbauten sein, die aus Holz, Glas oder anderen Leichtbaumaterialien zusammen mit dem „Carport", einem überdachten Eingang oder einem überdachten Freiraum ausgeführt werden können. Sie müssen planerisch bereits in den ersten Skizzen vorgesehen werden, können dann aber in mehreren Bauabschnitten auch in Eigenleistung errichtet werden.

6.1.4 Sparhäuser im Ausland

Ein Haus kostet durchschnittlich [17]:

in den **USA**	**3 Jahreseinkommen**
in Dänemark	4 Jahreseinkommen
in den Niederlanden	4 Jahreseinkommen
in England	5 Jahreseinkommen
in der **Bundesrepublik**	**9 Jahreseinkommen**

Folgerung: Wir bauen nicht nur zu anspruchsvoll und zu kostspielig, sondern wir müssen in allen Kostenbereichen (von den Grundstückskosten bis zu den Baunebenkosten) **herunter von dem hohen Preisniveau!**

Architekten machen viele Anstrengungen, um kostenbewusster zu planen und zu bauen, zumal ihnen in der Honorarordnung seit 1996 ein Anreiz in Form der Erfolgsprämie gegeben wurde. Nicht alle sind sich jedoch bewusst, dass sich Qualität im Bauen mit kostenbewussten Planungsprinzipien kombinieren lässt.

Bauvorschriften in Deutschland sind teilweise immer noch ziemlich umfangreich und hemmend, so daß die daraus resultierenden Kostenfolgen enorm sind. Zwar wird schon manches getan, um diese die Kosten anheizenden Gesetze, Vorschriften, Auflagen und Vorgänge zurückzuschrauben, aber die in Jahren angewachsene Kostenlawine kann einfach nicht kurzerhand wieder normalisiert werden. Der erdrosselte Mietwohnungsbau muss ebenfalls erst wieder durch Beseitigung der hemmenden Gesetze wiederbelebt werden.

Der Bund hat auf den Wohnungsnotstand, der besonders 1988/1989 sichtbar geworden ist, mit der Neufassung der Baunutzungsverordnung vom 23. Januar 1990 reagiert. Zielsetzung ist die Verbesserung der baurechtlichen Rahmenbedingungen für den Wohnungsbau. Im Mittelpunkt stehen dabei insbesondere bundesrechtliche Erleichterungen für den Ausbau von Dach- und Untergeschossen.
Erleichterungen sind ferner bei Stellplatzanforderungen notwendig.

Zu den **Außenanlagen**
Der Flächenverbrauch ist von 1970 bis 1980 um das Doppelte pro Wohneinheit gestiegen. Auf 10 000 m^2 Nettobauland wurden 1970 90 Wohneinheiten, 10 Jahre später nur noch 45 Wohneinheiten untergebracht.
Desgleichen wuchs die Qualität der Anlagen um mehr als das Doppelte. Ähnlich, wie der Standard der Einbauküchen, der Badausstattung, der Fußbodenqualitäten um das Drei- und Mehrfache stieg, wurden für Außenanlagen enorme Summen ausgegeben. Selbsthilfe wurde kleiner geschrieben.

Zu den **Baunebenkosten**
Mit steigenden Bauwerkskosten wuchsen automatisch und anteilmäßig auch die Honorare für die Architekten und Fachingenieure oder umgekehrt. Was Architekten früher noch selbst ohne Sonderhonorare erledigten, wird heute gesondert berechnet. Nicht selten haben auch Bauherren dabei mitgewirkt. Erst begrenzen viele Bauherren die Baukosten auf minimale Summen; kaum ist jedoch der Rohbau fertig, ziehen sie alle Register. Dann kann nichts zu teuer sein. Ob es die Luxusarmaturen der Sanitärobjekte, die Küchenausstattungen oder die Automatik und Elektronik der Heizanlagen sind, plötzlich ist Geld da.

Tabelle 27 Baukostenvergleich [17] (Stand: 1984)

Bundesrepublik (DM)	Arbeiten bzw. Gewerke	Niederlande (DM)
64 750,-	Erdarbeiten, Fundamente, Maurer-, Beton und Stahlbetonarbeiten, Verkleidungen	31 150,-
28 600,-	Zimmererarbeiten, Unterverkleidungen, Wärmedämmung, Dachgaube u.ä.	14 600,-
7 500,-	Dachdecker, Klempner, Fenster im Dachgeschoß	4 100,-
12 000,-	Putzarbeiten	4 100,-
5 800,-	Fliesen und Platten	1 100,-
24 900,-	Tischler (Fenster, Türen, Treppen, Glas u.ä.)	12 000,-
2 500,-	Schlosser	900,-
7 000,-	Maler und Anstrich	2 400,-
8 000,-	Fußböden (ohne Belag)	1 450,-
9 050,-	Heizung	4 050,-
10 700,-	Sanitäre Installation	4 800,-
5 200,-	Elektroinstallation	2 150,-
4 000,-	Einbauschränke, Spüle in der Küche	2 000,-
190 000,-		85 000,-

Dabei ist zu berücksichtigen, dass in **Holland**
- in **Großserien** von 50 bis 100 Häusern gebaut wird;
- der **Ausstattungsstandard geringer** ist (zum Beispiel in den Feuchträumen; nur die notwendigsten Fenster sind beweglich; selten schwimmender Estrich; Isolierglas nur in Wohnräumen);
- die **Auflagen** durch die Bauämter ein Kosten sparendes Bauen eher als bei uns ermöglichen (zum Beispiel: steilere Treppen; Schallschutz- und Wärmeschutzanforderungen geringer);
- die **Grundstücke** kleiner und die Erschließung wesentlich billiger ist
- die **Materialwahl** preisbewusster ausfällt und Fußböden, Fliesen, Sanitärobjekte, Tapeten und anderes nachträglich verbessert werden;
- auf **Keller** in den meisten Fällen verzichtet wird, weil einer ebenerdigen Lösung der Vorzug gegeben wird;
- die Vorteile des **individuellen Wohnens** bei überdurchschnittlich guter Gestaltung sehr geschätzt werden.

Beispiel [18]:
1978 wurde in **Hamburg** ein **Stadthaustyp** in drei Exemplaren für **DM 160 000,–** errichtet;
Hausbreite: 5,10 m
Erdgeschoss: Diele, WC, Wohnraum, Essraum, Küche, oberirdischer Keller
Obergeschoss: 2 Kinder- und 1 Elternzimmer, sowie Bad
Auflagen: Hamburger Richtlinien für den öffentlich geförderten Wohnungsbau
1979 wurde der gleiche Haustyp mit derselben Anzahl Räume von denselben Planern gemäß den **niederländischen** Richtlinien für den öffentlich geförderten Wohnungsbau gebaut.
Kosten einschließlich Grundstück, Garage, Nebenkosten usw. **DM 120 780,–**

Warum sind die Häuser in Holland nur **halb so teuer** wie bei uns?

– Die Gemeinden sorgen im Falle von öffentlich geförderten Reihenhäusern für außerordentlich **niedrige Grundstückspreise** bei einem geringen Erschließungsaufwand. Einzelhausgrundstücke sind dagegen teurer.

– Nur ein Haus, dessen Kosten 1980 **unter** DM 130 000,– lagen, wurde öffentlich gefördert.

– **Bauvorschriften** sind dort Rahmenbedingungen, die das Bauen nicht – wie bei uns – verteuern. Demgegenüber unterliegen bei uns öffentlich geförderte Wohnungen oft so vielen Vorschriften, dass diese teurer als die frei-finanzierten Wohnungen ausfallen.

– **Preiswerte Baumethoden** werden in den Niederlanden unter Einschaltung der Bauindustrie ausgenutzt. Dennoch fallen auch bei Großserien die Fassaden viel individueller aus.

– Häuser sind in Holland so billig, dass sie eigentlich für fast jeden erschwinglich sind, auch und gerade für **kinderreiche** Familien. Die Ursache dafür liegt in einer minimalen Erstausstattung, die dann von jedem nach und nach verbessert werden kann.

– Der Bodenverbrauch ist durch eine **höhere Baudichte** wesentlich geringer.

– Der Boden ist in der Hand der Kommunen; daher findet **keine Bodenspekulation** statt.

90 Prozent der gesamten Wohnungsbaumaßnahmen fallen auf dicht an dicht gebaute **Einfamilienwohnungen,** die auf relativ kleinen Grundstücken errichtet sind. Demgegenüber wurden in der Bundesrepublik für die Kleinverdiener fast nur Geschosswohnungen errichtet. Bei uns dominiert im so genannten sozialen Wohnungsbau die Quantität [19].

6.2 Energie-Sparhäuser – Preise

Niedrigenergiehäuser gibt es ab 2 400 DM pro Quadratmeter Wohnfläche (Stand 1998) Kennzeichen: sehr gute Wärmedämmung, keine Wärmebrücken, dichte Gebäudehülle, kompakte Bauweise, Südorientierung der wichtigsten Bereiche, bedarfsorientierte Lüftung, verbrauchsgerechte Heizung und Warmwasseranlage und aufgeklärte Nutzer.

Beispiel „Neues Wohnquartier Kronsberg" mit Energetischer Optimierung: Der gesamte Stadtteil Kronsberg ist in Niedrigenergiebauweise erstellt worden, mit energiesparenden Geräten ausgestattet worden und über Blockheizwerke mit Strom, Wärme und Warmwasser versorgt worden, um die CO_2-Emissionen auf 60 % gegenüber dem Normalstandard zu senken. Die höheren Baukosten werden durch niedrigere Verbrauchswerte ausgeglichen. Über die gesamte Lebensdauer eines Gebäudes machen die Energiekosten in der Regel fast ein Drittel der Gesamtkosten aus (27 %), die Zinsen 23,5 % und die Instandhaltungskosten 15 %.

Die Ergebnisse von Wettbewerben mit der Zielsetzung von Energieeinsparungen haben bewiesen, dass Wohnhäuser mit so **wenig Primärenergie** zur Beheizung und zur Warmwasserbereitung auskommen, wie man es noch vor wenigen Jahren nicht für möglich gehalten hat. Entscheidend für eine günstige Gesamtlösung mit geringem Energiebedarf ist die **optimale Kombination von baulichen und anlagetechnischen Maßnahmen.**

Die Erwartungen an größere Energieeinsparungen, wenn **verglaste Pufferzonen** vorgebaut werden würden, erfüllten sich nicht. Vielfach erwiesen sich diejenigen Lösungen als am vorteilhaftesten, die mit relativ **einfachen technischen Lösungen** zu guten Ergebnissen kamen.

Nahezu alle Wettbewerbsentwürfe wiesen auf den **Südseiten große Fensterflächen** aus (Anteile von 50 bis 75 Prozent), während auf den Nordseiten nur die für die Tagesbelichtung notwendigen Größen vorgesehen wurden (Energiegewinn größer als der Wärmeverlust). Um diesen Energiegewinn (Sonneneinstrahlung) zu nutzen, sind **Speichermassen** als Ausgleich gegen eine Raumüberhitzung erforderlich. Folge: Massivbau ist vorzuziehen.

Als „Niedrig-Energie-Haus" gilt ein Haus dann, wenn die Werte der Tabelle 28a um 30 bis 50% unterschritten werden. In den einzelnen Bundesländern gibt es hierzu verschiedene Fördermöglichkeiten.

Förderung: Das Bundeswirtschaftsministerium fördert von Zeit zu Zeit Energiesparmaßnahmen an Häusern und Wohnungen. Das Programm „Energiesparberatung vor Ort" vergibt Zuschüsse zu einer Expertenberatung durch besonders qualifizierte Ingenieure. Förderfähig ist die Beratung, wenn sie sich umfassend auf den baulichen Wärmeschutz und die Heizanlagen-Technik bezieht. Einzelheiten, Termine usw. sind beim Ministerium zu erfragen.

6.2.1 Wärmeschutzanforderungen seit Januar 1995

Mit der Verordnung über einen energiesparenden Wärmeschutz bei Gebäuden (Wärmeschutzverordnung-Wärmeschutz V) vom 16. August 1994 (Bundesgesetzblatt Nr. 55, ausgegeben zu Bonn am 24. August 1994) hat der Gesetzgeber auf den Bericht „Vorsorge zum Schutz der Erdatmosphäre" der Enquête-Kommission des Deutschen Bundestages und den Beschluss der Bundesregierung vom 07. November 1990 zur Reduzierung der CO_2-Emissionen in der Bundesrepublik Deutschland um 25% in den alten Bundesländern und 30% in den neuen Bundesländern bis zum Jahre 2005 reagiert.

Auch in dieser Novelle sind die Anforderungen so formuliert, dass das Wirtschaftlichkeitsgebot des Energieeinsparungsgesetzes erfüllt wird. Weiterhin werden nicht mehr abstrakte Forderungen in Form von Wärmedurchgangskoeffizienten gefordert, sondern auch für Nichtfachleute nachvollziehbare Forderungen an den maximalen Heizwärmebedarf pro m^2 und Jahr von Gebäuden gestellt.

Der Nachweis zur Erfüllung der Anforderungen beinhaltet nicht mehr nur eine Begrenzung der Transmissionswärmeverluste über einen mittleren Wärmedurchgangskoeffizienten für Gebäude, sondern berücksichtigt auch:

– Lüftungswärmeverluste
– solare Wärmegewinne (z.B. über Fenster)
– interne Wärmegewinne (z.B. Beleuchtung, Personen usw.)

Dennoch darf die Genauigkeit der Ergebnisse, bezogen auf ein Einzelbauvorhaben, nicht überschätzt werden, da die WSchVO den theoretischen Wärmebedarf und nicht den tatsächlichen Heizwärmeverbrauch ermittelt. Andere wichtige Einflussgrößen, die nur pauschaliert oder nicht berücksichtigt wurden, sind:

– regional unterschiedliche Klimafaktoren,
– Einfluss der Wärmespeicherfähigkeit auf den Heizwärmebedarf,
– Einfluss der Heizungsart- und Betriebsweise auf den Heizwärmebedarf,
– Wärmebrückeneffekte,
– Lüftungsundichtigkeiten,
– Nutzerverhalten.

Das Rechenverfahren der WSchVO ist gültig für das definierte Anforderungsniveau, nicht aber für Niedrig-/Nullenergiehäuser.

Voraussetzung für eine wirtschaftliche Gebäudebemessung entsprechend den Anforderungen der Wärmeschutzverordnung ist ein gleichmäßiger, guter Wärmeschutz **aller Bauteile**. Mangelnden baulichen Wärmeschutz mit Anlagentechnik zu kompensieren ist weder wirtschaftlich noch bauphysikalisch sinnvoll.

Die WSchVo kennt zwei Berechnungsverfahren:

1. Ermittlung des Heizwärmebedarfs gemäß den Anforderungen zur Begrenzung des Jahres-Heizwärmebedarfs in Abhängigkeit von A/V (Verhältnis der wärmeübertragenden Umfassungsfläche A zum hiervon eingeschlossenen Bauwerksvolumen V) (siehe hierzu WSchVO, Anlage 1, Ziff. 1.0).

2. Vereinfachtes Nachweisverfahren

Für kleine Wohngebäude mit bis zu zwei Vollgeschossen und nicht mehr als drei Wohneinheiten gelten die Anforderungen der Ziffern 1 und 6 auch dann als erfüllt, wenn die in Tabelle 28a genannten maximalen Wärmedurchgangskoeffizienten k nicht überschritten werden (siehe hierzu WSchVO, Anlage 1, Ziff. 7).

Tabelle 28 Anforderungen an den Wärmedurchgangskoeffizienten für einzelne Außenbauteile der wärmeübertragenden Umfassungsfläche A bei zu errichtenden kleinen Wohngebäuden[1)]

Zeile	Bauteil	max. Wärmedurchgangskoeffizient k_{max} in W/(m² · k)
Spalte	1	2
1	Außenwände	$k_W \leq 0{,}50$ [2)]
2	Außenliegende Fenster und Fenstertüren sowie Dachfenster	$k_{m.Feq} \leq 0{,}7$ [3)]
3	Decken unter nicht ausgebauten Dachräumen und Decken (einschließlich Dachschrägen), die Räume nach oben und unten gegen die Außenluft abgrenzen	$k_D \leq 0{,}22$
4	Kellerdecken, Wände und Decken gegen unbeheizte Räume sowie Decken und Wände, die an das Erdreich grenzen	$k_G \leq 0{,}35$

1) Kleine Wohngebäude sind Gebäude mit bis zu zwei Vollgeschossen und nicht mehr als drei Wohneinheiten.
2) Wandstärke von 36,5 cm mit einer Wärmeleitfähigkeit von $\lambda \leq 0{,}21$ W/(m · K) ausgeführt ist.
3) Der mittlere äquivalente Wärmedurchgangskoeffizient $k_{m.Feq}$ entspricht einem über alle außen liegende Fenster und Fenstertüren sowie Dachfenster, nach Maßgabe der Fensterflächen gemittelten Wärmedurchgangskoeffizienten. Bei Fensteranteilen von mehr als zwei Dritteln der Fassadenfläche darf der solare Gewinn nur bis zu dieser Größe berücksichtigt werden.

Tabelle 28a Maximale Werte des auf das beheizte Bauwerksvolumen oder die Gebäudenutzfläche A_N bezogenen Jahres-Heizwärmebedarfs in Abhängigkeit vom Verhältnis A/V

A/V	Maximaler Jahres-Heizwärmebedarf	
	bezogen auf V Q'_H [1)]	bezogen auf A_N Q''_H [2)]
in m^{-1}	in kWh/(m^3 · a)	in kWh/(m^2 · a)
1	2	3
≤ 0,2	17,3	54,0
0,3	19,0	59,4
0,4	20,7	64,8
0,5	22,5	70,2
0,6	24,2	75,6
0,7	25,9	81,1
0,8	27,7	86,5
0,9	29,4	91,9
1,0	31,1	97,3
≥ 1,05	32,0	100,0

1) Zwischenwerte sind nach folgender Gleichung zu ermitteln:
$Q'_H = 13,82 + 17,32$ (A/V) in kWh/(m^3 · a).
2) Zwischenwerte sind nach folgender Gleichung zu ermitteln:
$Q''_H = Q'_H/0,32$ in kWh/(m^2 · a).

Das „Vereinfachte Nachweisverfahren" gemäß WSchVO, Anlage 1, Ziff. 7, kann unter besimmten Umständen dazu führen, dass *formal* die Anforderungen der WSchVO erfüllt werden, aber der Jahresheizwärmebedarf von max. 100 kWh (m^2 · a) überschritten wird.

Nach der WSchVO § 12 ist ein **„Wärmebedarfsausweis"** auszustellen. Dieser ist der nach Landesrecht für die Überwachung der Verordnung zuständigen Stelle auf Verlangen vorzulegen und ist Käufern, Mietern oder sonstigen Nutzungsberechtigten eines Gebäudes auf Anforderung zur Einsichtnahme zugänglich zu machen.

Mit dem „Wärmebedarfsausweis" werden Gebäude energetisch klassifiziert. Der Wärmeschutz wird so zu einem wertbestimmenden Merkmal. Außerdem wird der „Wärmebedarfsausweis" bei der Inanspruchnahme der Zulage von DM 400,– jährlich für Gebäude, deren Heizwärmebedarf die Werte nach der WSchVO um mindestens 25 % unterschreitet, zur Vorlage beim Finanzamt benötigt (siehe dazu Steuervorteile Ziff. 7.3).

Dem Wärmeschutz eines Gebäudes mit den vielfältigen Konsequenzen ist allerhöchste Aufmerksamkeit zu widmen. Der Architekt hat hier eine besondere Beratungspflicht. Schwierig wird es für Käufer von Wohnraum von Bauträgergesellschaften, von diesen die richtige Auskunft **vor** Vertragsabschluss zu diesem Thema zu erhalten. Hier hilft nur penetrantes Nachfragen.

Im Bauantragsverfahren werden die Anforderungen der WSchVO überprüft.

Der k-Wert, auch Wärmedurchgangskoeffizient genannt, gibt an, wie viel Wärme von der Innenluft eines Hauses durch einen Quadratmeter Außenwand an die Außenluft gelangt, und zwar bei einem Temperaturunterschied von 1 Grad. Es wird gemessen in W/m^2k (= Watt pro Quadratmeter und Grad).

Je kleiner der k-Wert, desto günstiger!

Die **Gesamtwärmeverluste** eines Einfamilienhauses gliedern sich bei einem Fensteranteil von 25 Prozent folgendermaßen:

- Fenster 33 Prozent (20 Prozent Transmission, 13 Prozent Fugenanteil),
- Außenwände 25 Prozent, Dach 22 Prozent, Keller 20 Prozent.

6.2.2 Lohnende Energiesparmaßnahmen

Ob Stein- oder Holzhaus: **Mehr Wärmedämmung lohnt sich immer!**

Im Jahr 2000 wird der gesetzliche Wärmeschutz weiter verschärft!
Heute schon macht sich ein guter Wärmeschutz in den Heizungskosten bezahlt. Denken Sie auch an die Wertsteigerung und den erhöhten Widerverkaufswert.
Die Frage ist nicht, ob sich Energiesparmaßnahmen lohnen, sondern: „Was ist das Optimum bei der Bemessung der Heizanlage und der Wärmedämmung?"

Die genaue Beantwortung erhalten Sie durch einen kompetenten Heizungsingenieur. Er ermittelt:

A. die Kosten der Wärmedämmung bei 6, 8, 10, 12 , 14 cm Dicke und
B. die Kosten für die Heizanlage und Heizenergie, die sich ja mit höherer Dämmstärke verringern.

Aus der Additionskurve von A. und B. und dem abzulesenden Kostenminimum ergibt sich dann das Optimum.

Tabelle 29 Amortisation nach Jahren

Jahre	Maßnahmen
1	Dämmung von Heizkörpernischen
2	Dämmung von Kellerdecken
2	Fugenabdichtung bei Fenstern und Türen
3	Dämmung auf dem Dachboden
3	Thermostatventile an den Heizkörpern anbringen
3	Innendämmung von Wänden (Heimarbeit)
8	Innendämmung von Wänden (Handwerker)
8	Installation von sparsamen Heizkesseln
11	Wärmedämmung an Außenwänden
18	Installation einer Brauchwasser-Wärmepumpe
30	Einbau neuer Isolierglasfenster
30	Installation einer Heizungs-Wärmepumpe
75	Einbau von Solarkollektoren für Warmwasser
53	Einbau von Solarkollektoren für die Heizung

Aber darf dieses Frage/Antwort-Spiel so isoliert für sich ablaufen? An dieser Stelle sei deshalb nochmals auf Folgendes hingewiesen:

- Die DIN 4108 – Wärmeschutz im Hochbau will durch Mindestanforderungen an den Wärmeschutz der Bauteile im Winter nur ein hygienisch einwandfreies Raumklima und den Schutz der Baukonstruktion vor Feuchtigkeitseinwirkungen sicherstellen.

- Die 3. Wärmeschutzverordnung – gültig seit dem 1. Januar 1995 – stellt zur Verringerung des Heizenergiebedarfes höhere Anforderungen an den baulichen Wärmeschutz als die DIN 4108. Weitere Verschärfungen sind zu erwarten.

- Fast 30 % des Gesamtenergiebedarfes wird in Wohnungen benötigt, davon fast 80 % als Raumwärme.

- Nachträgliche Energieeinsparungsmaßnahmen lassen sich in den allerwenigsten Fällen kostengünstiger realisieren.

- Zukunftsorientierte Mehrinvestitionen lassen sich im Rahmen der Gesamtfinanzierung leichter verkraften als ständig steigende Energietagespreise.

- Bei einem etwaigen Verkauf schlagen entsprechende Wärmeschutzmaßnahmen positiv zu Buche.

6.2.3 Das Energie-Sparhaus für jedermann

Energiesparende Techniken fördert der Staat
Gebäudeplatzierung auf dem Grundstück

Innerhalb der vom Bebauungsplan vorgegebenen Bauzone und nach den einschlägigen Bauvorschriften kann der Neubau errichtet werden. Dabei spielt die Ausrichtung nach dem Sonnenstand die wichtigste Rolle.

Ost- und Südostwände erhalten am Vormittag nach der Nachtabkühlung ausgleichende Sonne. Südwände werden während des Sommers von der hoch stehenden Sonne im steilen Winkel angestrahlt. Dagegen können im Winter die flach einfallenden Sonnenstrahlen durch die Südfenster eindringen und zur passiven Energienutzung beitragen.

Westwände werden im Sommer am stärksten aufgeheizt, denn sie werden den ganzen Tag von der sommerlichen Außenluft umspült und dann am Nachmittag direkt von der Sonne angestrahlt.

Nordwände unterliegen keiner Einstrahlung, womit auch die günstige austrocknende Wirkung der Sonne entfällt.

In Deutschland kommen die Winde hauptsächlich aus westlichen Richtungen. Das Gebäude sollte daher möglichst windgeschützt errichtet und mit den Gebäudelängsseiten möglichst nach Süden orientiert sein. Auf möglichen Schattenwurf der Nachbarbebauung ist zu achten.

Gebäudeform (siehe auch Seite 160 ff.)

Konzentrieren Sie den Grundriss auf eine kompakte, dem Quadrat angenäherte Form, um so ein Maximum an Wohnfläche bei einem Minimum an Fassadenfläche **(Abkühlungsfläche)** zu gewinnen. Hausvolumen durch Wohnfläche teilen. Werte unter 4 sind gut.
Glatte Außenflächen bieten dem Wind die meisten Angriffsflächen und bewirken damit Entzug von Gebäudewärme. Balkone, Loggien, Vor- und Rücksprünge können am Gebäude windberuhigte Zonen bilden. Allerdings ist darauf zu achten, dass diese Bauteile nicht noch größere Abkühlungsflächen (Kühlrippeneffekt) ergeben, die zu noch ungünstigeren Verhältnissen führen.
Die Größe der **Gebäudehülle** (Fassaden, Dach, Sohle) verringert sich bei gleich großer Wohnfläche, wenn das Gebäude statt eingeschossig zwei- oder mehrgeschossig wird. Reihenhäuser oder Doppelhäuser haben erheblich weniger Abkühlungsflächen als Einzelhäuser, Reihenmittelhäuser weniger als Reihenendhäuser.
Auch in der Höhenentwicklung ist der gedrungene, kompakte und dem Kubus angenäherte Baukörper im Energieverbrauch günstiger als der schmale, hohe rechteckige Körper. Für die Dachform gelten die gleichen Prinzipien. Winkel, Ecken, Walme, Grate und Kehlen kosten viel Heizenergie.
Falls Steildächer von etwa 60 Grad unumgänglich sind, falls sich kompliziertere Dachformen nicht vermeiden lassen, ist die die Wohnfläche umhüllende Schale so klein wie möglich

zu halten. Das heißt, sie muss nicht der Dachform folgen, sondern lässt die Spitzen im Dachboden oder in den äußeren Abseiten außerhalb der dämmenden Gebäudehülle liegen.

Grundriss- und Gebäudeform (Einfluss auf den Energieverbrauch bis zu 30 %)

Auch hier muss es heißen: Konzentration der Räume zu einer fast quadratischen Form. Verringerung der unbeheizten und wenig beheizten Räume und Zuordnung zueinander. Voll beheizte Räume sollten ebenso aneinander gefügt werden, um die Abkühlung zu Räumen mit geringeren Temperaturen möglichst klein zu halten.

Es ist selbstverständlich, dass zu besonnende Räume, wie Wohnräume, Kinderzimmer, Arbeitsräume, den entsprechenden Sonnenseiten zugeordnet werden müssen.

Ausführungsdetails (Einfluss 5 bis 15 %)

Kälte- bzw. **Wärmebrücken** sind Undichtigkeiten im Energiehaus, die **wie Lecks** im Tank den Eigentümer permanent zur Kasse bitten. Die Zahl und Größe dieser Lecks ist entscheidend zu verringern, wenn Architekt, Bauleiter und Bauherr in allen Phasen des gesamten Ablaufs gerade darauf achten. Hier nur eine kleine Auswahl an möglichen Kältebrücken, die viel Geld kosten.

Außentür- und Fensterstürze, die nicht ausreichend gedämmt sind; Fensterbänke und -leibungen, die die eindringende Kälte gut weiterleiten; Stahlbetonplatten, die von innen nach außen durchgehen (Balkone, Loggien, Dacheinschnitte, Podeste für Treppen und dergleichen), die nur wenig oder gar nicht gedämmt sind und bei denen die Wärme auf diese Weise abfließt; Vordächer, Gesimse, Auskragungen, Wandvorsprünge, Unterfahrten usw., bei denen versäumt wird, die konstruktiven Voraussetzungen gegen ein Abfließen der Wärme zu schaffen; undichte Türen und Fenster in den Fassaden, aber auch in den Übergängen bei Räumen mit Temperaturdifferenzen.

Natürlich müssen diese Bauteile selbst auch wärmegedämmt sein. Türen müssen also entsprechende Dämmwerte aufweisen. Die Schwellen oder Fußpunkte bei Türen verdienen besondere Aufmerksamkeit. Hier lohnt es sich, dichtschließende Anschläge oder Fußbodenschwellen einzubauen. Eine umlaufende Gummidichtung im Falz dieser Türen gehört zur Ausstattung.

Insbesondere dort, wo Wärme von den Heizkörpern an die Umluft abgegeben wird, sind die Außenwände bedeutend stärker zu dämmen.

Zu einem Energie-Sparhaus gehört auch die Fähigkeit einiger **Baumaterialien,** die Wärme zu **speichern.** Ein Raum, der durch die Mittagssonne aufgeheizt wird und dessen Zuviel an Wärme nicht gespeichert werden kann, ist unerträglich heiß.

Folge: man öffnet die Fenster, der Raum kühlt ab, und die Temperatur ist später so gering, dass die Heizung wieder angestellt werden muss.

Demgegenüber ein Raum mit Mauerwerkswänden, die die Sonnenenergie aufnehmen: die Temperatur bleibt angenehm; nachdem die Sonne wieder weg ist, gibt die Speichermasse die Wärme wieder an den Raum ab. Für Ausgleich ist gesorgt, auch an heißen Sommertagen und kühleren Abenden.

Mehrschalige Außenwände bedürfen aus bauphysikalischen Gründen je nach Art des Ausbaus und der Baustoffe oft einer so genannten Dampfsperre. Noch so trocken eingebrachte und gut abgedichtete Dämmstoffe taugen nichts, wenn diese Dampfsperre fehlt oder an der falschen Seite liegt. Dann können die Dämmstoffe feucht werden (**Kondenswasserbildung**).

Besonders wichtig ist es, dass die an den Planungen beteiligten Sonderingenieure mit dem Architekten eng zusammenarbeiten, um ein Optimum aus den unterschiedlichsten Forderungen zu erreichen. Es besteht immer die Gefahr, **zu viel** des Guten **zu tun** und damit dem Bauherrn Summen abzuverlangen, die sich zu spät bezahlt machen, oder aber aus Kostengründen **zu wenig zu tun** und damit der Unwirtschaftlichkeit auf lange Zeit irreparabel Vorschub zu leisten. Zwischen beiden Extremen, die langfristig in beiden Fällen dem Bauherrn zu hohe finanzielle Belastungen aufbürden, ist zu entscheiden. Dem Zusammenhang und der gegenseitigen Abhängigkeit zwischen Investitions- und Energiekosten wird zu wenig Beachtung geschenkt.

Die Außenwand

Die Wärmeeigenschaften der Außenwand beeinflussen den Energiebedarf eines Hauses beträchtlich. Man rechnet, dass **ein Viertel der gesamten Wärmeverluste** eines Hauses durch die Außenwand verloren geht.
Die optimal wirtschaftliche Wärmedämmung der Außenwand ist errechenbar.
Empfohlene Wärmedämmschichtdicke: **mindestens 80 mm, maximal 120 mm.** Dieser Wert gilt für den Fall einer zweischaligen Außenwand aus Mauerwerk. Innenschale 11,5 bis 24 cm, Außenschale 11,5 cm. Der k-Wert einer solchen zweischaligen Wand mit 80 mm Dämmung beträgt 0,38.
Eine Alternative ist die einschalige Wand mit außen angeordneter Wärmedämmung aus Polystyrol-Hartschaum und Mineralputzbeschichtung. Sie ist auch eine preiswerte, aber nicht ganz unbedenkliche Konstruktion.
Abgesehen von der Werterhöhung und dem damit verbundenen höheren Wiederverkaufspreis eines Hauses, bringt eine höhere Wärmedämmung immer ein besseres Behaglichkeitsgefühl mit sich. Wenn sich die Energie weiter verteuert und die Preiskurve besonders stark anzieht, werden besonders gut gedämmte Häuser immer gut verkäuflich sein. Dem steht entgegen, dass diese erhöhten Investitionen sich erst nach Jahrzehnten bezahlt machen. So muss jeder Bauherr abwägen, welche Gesichtspunkte für ihn primäre Bedeutung haben.

Dächer

Zu empfehlende Wärmedämmschichtdicken: Flachdach, Steildach und oberste Geschossdecke: mindestens **140 mm**. Sommerlichen Wärmeschutz beachten.

Kellerdecke

Wärmedämmschichtdicke mindestens **80 mm**

Technische Anlagen

Was an Heizungsanlagen einzusparen ist, ist bereits auf den Seiten 194 bis 202 gesagt worden.

Die Euphorie in der Installation von Sonnenkollektoren und Wärmepumpen ist einer nüchternen Betrachtung gewichen. Derlei Anlagen sind interessant und nützlich, machen sich aber erst **nach vielen Jahren bezahlt**. Erst dann sind die zusätzlichen Kosten für eine derartige Technik durch Energieeinsparungen wieder herausgewirtschaftet worden; das heißt, nach 18 oder mehr Jahren wird der Bauherr die geringeren Belastungen spüren, wenn nicht dann schon wieder die Unterhaltungsaufwendungen für diese Einrichtungen ansteigen!

Viele dieser Anlagen sind noch in der Entwicklung und vor allem zu teuer. Daher rührt oft ihre Unwirtschaftlichkeit. Zum Solarhaus gehört erheblich mehr Wärmedämmung in der gesamten Gebäudehülle und eine entsprechende Heiztechnik. Außerdem kommt es zu Konsequenzen hinsichtlich des Grundrisses, der Bauform und der Orientierung nach einem dafür passenden Gelände.

Fachleute sind sich über die baulichen Folgen und Zwänge noch nicht einig. Als Beispiel seien die so genannten **Pufferzonen** genannt, Glasveranden oder -wintergärten, wie man sie früher kannte. Heute sollen diese Bauteile mannigfaltige Funktionen in allen Jahreszeiten erfüllen. In bescheidenen Ausmaßen kostet ein derartiger gewächshausartiger Glasvorbau 1999 schnell **30.500,– DM** und mehr. In Bezug auf die Energieeinsparung betrachtet, muss man sich fragen, wann diese relativ hohe Summe durch weniger Öl- oder Gasverbrauch sich bezahlt gemacht haben wird.

Eine Energieeinsparung durch einen Wintergarten tritt nur dann ein, wenn der Wintergarten vom Wohnbereich getrennt ist und nicht beheizt wird.

Ein Wintergarten, der in den Wohnbereich integriert ist, bewirkt zusätzlichen Energieverbrauch.

Hier einige Anmerkungen zu dem **Wintergarten**-Typ, der vom Wohnbereich getrennt ist und nicht beheizt wird:

Größe: Das Volumen ist für die Energieeinsparung nicht entscheidend. Ausschlaggebend ist die Größe der Außenwandfläche des Gebäudes, die vom Wintergarten abgedeckt wird.

Platzierung: Die Platzierung des Wintergartens spielt für die Energieeinsparung keine Rolle, wird jedoch bestimmt von anderen funktionellen Gesichtspunkte.

Verglasung: Da die Wintergärten nicht der Wärmeschutzverordnung unterliegen, kann zwischen Einfach-, Isolier- und Wärmeschutzverglasung gewählt werden. Die Nutzung ist entscheidend. Für eine Nutzung in der Übergangszeit und zeitweilig sogar im Winter ist Isolierverglasung zu empfehlen. Bei Einfachverglasung muss mit Schwitzwasser und dem Beschlagen der Scheiben gerechnet werden, was eine hochwertige Verglasung weitgehend verhindert. Isolierverglaste Wintergärten sind allerdings etwa doppelt so teuer wie einfach verglaste.

Sonnenschutz: Gegen zu starke Sonnenstrahlung vor allem im Sommer muss ein Wintergarten geschützt werden. Der außen liegende Sonnenschutz ist am wirkungsvollsten, aber auch relativ teuer. Innenliegende Jalousien, Stoff-

	segel oder Stoffrollos sollten einen Abstand zum Glas von 10 bis 20 cm haben,
Lüftung:	Der Wintergarten muss wie ein Gewächshaus gelüftet werden können. Dabei sind die Öffnungen im oberen und unteren Bereich am wichtigsten. Sehr wirkungsvoll ist ein zu öffnendes Dachfenster.: Die gestaute Wärme wird abgeführt, während von unten Frischluft nachströmt. Mindestens 10 % der Glasfläche sollte geöffnet werden können. In vielen Fällen empfiehlt sich je nach Lage des Falles der Einbau eines richtig dimensionierten Ventilators, zumindest aber die Anschlüsse dafür.
Kosten:	Einfachverglasung ab 500,- DM/m^2 Nutzfläche bis zu 2 000,- DM/m^2 Nutzfläche für Isolierverglasung.

Außenanlagen

Nebengebäude können als **Windschutz** für den Eingangsbereich dienen. Immergrüne Bäume, doppelreihig an der Westseite gepflanzt, behalten auch im Winter ihre windschützende Wirkung, stellen im Außenraum zwischen der Bepflanzung und dem Gebäude ein beruhigtes Klima her und sind als Puffer zwischen dem Innen- und Außenklima zu betrachten.

Laubbäume an der Südseite sind im Sommer willkommene **Schattenspender** und lassen im Winter, wenn das Laub gefallen ist, die tief liegenden Sonnenstrahlen eindringen. Zusätzliches Unterholz dient als Windschutz.

Kletterpflanzen am Gebäude verbessern im Winter mehr oder minder den **Wärmedämmwert** der Außenwand. Der Wärmeverlust des Gebäudes wird durch die Abminderung der Windströmungen vermindert. Im Sommer wird die Fassade durch den Bewuchs vor starker Sonneneinstrahlung geschützt. Durch den Wärmeverbrauch der Kletterpflanzen bei der Verdunstung ergibt sich eine Kühlwirkung.

Die Kletterpflanzen schützen bei Regen, binden Staub, produzieren Sauerstoff und schlucken Kohlendioxid. Bei der Auswahl der Pflanzen ist die Lage der Gebäudewand zur Himmelsrichtung sowie das örtliche Klima zu beachten.

6.2.4 Benutzerverhalten

Durch ein energiebewusstes Verhalten kann der Energieverbrauch um circa 25 % verringert werden.

Alle Erfahrungen mit Energieeinsparungen stellen das richtige Bewohnerverhalten besonders heraus. Falsches Verhalten führt zur Energieverschwendung und überfordert auch die technischen Systeme.

Folgende **Regeln** sollten Nutzer beachten, wenn sich hohe Bauinvestitionen zur Reduzierung der Energieausgaben lohnen sollen.

- Eine **Raumlüftung** mit Hilfe der Fenster sollte 10 Minuten nicht überschreiten (Stoßlüftung). In dieser Zeit sind die Fenster voll zu öffnen, nicht nur zu kippen. Anschließend sind die Fenster wieder ganz zu schließen. Bei Dauerlüftung kühlen nicht nur die Räume, sondern auch die Speichermassen (Mauern) aus. Infolgedessen steigen die Heizungskosten, und der Wert der Dämm-Maßnahmen ist gleich Null.
- Sorgen Sie für eine **gleichmäßige Raumtemperatur** und kontrollieren Sie diese. Wohnräume sollten etwa 22, Schlafräume 16-18 Grad Celsius warm sein. Es lohnt doch, sich an kalten Tagen warm anzuziehen und die Raumtemperatur zu senken. Ein Grad Celsius weniger im Haus senkt die Heizungskosten um 6 Prozent.
- Eine automatische **Nachtabsenkung** um 5 Grad senkt die Heizungskosten um etwa 10 Prozent. Auch eine manuell erfolgte Absenkung hat dieselbe Wirkung. Morgens dauert es dann allerdings etwas länger, bis die Räume warm sind, weil eine frühzeitige Höherstellung durch die fehlende Automatik nicht möglich ist.
- **Kühlere Räume,** wie Diele, Speisekammer, Küche usw. sollten mit Hilfe der Thermostatventile entsprechend niedriger eingestellt werden.
- **Vorhänge** vor den Fenstern sind energiesparend, nicht aber vor den Heizkörpern und den Thermostatventilen.
- **Heizungswartung** und Einstellung auf einen minimalen Brennstoffverbrauch sind ebenso notwendig wie die regelmäßige Kontrolle des Brennstoffverbrauchs.
- Feuchte Wäsche auf Heizkörpern ist ein reiner Energiekiller, da sie isolierend wirkt.

6.2.5 Passivhäuser – Preise

Zur Weltausstellung im Jahre 2000 in Hannover sollen 150 Passivhäuser verschiedener Architekten und Bauträger entstehen. Preise ab 220 000,– bis 280 000,– DM.

Neu ist die Entwicklung von Häusern, die so wenig Energie benötigen, dass sie **ohne Heizungsanlage** auskommen.
Seit 1998 wurden die ersten hundert Passivhäuser fertig gestellt. Sie haben folgende Kennzeichen:
- Die Nordseiten der Häuser haben nur wenige und kleine Fenster. Die Südseiten sind großzügig und dreifach mit besonders isolierten Rahmen verglast. Dementsprechend liegen im Norden Bäder, Treppen, Nebenräume und nach Süden die Wohn- Ess- und Schlafräume. Die kompakte Gebäudeform und die manchmal ungewöhnlichen Dächer ist typisch und notwendig, um auch hier die Energieverluste zu minimieren. Die Außenwanddämmung ist mehr als 30 cm stark und verlangt nach besonderen konstruktiven Maßnahmen, um zusätzlich 7 cm Dämmung unterzubringen. Um diese Häuser bezahlbar zu machen, mussten diese Wände elementiert und von einer Holzbaufirma vorgefertigt werden. Eine exakte Bauleitung muss die Winddichtigkeit und perfekte Wärmeisolierung sicherstellen. Natürlich müssen diese Anforderungen auch an das Dach und die Bodenplatte gestellt werden.

– Im Winter muss dafür gesorgt werden, dass die einmal hereinkommene Wärme (Küchenherd, Lichtquellen, Körperwärme der Bewohner) bei entsprechender Disziplin der Familienmitglieder fast vollständig im Hausinneren auch fest gehalten wird. Um dennoch für Frischluft zu sorgen, ist eine Lüftungsanlage erforderlich. Das Prinzip funktioniert nur, wenn die Bewohner die Anforderungen voll unterstützen. Auf diese Weise sind nur minimale Heizungen mit Leistungen von circa 1 200 Watt erforderlich in Form von Kleinstheizungen oder elektrischen Notheizungen. In der Regel werden sie durch die Wärmerückgewinnung der Lüftungsanlage, durch Solarenergie sowie durch Wärmepumpen versorgt.

Es gibt auch schon Beispiele in massiver Bauausführung. Das Magazin „Öko-Haus", November 1998 nennt einige Preise: 2 300 und 2 500 DM pro Quadratmeter Wohnfläche und mehr. Andere Quellen nennen Mindestkosten von 3 000 DM pro Quadratmeter Wohnfläche (Stand 1998).

Wollen Sie mehr wissen:
– Passivhaus Informationskreis, Anne Fingerling, Lange Str. 20, 34131 Kassel, Tel. 0561/33125 und
– Passivhaus Institut Darmstadt: Arbeitskreis kostengünstiger Passivhäuser (Internet: passivehouse.com/passive.htm) weist neue Wege und weist Beispiele von Passivhäusern nach, die ab 1996 gebaut worden sind.

6.3 Öko- oder Bio-Häuser – Preise

Kosten von Öko-Häusern: je nach Ausstattung, Lage und Ansprüchen bewegen sich die Preise zwischen 2 010 (Grundversion ab Oberkante Kellerdecke) und 3 000 DM pro Quadratmeter Wohnfläche. (Stand 1998. Bau-Magazine „Öko-Haus" oder „Das Einfamilienhaus")
Laut der Publikation des Bundesbauministers „Das Junge Haus" (1998) lagen die reinen Baukosten bei Reihenhäusern in der Niedrigernergiesiedlung in Niederhausen bei **1 800 Mark pro Quadratmeter** Wohnfläche.
Erwähnt wird ein anderes Beispiel mit Kosten unter 2 000 DM pro Quadratmeter Wohnfläche. Weitere Vorteile kommen hinzu wie variabler Grundriss, vorbildliche Wärmedämmung und die Vorzüge eines konsequenten Öko-Holzhauses.

6.3.1 Allgemeines

Die Verfechter der „ökologischen" Architektur, des „baubiologischen" Wohnens, des „alternativen" oder des „grünen" Bauens meinen alle das Gleiche. Sie propagieren das **gesunde Wohnen,** naturgemäße Lebensweise und häusliche Umgebung, die mit der Natur im Einklang ist. Sie sehen Zivilisation nicht mehr als „Kampf gegen die Natur" an, sondern versuchen die Einführung eines Bauwerks in die Umwelt. Sie sagen: Die klimatischen Verhältnisse sind die Voraussetzungen für die Entstehung und Erhaltung des Lebens. Die von der Natur zur Verfügung gestellten Baustoffe garantieren den Schutz aller Lebewesen. Holz, Rinde, Bambus, Schilf, Lehm, Stroh, Kalk oder Stein schaffen das natürliche Gleichgewicht zwischen Umwelt und Bewohnern von mit solchen Materialien gebauten Häusern. Über Jahrtausende waren auch Menschen eins mit Natur. Unser Wohlbefinden, die Zufriedenheit und das menschliche Glück wurden erst durch die synthetische Umwelt gestört und zerstört. Die künstliche Umgebung heutiger Häuser schafft von selbst auch einen Nährboden für die vielen Grundübel unserer Tage. [20]

Das **Klima** auf der Erde wird maßgeblich beeinflusst durch die Einstrahlung der Sonne, die Wärmerückstrahlung der Erde, einen bestimmten Feuchtigkeitsgehalt der Luft, die jeweilige geographische und topographische Lage, die Vegetation, durch die Windverhältnisse und viele andere Faktoren. Indem diese Einflüsse durch die Wahl unnatürlicher Baumaterialien behindert oder eliminiert werden, indem außerdem die **natürlichen Strahlen** durch künstliche Leitungen und deren Magnetfelder ausgeschaltet oder überdeckt werden, verliert der Mensch die Beziehung zu seiner Natur als Teil dieser Erde in ihrer eigentlichen Gestalt und in ihrem elementaren Charakter.

Als organisches Wesen lebt der Mensch in einer total unorganischen Umwelt, die ihn in seinem Wesenskern zersetzt und zerstört. **Aufgabe** der ökologischen Initiativen in ihren vielfältigsten Formen ist es daher, die „dritte" Haut (das Haus des Menschen) wieder von schädlichen Baustoffen und Einflüssen zu befreien.

Wer baut, sollte sich darüber Klarheit verschaffen, mit welchem Energieaufwand, mit welcher Belastung für die Umwelt die von ihm zur Verwendung kommenden Baumaterialien gewonnen, hergestellt und eingebaut werden. Dabei sollten auch der etwaige Rückbau und die damit verbundene Entsorgung betrachtet werden (Beispiel: Asbest).

Öko-Förderprogramme des Bundes und der Länder: Informieren Sie sich über die Art, Höhe und Antragstellung. Siehe auch Kapitel 7.2 Finanzierungen und 7.3 Steuervorteile.

Öko-Fertighäuser: Erkundigen Sie sich beim Bundesverband Deutscher Fertigbau, Flutgraben 2, 53604 Bad Honnef. Beispiel: Weber-Haus (CAPITAL Bauen 1998) mit nur drei Litern Heizölverbrauch pro Jahr und pro Quadratmeter.

Literatur: „ Ökologisch Planen und Bauen" von Arwed Tomm, Vieweg Verlag; Magazin „Öko – Haus"

6.3.2 Anforderungen an ein Bio-Haus

- **Verschattungsfreie** Anordnung der Gebäude im Bebauungsplan, in der Regel in Ost-Westrichtung, Mindestgebäudeabstände so wie sie sich aus der Sonnen-„geometrie" und der Topographie ergeben;

- trichterförmige **Öffnung** der Gebäude **zur Sonne,** das heißt: große Glasflächen mit temporärem Wärmeschutz an der Sonnenseite und massiver Wärmedämmung an den sonnenabgewandten Seiten; möglichst große Speicherfähigkeit der Decken- und Wandbaustoffe;
- wärmere Räume, wie **Küche und Sanitärräume, ins Gebäudeinnere,** Wärmepuffer (Wintergärten, verglaste Balkone) an die Außenseiten legen, wo sie in den warmen Jahreszeiten bewohnt werden;
- Anwendung von **Wärmepumpen, Sonnenkollektoren** und dergleichen;
- **Begrünung** der Fassaden und Dächer (Wiederbelebung lange bekannter Wärmedämmung);
- Mehrfachnutzung des Frischwassers (z.B. Verwendung von Abwasser für die WC-Spülung);
- Verzicht auf technische Perfektion und Luxusausstattung;
- statt Stahlbeton für Kellersohle, Kellerwände und Geschossdecken **Ziegel und Holz** verwenden, das heißt: Decken aus Holzkonstruktionen oder aus Ziegeln, Außenwände ausschließlich aus atmungsaktivem Ziegelmauerwerk, auf keinen Fall mit Kunststoffen gedämmt. Damit erhöhen sich die Dicken der Wände auf mindestens 36,5 cm;
- Gewährleistung des Luft- und Feuchtigkeitsaustausches zwischen innen und außen;
- im **Inneren** des Hauses vorzugsweise **Holz** verwenden: Holzdielen für Fußböden, Holzverkleidungen für Decken, Holzschalung für Wände, Holztüren und Türbekleidungen, Holz für Fenster und Außentüren, für Schränke, Einbauten, Regale, Einzelmöbel, Fußleisten, Gesimsverkleidungen, Treppen, Geländer usw.
- Prinzipielle **Ablehnung folgender Baustoffe:**
Gipskartonplatten, Gipsplatten, Spanplatten, PVC-Fußböden, Kunststoffe in allen Formen, auch in Form von Beschichtungen. Auch Putzarten und Oberflächenbehandlungen mit Kunststoffanteilen haben in einem Bio-Haus nichts zu suchen.
- Als **Dämm-Materialien** kommen nur Kork, Holzspäne, Holzwolle, Pappe, Blähton und dergleichen in Frage.
- **Heizung: Kachelöfen oder Kamine** werden allen anderen Systemen vorgezogen und sind selbstverständlich ebenfalls aus Natursteinplatten oder Ziegeln hergestellt. Der Brennstoff Holz ist ideal. Wenn Zentralheizungssysteme gewählt werden, dann solche mit einem möglichst hohen Strahlungsanteil. Aus Gründen der Staubaufwirbelung ist Konvektion oder Luftumwälzung zu vermeiden. Heizleitungen sind nicht ringförmig zu verlegen.
- **Sanitär:** Wasserleitungsrohre sind so zu verlegen, dass sie keine Ruhe- oder Schlafplätze berühren. Sie sollen auch nicht als Ring um eine Wohnfläche angelegt werden.
- **Elektro:** Das Strahlenklima im Haus verlangt die Vermeidung von Strahlen aus Hausleitungen aller Art. Das gilt insbesondere für die Elektroleitungen, die die natürliche Strahlung in der Natur überdecken und für den Bewohner schädlich sind. Die Elektroanlage ist daher zu Schlaf- und Ruhezeiten total abzuschalten und stillzulegen. [21]

6.3.3 Kostenbetrachtung

Da sich Öko- und Bio-Häuser einer zunehmender Beliebtheit erfreuen, bietet der Markt nicht nur eine Menge Informationen, Einzelprodukte, Anregungen, Fachzeitschriften, Literatur usw. an, sondern auch schlüsselfertige Häuser zu akzeptablen Preisen an. Insbesondere Hersteller von Holzhäusern sind oft bereit, Ihnen Vorschläge für preiswerte Ausführungen zu machen; Informationen gibt es beim Bundesverband für Baubiologische Produkte e.V.. Sie sollten sich auch in der Fachliteratur unterrichten, bevor sie sich für ein Bio-Haus entscheiden. Wenn es sich um Einzelhäuser handelt, fallen die Preise für Bio-Häuser teurer aus, zumal ja der Bau und die Verarbeitung lohnintensiver sind.

Preisbestimmende Faktoren

- Das wichtigste Material **Holz** ist von Zeit zu Zeit preisgünstig zu bekommen, die Vorzüge von Sparhäusern aus Holz sind bereits auf Seite 213 besprochen worden. Holz ist als Werkstoff leicht zu bearbeiten, auch in Eigenleistung. So können Bauherren Fußböden sowie Decken- und Wandverkleidungen problemlos selber verlegen. Mit etwas mehr Geschicklichkeit können auch Holzbalken eingebaut werden. Schließlich bietet der Baumarkt eine Fülle von fertigen Holzelementen für Innen- und Außenwände, so daß der Entwurf darauf abgestellt werden sollte.
  Je nach Bauweise sind hier gegenüber dem Massivbau **10 bis 20 Prozent an Kosten** einzusparen.

- Bauherren von Bio-Häusern sind im Allgemeinen hinsichtlich der baulichen und technischen Gebäudeausrüstung **bescheidener.** Dies muss sich auf die Preise auswirken. Holzdielen statt Teppichauslegeware, statt teurer Klinkermauern werden nur Ziegel mit einem Kalkputz und einer unschädlichen Bio-Farbe verwendet – Beispiele, die sich beliebig ergänzen ließen.

- Die **Heizung** besteht nicht aus einem System eines automatisch regulierbarem Kessels, teuren Kupferleitungen bis in die entferntesten Winkel des Hauses und vielen voll regulierbaren Heizkörpern, sondern aus einem zentralen Ofen mit Warmwasserbereitung und Herd, von dem Luftkanäle zu den Nachbarräumen führen: Es liegt auf der Hand, dass diese Anordnung weit preiswerter ist als jedes übliche System.

- Die **Elektroanlage** ist ebenfalls auf ein Minimum reduziert, so daß hier auch nicht mit Mehrkosten zu rechnen ist.

- Die **Sanitäranlage** ist so zu konzipieren, dass die Wasserrohre sich nur an einer Stelle konzentrieren, um gesundheitsschädliche Strahlen zu vermeiden.

Alles in allem kann ein konventionell gebautes Bio-Haus in Holz- oder Massivbauweise nicht teurer, sondern eher billiger sein als ein übliches Haus. **Verbilligend** wirken sich sicher auch die laufenden **Betriebskosten** aus, wenn man in einer Gesamtbetrachtung die Bau- und Betriebskosten gleichermaßen bewertet.

7 Abwicklung

7.1 Genehmigungsverfahren

Terminfragen sind immer auch Kostenfragen. Bei der Ermittlung der gesamten Laufzeit, von der Bauentscheidung bis zum Bezug des Hauses, spielt die Dauer des Genehmigungsverfahrens eine entscheidende Rolle. Denn mit dem Kauf des Grundstücks, mit den anfallenden Nebenkosten und anderen Unkosten fallen Zinsen und Tilgungen an. Durch die Bezahlung vom eigenen Konto gehen Zinsen verloren. Jeder Monat **Verzögerung** in der Planung oder Genehmigungszeit kostet den Bauherrn **1 500,- bis 2 510,- DM.** [22] Schwerin 1998: keine Zeit raubenden Baugenehmigungen in Mecklenburg-Vorpommern. Die Landesbauordnung wurde von mehr als 2000 auf 87 Vorschriften eingeschränkt. Bares Geld infolge weniger Bürokratie!

7.1.1 Zeitgewinne

Was kann ein Bauherr tun, um die **Zeit der Antragsbearbeitung so kurz wie möglich** zu halten und welche Informationen muss er besitzen?

– Erst folgende **Checkliste** ausfüllen, bevor die Planung beginnen kann. Dazu muss der Bauherr sich einen Lageplan vom Katasteramt besorgen, aus dem die Lage zur Straße, zur Nachbarbebauung, zum Baumbestand und dergleichen hervorgehen. Dieser Lageplan ist dem Sachbearbeiter des Bauordnungsamtes vorzulegen. Es sind dann die **Antworten** auf folgende **Fragen** zu notieren:
  - Liegt ein rechtskräftiger Bebauungsplan vor?
  - Art des Baugebietes? Reines Wohngebiet? Allgemeines Wohngebiet?
  - Bauweise? Offen? Geschlossen?
  - Größe der bebaubaren Fläche?
  - Seitliche, vordere und hintere Grenzabstände?
  - Zahl der zulässigen Vollgeschosse?
  - Höhenangaben? Oberkante Erdgeschoss bis Oberkante Straße?
  - Traufhöhe? Firsthöhe?
  - Dachform? Dachneigung? Dachmaterial? Dachgauben?
  - Grundflächenzahl (GRZ)?
  - Geschossflächenzahl (GFZ)?
  - Baumaterialien? Baugestaltung?
  - Zahl der geforderten Einstell- oder Garagenplätze?

- Lage der Einstellplätze? Zufahrten? Rampen?
- Auflagen für die Außenanlagen? Einfriedigungen?
- Ist ein Dispens möglich bei ....?
- Erschließungsfragen: Art der Straße? Breite? Kosten?
- Versorgung: Wasser? Abwasser? Elektro? Gas? Regenwasser? Tiefen?
- Zuständigkeiten für die Versorgung? Für die Erschließung?
- Liegt kein Bebauungsplan vor, welche detaillierten Auflagen bestehen dann hinsichtlich der oben erwähnten Punkte?
- Welche Formulare und Anträge sind zu stellen?
- Laufzeit der Bearbeitung?

Siehe dazu auch Abschnitt 2.1, Seite 27.

– Die Beantragung eines **Vorbescheides** ist zeitlich **sinnlos,** da die Bearbeitungszeit 8 bis 10 Wochen beträgt.

7.1.2 Ablaufkontrolle

Da jeder Bauantrag **bis zu 14 Ämter durchläuft,** bevor die Baugenehmigung erteilt wird, sollte der Bauherr die **Stationen kennen,** um diesen Weg genau verfolgen zu können. Nur dann kann er im Falle längerer Bearbeitung an einer Stelle auf schnelle Weiterbearbeitung drängen.

– **Eingangsstelle des Bauordnungsamtes:** Der Antrag wird entgegengenommen, auf Vollständigkeit geprüft und registriert. Fehlende Unterlagen werden beim Bauherrn angemahnt.

– **Technische Abteilung:** Der Antrag läuft über den Abteilungsleiter zum Sachbearbeiter. Dieser gibt den Antrag nach einer Liste in den Umlauf und legt eine Karteikarte an, auf der verzeichnet ist, welche Ämter in welcher Reihenfolge den Antrag zu bearbeiten haben. Der Sachbearbeiter kann dem Bauherrn auch sagen, wo sich der Antrag gerade befindet. Nicht jedes der folgenden Ämter wird den Antrag prüfen. Je nach Lage des Falles können diese Ämter eingeschaltet werden.

– Das **Stadtplanungsamt** sagt etwas zu den bebauungsrechtlichen Fragen.

– Das **Tiefbauamt** äußert sich zu Erschließungsfragen.

– Das **Amt für Straßenbau** wird bei verkehrstechnischen Fragen eingeschaltet.

– Das **Amt für Stadtentwässerung** prüft den Entwässerungsantrag.

– Das **Wasserwirtschaftsamt** wird bei Gewässerfragen oder Wasserhaltung gefragt.

– Das **Gartenbauamt** wird zum Baumschutz befragt.

– Das **Amt für Wohnungswesen** wird zu Finanzierungsfragen gehört, sofern öffentliche Mittel beantragt werden.

– Das **Amt für Stadtgestaltung** äußert sich zu Gestaltungsfragen.

- Das **Amt für Denkmalschutz,** in einigen Städten auch Landeskonservator genannt, wird bei unter Denkmalschutz stehenden Bauten konsultiert.
- Das **Amt für Umweltschutz** muss die Einhaltung der Immissionsschutzgesetze prüfen, sofern diese bei dem Bauvorhaben eine Rolle spielen.
- Die **Feuerwehr** muss sich äußern, wenn brandschutztechnische Fragen anstehen, was beim Einfamilienhausbau aber selten der Fall ist.
- Das **Gewerbeaufsichtsamt** will den Antrag nur sehen, wenn es sich um gewerbliche Anlagen handelt.
- Die **Statische Abteilung** prüft die statische Berechnung, es sei denn, diese wird durch einen freien Prüfstatiker geprüft.
- Das **Liegenschaftsamt** muss eine Stellungnahme abgeben, wenn in einem Umlegungs- oder Entwicklungsgebiet gebaut werden soll.
- **Ortsämter**

Die Ergebnisse der Ämterbefragungen werden jetzt vom Sachbearbeiter der Technischen Abteilung ausgewertet und in einer Baugenehmigung mit Anlagen zusammengefasst. Hinzugefügt werden die Gebührenrechnung sowie etwaige Befreiungen oder Dispense. Es folgt das Schreiben aller Formblätter und die Vorlage beim Abteilungsleiter. Erst nach Empfang der Genehmigung darf mit dem Bau begonnen werden.

7.1.3 Vollständigkeitsprüfung

Ein Bauherr ist kein Bittsteller. Sein freundliches, aber bestimmtes Verhalten trägt zu einer schnellen Bearbeitung bei. Eine Verzögerung über die genannte Zeitspanne hinaus berechtigt ihn dann zu einer Beschwerde bei der Amtsleitung des Bauordnungsamtes, wenn seinerseits alles getan ist, um eine reibungslose Bearbeitung zu gewährleisten.

- Vollständig ist sein Bauantrag nur, wenn er die folgenden vom Bauherrn und vom Architekten unterschrieben Unterlagen enthält:

Hochbau:
- Ausgefülltes Bauantragsformular,
- amtliche Lagepläne mit allen Eintragungen gemäß der Bauvorlagenverordnung (BVorlVO),
- Lageplan M 1 : 500 gemäß BVorlVO,
- Ausschnitt aus dem Bebauungsplan, zu empfehlen: Fotos aus der Umgebung,
- Baubeschreibung,
- Betriebsbeschreibung (bei freiberuflicher oder gewerblicher Anlage),
- Berechnung des umbauten Raumes nach DIN 277,
- Berechnung der Wohn- und Nutzfläche nach DIN 277,
- Berechnung der Grund- und Geschossflächenzahl gemäß Baunutzungsverordnung,
- Bauzeichnungen M 1 :100 (Grundrisse, Schnitte, Ansichten),

- Nachweis der Standsicherheit (statische Berechnung) mit Positionsplan und etwaigen Bewehrungsplänen,
- Nachweis Wärmeschutz und Schallschutz,
- eventuell: Befreiungsantrag (Dispensantrag) mit Begründung.

Entwässerung:
- Entwässerungsantrag,
- Kanaltiefenschein,
- amtliche Lagepläne,
- Beschreibung der Entwässerungsanlage,
- Bauzeichnungen der Entwässerungsanlage.

Einige dieser Unterlagen sind mehrfach einzureichen. Dies und die Anforderung noch zusätzlicher Unterlagen kann von Bundesland zu Bundesland unterschiedlich sein.

Bei Abgabe der Unterlagen empfiehlt es sich, diese mit dem Beamten auf Vollständigkeit durchzusehen. Ratsam ist auch, die statische Berechnung bereits vorweg zu einem Prüfstatiker zu schicken, sofern dieses Verfahren mit dem Bauordnungsamt abgestimmt worden ist. Auch damit kann Zeit gewonnen werden.

7.1.4 Verhaltensregeln

- Setzen Sie dem Bauordnungsamt in einem Anschreiben einen **angemessenen Termin** für die Erteilung der Baugenehmigung. Weisen Sie auf die Gründe für die Eilbedürftigkeit und die damit verbundenen Unkosten im Falle von Verzögerungen hin. Neben den Kostengründen können es auch Witterungsgründe, Auftragsbedingungen oder andere sein. Jeder Bauauftrag muss gemäß der Verdingungsordnung (VOB) nach der Submission einer Ausschreibung innerhalb einer bestimmten Frist erteilt werden; anderenfalls muss sich der Unternehmer nicht mehr an sein Angebot gebunden fühlen.
- Appellieren Sie beim Amt an die Hilfsbereitschaft des Sachbearbeiters und machen Sie gleich anfangs auf Ihre Absicht aufmerksam, die **Bearbeitung in den Ämtern zu verfolgen.** Dazu ist es notwendig, dass Sie sich jeden Besuch, jeden Anruf und jeden Hinweis mit Datum und Inhalt notieren.
- Da die Bearbeitung in manchen Ämtern nur eine Formsache ist, weil hier vielleicht keine Probleme bestehen, kann man auch einen **Termin mit dem Sachbearbeiter** vereinbaren. Aber auch bei besonderen Schwierigkeiten sollte das Gespräch gesucht werden, um wirklich alle etwaigen Bedenken sofort zu erfahren bzw. bei deren Klärung aktiv mitzuwirken.
- Versäumen Sie nicht, im Bauantrag auch **Bauabschnitte** eintragen zu lassen, die erst später realisiert werden sollen, handele es sich um einen Dachausbau oder einen leichten Anbau. Dabei müssen Sie wissen, dass eine erteilte Baugenehmigung entsprechend den Vorschriften der jeweiligen Landesbauordnungen nach Ablauf von ...... Jahren **verlängert** werden muss, **wenn nicht gebaut wird.**

– Sie gewinnen auch Zeit, wenn Sie die Genehmigungsfähigkeit vor dem Bauantrag so weit geprüft haben, dass Änderungen nicht mehr zu erwarten sind. So können Sie **während der Laufzeit** des Bauantrages die Bauausführungszeichnungen, die Ausschreibungen und die Bauvorbereitungsplanungen vorantreiben.

Noch ein wichtiger Hinweis: Laut **BGH-Urteil** vom 10. Februar 1983 (AZ 1 III ZR 105/81) muss ein Bauherr nach Erteilung einer Teilbaugenehmigung darauf vertrauen, dass das Bauvorhaben grundsätzlich mit dem bauordnungsrechtlichen und planungsrechtlichen Vorschriften vereinbar ist.

7.2 Finanzierungen [23] [24]

Computer-Finanzierungsberechnung: Inidividuell mit dem PC kann auch der wenig Geschulte seine Finanzierungsmöglichkeiten und -alternativen zusammenstellen, auswerten und bekommt so am Ende die finanziellen Belastungen heraus, so dass er sich entscheiden kann, welches Modell nach Zinsen, Tilgungen, Laufzeiten usw. für ihn am günstigsten ist. Das ist möglich mit „Capital Baugeld" und kostet DM 104,– inclusive eines 270-seitigen Handbuches und einem Zusatzratgeber (Capital-Versandservice, Postfach 600, 74170 Neckarsulm). Nur auf diese Weise findet er die Bank oder das Kreditinstitut mit dem geringsten Zinssatz und der gewünschten Laufzeit. Beispiel: im Jahre 1999 bot die DePfa bei einer fünfjährigen Zinsfestschreibung und 100 prozentiger Auszahlung nominal 4,40 (4,50) und effektiv 4,49 (4,59) Prozent an.

Einige Banken wie die Münchner Bayrische Vereinsbank bieten neben den üblichen Angeboten auch einen Darlehnsantrag, der nach Überprüfung durch die Bank innerhalb von 24 Stunden beantwortet wird. Manchmal ist der Zinssatz niedriger als in den Bankfilialen und teilweise verzichten einige Banken auch auf Bearbeitungs- und Schätzgebühren. In jedem Falle ist das Internet eine lohnenden Informationsquelle auf dem Weg zu billigem Baugeld. Hier einige Internet Anschriften:
– Volksbanken-Komplettübersicht: VRNet (www.vrnet.de)
– Sparkassen-Komplettübersicht: S-Net (www.snet.de)

Alle anderen Banken sind über die großen Internet-Suchmaschinen zu erreichen.
– Postbank (www.postbank.de)
– Schwäbisch-Hall (www.schwaebisch-hall.de)
– LBS (www.lbs.de)

Hilfe durch Warentest: Bei der Wahl der günstigsten Bedingungen (Zins- und Tilgungssätze, Laufzeiten, Beleihungsgrenzen, Auszahlungskurs, Geldgeber etc.) ist die Stiftung Warentest/Finanztest ein guter neutraler Berater. Mit dem Langzeitvergleich der Hypothekenzinsen von etwa 50 Kreditinstituten bekommt der Bauherr-Käufer eine erstklassige Entscheidungsbasis. Scheuen Sie sich nicht, hart und zäh mit den günstigsten Geldgebern zu verhandeln. Anschrift: Stiftung Warentest Vertrieb. Stichwort: Hypothekenzinsen, Postfach 810660, 70523 Stuttgart. Oder 10773 Berlin.

Zinsunterschiede – aufgepasst!!! Naives Verhalten kann teuer werden! Viele verzichten auf einen intensiven Preisvergleich und tappen mit den erstbesten Angeboten in finanzielle Fallen ohne sich klar zu machen, dass ganz geringe Unterschiede im Zinssatz hinter dem Komma sich zu Verlusten von zehntausend DM und mehr auswirken können. Beispiel: Darlehenshöhe: DM 250 000, Laufzeit: 10 Jahre, Monatsrate: DM 1 500. Beim aktuellen Angebot des Hypothekendiscounts mit einem Nominalzins von 5,58 % bleibt am Ende der Bindungsfrist eine Restschuld von circa DM 196 000. Das Angebot der Ökobank mit einem Normalzins von 6 %, schlägt am Ende mit 209 000,– zu Buche. **Preisnachteil: 13 000,– DM!** (Südwestrundfunk 8.6.98. Infomarkt: Im Test: Hypothekendarlehen. email: infomarkt@swr-online.de)

7.2.1 Die häufigsten Fehler bei der Immobilien-Finanzierung. Schutz vor Übervorteilung

In einer vom Bundesminister für Raumordnung, Bauwesen und Städtebau in Auftrag gegebenen Studie [23] wurden die Ursachen von Zahlungsschwierigkeiten von Wohneigentümern untersucht.
In rund einem Drittel der Fälle, in denen Wohneigentum zwangsversteigert wurde bzw. die Zwangsversteigerung bevorstand oder alsbald drohte, waren für das Scheitern der Finanzierung Einkommenseinbußen ursächlich.
In **zwei Dritteln** der Fälle waren von vornherein Finanzierungsfehler gemacht worden, und zwar überwiegend auf Initiative der Anbieter.
Dass Fehler gemacht wurden, lag überwiegend daran, dass der Finanzierungs-„Berater" identisch mit dem Darlehensgeber war und daher ein hohes Eigeninteresse am Abschluss der Finanzierung hatte und dass die Bauwilligen ein allzu großes Vertrauen in die Beratung setzten.
Finanzierungsmodelle werden geschönt, entstehende Kosten verschwiegen und waghalsige Finanzierungskonstruktionen gewählt, die den Kunden die Machbarkeit des Finanzierungsvorhabens vorspiegeln.
Diese so genannten „Berater" sind nichts als Verkäufer, die in vielen Fällen auf Provisionsbasis arbeiten und zuerst an ihren Profit denken. Sie sind in den meisten Fällen mehr eigennützig als kundenfreundlich tätig. Die wenigsten sind qualifiziert und wollen möglichst Ihre Unterschrift unter alle möglichen Finanzierungs- und Versicherungsverträge. Lassen Sie sich daher vorher mindestens 10 Referenzen geben, von denen Sie 5 auswählen und abfragen sollten. „Berater" sollten vorher eine ausführliche schriftliche Selbstauskunft überreichen. Provisionen der „Berater, Vermittler..": Von der Bank 0,5 bis 1 % der Darlehenssumme. Wenn zusätzlich eine Lebensversicherung abgeschlossen wird, gibt es nochmal eine Provision. Für den Versicherungsabschluss gibt es 3,5 % der Versicherungssumme. Hier einige Hauptursachen für das Scheitern der untersuchten Problemfälle:

1. **Übereilte Entschlüsse**
   In der Mehrzahl der untersuchten gescheiterten Fälle lag nur ein Zeitraum von weniger als drei Monaten zwischen dem Entschluss zum Erwerb des Eigenheimes und der Durchführung.
   Die Anbieter gaben meistens den Anstoß zum Erwerb, da sie ein besonderes Interesse am Verkauf und an der Finanzierung hatten. Viele Familien waren auf Werbesprüche wie „Miete plus Steuerersparnis = Rate fürs Eigenheim" hereingefallen.
2. **Unterschätzte Gesamtkosten oder fehlerhafte Aufstellung der Gesamtkosten**
   Beim Erwerb von Altbauten werden die Kosten der Modernisierung oft unterschätzt.
3. **Zu wenig Eigenmittel**
   Der nicht ausgeschöpfte Dispositionskredit ist **kein** Eigengeld, auch nicht der Kredit, mit dem Sie einen Bausparvertrag „auffüllen".
4. **Überschätzte Eigenleistungen**
5. **Unterschätzen der laufenden Belastungen**
6. **„Geschönte" Finanzierungspläne**
7. **„Schmierzettel"-Finanzierung**

7.2.2 So nicht!

Zäumen Sie das Pferd nicht vom Schwanze her auf!

Etwa so: Eine Fülle von Angeboten von Häusern aller Art liegt Ihnen vor. Sie verwenden viel Zeit, sich diese Informationen zu besorgen, auszuwerten, zu verhandeln, zu vergleichen, zu besichtigen, zu rechnen und so fort. Abschließend stellen Sie fest, dass das Haus Ihrer Vorstellungen etwa 400 000,– bis 450 000,– DM kosten würde. Daraufhin lassen Sie sich bei Banken, Versicherungen, Bausparkassen und dergleichen die Finanzierung aufbauen und müssen nunmehr erfahren, dass die monatliche Belastung allein aus dem Kapitaldienst (Zinsen und Tilgungen) unter Berücksichtigung Ihres Eigenkapitals und Ihrer Eigenleistungen bei 2 333,– DM im Monat liegen würde. Hinzu kämen die Heizungs- und sonstigen Nebenkosten, wie die für Strom, Wasser, Abwasser, Gas oder Öl, Müllabfuhr, Steuern, Versicherungen usw.; auch Telefon sollte nicht vergessen werden.
Abzuziehen sind die Ersparnisse bei Ihren steuerlichen Verpflichtungen (siehe Seite 259 ff.).
Mit Erschrecken stellen Sie fest, dass die monatliche Belastung einige Hundert Mark über der maximal tragbaren Belastung liegt.
Dieser Weg führt nicht zum Ziel! Obwohl viele so verfahren, verlieren sie dabei nur Zeit und Geld. **Umgekehrt** und mit einem realistischeren Ablauf werden Sie Ihre **Wunschvorstellungen zielsicherer verwirklichen.**

Sie kennen ja schon die **wichtigsten Daten:**

- die Höhe der monatlichen Belastung, die Sie als äußerste Grenze bei der noch verbleibenden finanziellen Bewegungsfreiheit einschließlich aller Nebenkosten tragen könnten;
- die Höhe Ihres Eigenkapitals aus Ihrem Sparguthaben, den Grundstückswerten, den Wertpapieren, den Guthaben aus Bausparkassenverträgen und sonstigen privaten Geldern;
- die Höhe Ihrer Eigenleistungen, die Sie in die einzelnen Arbeitsbereiche aufteilen und auflisten und vom Baufachmann möglichst wirklichkeitsnah finanziell in ihrer jeweiligen Einsparungsauswirkung eingeschätzt werden sollten.

Der **nächste Schritt** ist nun der Gang zu den **Finanzierungsexperten.** Nochmals sei es gesagt: klugerweise sollten Sie viele Konkurrenzunternehmen zu Ihrer Hausbank ansprechen und sich von ihnen das **Kostenlimit** Ihrer Baumaßnahme (einschließlich Grundstücks-, Erschließungs-, Bauwerks-, Honorar- und aller Nebenkosten) ausrechnen lassen, selbstverständlich unter Einhaltung der monatlichen Obergrenze, bei Berücksichtigung Ihres gesamten Eigenkapitals und unter Einbeziehung Ihrer Eigenleistungen mit einer Summe von soundsoviel DM.

Jede Bank und jede Bausparkasse verfügt über genug Informationen. Machen Sie Gebrauch davon und lassen Sie sich kostenlos – das ist Kundendienst – von jedem derartigen Institut mehrere schriftliche **Finanzierungsvorschläge** mit Ihren Daten machen. Zuhause sollten Sie in Ruhe einen Leistungsvergleich anstellen. Bei der überwiegenden Zahl der Bauherren wird es auf eine **möglichst geringe Belastung** bzw. auf eine möglichst niedrige Bausumme ankommen. Nutzen Sie niedrige Zinssätze und sichern Sie sich diese durch lange Laufzeiten von mindestens 10 Jahren! Bei wenigen Bauherren wird die schnelle Abzahlung einer Hypothek mit möglichst wenig Zinsen, auf die Laufzeit der Hypothek gerechnet, das Entscheidende sein. Auf jeden Fall werden Sie im Großen und Ganzen eine Gesamtsumme genannt bekommen, die sie finanzieren und abzahlen können und die als Kostenrahmen nicht überschritten werden darf. Ziehen Sie davon noch einmal 5 bis 10 Prozent als Reserve für Kostensteigerungen, Unvorhergesehenes, oder andere Risiken ab. Sollte diese „stille Reserve" bei guter Kostenplanung nicht benötigt werden, umso besser.

Bei **Altgebäuden** sollte diese Reserve höher ausfallen, und zwar je nach den Risiken bei den Erneuerungsarbeiten. So sind zum Beispiel Malerarbeiten ohne Zuschläge erfassbar. Aber wie es hinter den Verkleidungen mit den Installationen aussieht, kann auch der Fachmann nicht sagen. Daher sind hier **Umbauzuschläge von 10 bis 30 Prozent** angemessen.

Erst jetzt erfolgt der Schritt: Die Suche nach dem geeigneten Haus mit der maximalen Bausumme von soundsoviel DM.

Aufstellung und Vergleich von Finanzierungsplänen siehe Seite 257.

Geldquellen

Beispiele für sonstige Baugelder:

- **Kinderreiche** erhalten höhere zinslose Baudarlehen. Nordrhein-Westfalen stellte 1999 das Wohnungsbauprogramm insbesondere für Großstädte und Ballungsgebiete vor. Es müssen Einkommensgrenzen und Wohnflächenangaben beachtet werden.
- Für **Bausparer:** Die Grenzen für Darlehn ohne Sicherung im Grundbuch wurden 1999 spürbar erhöht. So kann die LBS Bauspardarlehen bis zu DM 30 000 gegen eine Verpflichtungserklärung zur Verfügung stellen (bisher nur DM 20 000).
- Zuschüsse für **Energiesparen:** Um die Energiesparberatung zu fördern, gibt es finanzielle Hilfen. Fragen Sie an beim Bundeswirtschafts- und Bundesbauministerium, aber auch bei den Länderregierungen.
- **Öko-Bauherren:** Hier bieten sich Fördergelder an zur Reduzierung des Energieverbrauchs oder für den Einbau von Wärmepumpen, Solaranlagen und Wärmerückgewinnung. Das gilt für Alt- und Neubauten, nicht für Ausbauten und Erweiterungen. Unterbietet jemand die Wärmeschutzverordnung von 1994 nochmals um 25 Prozent, kann er ebenfalls mit einem Zuschuss rechnen. Förderungszeitraum 8 Jahre. Fertigstellung und Einbau muss vor dem 1.1.2001 erfolgen (www.schwaebisch-hall.de). Bayern hat 1999 ein umfangreiches Öko-Förderprogramm auf Landes- und Gemeindeebene mit Zuschüssen bis zu 30 % der zuwendungsfähigen Kosten für einen bestimmten Personenkreis herausgegeben. Sprechen Sie mit der Innovationsberatungsstelle Südbayern (Bayrisches Wirtschaftsministerium, Prinzregentenstr. 28, 80538 München, Tel. 089/216284).
Oder wenden Sie sich an das Bundesbauministerium Broschürenstelle, Deichmanns Aue, 53179 Bonn.
- **KfW-Förderprogramm:** Die Kreditanstalt für Wiederaufbau vergibt zinsgünstige Kredite für Modernisierung und Wohneigentum in den alten und neuen Bundesländern. Gefördert wird auch der Kauf und Neubau von Eigenheimen. Antragsteller dürfen nicht älter als 40 Jahre sein.
Die KfW fördert in den neuen Bundesländern auch Maßnahmen für den Wärmeschutz und die Verbesserung des Wohnwertes von Wohnungen.
- **Genossenschaftsanteile:** Wer einen Anteil von mindestens 10 000 (maximal 80 000) Mark erwirbt, erhält acht Jahre lang einen Zuschuss von 3 Prozent des erworbenen Anteils. Zusätzlich gibt es noch eine Kinderzulage von jährlich 500 Mark je Kind. Zu beachten sind die Einkommensgrenzen.
- **Arbeitgeberdarlehn:** Es kann sich lohnen, bei dem Arbeitgeber anzufragen, ob er ein zinsgünstiges Darlehn zu geben bereit ist.
Nebenbei bemerkt: Einkommensgrenzen werden von Zeit zu Zeit angehoben.

7.2.3 Mehr Eigenkapital

Je mehr Eigenkapital desto niedriger die finanzielle Belastung.
Auch Eigenleistung ist Eigenkapital! **Eigenleistungen** (siehe auch Kapitel 7.4 Eigenleistungen) sind bares Eigengeld. Bis zu 30 % können Eigenleistungen als Eigenkapital als die so genannte „Muskelhypothek" – anerkannt werden, wenn ein glaubhafter Nachweis dafür erbracht wird.
Da das Verhältnis von Material zu Lohn, ganz grob gesagt, etwa 50 : 50 ist, kann somit bei einem Hauspreis in Höhe von DM 300 000,– maximal DM 150 000,– eingespart und in den Finanzierungsplan eingesetzt werden. Derartige Beispiele gibt es, aber sie sind selten.
Wie hoch Selbsthilfeleistungen finanziell anzusetzen sind, ist von Ihren jeweiligen Fähigkeiten und Möglichkeiten abhängig und sollte von Ihnen in Zusammenarbeit mit einem Bauexperten beantwortet werden. Werden diese Leistungen zu hoch angesetzt, entsteht die Gefahr einer Finanzierungslücke, die dann zu höheren Belastung führen muss.
Die Höhe des gesamten **Eigenkapitals** wie Bargeld-Guthaben auf dem Konto oder Sparbuch, Wertpapiere, Angespartes auf dem Bausparvertrag oder als Rückkaufswert einer Lebensversicherung sollte mindestens **ein Drittel** der Gesamtkosten ausmachen. **Zwei Drittel** müssten dann durch Fremdkapital zu finanzieren sein.
Als weitere **Quellen für das Eigengeld** sind zu nennen: Verwandtendarlehen, Aufbaudarlehen, Arbeitgeberdarlehen, Mieterdarlehen, Kapitalabfindungen und anderes. Diese werden als Ersatz für das Eigengeld anerkannt und müssen in der Ermittlung der Belastung erfasst werden.
Auch Architekten- oder andere Planungsleistungen aus dem Freundeskreis gelten als Eigenleistungen, wenn Sie sie preisgünstiger oder gar gratis bekommen können. Denken Sie auch an besondere Bezugsquellen für den Materialeinkauf. Alle Formen der Eigenleistungen sollten mit dem Unternehmerpreis in die Finanzierungsaufstellung eingesetzt werden. Preisrabatte bzw. von Ihnen oder von Ihren Bekannten zu erbringende Leistungen werden dann in der Ermittlung des Eigenkapitals erfasst. Wie Ihre Gelder auf dem Bausparkonto in dem Finanzierungsplan eingesetzt werden, erklärt Ihnen die Bausparkasse.
Die von der Kapitalbelastung abzuziehenden Steuervergünstigungen ermittelt Ihnen der Steuerberater oder auch Ihre Bausparkasse, siehe Seite 259 ff.
Nicht unerwähnt bleiben soll das **Wohngeld,** das jedoch, wie alle öffentlichen Zuschüsse und Steuerentlastungen, Gesetzesänderungen unterliegt. Jeder Bauherr sollte von dieser Möglichkeit Kenntnis haben und sich bei den örtlichen Verwaltungsbehörden der Gemeinden oder Kreise erkundigen. Für die Zahlung von Wohngeldern, sei es in Form von Lastenzuschüssen für Eigentümer oder eines Mietzuschusses, sind bestimmte persönliche, finanzielle und andere Voraussetzungen zu erfüllen.
Gebührenbefreiungen kann ein Bauherr in Anspruch nehmen, wenn er steuerbegünstigte oder öffentlich geförderte Wohnungen baut. Befreit wird er unter bestimmten Bedingungen von den Gebühren für Grundbucheintragungen, für die Erteilung von beglaubigten Abschriften von Hypotheken und Grundschuldbriefen.

Mehr Sparen?

In Zeiten steigender Bau- und Grundstückspreise wurde die Frage „Mehr Sparen?" auf die Formel gebracht: Gegen die Baukostensteigerungen von jährlich etwa 6 Prozent (das macht bei einem Wohnhaus von DM 250 000,– immerhin DM 15 000,– pro Jahr aus) kann ein Bauherr nicht ansparen. Auch wenn ein Bauherr DM 15 000,– im Jahr oder DM 1 250,– im Monat sparen kann, ist er seinen Bauzielen keinen Schritt näher gekommen. Also, so der Rat der Finanzierungsexperten, sollte lieber heute als morgen gebaut werden. Diese These hat sich solange bewahrheitet, als die Wertsteigerung von Immobilien größer als erwartet war und jeder mit hohen Gewinnen beim Wiederverkauf seines Hauses rechnen konnte.

Wenn Immobilienpreise nachlassen, wenn das Angebot gegenüber der Nachfrage erheblich höher ist und die Baupreise schließlich aufgrund eines gesunkenen Auftragsbestandes eher sinken, kann es sich wieder lohnen zu sparen, um die Belastung durch mehr Eigengelder zu verringern. Es kann aber auch lohnend sein, in der Talsohle einer Baurezession Bauaufträge zu erteilen, um an den günstigen Baupreisen teilzuhaben, bevor diese wieder ansteigen; das hängt auch vom Zinsniveau ab.

7.2.4 Günstiges Fremdkapital

Siehe Kapitel 7.2.: Computer-Finanzierungsberechnung

Die **günstigsten Zinsen – WO?** Täglich aktualisiert und auf Ihre Anforderungen eingehend gegen Zahlung von DM 25,– bei der Stiftung Warentest Vertrieb, Stichwort: Hypothekenzinsen, Postfach 810660, 70523 Stuttgart oder 10773 Berlin oder auch die Verbraucherzentralen der Länder.

Die **Hauptfragen** jedes Bauherrn
1. Wer gibt mir Geld?
2. Welche Finanzierung führt zu einer günstigen Gesamtfinanzierung?
3. Wie erziele ich eine möglichst niedrige Belastung?
4. Welche Finanzierungserleichterungen kann ich in Anspruch nehmen?

1. Wer gibt mir Geld?

1.1 Mittel von privater Hand, Arbeitgeber

1.2 Banken, Pfandbriefinstitute (Hypothekenbanken, Kreditanstalten usw.)

1.3 Sparkassen

1.4 Bausparkassen

1.5 Versicherungsgesellschaften

1.6 Sozialversicherungsanstalten (Landesversicherungsanstalten, Bundesversicherungsanstalt für Angestellte usw.)

2. Welche Finanzierung führt zu einer günstigen Gesamtfinanzierung? [25]

– Bauspardarlehen
– Hypothek
– Vor- und Zwischenfinanzierung
– tilgungsfreies Darlehen und dessen Ablösung durch eine Lebensversicherung

Unter Gesamtfinanzierung soll hier verstanden werden:

Welche Mittel – Zinsen, Tilgung, Gebühren – müssen in welchen Zeiträumen aufgewendet werden, um das gesamte Fremdkapital vertragsgemäß zurückzuzahlen?

- Beispiel 1
  (Geldbedarf DM 100 .000)

  – **Bauspardarlehen**
    In der Ansparphase bis zum 7. Jahr: 400,– DM monatlich
    In der Tilgungsphase vom 8. bis zum 18. Jahr: 600,– DM monatlich
    Rückzahlungsbetrag nach 18 Jahren: 110 400,– DM

  – **Hypothek**
    Auf die Dauer von 26 1/2 Jahren: 833,33 DM monatlich
    Rückzahlungsbetrag bei 1 Prozent Tilgung: etwa 265 000,– DM in 26 1/2 Jahren

- Beispiel 2:
  (Geldbedarf DM 200 000)

  – **Bauspardarlehen und Hypothek im Verhältnis 1 : 1**
    In den ersten 7 Jahren: 400,– DM monatlich
    Vom 8. bis zum 17. Jahr: 1 433,– DM monatlich
    Vom 18. bis zum 34 1/2 Jahr: 833,– DM monatlich
    Rückzahlungsbetrag: etwa 375 400,– DM in 34 1/2 Jahren

Eine weitere Form der Finanzierung – die Vor- oder Zwischenfinanzierung – erhält eine immer größere Bedeutung, weil die Kreditkonditionen und die Immobilienpreise steigen oder aber das „Traumhaus" da, der Bausparvertrag aber noch nicht zuteilungsreif ist.

Was tun? Vor- oder zwischenfinanzieren, kündigen, weitersparen oder die Summe reduzieren?

a. Vor- oder Zwischenfinanzieren

Hat das Bausparguthaben noch nicht die zur Zuteilung erforderliche Mindestansparsumme erreicht, kann vorfinanziert werden. Der Bausparer erhält dann einen Vorfinanzierungskredit in Höhe der Bausparsumme.

Dieser Kredit ist ebenfalls nach den günstigsten Konditionen auszusuchen. Auch hier sollte der Bausparer sich an der Suche und am Vergleichen beteiligen. Bis zur Zuteilung entfallen die Tilgungsraten für dieses Vorausdarlehen; es werden nur Zinsen gezahlt. Mit der Zuteilung lösen Bausparguthaben und Bauspardarlehen den Zwischenkredit ab. Dann werden nur noch Zins und Tilgung für das Bauspardarlehen gezahlt.

Da der Zuteilungstermin beim Bausparvertrag immer unsicher ist, sollte der Bausparer bei Inanspruchnahme einer Vor- oder Zwischenfinanzierung sein Zinsrisiko möglichst weit einschränken.

Gerade in Zeiten steigender Zinsen empfiehlt sich eine Festschreibung dieser Konditionen, am besten bis zur Zuteilung. Nur wenn der Zuteilungstermin kurz bevorsteht, sollte man sich auf variable Zinsen einlassen.

Fahrlässig handelt der Hauskäufer aber, wenn er sich in diesem Fall den Kredit nicht zu 100 Prozent auszahlen lässt und ein Damnum akzeptiert. Denn wie beim Hypothekenkredit kann er bei variablen Zinsen nicht verhindern, dass die Institute ihre Konditionen allmählich an die Sätze für Kredite mit voller Auszahlung anpassen. (Gemäß OLG Düsseldorf dürfen die variablen Zinsen höchstens gemäß Festsetzung der Bundesbank in Rechnung gestellt werden.)

Geldgeber bei der Vorfinanzierung sind nicht nur die Bausparkassen selbst, sondern auch die Banken und Sparkassen. Wer das Geld von einem Kreditinstitut bekommt, spart Gebühren, wenn das Grundpfandrecht dennoch sofort zugunsten der Bausparkasse eingetragen wird.

Der Zwischenkredit ist niemals so günstig wie das spätere Bauspardarlehen. Warum die Kosten explodieren, ist schnell erklärt:

Der Bausparer muss in diesem Fall einen Kredit über die gesamte Bausparsumme aufnehmen, da er auch über sein Erspartes nicht verfügen kann. Dies verteuert enorm.

b. Kündigen

Beim vorzeitigen Kündigen verzichtet der Bausparer auf das Bauspardarlehen. Er sollte das Kündigungsschreiben an seine Bausparkasse rechtzeitig absenden, um den finanziellen Schaden so gering wie möglich zu halten.

Von Institut zu Institut können erhebliche Unterschiede bei den Kündigungsfristen verabredet sein. Die Spanne reicht von einem Monat bis zu einem halben Jahr, bis der Bausparer Kasse machen kann.

Kann die vertragsgemäße Frist nicht eingehalten werden, verliert der Bausparer 1 bis 2 Prozent seines Guthabens. Die Bausparkassen verlangen in diesem Fall nämlich eine **Vorfälligkeitsentschädigung.**

Eine Kündigung ist nie ganz kostenlos, denn der Bausparer verliert auf jeden Fall seine Abschlussgebühr, es sei denn, sie wird bei einem neuen Vertrag ganz oder teilweise angerechnet.

c. Bausparsumme senken

Dies kann zum Beispiel bis zur Hälfte geschehen. Im Idealfall wird der Sparer dann von seiner Bausparkasse so gestellt, als hätte er von Anfang an nur einen Vertrag über die halbe Bausparsumme abgeschlossen.

Ob auch die für die Zuteilung entscheidene Bewertungszahl proportional zur Summenreduzierung verbessert wird, ist nicht bei allen Kassen sichergestellt. Oftmals müssen hier ein Abschlag und eine etwas längere Wartezeit in Kauf genommen werden.

Dies gilt besonders bei Standardtarifen. Weiterhin ist bei einer Reduzierung der Bausparsumme einzukalkulieren, dass die bei Vertragsabschluss fällige Abschlussgebühr in keinem

Fall von der Kasse anteilig erstattet, sondern allenfalls bei einem neuen Bausparvertrag angerechnet wird.
Orientierungshilfen können nur schwer angeboten werden.
Als Faustregel kann gelten:

1. Bei Standardtarifen:

- Weitersparen und Vorfinanzieren lohnt erst, wenn der Vertrag schon kurz vor der Zuteilung steht. Entscheidend sind die Wartezeiten und Zwischenfinanzierungskonditionen.
- Die Kündigung ist bei Kassen mit langen Wartezeiten und erst geringer Ansparleistung in vielen Fällen der richtige Weg.
- Eine Summenreduzierung sollte nur dann vorgenommen werden, wenn der Vertrag schon zum überwiegenden Teil angespart ist.

2. Bei Wahltarifen:

- Die Summenreduzierung ist hier oft der beste Weg.
- Das Weitersparen und Vorfinanzieren ist nur lohnend, wenn der Vertrag unmittelbar vor der Zuteilung steht.
- Eine Kündigung sollte nur vorgenommen werden, wenn weniger als ein Viertel der Mindestsumme angespart ist.

- Beispiel 3
  (Geldbedarf DM 100 000)
  - **Vor- oder Zwischenfinanzierung**
    Bis zum 7. Jahr   400,– DM Ansparrate für Bausparvertrag
    + 750,– DM Zinsen für Bankdarlehen
    1 150,– DM monatliche Belastung
    Vom 8. bis zum 18. Jahr: 600,– DM monatlich für die Sparrate und die Tilgung des Bausparvertrages.
    Effektivzins: 9 Prozent
    Rückzahlungsbetrag: etwa DM 187 500
    (Ändert sich die Zinshöhe entscheidend, dann sehen diese Zahlen natürlich anders aus.)

Resümee

Beim Vergleich der Alternativen **(Bankvorausdarlehen +) Bausparvertrag oder Hypothek** sprechen die Kürze der Laufzeit, die Höhe der Monatsbelastung und die geringere Rückzahlung meistens für den Bausparkredit, wenn die Zuteilung so günstig liegt, dass kein Bankvorausdarlehen erforderlich wird.
Ist jedoch diese Vorfinanzierung durch eine Bank notwendig, sprechen alle Überlegungen **für die Hypothekenfinanzierung,** weil die Belastung durch Bausparvertrag plus Bankdarlehen in den ersten 7 Jahren um fast 40 Prozent höher ist, wenngleich die kürzere Laufzeit und die geringere Rückzahlung wieder dagegensprechen. Auch die Belastung ist vom 8. Jahr an beim zugeteilten Bauspargeld um 38 Prozent geringer. Daher wird jeder

Bauherr aus seiner Situation heraus entscheiden, ob er eine **höhere Anfangsbelastung oder eine höhere Belastung vom 8. Jahr an** tragen möchte. **Hypotheken von einer Versicherung** können gegenüber den Konditionen der Banken um 1 bis 1,5 Prozent billiger sein. In vielen Fällen ist aber der Abschluss einer Risiko-Lebensversicherung notwendig, die den Zinsvorteil wieder verringern kann. Die höchstmögliche Steuerersparnis entsprechend der neuesten Gesetzgebung muss im Einzelfall berechnet werden. Daher sind Finanzierungsmodelle nie isoliert zu sehen, sondern stets in Verbindung mit einer optimalen Abschreibung.

3. Wie erziele ich eine möglichst niedrige Belastung?

Wie aus der Beantwortung der Frage 2 hervorgeht, muss unterschieden werden nach der Art der Finanzierung bzw. der Kombination von Bauspargeldern oder Bankhypotheken. Die ideale Kombination muss von Fall zu Fall berechnet werden. Hier stehen dem Bauherrn die Banken und Bausparkassen, aber auch Steuerexperten und Versicherungen zur Seite. Schließlich ist auf die Veröffentlichungen zu verweisen, die in leicht verständlicher Form dieses vielschichtige Thema behandeln. Besonders zu erwähnen: „Das Geld für Ihr Haus" [27] oder auch **Computeraktionen** von „**Capital**" [26] und anderen Zeitschriften, die Ihnen für geringe Unkosten anhand Ihrer Spezialdaten einen konkreten Finanzierungsvorschlag erarbeiten, der sich zu den folgenden Fragen äußert:

– **Welche Hypothek ist am günstigsten?**
– **Lohnt sich der Einsatz von Bausparverträgen?**
– **Wie sieht die höchstmögliche Steuerersparnis aus?**
– **Ermittlung der monatlichen Belastung?**
– **Zins- und Tilgungsplan bis zu 30 Jahren.**

Internet oder manche gute Zeitschrift gibt den Bauherren tabellarische Übersichten über die günstigsten Hypothekenangebote nach neuestem Stand. Diese Übersichten sollten Sie mit den Ihnen vorliegenden Offerten vergleichen und günstigeren Angeboten nachgehen. Die Tabellen enthalten Angaben über Hypothekengeber und deren Konditionen (Auszahlungskurs, Festlegungsdauer, Nominal- und Effektivzinssätze, Restschuld).

Sie können sich auch einen Finanzierungsplan mit den günstigsten Zahlungsbedingungen einschließlich Bauspardarlehn ausarbeiten lassen. „Capital Kredit" ermittelt die tatsächlichen Kosten eine Darlehns und „Capital Baugeld" stellt die optimale Finanzierung zusammen. Der Effektivzinssatz, die Nebenkosten und die vorteilhaftesten Geldgeber werden ermittelt. Informieren Sie sich über die Programme und Kosten bei Capital-Versandservice, Postfach 60, 74170 Neckarsulm, Fax (07132) 969191. E-mail: capital@guj-koeln.de

Nun zur eigentlichen Frage:
Generell **müssen Sie sich entscheiden,** ob Sie – wie in der Beantwortung der 2. Frage schon dargelegt – lieber eine **geringere Anfangs- oder Endbelastung wünschen,** wobei mit Anfangsbelastung die ersten sieben Jahre gemeint sind.

Die günstigste Anfangs- und Endbelastung erzielen Sie bei einer **Bausparfinanzierung, die ohne Bankvorausdarlehen** auskommt. Ist ein Vorausdarlehen unvermeidlich, so liegen Sie bei einer Bankhypothek günstiger, und zwar bei einem gleich bleibenden Festzinssatz bei 9 Prozent. Liegt das Zinsniveau höher, kann das Bauspardarlehen in der Belastung wieder günstiger ausfallen.

In vielen Fällen, besonders in einer **Hochzinsphase,** sprechen viele Fakten auch für eine Kombination von Bauspar- und Bankhypothek.

Die sich aus der Laufzeit einer Hypothek ergebenden **Zinssätze** sind umso **geringer,** je **länger die Laufzeit** ist. Bauspardarlehen haben eine Laufzeit von etwa 10 bis 15 Jahren, Bankhypotheken laufen etwa über 25 bis 35 Jahre.
Mit der Laufzeit bestimmen Sie also auch die monatliche Belastung. Fragen Sie daher immer nach einer längeren Laufzeit, wenn Sie eine geringere Belastung suchen. Fragen Sie auch nach der Höhe der **Tilgungssätze.** Bei **Neubauten** werden von Banken normalerweise **1 Prozent** und bei **Altbauten 2 Prozent** angesetzt. Um die Belastung in den ersten Jahren geringer zu halten, sollten Sie auch die **Tilgungsstreckung** und die **Tilgungsaussetzung** für einige Jahre kennen und danach fragen. In den Jahren der Tilgungsverminderung können Sie einen Bausparvertrag ansparen und zuteilungsreif machen, so daß mit der Zuteilung dann eine Bankhypothek mit einem hohen Zinsverlust durch eine Bausparhypothek abgelöst werden kann.
Vom **Rückzahlungsbetrag** aus gesehen, fallen **Bausparverträge** natürlich weitaus **günstiger** aus als die Hypothekenverpflichtungen. Wie schon bei der Frage 2 dargelegt, zahlen Sie bei Bauspargeldern nur etwa 10 Prozent mehr, als Sie erhalten haben, zurück. Bei Hypotheken sind es je nach Laufzeit 150 bis 300 Prozent. Dabei spielt die Höhe der Hypothek eine wichtige Rolle.

Lassen Sie sich nicht **verlocken** durch eine günstige Anfangsbelastung, die dann später drückend schwer werden kann. Ein Finanzierungsplan muss die gesamte Laufzeit in ihren Auswirkungen hinsichtlich der Zins- und Tilgungslasten, der Steuerabzüge und anderer Faktoren erfassen.
Langfristige Angaben sind nur bis zum Ende der Festlegungsfrist zuverlässig. Die Zinsfestschreibungen laufen völlig unterschiedlich über 1, 2, 5 oder mehr Jahre. Was das im Kostenvergleich für den Bauherrn bringt, kann Ihnen nur ein Spezialinstitut sagen.
Obwohl seit September 1985 nach der Preisangabenverordnung neben dem Nominalzins auch der Effektivzins angegeben werden muss, können seitens der Geldgeber die verschiedensten Kosten in Gebühren versteckt werden. Fragen sie deshalb nach der **Kontoführungsmethode** (monatliche, vierteljährliche, halbjährliche, oder jährliche Zins- und Tilgungsverrechnung), vor allem aber nach der **Restschuld,** also dem Betrag, den Sie noch nach Ablauf der Zinsbindung schulden.

Somit liegen alle Daten auf dem Tisch. Das Darlehen mit der niedrigsten Restschuld ist das günstigste – bei Vorgabe des benötigten Fremdkapitals, des Auszahlungskurses, der gewünschten Zinsbindung und vor allem der monatlichen Rate, die man zahlen will.
Die Angabe des **Effektivzinses** ist nur beim Neuabschluss Pflicht.

Bei der Anschlussfinanzierung – also nach Ablauf der Zinsbindung – braucht lediglich der **Nominalzins** angegeben zu werden, es sei denn, es werden mehrere Konditionen zur Wahl gestellt.

Die Frage nach dem Effektivzins und der Restschuld ist auch hier selbstverständlich. Die Geldgeber zieren sich dabei. Holen Sie sich deshalb Gegenangebote. Bei einer etwaigen Umschuldung müssen Sie die neu anfallenden Notar- und Grundschuldkosten, etwaige Kosten für Gutachten und Grundbuchänderungen berücksichtigen.

Allerdings vergehen schnell vier bis sechs Wochen, bis eine alternative Finanzierung steht. Da Sie frühestens drei Monate und spätestens vier Wochen vor Ablauf der Zinsbindungsfrist vom Kreditgeber daran erinnert werden und gleichzeitig ein Verlängerungsangebot mit einer Frist von meistens nur 14 Tagen erhalten, ist der Zeitraum für die Suche nach neuen Geldquellen sehr gering bemessen.

Der BGH hält diesen Zeitraum nicht für ausreichend, hat aber in seinem Urteil (AZ III ZR 281/87) auch keine Zeitspanne definiert.

Ob Sie bei einer Verlängerung die monatliche Ratenbelastung mit Hilfe eines neuen Disagios drücken sollten, ist sehr genau zu überlegen. Denn bei Eigennutzung können Sie diesen Auszahlungsverlust beim Finanzamt unter keinen Umständen mehr geltend machen.

Um die Monatsbelastung zu senken, sollten Sie auch das Entgegenkommen der Banken einkalkulieren. Legen Sie also die günstigeren Konkurrenzangebote vor und verhandeln Sie! Die Einsparungschance ist größer, als man es Ihnen gegenüber zugibt. Schon Verringerungen der Zinssätze hinter dem Komma bringen Tausende von Mark.

Beispiel [28]:
Darlehenshöhe DM 100 000,–, anfängliche Tilgung 1 Prozent. Wenn der Bauherr 7 statt 8 Prozent erhält, spart er 12 750,– DM!

Beurteilung und Vergleiche der Effektivzinsen

Gebühren der Kreditgeber, Bausparkassen, Banken und dergleichen: neben dem Disagio (der Kredit wird nicht voll ausgezahlt, sondern mit einem Abschlag von ein paar Prozenten) gibt es viele zum Teil den Effektivzins verschleiernde Gebühren, die teilweise im Effektivzins enthalten sind und zum Teil nicht: Bearbeitungsgebühren, Schätzgebühren (für die Ermittlung des Beleihungswertes einer Immobilie), Kontoführungsgebühren, Bereitstellungszinsen, Zuschläge (wenn die Auszahlung in mehreren Teilbeträgen erfolgt), Versicherungsprämien, Verwaltungskostenpauschalen, Treuhandgebühren, Abschlussgebühren etc. Nur die schriftliche Auskunft der Kreditgeber über die Summe aller Gebühren und Finanzierungsnebenkosten und die verbindliche Festlegung, ob diese im Effektivzins enthalten sind oder zusätzlich anfallen, gibt dem Bauherrn oder Käufer die Entscheidungsgrundlage zum Vergleich von mehreren Finanzierungsangeboten. Das bezieht sich auch und insbesondere auf die der Bausparkassen!

Laut Preisangaben-Verordnung der Bundesregierung von 1985 war es Absicht des Gesetzgebers, dass im Gegensatz zum Nominalzins im Effektivzins alle Kosten eines Darlehens enthalten sein sollen, so dass jeder auf einen Blick sofort erkennen kann, wie viel ihn seine Schulden wirklich kosten. Leider verstehen es einige Kreditinstitute gut, die vorhandenen Gesetzeslücken auszunutzen und so landet manch ein Kreditnehmer nicht beim günstigsten Geldverleiher, sondern bei dem, der es am geschicktesten versteht, die wahren Kosten und Gebühren zu verschleiern. In der Tat handelt es sich bei den Gebühren ebenso wie bei den „geringen" Zinsdifferenzen hinter dem Komma nicht um kleine Beträge, sondern diese „kleinen Unterschiede" können allein in den ersten 10 Jahren mehr als DM 10 000 mehr kosten. Es lohnt sich also die Vorschläge intensiv zu vergleichen und gegebenenfalls auch einen unabhängigen neutralen Fachmann zu konsultieren, der nicht etwas verkaufen will und in Provisionen denkt und berät.

Belastungsmindernd wirken sich folgende Maßnahmen aus:
- Mieteinnahmen für eine Einliegerwohnung auf Zeit;
- Bauen in Bauabschnitten. Anbauten, Dachausbauten, Garage, Gartenanlagen aller Art können später in Angriff genommen werden.
- Eigenkapitalerhöhung durch Inanspruchnahme von Verwandtendarlehen, Arbeitgeberdarlehen, Aufbaudarlehen zur Gründung eines eigenen Unternehmens, Beleihung eines Grundstücks oder Hauses oder sonstiger privater Möglichkeiten.

Bei all diesen Hinweisen kommt es darauf an, möglichst viele Gesichtspunkte wirksam werden zu lassen, um einen hohen Einsparungseffekt zu erzielen. Nur Gleichzeitigkeit in den Bemühungen während der Planung und der Finanzierung kann ein günstiges Endergebnis herbeiführen. Zu hohe Baukosten führen zu höheren Belastungen. Zu hohe Zinsen wirken sich so aus als ob die Baukosten um das Acht- bis Zehnfache höher geworden sind.

Finanzierungserleichterungen

7.2.5 Öffentliche Mittel von Bund und Ländern

(siehe auch Anhang: Ansprechpartner von 16 Ländern)
Laut Grundgesetz ist die Durchführung der Wohnungsbauförderung Sache der Länder. Hier gibt es eine vielfältige Angebotspalette in den einzelnen Ländern. Fordern Sie die zum Teil zeitlich wechselnden Bedingungen an. Aus der Fülle sei hier NRW erwähnt.

- **NRW – Ministerium für Bauen und Wohnen Nordrhein-Westfalen**, Ref. f. Presse- u. Öffentlichkeitsarbeit, Elisabethstr. 5-11, 40217 Düsseldorf (Internet: http://www.mbw.nrw.de): Der Katalog umfasst neun verschiedene Darlehen, Fördermodelle, Aufwendungsdarlehen, Familienzusatzdarlehen, Öko-und Sozialbonus, Lastenzuschuss, Steuerliche Hilfen und so weiter. Wer was bei welchem Einkommen, bei wie vielen Kindern und bei welchen Zins-und Tilgungssätzen bekommt, können Sie in der kostenlosen Broschüre „Eigentumsförderung NRW" nachlesen.
- „Modernisierungsprogramm NRW" heißt die Broschüre für Altbauten. Wer und was wird unter welchen Bedingungen zu welchen Zinssätzen gefördert – das ist eine wertvolle Information.

- KfW – Kreditanstalt für den Wiederaufbau in Frankfurt ist ein weiterer Ansprechpartner. 1998 offerierten sie speziell 10 Jahre nur 5,65 % Zinsen. Zu Beginn der Laufzeit 5 Jahre tilgungsfrei.
- Speziell für junge Familien gibt es beim Kauf oder Bau von selbstgenutzten Eigentumswohnungen bis zu 20 % der Gesamtkosten – maximal DM 200 000 als günstiges Darlehn. Bedingung: Antragsteller darf nicht älter als 40 Jahre sein. Bei einem minderjährigen Kind entfällt auch diese Bedingung.

Hinweise für die Vergabe öffentlicher Mittel

Diese Mittel müssen grundsätzlich **vor Baubeginn** oder vor Abschluss des Kaufvertrages für ein Kaufeigenheim bzw. eine Eigentumswohnung beantragt werden. Die Durchführung der Wohnungsbauförderung obliegt den Ländern. Städte, Gemeinden und Kreise erteilen Auskünfte. Ein Rechtsanspruch besteht nur insoweit, als Förderungsmittel zur Verfügung stehen. Mit anderen Worten: Verpflichtungen sollten nur dann eingegangen werden, wenn schriftliche Zusagen über die gesamte Finanzierung vorliegen.

Die Länder haben eine Reihe von Programmen mit unterschiedlichen Bedingungen aufgelegt, meist zinsgünstig, aber auch zum Teil zinslos. Die Bedingungen beziehen sich auf Einkommensgrenzen, Kinderzahl, bestimmte Personengruppen, Größe der Grundstücke beziehungsweise Wohnfläche und andere.

Eigenheimzulage bei Neubauten, Ausbauten und Erweiterungen

Staatliche Vergünstigungen für Bauherren und Käufer, die ihr Haus oder ihre Wohnung selbst nutzen wollen.
Einzelheiten unter Kapitel 7.3 Steuervorteile.

Lastenzuschüsse

Auch dem Eigentümer von selbstgenutztem Wohnraum stehen im Rahmen des Wohngeldgesetzes Zuschüsse zu: Die Bedingungen erfahren Sie, wenn Sie sich die Broschüre „Wohngeld" vom Presse- und Informationsamt der Bundesregierung, 53105 Bonn, schicken lassen.

Tilgungsstreckungen

- Bei ersten Hypotheken kann die Tilgung auf bis zu 10 Jahre ausgesetzt werden, wenn später etwas mehr getilgt wird und die Gesamtlaufzeit von z.B. 30 auf 35 Jahre verlängert wird.
- Bei Bauspardarlehen kann mit Hilfe eines Tilgungsstreckungsdarlehens und der dadurch bewirkten Zinssenkung bei der Verlängerung der Laufzeit von 11 auf 18 Jahren die Belastung gesenkt werden.

Diese beiden Möglichkeiten führen in den ersten 10 Jahren zu einer Verringerung der monatlichen Belastung um 300,– DM. Das ist fast der gleiche Effekt, wie er bei einer staatlichen Förderung erreicht werden würde.

Hypotheken von Versicherungen

Da diese Art der Hypotheken stets an den Abschluss von Lebensversicherungen gebunden ist, sollten Sie, unabhängig voneinander, zum einen den günstigsten Versicherer (Risiko- oder Kapitalversicherungen), zum anderen den preiswertesten Kreditgeber aussuchen. Der Kredit wird verzinst. Die Rückzahlung erfolgt bei Fälligwerden der Versicherungssumme. Die monatliche Belastung besteht somit aus den Zinsen und der Lebensversicherungs-Prämie.

Alles aus einer Hand

Dieser von Sparkassen und Banken angebotene Service erleichtert zwar dem Bauherrn die Beschaffung der Gelder und entlastet ihn in vielen Überlegungen, hinsichtlich der günstigsten Konditionen ist er jedoch nicht zu empfehlen. Da diese Art der Gesamtfinanzierung nur die Interessen der Bank vertritt und dieser Dienst am Kunden auch bezahlt werden muss, muss der organisatorische Vorteil mit Kostenerhöhungen bezahlt werden.

Vorteile einer Rezession

Im Falle mangelhafter Nachfrage und erhöhten Angebots an Immobilien bieten einige Verkaufsgesellschaften oder Makler interessante Konditionen aufgrund günstiger Hypothekenabschlüsse an. Das ist besonders bei Eigentumswohnungen oder Siedlungsbauten der Fall, bei denen Hypotheken en gros eingekauft werden können.
Es sei allerdings davor gewarnt, nur den propagandistisch stark herausgestellten Niedrig-Zinssatz zu sehen und die übrigen Kauf- und Preisbedingungen zu übersehen. Nur das Bündel aller Preisvorteile im Vergleich zur Qualität kann die Grundlage einer Entscheidung bei Alternativangeboten sein.
Auf jeden Fall ist in einer Niedrigzinsphase zu prüfen, ob sich ein Bausparvertrag noch lohnt mit den üblichen Darlehnszinsen von 4 % plus Gebühren = Effektivzinssatz von circa 5 oder mehr Prozent.

Zahlungsplan

Die Kapitalkosten lassen sich auch durch die Bereitstellung der Kapitalmengen zum richtigen Zeitpunkt reduzieren. Rufen Sie das Kapital in den Ratenzahlungen zu früh ab, so müssen Sie relativ hohe Zinsen zahlen. Nehmen Sie die Teilzahlung, die die Bank zu dem von Ihnen genannten Termin bereitgestellt hat, erst später ab, haben Sie Bereitstellungszinsen zu zahlen. Einschränkend ist aber zu sagen, dass Bereitstellung und Abnahme nicht auf den Tag genau geplant werden können, weil man die Zahlungsweise nicht mit den Ausführungsfirmen vereinbaren kann. Normalerweise sollte das Geld besser früher als zu spät bereitstehen, auch wenn es zum Teil ein paar Wochen nicht voll in Anspruch genommen wird. Um aber zu verhindern, dass Monate daraus werden, sollte der Planer einen exakten Bauzeitenplan für die Einzelgewerke und den Arbeitsablauf vorlegen. Aus diesem lässt sich dann der Zahlungsplan entwickeln, der die Grundlage für die Vereinbarungen mit der Bank sein sollte.

7.2.6 Bauspardarlehen

Bausparkassen im Test: Holen Sie sich die neusten Testergebnisse bei Stiftung Warentest und lesen Sie, was bei den Tests herauskam! Fünf Bausparkassen erhielten 1997 die Note „mangelhaft". Suchen Sie sich die Bausparkassen aus, die die ersten Plätze beim Test belegt haben. Das sind in der Regel immer dieselben mit der Beratungsqualität „GUT". Die komplizierten und zahllosen Tarifstrukturen erschweren einen Vergleich sehr.

Gebühren: Abschlussgebühr 1 bis 1,8 % der Bausparsumme (Einige Bausparkassen zahlen diese Gebühr zurück falls das Darlehn nicht in Anspruch genommen wird). Hinzu kommen die Kontoführungsgebühr, die Darlehnsgebühr, die Gebühr für die Kundenzeitschrift und andere, die den Darlehnszinssatz von 2 bis 4,5 % auf effektiv bis zu 6 % erhöhen. Nicht zu vergessen sind die Gebühren für die obligatorische Lebensversicherung!

Vor- und Nachteile: Aus Provisionsgründen treiben die Verkäufer von Bausparverträgen die Bausparsummen in die Höhe, so daß diese in einem Missverhältnis zum monatlich aufzubringenden Ansparbeitrag stehen. So kann es passieren, dass die Sparzeit zu lange dauert bis die notwendigen 40 bis 50 % erreicht worden sind.
Zu bedenken ist ferner, dass der Auszahlungszeitpunkt für das Darlehen oder die Zuteilung ungewiss ist. Kein Verkäufer kann und darf eine verbindliche Zusage machen, wann das Darlehen ausgezahlt werden kann. Mit dieser Terminunsicherheit und den dadurch bedingten Finanzierungsproblemen muss der Bausparer leben.
Solange die Zuteilung und Auszahlung nicht erfolgt ist, muss gegebenenfalls in voller Höhe (auch in Höhe des angesparten Guthabens!) zwischenfinanziert werden. Die Bausparkasse zahlt für das Guthaben nur einen Zins von 2 %. Daraus ergibt sich in den meisten Fällen die Erfahrung, dass ein zwischenfinanziertes Bauspardarlehen teurer ist als die normale Bankfinanzierung. Zumal dann, wenn die Hypothekenzinsen niedrig sind.

Vorteilhaft sind die niedrigen Darlehnszinsen ab 2 % (effektiver Zins ab 2,7 % bei der Leonberger) und die manchmal niedrige Ansparrate des erforderlichen Eigenkapitals von mindestens 20 % (Alte Leipziger Bausparkasse oder 30 % bei der Leonberger). Immerhin gibt es auch Wartezeitangaben von 18 Monaten (Leonberger), was verlockend ist, was aber keiner vorausberechnen kann. Dem niedrigen Darlehenszinssatz entgegen rechnen muss man den Zinsverlust für das angesparte Eigenkapital während der Ansparzeit.
Die Kündigung eines Vertrages kostet die Abschlussgebühr und bei vorzeitiger Auszahlung des Guthabens eine Entschädigung.
In vielen Fällen auch hier die Empfehlung: bedienen Sie sich eines unabhängigen (nicht auf Provisionsbasis) arbeitenden Fachmannes und vereinbaren Sie ein Festhonorar.

Verband der Privaten Bausparkassen: Dottendorfer Str. 82, 53129 Bonn, Tel. 0228/239041, Fax 0228/239046

Hier noch einige Hinweise:
- Feste Zinssätze über die gesamte Laufzeit
- Schnelle Rückzahlung des Darlehens innerhalb von 11 bis 15 Jahren bei einer allerdings hohen Gesamtbelastung von durchschnittlich 12 Prozent pro Jahr (Zinsen + Tilgung)
- Geringer Zinsverlust aufgrund des kurzen Zeitraumes in der Darlehensrückzahlung
- Bausparkassen finanzieren den Kauf oder Bau einer Wohnung, eines Neu- oder Altbaues bis zu 70 Prozent der Gesamtkosten, bei guter Bonität (Kreditwürdigkeit) auch bis zu 80 Prozent
- Bauspardarlehen können nachrangig an zweiter Stelle im Grundbuch eingetragen werden.
- Steuervorteile als Subventionen vom Staat:

  Geringverdiener ab 16 Jahren können 10 Prozent **Bausparprämie** auf die eingezahlten Beträge (Alleinstehende maximal 1 000,- DM, Ehepaare 2 000,- DM) für sich verbuchen, wenn sie weniger als 50 000,- DM (Ledige) oder 100 000,- DM (Verheiratete) zu versteuerndes Einkommen haben.
  Wenn man Freibeträge, Werbungskosten berücksichtigt, kann ein Alleinstehender bis 56 023,- DM brutto, ein Ehepaar mit 2 Kindern bis 122 574,- DM verdienen.
  Die **Sparzulage** von 936,- DM steht jedem Arbeitnehmer zu, der vermögenswirksam spart. Zusätzlich zur Prämie erhält ein Bausparer, der anspart oder seine Wohnung bzw. sein Haus entschulden möchte, eine Sparzulage. Dabei gelten hinsichtlich der Einkommenshöhe die gleichen Grenzen wie bei der Prämienzahlung.
  Unter bestimmten Voraussetzungen ist der Einsatz von Bausparverträgen auch im Ausland möglich.
  Geschenkbausparverträge können Verwandten oder Freunden aus besonderem Anlass, z.B. zur Geburt, Hochzeit usw. geschenkt werden.
  Seit dem 1. Januar 1991 ist die Verwendung von Bausparverträgen für den Erwerb von Rechten zur „dauernden Nutzung von Wohnraum" zulässig. Dies gilt insbesondere zur Finanzierung von Wohnraum in Altenwohnheimen oder Altenpflegeheimen.
- Bausparen in EURO: Ab 1. Januar 1999 beginnt auch für die Bausparkassen die „parallele Buchführung". Alle Zahlungs- und Buchungsvorgänge sind in DM oder EURO möglich. Die Kunden können selbst entscheiden, in welcher Währung ihr Bausparkonto während der Übergangszeit bis zur endgültigen Umstellung geführt werden soll. Ab 1.1.2002 erfolgt dann die endgültige Umstellung auf EURO. Einzahlungen sind in DM und EURO möglich.

Tabelle 30 Aufstellung und Vergleich von Finanzierungsplänen

	Angebot 1 Baugesellschaft Einzelhaus Anschrift				
	Betrag (DM)	Zinsen (DM)	Tilgung (DM)	Effektivzinsen (%)	Restschuld (DM)
1. Hypothek _____ Bank _____ % Auszahlung _____ Jahre fest					
2. Hypothek _____ Bank _____ % Auszahlung _____ Jahre fest					
Bauspardarlehen _____ _____					
_____ Darlehen _____ _____					
Eigenkapitel _____					
Selbsthilfe laut Aufstellung					
Restfinanzierung _____					
Summen					

Fortsetzung S. 258

Tabelle 30 (Fortsetzung)

	Angebot 2 Baugesellschaft Einzelhaus Anschrift				
	Betrag (DM)	Zinsen (DM)	Tilgung (DM)	Effektiv-zinsen (%)	Rest-schuld (DM)
1. Hypothek _____ Bank _____ % Auszahlung _____ Jahre fest					
2. Hypothek _____ Bank _____ % Auszahlung _____ Jahre fest					
Bauspardarlehen _____ _____					
_____ Darlehen _____ _____					
Eigenkapitel _____					
Selbsthilfe laut Aufstellung					
Restfinanzierung _____					
Summen					

Betriebskosten gemäß DIN 18 960 (pro Jahr):
Heizenergie, Strom, Wasser, Telefon, Steuern, Versicherung .... DM

7.3 Steuervorteile (Stand: April 1999)

Steuerliche Vergünstigungen mindern die finanziellen Belastungen aus Hypotheken und Krediten zum Teil so sehr, dass erst dadurch die Monatsbelastung tragbar und das Bauen oder der Kauf eines Wohnobjekts möglich werden. Indem der Bauherr **weniger Steuern** zahlt, erhöht sich sein **Nettoeinkommen**. Er kann auf diese Weise seine monatliche Belastung erhöhen.

Steuervorteile beruhen auf einem gesetzlichen Anspruch und sollten deshalb voll wahrgenommen werden. Werfen Sie daher nicht gleich die Flinte ins Korn, wenn Ihnen jemand bei der Bank oder der Bausparkasse eine hohe Monatsbelastung errechnet hat. **Erst eine gründliche Steuerberatung**, abgestellt auf Ihre besonderen steuerlichen Bedingungen, wird Ihnen sagen, wie viel DM der Staat von Ihrer Belastung übernimmt und Sie damit entlastet.

Auf jährliche Steuergesetzänderungen ist zu achten.

7.3.1 Staatshilfen

Der Deutsche Bundestag hat am 27. Oktober 1995 das **Eigenheimzulagengesetz (EigZulG)** beschlossen. Es gilt seit dem 1. Januar 1996 und hat das Gesetz zur Neuregelung der steuerrechtlichen Förderung des **selbst genutzten** Wohneigentums (Wohneigentumsförderungsgesetz) vom 15. Mai 1986 in der Fassung ab 1994 abgelöst. Zuletzt ergänzt durch das Steuerreformgesetz vom 19.03.1999. Weitere Änderungen werden zurzeit beraten.

Für ausschließlich **vermietetes** Wohneigentum gelten die bisherigen steuerrechtlichen Bestimmungen unverändert.

Hier die wichtigsten Regelungen für die steuerrechtliche Förderung des **eigen genutzten** Wohneigentums:

- **Welche Objekte sind begünstigt?**
  Seit dem 1. Januar 1996 ist die Herstellung oder Anschaffung einer Wohnung in einem eigenen Haus oder einer eigenen Eigentumswohnung begünstigt.
  Der Wohnraum muss im Inland, d.h. im Bundesgebiet liegen.
  Nicht begünstigt ist eine Ferien- oder Wochenendwohnung und eine Wohnung oder ein Anteil daran, die zwischen Ehegatten angeschafft werden, wenn bei den Ehegatten zum Zeitpunkt der Anschaffungen die Voraussetzungen des § 26 Abs. 1 EStG vorliegen.
  Die Kosten von **Ausbauten** von eigen genutzten Wohnungen und **Erweiterungen** sind nach § 2 Abs. 2 EigZulG begünstigt, wenn sowohl die Wohnung, an der der Ausbau oder die Erweiterung vorgenommen wird, als auch die hierdurch gewonnene Wohnfläche zu eigenen Wohnzwecken genutzt werden.
  Begünstigt sind also jede zu eigenen Wohnzwecken genutzte Wohnung, der Ausbau oder die Erweiterung, unabhängig davon, ob es sich um eine Wohnung in einem Einfamilienhaus, einem Zweifamilienhaus oder einem anderen Haus handelt.

– **Förderzeitraum**
Die Eigenheimzulage kann im Jahr der Fertigstellung oder Anschaffung und in den sieben darauf folgenden Jahren in Anspruch genommen werden.
Der **Förderzeitraum** beträgt also **acht Jahre,** egal ob im Herstellungs- oder Anschaffungsjahr der Wohnraum im Januar oder Dezember genutzt werden kann. Da also der Förderzeitraum in jedem Fall im Jahr der Herstellung bzw. der Anschaffung – und nicht etwa des Einzugs – beginnt, verliert ein Anspruchsberechtigter, der **nicht** bereits im Jahr der Herstellung oder der Anschaffung einzieht, einen Teil des Förderzeitraumes. Dies gilt auch für Ausbauten und Erweiterungen.

– **Nutzung zu eigenen Wohnzwecken**
Der Anspruch auf die Eigenheimzulage besteht nur für Kalenderjahre, in denen der Anspruchsberechtigte die Wohnung zu eigenen Wohnzwecken nutzt. Eine Nutzung zu eigenen Wohnzwecken liegt auch vor, soweit eine Wohnung unentgeltlich einem Angehörigen im Sinne des § 15 der Abgabenordnung zu Wohnzwecken überlassen wird. Wird eine Wohnung einem anderen unentgeltlich überlassen, dient diese nicht zu eigenen Wohnzwecken.
Werden einzelne Zimmer gelegentlich oder auf Dauer an Fremde vermietet oder nutzt der Eigentümer Teile seiner Wohnung zu gewerblichen Zwecken, kann der Zulagenbetrag für diese Teile nicht in Anspruch genommen werden.

– **Einkunftsgrenze**
Die Eigenheimzulage ist vom Veranlagungszeitraum an auf Steuerpflichtige beschränkt, deren Gesamtbetrag der Einkünfte DM 240 000,– für Ledige und DM 480 000,– für Verheiratete **im Erstjahr und im Vorjahr zusammen** nicht übersteigt.
Es gelten also die Einkommensverhältnisse im Jahr der Fertigstellung oder der Anschaffung plus dem Vorjahr. D.h.: werden danach die Einkommensgrenzen überschritten, kann gleichwohl die Eigenheimzulage für den Rest des Förderzeitraumes beansprucht werden.
Bauherren und Eigenheimerwerber, die erst in einem späteren Jahr, z.B. infolge Arbeitslosigkeit oder Wegfall von Arbeitseinkünften eines Ehegatten, die Einkommensgrenze unterschreiten, können die Eigenheimzulage ab diesem Jahr bis zum Ende des Förderzeitraumes beanspruchen.
Maßgeblich ist der Gesamtbetrag der Einkünfte, wie er der Besteuerung zugrunde gelegt worden ist. Änderungen des Einkommensteuerbescheides können eventuell auch die Festsetzung der Eigenheimzulage ändern.

– **Objektbeschränkung**
Jeder Steuerpflichtige kann, wie auch beim § 7 b EStG, § 10 e EStG, nur einmal in seinem Leben für **eine** zu eigenen Wohnzwecken genutzte Wohnung oder für **einen** zu eigenen Wohnzwecken genutzten Ausbau oder **einer** Erweiterung die Eigenheimzulage in Anspruch nehmen.
Objekte, für die der Steuerpflichtige erhöhte Absetzungen nach § 7 b EStG oder nach § 10 e EStG in Anspruch genommen hat, schließen die Eigenheimzulage nach dem EigZulG bei einem anderen Objekt aus. Dabei bleiben Ein- und Zweifamilienhäuser

oder Eigentumswohnungen, für die der § 7 b EStG in den Fassungen vor dem 1. Januar 1965 in Anspruch genommen worden ist, unberücksichtigt.

– **Folgeobjekt**
Nicht ausgenutzte Jahre des Förderzeitraumes können vom Erstobjekt auf ein Folgeobjekt übertragen werden.
Dabei gelten auch die Jahre als ausgenutzt, in denen die Einkunftsgrenze (DM 120 000,–/240 000,–) überschritten wird, oder der Anspruchsberechtigte vor Bezug der Wohnung Förderbeträge für das Erstobjekt wegen fehlender Selbstnutzung nicht in Anspruch nehmen konnte.
Als Folgeobjekt kommt eine neue eigen genutzte Wohnung, ein Ausbau oder eine Erweiterung in Betracht. Die Übertragung ist ohne zeitliche Beschränkung möglich, auch wenn der Bauherr oder Erwerber die Förderung für das von ihm bewohnte Folgeobjekt bereits im Jahr der Herstellung oder Anschaffung beanspruchen kann, selbst dann, wenn das Erstobjekt in diesem Jahr noch zu eigenen Zwecken genutzt war. Eine Erhöhung der Gesamtförderung entsteht hierdurch nicht.

– **Bemessungsgrundlage**
Die Bemessungsgrundlage für den Fördergrundbetrag sind die Herstellungs- oder Anschaffungskosten der Wohnung zuzüglich der vollen Anschaffungskosten für den dazugehörenden Grund und Boden. Bei Ausbauten oder Erweiterungen sind die Herstellungskosten die Bemessungsgrundlage.
Für Teile der Wohnung, die nicht zu eigenen Wohnzwecken genutzt werden, ist die Bemessungsgrundlage um den hierauf entfallenden Teil zu kürzen.

– **Höhe der Eigenheimzulage (Fördergrundbetrag und Kinderzulage)**
Die Eigenheimzulage nach EigZulG umfasst den Fördergrundbetrag und die Kinderzulage.
Der Fördergrundbetrag (Neubauten, Ausbauten, Erweiterungen) **beträgt jährlich 5 von Hundert der Bemessungsgrundlage** (Anschaffungs-/Herstellungskosten von maximal 100 000 DM bei Neubauten inkl. Grundstück) bis zu 5 000 DM jährlich. **In acht Jahren maximal 40 000 DM.**
Wird ein Neubau nicht bis zum Ende des zweiten auf das Jahr der Fertigstellung folgenden Jahres eigen genutzt, gilt der Neubau bereits als Altimmobilie, und **der Fördergrundbetrag für Altimmobilien beträgt 2,5 von Hundert, maximal DM 2 500,– jährlich. In acht Jahren maximal DM 20 000 jährlich.** Dies gilt auch für einen Ausbau oder eine Erweiterung.
Bei mehreren Eigentümern einer Wohnung kann der Fördergrundbetrag nur entsprechend seinem Miteigentumsanteil in Anspruch genommen werden.
Die Kinderzulage, früher Baukindergeld, beträgt für jedes Kind, für das der Anspruchsberechtigte im jeweiligen Kalenderjahr des Förderzeitraumes einen Kinderfreibetrag oder Kindergeld erhält, jährlich **DM 1 500,–** (max. acht Jahre).
Nichtverheiratete Eltern, die Miteigentümer einer Wohnung sind, können wie Ehegatten die Kinderzulage für das gemeinsame Kind insgesamt nur einmal in Anspruch nehmen.

- **Entstehung des Anspruches auf Eigenheimzulage**
Die Eigenheimzulage kann mit Beginn der Nutzung der hergestellten oder angeschafften Wohnung zu eigenen Wohnzwecken beansprucht werden. Für jedes weitere Jahr des Förderzeitraumes mit Beginn des Kalenderjahres, für das eine Eigenheimzulage festzusetzen ist.

- **Festsetzung der Eigenheimzulage**
Die Eigenheimzulage wird vom zuständigen Finanzamt auf Antrag festgesetzt. Der Antrag ist spätestens bis zum Ablauf des zweiten Kalenderjahres zu stellen, das auf das Jahr folgt, in dem erstmals die Voraussetzungen, nämlich Beginn der Eigennutzung und Unterschreitung der Einkommenshöchstgrenzen, für die Inanspruchnahme der Eigenheimzulage vorliegen.
Erhöht oder vermindert sich der Fördergrundbetrag oder die Zahl der Kinder nach der erstmaligen Festsetzung, ist die Eigenheimzulage nach Ablauf des Kalenderjahres neu festzusetzen.
Entfallen die Voraussetzungen für die Inanspruchnahme der Eigenheimzulage, z.B. durch Verkauf oder Vermietung der Wohnung, ist die Festsetzung mit Wirkung vom folgenden Kalenderjahr an aufzuheben.
Diese Veränderungen sind dem zuständigen Finanzamt vom Anspruchsberechtigten mitzuteilen.
Die Eigenheimzulage ist keine Steuervergünstigung, sondern eine steuerliche Subvention. Falschangaben werden als Subventionsbetrug geahndet.

- **Auszahlung der Eigenheimzulage**
Nach Bekanntgabe des Bescheides wird die Eigenheimzulage ausgezahlt. Dies gilt für das erste Jahr, danach erfolgt die Auszahlung zum 15. März eines jeden Jahres, bzw. nach Bekanntgabe etwaiger neuer Bescheide.
Überzahlungen sind innerhalb eines Monats nach Bekanntgabe des Bescheides zurückzuzahlen.

- **Ökologische Maßnahmen**
Für den Einbau von Solaranlagen, Wärmepumpen und Wärmerückgewinnungsanlagen vor Bezug des Neu- und Altobjekts werden 2 von Hundert der Bemessungsgrundlage (Aufwendungen bzw. anteilige Anschaffungskosten), höchstens DM 500,–, jährlich für höchstens acht Jahre **zusätzlich** zur Eigenheimzulage gezahlt.
Für den Neubau eines Niedrigenergiehauses wird jährlich für acht Jahre eine Zulage von DM 400,– **zusätzlich** zur Eigenheimzulage gewährt.
Die Fertigstellung und der Einbau muss vor dem 01.01.2001 erfolgen. Für Ausbauten oder Erweiterungen gelten die Subventionen nicht.

- **Nachholung von Zulagebeträgen**
Eine Nachholung von verpassten Eigenheimzulagen ist nicht möglich.

- **Nachträgliche Anschaffungs-/Herstellungskosten**
Die Erhöhung der Bemessungsgrundlage ab dem Jahr der Entstehung kann geltend gemacht werden. Eine Rückbeziehung ist ausgeschlossen.

- **Vorkostenabzug**
Nach § 10 i EStG kann bei Gewährung der Eigenheimzulage ein Abzug in den ersten drei Jahren als (Einmal-)Vorkostenpauschale in Höhe von DM 3 500,– vorgenommen werden.
Erhaltungsaufwand kann nur bis zu einer Höhe von DM 22 500,– abgezogen werden und ist nicht an die Gewährung der Eigenheimzulage gebunden. Dies gilt nur noch für Objekte deren Herstellung oder Anschaffung vor dem 01.01.1999 begonnen hat.

- **Ehegatten als Erben/geschiedene Ehegatten**
Ist der achtjährige Abzugszeitraum des nach § 10 e EStG begünstigten Objektes noch nicht abgelaufen und verstirbt der Ehegatte, der Alleineigentümer des Objekts ist, so kann der andere Ehegatte, wenn er Erbe des Verstorbenen ist, den Steuerabzug fortführen. In Fällen, in denen ausschließlich die Ehegatten Miteigentümer einer zu eigenen Wohnzwecken genutzten Wohnung sind, kann der überlebende Ehegatte den Abzugsbetrag in Anspruch nehmen, der auf den hinzuerworbenen Anteil entfällt, egal, ob neben dem überlebenden Ehegatten noch eine andere Person Miterbe wird.
Diese Regelung gilt auch, wenn sich die Ehegatten, die Eigentümer einer zu eigenen Wohnzwecken genutzten Wohnung sind, vor Ablauf des Abzugszeitraumes scheiden lassen. Wird ein Ehegatte im Rahmen des Scheidungsverfahrens Alleineigentümer eines bisher beiden Ehegatten gehörenden Objekts, kann er die Abzugsbeträge in der bisherigen Höhe bis zum Ablauf des Abzugszeitraumes abziehen. (Für den anderen geschiedenen Ehegatten tritt Objektverbrauch ein.) Wird neben diesem Ehegatten noch eine andere Person Miteigentümer, z.B. ein gemeinsames Kind, kann der Ehegatte die Begünstigung nur bei dem ihm ursprünglich zustehenden Miteigentumsanteil in Anspruch nehmen.

- **Anschaffung von Genossenschaftsanteilen**
Wer einen Anteil von mindestens DM 10.000 erwirbt, erhält acht Jahre lang eine Subvention von 3 % des erworbenen Anteils, höchstens DM 2.400 für jedes Jahr, in dem der Anspruchsberechtigte die Genossenschaftsanteile inne hat.

- **Eintragung auf der Lohnsteuerkarte**
Eintragungen auf der Lohnsteuerkarte können nur für Ansprüche aus dem geltenden Recht (§ 7 b und 10 e EStG), das bis zum 31. Dezember 1995 bestanden hat, vorgenommen werden.
Hinsichtlich der Eigenheimzulage ist dies nicht möglich, da diese bereits im März des jeweiligen Jahres des Förderzeitraumes ausgezahlt wird.

- **Wohnungsbauprämie**
  Eine Wohnungsbauprämie können Bausparer erhalten, wenn sie Einzahlungen auf einen Bausparvertrag oder einen Kapitalansammlungsvertrag leisten. Zu beachten sind die Einkommensgrenzen.
  Steuervorteile bei Bausparverträgen siehe Seite 256.

- **Abschreibungen**
  Für die „Neuen Bundesländer"gab es gemäß Fördergebietsgetz einen abgesenkten Abschreibungssatz bis Ende 1998. Mit wechselnden Steuergesetzen sollte der Bauherr oder Käufer sich über den neuesten Stand informieren. Zeitweise gilt für alle Bundesländer nur eine Sonderabschreibung für Altbausanierung.

- **Gebäude unter Denkmalschutz**
  Für Gebäude, die unter Denkmalschutz stehen, gelten besondere Abschreibungen.

7.3.2 Buchführung

Kosten sparend wirkt sich eine Buchhaltung aus, die alles an Kosten erfasst, was vom Bauentschluss an zu zahlen ist. Die Bauausgaben-Buchhaltung des Architekten kann die des Bauherrn nicht ersetzen. Neben den eigentlichen Bau- und Baunebenkosten fällt schon vor Beauftragung des Architekten eine Unmenge von kleinen und großen Beträgen für Anzeigen, Gebühren, Grundstückskosten usw. an. Der Bauherr muss schließlich auch die Kosten für die Planer registrieren, die Abschlagszahlungen von den Rechnungen absetzen und dem Steuerberater die gesamte Sammlung seiner Ausgaben vorlegen.
Die Ausgaben sollten chronologisch und spezifiziert gegliedert in Form von Belegen, Rechnungen, Quittungen, Notizen usw. erfasst, gebucht und abgeheftet werden.
Machen Sie sich eine **Gliederung entsprechend DIN 276**/93(siehe Anhang).
In die einzelnen Rubriken gehören auch die zugehörigen Nebenkosten. Unter die Kosten sonstiger Art fallen alle sonst nicht unterzubringenden Beträge, vor allem aber die Finanzierungskosten, aber auch Fahrtkosten, Porto- und Telefongebühren, Trinkgelder und Umzugskosten, Honorare usw.
Erfassen Sie auch die Kosten für die alte Wohnung (Nutzungsausfall, Anzeigen, Renovierung u.a.), Hotelkosten, Maklergebühren, Reiseaufwendungen, Ab- und Aufbaukosten, Ummeldungskosten für Telefon, Stadtwerke usw.
Zu den Finanzierungskosten gehören nicht nur das Disagio und die Zinsen vom Datum der Inanspruchnahme an, sondern auch die Abschlussgebühren bei Bausparverträgen, Nebenkosten bei Banken, die Wertgutachtengebühren, die Kosten für Versicherungen, Vervielfältigungen usw. Nicht zu vergessen sind Beträge für das Grundbuch, den Notar, das Richtfest, die Vermessung, die Entschädigungen für Ihre Helfer bei den Eigenleistungen usw.
EURO: Ab 1. Januar 1999 werden die Bank- und Bausparkonten wahlweise je nach Wahl des Kunden in DM oder EURO geführt. Dementsprechend werden auch die vermögenswirksamen Leistungen von Arbeitgeber und die staatliche Wohnungsbauprämien verbucht. Alle Zahlungs- und Buchungsvorgänge erfolgen in der „parallelen Buchführung". Ebenso

wird der Endsaldo im Jahreskontoauszug in beiden Währungen angegeben. Ab 1. Januar 2002 wird dann auf EURO umgestellt.

Als **Werbungskosten** erkennt das Finanzamt bestimmte Aufwendungen bei Einkünften **aus Vermietung und Verpachtung** an. Sie sind im Jahre des Entstehens in voller Höhe geltend zu machen. Informieren Sie sich aber über Änderungen. Definiert sind diese Gebühren im Einzelnen im Bauherrenerlass (BMF-Schreiben v. 31.08.90.)

Zum Beispiel:

– Abschlussgebühren bei Bausparverträgen
– Darlehensgebühren bei Bausparkassen
– Disagio bis zu 10 Prozent
– Gebühren für eine Beleihungsprüfung
– Bereitstellungszinsen für Darlehen, die schon bewilligt,
  aber noch nicht beansprucht worden sind
– Gebühren für Bankbürgschaften
– Gebühren für die Vermittlung von Finanzierungen
– Gebühren für das Grundbuchamt
– Gebühren und Zinsen für die Vor- und Zwischenfinanzierung,
  wenn sie bewilligt, aber noch nicht ausgezahlt worden sind
– Schuldzinsen für Hypotheken und Bauspardarlehen
– Notarkosten für die Sicherung der Finanzierung
– Unkosten des Bauherrn in Verbindung mit der Finanzierung
  (Telefon, Reisekosten usw.)
– Grundsteuern
  (Dies gilt nicht für eigengenutzten Wohnraum)

Selbst- oder Fremdnutzung

Das Einkommensteuergesetz macht in der Besteuerung Unterschiede zwischen eigengenutzter Immobilie oder vermieteter Immobilie.

7.4 Eigenleistungen

7.4.1 Voraussetzungen

Es muss die Zeit und Bereitschaft vorhanden sein, für einen längeren Zeitraum auf Urlaub, Familie, Hobbys und freie Wochenenden mehr oder weniger zu verzichten und viel Einsatz und Ausdauer zu bringen. Das kann sich auch ausdehnen auf Familienangehörige, Freunde und Verwandte. Sollte das nicht gewährleistet sein, muss mit mehr Geldeinsatz oder Bauzeitverlängerung gerechnet werden. Es müssen auch die gesundheitlichen und handwerklichen Voraussetzungen bei den Beteiligten gegeben sein. Hinzu kommen der Einsatz von Werkzeugen und Maschinen, die angeschafft oder ausgeliehen werden müssen.

Für alle Beteiligten muss ein ausreichender Versicherungsschutz gegen Unfallgefahren und dergleichen abgeschlossen werden z.B. durch eine Bauberufsgenossenschaft.

Da es ja nicht nur um die körperliche Arbeit geht, muss auch ein gewisses Maß an Organisationstalent vorhanden sein. Die einzelnen Planungs- und Arbeitsschritte müssen aufeinander und mit den Handwerkern terminlich, witterungsmäßig und von der Materiallieferung her abgestimmt werden.

Erwartet werden muss auch die Kenntnis von Bauvorschriften, DIN Normen und die Sicherheitsvorschriften z.B. beim Gerüstbau, bei Installationsarbeiten und dergl.

Schließlich muss der Materialeinkauf in den nötigen Mengen, der Güte und den günstigen Preisen abgeschlossen werden.

Die Planung und der Ausführungsablauf von **konventionellen Häusern** läuft unter anderen Prämissen ab als das Bauen mit Fertigteilen oder von Fertighäusern. Hier ist der Bauherr nicht nur auf diejenigen Arbeitsbereiche beschränkt, die der Hersteller ihm überlässt, sondern praktisch auf alle Gewerke. Es gibt genug Beispiele, die zeigen, wie Bauherren, von den Fundamenten bis zu den Malerarbeiten, in mehrjähriger Bauzeit vieles selbst ausführt. Dabei sind dann auch außergewöhnlich günstige Bausummen entstanden, die aber keine allgemein anwendbaren Schlussfolgerungen erlauben. Da der **Lohnanteil etwa die Hälfte der Gesamtkosten** ausmacht, kann sich jeder ausrechnen, wie hoch die Einsparung bei seiner Baumaßnahme wäre, wenn er jede freie Stunde, die Wochenenden und die Ferienzeiten viele Jahre lang mit Familie und Freunden auf dem eigenen Bau arbeiten würde.

Da Bauherren nicht immer zur Verfügung stehen, wenn Lohnarbeiten in Selbsthilfe geplant sind, müssen sie von den Firmen zu relativ hohen Preisen ausgeführt werden oder es müssen Wartezeiten bezahlt werden.

Die so genannten „**bauseitigen Lieferungen**" des Bauherrn unterliegen einer hohen Verlustquote, wenn sie nicht gegen Diebstahl, Beschädigung oder Verschwendung geschützt werden. Im Schadensfalle ist der Verursacher selten festzustellen, insbesondere während des Rohbaues, wenn verschließbare Räume noch nicht vorhanden sind. Besonders begehrt sind natürlich die Maschinen und Werkzeuge des Bauherrn, für die sich niemand verantwortlich fühlt.

Daher muss sich jeder die Frage stellen: Kann ich diese **Verantwortung übernehmen**? Die Kosten von Personen- und Sachschäden können u.U. so hoch ausfallen, dass sie die Gewinne aus der Selbsthilfearbeit weit übersteigen. Vor der Überschätzung der Möglichkeiten beim Einsatz der eigenen Kraft muss daher gewarnt werden.

Sparen durch Eigenleistungen: Bis zu 30 Prozent können Eigenleistungen als Eigenkapital oder „Muskelhypothek" von Finanzierungsinstituten anerkannte werden! Allerdings nur unter der Voraussetzung, dass sie schlüssig nachgewiesen werden. Die Höhe der Eigenleistungen wird nach dem Prinzip ermittelt wie es der Gesetzgeber vorsieht (§ 36 Absatz 3 II WoBauGe) „Der Wert der Selbsthilfe ist mit dem Betrag als Eigenleistung anzuerkennen, der gegenüber den üblichen Kosten der Unternehmerleistung erspart wird". Das heißt der Facharbeiterlohn wird zugrunde gelegt, der notwendig wäre, um die Arbeit zu tun, die der Bauherr an seinem Haus verrichtet. Damit reduziert sich das Kreditvolumen und die sonst dafür aufzubringenden Zinsen, was sich stark Kosten senkend insbesondere für junge Familien oder handwerkliche talentierte Bauherrn auswirken kann.

Schwarzarbeit – riskant und strafbar

Die Gewährleistungsansprüche sind mehr als fraglich, da sich bei Zahlungen ohne Quittungen schwer Nachweise führen lassen. Dem Handwerker droht ein Verfahren wegen Steuerhinterziehung, dem Bauherrn wegen Beihilfe dazu. Wer keinen Gewerbeschein hat, nicht in die Handwerksrolle eingetragen ist oder Arbeitslosengeld kassiert, macht sich strafbar (Gesetz gegen die Schwarzarbeit). Schließlich: Pfuscharbeit kann teuer werden, wenn man keinen hat, an den man sich wenden kann und den Pfusch reparieren lassen muss.

7.4.2 Einsparungen

Etwa 45 bis 55 Prozent aller Bauherren von Ein- und Zweifamilienhäusern **leisten Selbsthilfe.** Sie sparen durchschnittlich 10 bis 15 Prozent. Nur 5 Prozent der Bauherren sparen über 30 Prozent. Etwa 10 Prozent der Bauherren sparen 20 bis 30 Prozent. Die überwiegende Zahl der Bauherren übernimmt lediglich die Malerarbeiten und die gärtnerischen Arbeiten.

– Wenn überhaupt Einsparungen durch Selbsthilfe im Finanzierungsplan angesetzt werden sollen, dann sollten sie **nicht so hoch berechnet** werden. Zum einen benötigt jeder Bauherr ein kleines Reservepolster, zum anderen treten zusätzliche Belastungen auf, wie Verlust an Materialien, Zusatzleistungen durch die Firmen, längere Bauzeiten und anderes.

– Eigenleistungen werden bei der **Honorarberechnung** so angesetzt, als ob sie von Firmen ausgeführt wären. Denn der Architekt und Bauleiter hat nicht weniger Arbeit, sondern mehr Koordinationsleistungen zu erbringen, wenn Bauherren in do-it-yourself-Manier in den Bauprozess eingreifen.

– Wenn Baustoffe direkt eingekauft werden, sollten bei der Kaufentscheidung nicht hohe Rabattsätze, sondern allein **Nettopreise** entscheidend sein. Zu bedenken sind außerdem Fragen des Transports, der Lagerung, sowie Risiken, Garantien usw.

– Die **wirksamsten Einsparungen** erzielt ein Bauherr durch die **Denkarbeit** vor und während der Planung, nicht in Stemm- und Schubkarrenarbeit auf der Baustelle.

– Eigenleistungen müssen in den **Terminplan** des Bauablaufs präzise eingeordnet werden, und zwar differenziert mit den einzelnen Zeitspannen für Materialbeschaffung, Vorarbeiten sowie Haupt- und Nacharbeiten. Dementsprechend werden die Firmenarbeiten koordiniert. Diesen Plan aufzustellen und mit allen Beteiligten abzustimmen, ist Sache des Bauleiters. Er kann dem Bauherrn dann auch sagen, um wie viel Wochen sich die **Bauzeit** aufgrund des Einsatzes von Eigenhilfe **verlängert.** Der Bauherr kann dann abwägen, was er durch Eigenleistungen spart und was er an Bauzeit und damit an Zinsen und Miete mehr zu zahlen hat. Dann erst sollte er sich endgültig auf einen festen Umfang eigener Leistungen festlegen.

– In Zweifelsfällen sollte sich der Bauherr nicht für seinen Einsatz entscheiden, wenn damit **Gewährleistungsansprüche** verloren gehen. Teures Installationsmaterial zu kaufen und es dann ohne Fachkenntnisse einzubauen, bringt den Bauherrn um alle Ansprüche gegenüber den Lieferfirmen.

Ebenso ist davon abzuraten, Teilleistungen auszuführen, wenn sich später Mängelrügen an den Handwerkerleistungen damit abwehren lassen, dass der Bauherr ja selbst beteiligt war.

Beispiel: Der Bauherr verlegt den schwimmenden Estrich, eine Firma verlegt den Teppichbelag. Beanstandungen an dem Teppich wird die Firma mit dem Argument zurückweisen, dass der Untergrund nicht in Ordnung war. Besser ist es also, derartige Aufgaben nur an eine Firma zu vergeben.

- Eigenleistungen bei **Planung und Bauleitung:**
  - Erarbeitung eines Raumprogramms mit dem Bauprogramm
  - Vorlage eines Raumbuches (Einrichtungseinzelheiten)
  - Beschaffung von Planungsunterlagen, Lageplänen, Formularen, Finanzierungsunterlagen usw.
  - Mitwirkung bei den Aufmaßen zur Kontrolle der Massen
  - Führung eines Bautagebuches, eines Ausgabenverzeichnisses und eines Notizbuches über alle Besprechungen, Behördenbesuche, Telefonate, Verabredungen usw.
  - Ausführung von Teilleistungen in der Planung, soweit das möglich, sinnvoll und verabredet ist

- Eigenleistungen **auf dem Bau:**
  Erdarbeiten
  - Beseitigung des Strauchwerks, der Bäume und etwaiger Abbruchreste auf dem zu bebauenden Grundstücksanteil
  - Mutterbodenabtrag und späteres Aufbringen
  - Sicherung des Baumbestandes, Schutz der Baustelle
  - Bauzaun, Einfriedigungen, Plattenverlegung, Rasen, Bepflanzungen, Terrassierungen und dergleichen

  Allgemeine Arbeiten während der Bauzeit
  - Baureinigung, Stemmarbeiten, Schuttabfuhr

  Hilfsdienste für Facharbeiter
  - Schließen von Öffnungen, Durchbrüchen, Schlitzen usw.

  Zimmererarbeiten
  - Ausbau- und Dämmungsarbeiten im Anschluss an den Rohbau
  - Deckenverkleidungsarbeiten in Holz
  - Montage leichter, nichttragender Trennwände in Stahl- oder Holzständerwerk, mit Gipskarton oder Holz verkleidet
  - Kellerausbau (Regale, Einbauten, Schränke usw.)

  Küche
  - Einrichtung montieren, Geräte anschließen, Schränke aufstellen

  Malerarbeiten
  - Decken und Wände tapezieren und streichen
  - Sockel- und Gardinenleisten anbringen

Sonstiges
- Lampen anschließen
- Anbringen von Hausnummern, Briefkästen, Namenschildern, Wandhaken, Garderobe, Badezimmerzubehör (wie Spiegel, Konsolen, Handtuchhalter), Abtrittrosten und -matten
- im Garten: Aufstellen von Wäschespindeln, Teppichstangen, Spielgeräten usw.

Darüber hinaus gibt es eine Fülle von preiswerten Einrichtungen und Möbeln, die ohne Vorkenntnisse selbst zu montieren sind.
Facharbeiter sollten in ihrem Metier zupacken. Sogar für die Heizung gibt es Selbstbausysteme mit Montageanleitungen, die vormontiert sind und ohne Löten und Schweißen zusammengebaut werden können.

7.4.3 Spargrenzen

Bausatzhäuser oder Selbsthilfe-Bausätze stellen bereits sehr hohe Ansprüche an die handwerklichen Fähigkeiten, den Zeiteinsatz und das baukonstruktive Verständnis. Ohne Vorbildung und ohne Erfahrung ist die Gefahr eines Misserfolgs sehr hoch. Natürlich machen die Lieferfirmen nicht auf den Schwierigkeitsgrad oder die Gewichte aufmerksam, mit denen der Selbsthilfe-Bauherr zu tun hat; zum Teil sind es strapaziöse und kräftezehrende Eigenleistungen, die da abverlangt werden.
Auch bei der Frage, welche Art von Außenwänden, Kellerteilen oder Dachbaustoffe zu bevorzugen sind, sollten Bauherren sich von **neutralen Fachleuten beraten** lassen.
Bezogen auf die Bauwerkskosten (Kostengruppe 300 und 400 der DIN 276) werden von Firmen, die Selbsthilfe-Bausätze liefern, **30 Prozent an Einsparungsmöglichkeiten** in Aussicht gestellt. Dies sollte durch Einholung von Alternativangeboten überprüft werden. Der Aussagewert derartiger Angaben ist zu bezweifeln.

Vergleichsobjekte wären

- abgerechnete Baukosten von zeitlich und örtlich, qualitativ und quantitativ vergleichbaren Einfamilienhäusern in konventioneller Bauweise;
- aufgrund von entsprechenden Ausschreibungen ermittelte verbindliche Kostenangebote;
- tatsächlich erzielte Preise für gleichartige Haustypen, die von Bausatz-Anbietern auch schlüsselfertig angeboten werden.

7.5 Terminplanung

7.5.1 Kosten von Zeitverlusten

Die einzelnen Zeitabschnitte für die Planung und Ausführung müssen gesteuert und minimiert werden, um auch in diesem Bereich die Nebenkosten zu senken. Um das verständlicher zu machen, seien folgende Hinweise gegeben.

Kosten von Zeitverzögerungen anhand eines Beispiels von 6 Monaten:

Annahmen:	Miete	1 000,– DM
	Zinsen	1 500,– DM
		2 500,– DM pro Monat

Verzögerungen in der Planungszeit: 2,5 Monate
Verzögerungen in der Bauzeit: 3,5 Monate
6,0 Monate insgesamt

Mehrkosten für den Bauherrn: 6 x 2 500,– = **15 000,– DM**

7.5.2 Zeitverluste vermeiden

– In den **Frühstadien** nach dem Bauentschluss wird erfahrungsgemäß zu großzügig mit der Zeit umgegangen. Die in dieser Zeit zu treffenden Entscheidungen sind weitaus wichtiger als die während der Ausführungsplanung, Bauleitung usw. Der Architekt ist der General Manager. Aber auch vom Bauherrn wird erwartet, dass er sich für seine Entscheidungen nicht zu viel Zeit einräumt. Erste Aufgabe des Bauherrn ist es also, schon vor der Einschaltung eines Architekten einen Zeitplan aufzustellen und danach seine „Hausaufgaben" zu erledigen: zum Beispiel der Kauf eines Grundstückes, die Aufstellung eines Finanzierungsplanes und die damit verbundenen Gespräche mit Banken, Sparkassen und Bausparkassen.

– **Zu kurze Planungszeiten** können Fehlentscheidungen und Fehlplanungen provozieren, die den Bauherrn teuer zu stehen kommen können.

– **Zu kurze Bauzeiten** sind ebenfalls mit Kostenerhöhungen verbunden und gehen oft auch einher mit Qualitätsmängeln, über die man sich jahrelang ärgert.

– Qualität in Planung und Ausführung hat ihren Preis, aber auch ihre Zeit! Die Konsequenz: **angemessene** – nicht zu kurze und nicht zu lange – **Zeitabschnitte** wählen.

– Bei der **Aufstellung eines Terminplans** sollten folgende Personen bzw. Einrichtungen gehört werden:
  • der Architekt (vertraglich vereinbarte Planungsleistungen);
  • der Bodengutachter (Bodenuntersuchungen);

- der Statiker (vertraglich vereinbarte Planungsleistungen);
- die Fachingenieure für Heizung, Sanitär und Elektro;
- die Bauleitungen für die Fachbereiche;
- alle an der Genehmigungsplanung beteiligten Ämter;
- alle an den Abnahmen beteiligten Ämter;
- Finanzierungsinstitute.

– Für die Mittelbereitstellung muss ein **Zahlungsplan** erarbeitet werden, der die Summen nennt, die zu bestimmten Terminen bereitgestellt werden müssen. Dieser Plan muss auf dem Bauzeitenplan aufbauen. Nur bei strikter Einhaltung der Bautermine stehen auch die Zahlungsbeträge zur Verfügung. Verzögerungen in der Zahlungsweise haben Mehrkosten zur Folge. Zum einen müssen Zinsen für unbezahlte Rechnungen aufgrund erbrachter Bauleistungen berechnet werden, zum anderen verfallen günstige Zahlungsbedingungen, wie zum Beispiel Skonto oder andere Vorteile, die bei der Vergabe vereinbart worden sind.

– Eine schnellere Baustellenabwicklung setzt eine **gründlichere Vorbereitungszeit** voraus. Wenn ein Bau nicht in 9, sondern in 7 Monaten fertig werden soll, ist es erforderlich, dass die Winterzeit für eine komplette Ausführungsplanung, Leistungsbeschreibung und Terminierung bis in alle Einzelheiten genutzt wird.
Einschränkend muss vermerkt werden, dass Baustellenarbeit nie wie Fließbandarbeit laufen kann und Pannen, die sich im Rahmen von wenigen Tagen halten sollten, durchaus üblich sind.

– Ein guter Rat ist es, die Angebotssumme in den Rohbaugewerken bei der Ausschreibung mit **alternativen Terminangaben** zu staffeln. Auf diese Weise kann der Bauherr entscheiden, ob sich die Mehr- oder Minderkosten entsprechend den unterschiedlichen Terminangaben für ihn lohnen oder nicht.

– Die Aufstellung eines **Terminplanes** in Form eines Balkendiagramms gehört zu den Architektenleistungen **ohne besondere Vergütung.** Bei größeren Bauvorhaben bevorzugt man Netzpläne, die den Vorteil haben, dass sich die Auswirkungen von Verzögerungen auf den End- oder Bezugstermin genau ablesen lassen.

7.6 Ausschreibung

Kostenreduzierend: Egal ob es Arbeiten in geringerem Umfang oder umfangreichere Aufträge sind

– Nutzen Sie schwache Auftrags- und Konjunkturlagen.
– Schreiben Sie jede Leistung so aus, dass Sie in voller Breite viele Angebote vergleichen können.
– Kosten senkende Alternativangebote müssen auf ihre Folgen hin geprüft werden.

- Verhandeln Sie mit den Handwerkern hart bevor Sie den Auftrag erteilen.
- Der Bauauftrag sollte die Leistung, die Preise und Termine präzise beschreiben.
- Enthalten Sie sich aller Änderungen im Umfang und in den Ausführungseinzelheiten.

Ohne **Ausschreibung** sollte **keine Bauleistung** für einen Neu- oder Altbau **vergeben** werden. Nur über diesen Weg kann die gewünschte und genau beschriebene Leistung in einem Preisvergleich unter Beteiligung mehrerer Firmen oder Bieter bewertet und vergeben werden.

Ein Ausschreibungsverfahren umfasst folgende **Vorgänge:**

- Aufstellung der Allgemeinen und Besonderen Vertragsbedingungen durch den Architekten (siehe Seite 274);
- Aufstellung der Leistungsbeschreibung oder des Leistungsverzeichnisses durch den Architekten;
- Zusammenstellung der Anlagen (zum Beispiel Zeichnungen) durch den Architekten;
- Aufforderungsschreiben an die ausgewählten Firmen zur Angebotsabgabe mit den vorgenannten Unterlagen. Darin erfolgt die Mitteilung des Submissionstermins (Angebotseröffnung);
- Auswertung der Angebote, Preisvergleich und Empfehlung einer Firma für die Auftragsvergabe durch den Architekten;
- Auftragserteilung durch den Bauherrn. Abschluss eines Bauleistungsvertrages, der vom Architekten vorzubereiten ist.

Die Ausschreibungsunterlagen müssen ein Höchstmaß an **Vollständigkeit** in der Beschreibung der auszuführenden Leistungen aufweisen. Sie müssen eindeutig und klar formuliert sein und müssen sich auf die Verdingungsordnung für Bauleistungen (VOB) beziehen [29]. Da die VOB maßgebende Richtschnur für alle Bauausschreibungen, Ausführungen und Abrechnungen ist, dürfen keine Widersprüche zu ihr bestehen, es sei denn, diese werden ausdrücklich erwähnt und durch anders lautenden Text ersetzt.
Die VOB ist aber ausdrücklich zu vereinbaren.

7.6.1 Firmenauswahl

Es werden im Normalfall 6 bis 8 Firmen ausgesucht, die von der Größen- und Interessenlage her für die Baumaßnahme in Frage kommen. Sie sollten ausnahmslos finanziell und **wirtschaftlich gesund** sein und über gute Referenzen verfügen. Auch die personelle und materielle Ausstattung (Geräte, Maschinen usw.) muss ausreichend sein.

- Lassen Sie sich von Ihrem Planer beraten und sagen Sie diesem, welche „**Preisklasse**" Sie bevorzugen: Jeder Architekt kennt „Apotheken", Firmen die Höchstpreise einsetzen, er kennt aber auch andere, die Durchschnitts- oder Sonderpreise machen. Natürlich kann die jeweilige Einschätzung je nach Markt- und Auftragslage der Firmen schwanken.

Um über eine Durststrecke hinwegzukommen, setzen auch teure Firmen manchmal besonders günstige Preise ein oder verzichten auf Wagnis und Gewinn.

Allgemein sind jedoch kleinere und außerstädtische Firmen preislich günstiger, weil sie mit geringem Aufwand arbeiten.

- Ausschließen sollte man **„Billig-Bieter"**, die keinen guten Ruf haben und mit Niedrigpreisen Aufträge übernehmen, die sie fachlich, zeitlich usw. kaum abzuwickeln in der Lage sind.
- Auf jeden Fall sollte die Auswahl sich nicht auf einen zu engen lokalen Kreis beschränken, sondern auch **auswärtige Bieter** einschließen. Kombinieren Sie Firmen, die **selten oder nie bei Submissionen** zusammenkommen, indem Sie u.U. darauf bestehen, dass auch nicht ortsansässige Firmen in die Submission einbezogen werden. Damit verringern Sie die Gefahr von Absprachen.

7.6.2 Preisbestimmende Faktoren

- Unklare oder **fehlende Angaben** in den Leistungsverzeichnissen führen zu Differenzen und Mehrforderungen. Ein unprofessionell aufgestelltes Leistungsverzeichnis wird von einem klugen Unternehmer mit günstigsten Preisen versehen, weil er weiß, dass sich nach der Auftragserteilung zahlreiche Gelegenheiten für Nachforderungen ergeben. Diese nachträglichen Forderungen unterliegen keinen Konkurrenzpreisen; der Bauherr muss sie schlicht akzeptieren. Der Auftragnehmer kann seine Minderpreise mehr als ausgleichen. Das ist bei scharfem Wettbewerb und in Zeiten der Rezession die vielerorts übliche Methode auch bei großen Bauunternehmen, um zu einem Auftrag zu kommen.
- Um einen bestimmten **Qualitätsstandard** zu erhalten, sollte in den Leistungspositionen die Forderung nach der Gleichwertigkeit bestimmter Materialien usw. in den Besonderen Vertragsbedingungen genauer definiert werden. Etwa so: „Als gleichwertig sind nur solche Materialien, Fabrikate oder Konstruktionen anzusehen, die in Form, Aufbau, Funktion, Qualität, Materialbeschaffenheit und deren Verbindungsmitteln von gleichem Wert sind. Die Entscheidung darüber, was gleichwertig in diesem Sinne ist oder nicht ist, trifft der Bauherr in Absprache mit dem Architekten."
- Die Preise fallen höher aus, wenn die **Gewährleistungszeit** von zwei Jahren (VOB) auf 5 Jahre (BGB) verlängert wird.
- Zu empfehlen sind **Alternativpositionen**.
Beispiel: Für das äußere Verblendmauerwerk ist ein hochwertiger Klinkerstein ausgeschrieben, der sicher ziemlich teuer ausfällt. Wenn sich bei der Kostenzusammenstellung herausstellt, dass das Kostenlimit überschritten wird, müssen preislich günstigere Materialien eingesetzt werden, in diesem Falle also ein einfacher Vormauerstein. Eine weitere Alternative sollte dann dem Bieter erlauben, seine Fachkenntnisse durch ein Angebot „nach Wahl des Auftragnehmers" zu machen.

- Am Ende jedes Leistungsverzeichnisses sollten die Preise für die **Lohnarbeiten,** die immer anfallen, eingesetzt werden.

Stunden des Meisters	DM
Stunden eines Vorarbeiters	DM
Stunden eines Gesellen	DM
Stunden eines Lehrlings	DM

- Als Bauherr müssen Sie wissen, dass alle Planer stets die **Massen** (m^2, m^3) **um 5 bis 8 Prozent überhöht** berechnen und einsetzen, um für Unvorhergesehenes oder Vergessenes oder zur Abrundung ein Polster zu haben.
  Wenn man das weiß, dann kann man das Leistungsverzeichnis nicht als Grundlage für einen Pauschal-Festvertrag nehmen. Pauschaliert werden kann nur ein Angebot, das auf genau berechneten Massen ohne alle Zuschläge basiert. Anderenfalls wären diese Zuschläge Geschenke an die Firma – ohne Gegenleistung.
- Der Preis wird nicht zuletzt auch von der Zahlungsfähigkeit und der **Zahlungsweise** des Bauherrn bestimmt. Daher ist es im Interesse des Bauherrn, hierüber in den „Besonderen Vertragsbedingungen" Aussagen zu machen. In diesem Sinne sollten auch Angaben über die Finanzierung und die Finanzierungsinstitute gemacht werden. Derartige Angaben stärken das Vertrauen zum Bauherrn und lassen auf ein Entgegenkommen hoffen. Die Zahlungsweise sollte präzise mit Dauer der Überweisung vom Rechnungseingang bis zum Eingang der Überweisung bei der Bank beschrieben werden.

7.6.3 Besondere Vertragsbedingungen – Mindestanforderungen

Allgemeines

- Lagebeschreibung der Baustelle, Erschließung, Zugänglichkeit, Ver- und Entsorgung während der Bauarbeiten, Kostenverteilung für alle am Bau beteiligten Firmen, Schutz der Bäume, der Pflanzen und des Mutterbodens, Wiederherstellung des Geländes nach dem Ende der Bauarbeiten, Einfriedigung oder Bauzaun, Baustofflagerung, Diebstahlsicherung der bauseits gelieferten Stoffe, Bauschild, Klärung von Ansprüchen Dritter, Unfallverhütungsvorschriften, Beachtung der Immissionsschutzbestimmungen

Beschreibung des Bauvorhabens

- Bodenverhältnisse, Beteiligte an der Planung, Ansprechpartner, Baukörper, Geschosszahl, Dachneigung, Daten: Bruttorauminhalt, Wohnfläche und dergleichen, Besondere Bedingungen und Probleme, Zahlungsweise

Angebotsunterlagen

- Zusammenstellung der dem Angebot beigefügten zeichnerischen und schriftlichen Unterlagen, maßgebende Grundlagen für die Ausführung und Abrechnung. Einsicht in weitere Unterlagen beim Architekten, Statiker

- Auflagen der Bauordnung, der Bauerlaubnis, der Feuerwehr
- Beachtung der DIN-Normen, der Werkvorschriften und der handwerklichen Regeln, Gültigkeit der VOB (Teile A, B und C), Schiedsgutachten, Gerichtsstand, Sicherheits- und Gewährleistungen

Angaben zur Preisermittlung

- Aufzählung der Leistungen, die nicht zum Lieferumfang gehören
- Aufzählung aller Nebenleistungen und Gebühren, die in die Preise einzurechnen sind
- Aufzählung der dem Angebot beizufügenden Unterlagen, Nachweise und dergleichen
- Differenzierung der Angebote in Hauptangebote, Nebenangebote, Alternativvorschläge
- Klärung der Begriffe „Festpreis" und „gleichwertig"
- Angaben über Subunternehmer (Firmennamen, Leistungsfähigkeit)
- Preisaufgliederung, vorgesehene Vertragsform, Art der Abwicklung von Lohnarbeiten, Führung des Bautagebuches, Ausführung der Baureinigung mit Angabe über die Kostenverteilung, Berechnung der Mehrwertsteuer

Angaben zur Terminierung

- Zuschlagsfrist, Baubeginn, Rohbaufertigstellung, Bezugstermin

7.6.4 Angebotsauswertung

Folgende Verhaltensregeln sollten Bauherren kennen, wenn sie Baukosten einsparen wollen.

- Grundsätzlich dürfen die **Leistungsverzeichnisse nicht** von den Anbietern **geändert** werden, weil damit der Vergleichsmaßstab für die Preisbeurteilung nicht mehr einheitlich ist. Wenn von einzelnen Firmen geändert worden ist, müssen die Angebote, streng genommen, ausgeschlossen werden. Die Besonderen Vertragsbedingungen sollten daher den Hinweis enthalten, dass Abweichungen vom Leistungsverzeichnis **als Nebenangebote** gleichzeitig bei der Submission vorzulegen sind. **Nebenangebote** sind präzise und detailliert zu beschreiben und gegebenenfalls mit Zeichnungen und Berechnungen so zu ergänzen, dass sie prüfbar sind. Die durch abweichende Angebote entstehenden Folgekosten in anderen Gewerken können die Einsparungsvorschläge weit übertreffen. Ja, es ist ein bei Auftragnehmern durchaus beliebtes Verfahren, Preisvergünstigungen anzubieten, um auf diesem Nebenwege „den Fuß in die Tür" zu bekommen und dann mit **Nachtragsforderungen** doch noch einen schönen Gewinn zu machen. Bei der Auswertung von Nebenangeboten sind daher besonders der Architekt und die Fachingenieure wie Statiker und Heizungsingenieur gefordert, die die sich aus den Nebenangeboten bei auftragsschwachen Zeiten ergebenden Änderungs- und Kostenkonsequenzen prüfen.

- Bei einer **einfachen Schreiner-Ausschreibung** oder Ausschreibungen ähnlichen Umfanges ist die Auswertung einfach. Ein **Preisspiegel** aus den einzelnen Positionen verhilft zu einer guten Übersicht.

Beispiel

Position	Schreinerarbeiten	Firma .... (DM)	Firma .... (DM)	Firma .... (DM)
1	.... Stück Fensterelemente	1 280,–	1 410,–	1 120,–
2	.... Stück Fenster	2 008,–	2 120,–	2 130,–
3	.... Stück Außentüren	3 880,–	3 920,–	4 000,–
usw.				

Der preisgünstigste Bieter ist zu unterstreichen.

- Alle Angebote sind **nachzurechnen** und auf Vollständigkeit vom Architekten zu überprüfen.
- Als Bauherr sollten Sie sich **alle Angebote** vorlegen lassen.
- Da ja im Allgemeinen nur beschränkt, das heißt nur bezogen auf 6 bis 12 zuverlässige Firmen, ausgeschrieben worden ist, ist bei der Bewertung davon auszugehen, dass alle Firmen vertretbare Preise berechnet haben. Mit den drei oder vier günstigsten Bietern ist nun in die **Auftragsverhandlungen** einzutreten. Gesprächsthemen sind Fragen zu den Angeboten, Preisnachlässe bei Alternativterminen für die Fertigstellung, Zahlungsweise, Kapazität der Firmen, Qualität der Verantwortlichen auf der Baustelle, Alternativpositionen, Nebenangebote usw. Es ist davon **abzuraten,** diese Preisverhandlungen zu missbrauchen und in jeder Position **den jeweils günstigsten Preis zu erzielen.** Dieses Feilschen verdirbt das Arbeitsklima zwischen den Vertragsparteien, und es ist nach der VOB sogar unzulässig. Schließlich wird sich der in vielen Einzelpositionen „gedrückte" Unternehmer betrogen vorkommen und es an der Qualität in der Ausführung fehlen lassen.

Wenn in den früheren, viel entscheidenderen Phasen der Planung die viel wesentlicheren Einsparungsmöglichkeiten ausgeschöpft worden sind, ist der Bauherr auf unfaires Feilschen nicht mehr angewiesen.

- Noch vor der Beauftragung sollten die Unternehmer auch auf **produktionstechnische Anregungen** und Vorschläge angesprochen werden. Das beginnt bei der Baustelleneinrichtung und endet bei den letzten Gewerken, der Feinplanung in den Außenanlagen. Diese Erfahrungen auf der Ausführungsseite sollte kein Bauherr ausschließen. Dazu gehören auch günstige Bezugsquellen beim Materialeinkauf in den Firmenbereichen, oder die Beauftragung mehrerer Gewerke an eine Firma, wie zum Beispiel Erd-, Maurer-, Beton-, Zimmerer-, Fliesen-, Putz- und Estricharbeiten an die Rohbaufirma. Nicht selten ist damit ein weiterer Preisnachlass verbunden. Immer hat der Bauherr aber Vorteile in der Haftung. Je weniger Unternehmer mit jeweils möglichst vielen Gewerken, desto weniger Probleme hat der Bauherr bei Haftungsüberschneidungen in Schadensfällen.

- Nach der Preisangabenverordnung von 1973 müssen die Preise **einschließlich der Mehrwertsteuer** genannt werden. Fehlt diese Angabe bei einem Angebot, so muss man davon ausgehen, dass die Mehrwertsteuer im Preis enthalten ist.

7.6.5 Bauleistungsvertrag

Vor Arbeitsbeginn hat der Auftragnehmer alle Vertragsbedingungen durch seine Unterschrift anzuerkennen.

Inhalt des Bauleistungsvertrages:

- Benennung der Vertragsparteien
  Auftragsobjekt, Auftragsumfang, Lagebeschreibung
- Form der Auftragserteilung: Einheitspreisvertrag oder Pauschal-Festpreisvertrag
- Beschreibung des Leistungsumfanges und der Grundlagen (Angebotsunterlagen plus Zusatzvereinbarungen)
- Regelung der Lohn- und Materialpreiserhöhungen
- Regelung von Mehr- oder Minderleistungen, Streichungen von Positionen im Leistungsverzeichnis usw.
- Zahlungsplan. Regelung der Abschlags- und Schlusszahlungen
- Einhaltung des Terminplanes. Regelung der Folgen von Terminüberschreitungen
- Bestätigung der Verpflichtungen des Auftragnehmers gegenüber seiner Versicherung, dem Finanzamt und der Krankenkasse
- Bestätigung etwaiger Abmachungen über Selbsthilfearbeiten oder Lieferungen des Auftraggebers
- Unterschriften der Vertragsparteien

Mit dem Abschluss dieses Vertrages ist der Unternehmer handlungsfähig. Die Ausführung der Arbeiten kann beginnen. Abweichungen von den Planungsabsichten können teuer werden und sollten die Ausnahme darstellen.

7.7 Bauleitung

7.7.1 Kosteneinsparungen

Im Interesse einer erfolgssicheren und Kosten sparenden Bauausführung sollten Bauherren folgende Hinweise beachten.

- Ganz allgemein kann man sagen, dass **Änderungen** während der Ausführungsphase selten zugunsten der Kostenziele auslaufen. Jede Planungsänderung verursacht Unruhe und Zweifel, in den meisten Fällen aber nicht übersehbare **Kostenfolgen.** Die von derartigen Entscheidungen herrührenden Mehrkosten bieten dann später immer wieder Anlass zu Differenzen. Wenn jedoch Grund für die Wahl eines anderen Materials oder einer neuen Konstruktion besteht, ist zuvor der Architekt anzusprechen. Erst nach Abstimmung mit ihm sollte neu entschieden werden. Auf keinen Fall sollte der Bauherr die Baustelle besuchen und sagen, dass er sich das ganz anders vorgestellt habe, dass die Arbeiten erst einmal einzustellen seien usw. So werden Arbeiten blockiert, und zusätzliche Lohnarbeiten fallen an (Einpacken, Abfahrt, Ausfall, Anfahrt, Auspacken), die voll zu bezahlen sind, was in jedem Fall Geld kostet.

Grundsätzlich sollte die Baustellenarbeit genau nach Plan ablaufen:
- Jeder **Baustellenbesuch des Bauherrn** sollte beim Bauleiter angemeldet werden.
- Kein Baustellenbesuch in Abwesenheit des Bauleiters.
- Keine Anweisung an die Leute einer Firma, ohne Rücksprache bei Architekt oder Bauleiter.
- Inkompetente Anweisungen führen zu Missverständnissen!
- Keine Baustellenbesprechungen ohne vorherige Absprache zwischen Bauherrn, Architekt und Fachingenieur.
- In Anwesenheit des Auftragnehmers sollten Probleme zwischen Bauherr und Architekt nicht strittig diskutiert werden.
- Der Bauherr ist nicht der Richter zwischen Architekt und Firma. Er ist Partei auf Seiten des Architekten und hat dessen Autorität zu stützen, wie dieser die Interessen des Bauherrn schützt.
- Werden diese Regeln nicht beachtet und häufig direkte Eingriffe des Bauherrn auf der Baustelle vorgenommen, so schadet der Bauherr nur sich selbst.

— Der **Bauleiter** ist die **Zentralfigur** auf der Baustelle. Bei ihm müssen alle Informationen zusammenlaufen. Wenn der Ablauf auf der Baustelle den wirtschaftlichen Zielen des Bauherrn dienen soll, dann kann man den Baustellenbetrieb nicht blockieren, zurücklaufen und willkürlich wieder anlaufen lassen. Daher: Schaffen Sie als Bauherr auf der Baustelle Vertrauen in die Autorität des Bauleiters, lassen Sie sich Fragen beantworten und lassen Sie dem Bauleiter einen großen Spielraum für seine verantwortungsvolle und vielfältige Tätigkeit.

— Benutzen Sie die **Kamera,** um den Baufortschritt in allen Phasen festzuhalten. Machen Sie Fotos von allen Bauteilen, die später verkleidet werden, zum Beispiel von der Drainage, den Sperrschichten, den Dämmungen, den Rohrleitungen, Kanälen usw.

— **Lohnarbeiten** sind zu kontrollieren. Wenn der Bauleiter nicht ganztätig auf der Baustelle sein kann, sollten Sie sich mit ihm absprechen und ihn ersetzen, indem Sie sich z.B. Notizen machen (Bautagebuch).

— **Flachdächer** müssen nicht nur in der Planung, sondern auch während der Ausführung der Aufsicht eines Spezialisten unterstellt werden. Von der ausgeschriebenen, vorher eindeutig festgelegten Qualität darf nicht abgewichen werden. Der Spezialist des Herstellerwerkes des Dacheindeckungsmaterials sollte die Arbeiten überwachen. Wie bei keiner anderen Dachart kommt es darauf an, dass jede Naht, jeder Abschluss und jeder Einlauf bei der Flachdacheindeckung kontrolliert wird.

- Alle **Selbsthilfearbeiten** und Selbsthilfeleistungen müssen vom Bauherrn organisiert und in die firmengebundenen Arbeiten eingespeist werden. Das erfordert eine rechtzeitige Bestellung, damit keine Wartezeiten für die Handwerker entstehen. Das Abladen, der Transport zur Verwendungsstelle und die Sicherung müssen überlegt werden. Wer soll nach dem Ende einzelner Eigenleistungen die Materialreste beseitigen?
- Hat eine Firma **Bedenken** gegen eine Planung oder eine Konstruktion, so hat sie diese rechtzeitig vorher schriftlich geltend zu machen. Tut sie es nicht, ist sie voll für die Folgen verantwortlich.
- Für **Planungsfehler** aufgrund mangelhafter Pläne, mangelhafter Bauaufsicht oder falscher Angaben haftet grundsätzlich der Architekt oder der betreffende Fachingenieur.
- **Ausführungsfehler** gehen zu Lasten der ausführenden Firma.
- Mängel und **Beanstandungen** an einer ausgeführten Leistung sind der Firma umgehend schriftlich anzuzeigen. Kommt die Firma der Aufforderung der Bauleitung zur Mängelbeseitigung innerhalb einer angemessenen Frist nicht nach, so kann ihr eine Nachfrist gesetzt werden. Nach ergebnislosem Ablauf kann ihr der Auftrag entzogen werden.
- Im Falle eines Schadens sollte ein **Beweissicherungsverfahren** unter Hinzuziehung eines vereidigten Sachverständigen eingeleitet werden. Wichtig ist hierbei, dass beide Parteien, der Architekt und die Firma, vom Bausachverständigen gehört werden. Erst nach Aufnahme der Fakten am Schadensobjekt sollte weitergebaut werden. Später kann dann die Klärung darüber erfolgen, wer für den Schaden einzutreten hat.
- **Änderungen** in der Ausführung und deren Kosten sind möglichst vor Beginn der Arbeiten schriftlich festzuhalten und von beiden Seiten zu bestätigen.
- Die **Gewährleistungspflicht** einer Firma umfasst zweierlei: Das Werk muss den anerkannten Regeln der Technik entsprechen, und es muss außerdem die vertraglich zugesicherten Eigenschaften besitzen.
- Wichtig sind auch die Bedingungen für die **Abnahme** von Bauleistungen, wie unter anderem ein förmliches Abnahmeprotokoll, die Beweislast für den Vorbehalt von Gewährleistungsansprüchen, die Rechtsfolgen für die Abnahme und ein förmliches Abnahmeverlangen.
- Während der Bauzeit bis zur Abnahme trägt die Firma das **Risiko** im Rahmen des Werkvertrages. Bei normalem Ablauf und Einzelvergabe an viele Firmen trägt der Bauherr das Risiko für bereits abgenommene Bauteile. Dagegen sollte er sich durch eine **Versicherung** schützen und die Abnahme eines Gewerks durch seinen Bauleiter vornehmen lassen.
- **Verjährungsfristen:**
  Beginn = Zeitpunkt der Abnahme der Gesamtleistung
  Dauer: Nach der VOB 2 Jahre; nach dem BGB 5 Jahre
- Während der Verjährungsfrist auftretende Mängel, die auf **vertragswidrige Leistungen** zurückzuführen sind, muss der Auftragnehmer beseitigen. Anderenfalls werden diese auf seine Kosten von einer anderen Firma beseitigt. Eine Mängelbeseitigung, die für eine Firma einen unverhältnismäßig hohen Aufwand erfordern würde, kann diese Firma

ablehnen und stattdessen eine entsprechende Wertminderung anbieten. Ausgenommen sind Schäden, die die Gebrauchsfähigkeit mindern oder in Frage stellen.
- Es empfiehlt sich, Schiedsgutachterklauseln in jeden Vertrag einzufügen, um die etwaigen Differenzen **außergerichtlich** zu klären.
- **Vorauszahlungen** auf noch nicht eingebaute Leistungen und Lieferungen sollten nicht vereinbart werden, es sei denn gegen eine Bankbürgschaft.
- Unbedingt notwendig ist die Führung eines **Bauausgabebuches** durch den Bauherrn, um den Kostenstand jederzeit ablesen zu können. Anhand der Gesamtkostenaufstellung für alle Gewerke und der bereits erteilten Aufträge mit den Auftragssummen kann jede Kostenüberschreitung in jedem Gewerk rechtzeitig abgelesen werden.
- **Rechnungen** sollten sich immer auf die vereinbarten Leistungen und deren Preise beziehen. Abschlagsrechnungen müssen den jeweiligen Leistungsstand erkennen lassen, so daß die Gefahr einer Überzahlung ausgeschlossen ist. Von einer Abschlagszahlung werden normalerweise 10 Prozent bis zur Schlusszahlung einbehalten. Von der Schlusszahlung werden dann 5 Prozent einbehalten, wenn dies vorher vereinbart worden ist – bis zum Ablauf der Verjährungsfrist. Mehr- oder Minderkosten, sowie Lohnabrechnungen sind getrennt vom Hauptauftrag abzurechnen.
Die Rechnungen sind vom Architekten rechnerisch und sachlich zu prüfen und gegebenenfalls zu korrigieren. Das Prüfungsergebnis ist auf der Rechnung festzuhalten, und diese ist dem Bauherrn zum Zwecke der Zahlung zu übersenden.
Die in jeder Abrechnung vorkommenden strittigen Positionen, sei es in den Massenberechnungen oder den Preisansätzen, sollten mit jedem Auftragnehmer gemeinsam durchgesprochen werden, bevor das Ergebnis dem Bauherrn mitgeteilt wird. Die Verdingungsordnung für Bauleistungen (VOB) ist für Klärungen von Abrechnungsproblemen sehr dienlich. Danach sind Rechnungen binnen 18 Tagen nach Zugang zu bezahlen. Schlussrechnungen sind innerhalb von 2 Monaten zu bezahlen.

7.7.2 Bauausgabebuch

Die Führung eines Bauausgabebuches durch den Bauherrn entbindet den Architekten nicht von seiner Kostenkontrolle und der Führung einer eigenen Ausgabe-Buchhaltung. Von Zeit zu Zeit sollten zur besseren Kontrolle der bereits geleisteten Teil- oder Abschlagszahlungen beide Kontrollbücher miteinander abgestimmt werden.

Das Bauausgabebuch dient der Ermittlung der tatsächlich entstandenen Gesamtkosten einer Baumaßnahme (Kostenfeststellung), aufgegliedert nach Kostengruppen der DIN 276 (Kostenberechnung).

Jede Rechnung ist wie folgt festzuhalten:

Tabelle 31 Bauausgabebuch

Baumaßnahme:					
Kostengruppe:					
Lfd. Nr.	Tag der Überweisung	Empfänger oder Firma	Zahlungsgrund	Rechnungsbetrag	Ausbezahlter Betrag

Nach Abschluss der Baumaßnahme werden diese Einzelbeträge addiert, so daß damit die Summen in den einzelnen Kostengruppen ermittelt werden können. Diese sind dann in der folgenden Tabelle den ursprünglich in der Kostenberechnung berechneten Beträgen gegenüberzustellen.

Tabelle 32

Kostenberechnung gemäß DIN 276		Kostenfeststellung der Gesamtausgaben
100 Grundstück	DM	DM
200 Herrichten und Erschließen	DM	DM
300 Bauwerk – Baukonstruktion	DM	DM
400 Bauwerk – Techn. Anlagen	DM	DM
500 Außenanlagen	DM	DM
600 Ausstattung	DM	DM
700 Baunebenkosten	DM	DM
Gesamtkosten	DM	DM

7.7.3 Bauversicherungen

1. Versicherungen während der Bauzeit
   - Bauherren-Haftpflicht-Versicherung
   - Bauwesen-Versicherung
   - Rohbau-Feuer-Versicherung
   - Bau-Berufs-Genossenschaft bei Nachbarschaftshilfe

2. Bei Fertigstellung des Gebäudes
   - Haus- und Privathaftpflicht-Versicherung
   - Gebäude-Feuer-Versicherung
   - Leitungswasserschaden-Versicherung
   - Sturm-Hagelschaden-Versicherung
   - Gebäude-Glas-Versicherung
   - Hausrat-Versicherung
   - Einbruchdiebstahl-Versicherung

Unfallversicherungen: Hier sollte nicht gespart werden!

Gegen Arbeitsunfälle ist keiner gefeit! Ob es der Bauherr und seine Verwandte, Freunde mit ihren Eigenleistungen sind oder Handwerker aller Art beschäftigt werden. Erkundigen Sie sich bei der Bauberufsgenossenschaft. Nicht erst wenn es zu spät ist. Die Arbeiten müssen angemeldet werden. Sonst drohen Bußgelder.

8.0.0 Barrierefrei bauen. Wohnungsbauförderbestimmungen

„Barrierefrei" bedeutet, dass alle Einrichtungen für Menschen jeden Alters und mit jeder Einschränkung oder Behinderung ohne technische oder soziale Abgrenzung nutzbar sind. Es bedeutet weiterhin, dass jeder Mensch alle barrierefrei gestalteten Elemente seines Lebensraums betreten, befahren und selbstständig, unabängig und weitgehend ohne fremde Hilfe benutzen kann.

„Barrierefreie Wohnungen"
DIN 18025 Teil 1 + 2

Verschiedene Vergünstigungen sollen behinderten Menschen helfen, finanzielle Mehrbelastungen zu tragen.
Z.B. wird der Umbau von Eigenheimen oder Eigentumswohnungen für behinderte Menschen im Rahmen der Allgemeinen Wohnungsbauförderung nach Maßgabe des II. Wohnungsbaugesetzes gefördert.
Es bestehen Möglichkeiten im Rahmen des I. und II. Förderweges, und ein etwaiges Familienzusatzdarlehen kann pro Schwerbehindertem erhöht werden.
Schwerbehinderte Menschen, die in ihrer Erwerbsfähigkeit um mindestens 80 Prozent gemindert sind, können für den Ankauf von Wohngebäuden mit einer Restnutzungsdauer von wenigstens 35 Jahren bis 40 000,- DM Darlehen je Wohnung als nicht öffentliche Mittel erhalten.
Auffahrtsrampen, breitere Türen und sanitäre Einrichtungen werden gefördert.
Entsprechende Anträge sind vor Abschluss des Kaufvertrages bzw. vor Beginn der Arbeiten bei der zuständigen Gemeinde- und Kreisverwaltung zu stellen.
Das Arbeitsamt gewährt einen Zuschuss, wenn Bau oder Erwerb eines Eigenheimes oder einer Eigentumswohnung in engem Zusammenhang mit der Beschaffung oder Erhaltung eines Arbeitsplatzes stehen (§ 56 ff Arbeitsförderungsgesetz). Außerdem sind spezielle Baudarlehen innerhalb der Arbeits- und Berufsförderung durch die Sozialhilfe möglich.
Informationen erteilen die Fürsorgestellen der Gemeinden. Krankenkassen und Berufsgenossenschaften gewähren finanzielle Zuschüsse für Sondereinbauten. Bausparer, die nach Vertragsschluss um mindestens 95 Prozent in ihrer Erwerbsfähigkeit gemindert werden, können ihren Vertrag vorzeitig auflösen. Die gewährte Wohnungsbauprämie bzw. die ersparten Steuern sind nicht zurückzuzahlen. Dies gilt auch für den Ehegatten des Bausparers.

Anhang

Baufachliteratur im Vieweg Verlag – aktuell:
- Rilling „Baurechtsberater Bauherren"
- Winkler, Fröhlich „VOB Gesamtkommentar"
- Winkler, Fröhlich „ VOB Bildband"
- Winkler, Fröhlich „Hochbaukosten, Flächen, Rauminhalte"
- Neufert, Neff „Gekonnt planen, richtig bauen"

1 Wohnflächenermittlung

Den Wohnflächenangaben der Haus- und Wohnungsanbieter liegen oft ganz **unterschiedliche Berechnungsarten** zugrunde, so daß dem Bauherrn oder Käufer der Vergleich erschwert wird.
Er muss ja aber genau wissen, wie viel Wohnfläche er hier oder da für sein Geld bekommt.

Zwei Vergleichsmaßstäbe bieten sich an:

- die Berechnung der Wohn- und Nutzflächen nach **DIN 283,** Blatt 1, März 1951, Blatt 2, Februar 1962 (Die DIN 283 ist zurückgezogen! Aber trotzdem wird sie noch oft angewendet.)
- oder (für den öffentlich geförderten und steuerbegünstigten Wohnungsbau) die Verordnung über wohnungswirtschaftliche Berechnungen: die **II. Berechnungsverordnung** (II.BV) vom 17.10.1957 zuletzt geändert am 23.7.1996.

DIN 283
Wohnfläche (WF): Die anrechenbare Grundfläche der Räume von Wohnungen. Die Grundfläche wird aus den Fertigmaßen ermittelt.
Nutzfläche (NF): Die mit einer Wohnung im Zusammenhang stehende nutzbare Wohnfläche von Wirtschaftsräumen und von gewerblichen Räumen.

Die **II.BV** unterscheidet sich nur unwesentlich von der DIN 283. Bei der Nutzfläche spricht sie von Zubehörräumen. Die Grundflächen der Zubehörräume gehören nicht zur Wohnfläche.

Ermittlung der Grundflächen:
Auch hier gibt es kaum Unterschiede zwischen beiden Berechnungsarten: Wichtig zu wissen ist, dass

- die Flächen mit einer Mindesthöhe von 2,0 m **voll,**
- die Flächen mit einer Höhe von mindestens 1,0 m und maximal 2,0 m **zur Hälfte,**
- die Flächen mit einer Höhe unter 1,0 m **nicht anzurechnen** sind.

Das spielt eine Rolle bei Dachschrägen, bei Flächen unter Treppen, im Keller und dergleichen.

Balkone, Loggien und gedeckte Freisitze: **DIN 283:** Die Flächen sind nur zu einem Viertel anzusetzen. **II.BV:** Ausschließlich zum Wohnraum gehörende Flächen dieser Art können bis zur Hälfte angerechnet werden.

Gesetzliche **Wohnflächengrenzen** bei steuerbegünstigten Wohngebäuden:
Familienheim mit einer Wohnung: maximal 156 m^2
Familienheime mit 2 Wohnungen: maximal 240 m^2
Nach § 44 der II.BV: Überschreiten die ermittelten Wohnflächen diese Grenzen, so können 10 Prozent abgezogen werden. Dies sollten Bauherren bei Behördenanträgen berücksichtigen.

Die **Forderung an alle Anbieter** von Wohnungen und Häusern muss daher lauten, eine nachprüfbare und nachmessbare Wohnflächenberechnung auf der Grundlage der DIN 283 oder der II. Berechnungsverordnung vorzulegen.

2 DIN 277 – Grundflächen und Rauminhalte von Hochbauten
Blatt 1, Mai 1973; Teil 2, März 1981

Hauptnutzfläche (HNF): Wohn-, Ess- und Schlafräume
Nutzfläche (NF): Wohn-, Ess- und Schlafräume, Bad, WC, Flure, Garderobe und dergleichen
Nebennutzfläche (NNF): Bad, WC, Flure, Garderobe und dergleichen

Hauptnutzfläche (HNF) + Nebennutzfläche (NNF) = Nutzfläche (NF)

Bruttorauminhalt (BRI):
Begriffserläuterung siehe „Kostenberechnung" nach DIN 276, Seite 285

Verhältniswerte
dienen zur **besseren Beurteilung der Wirtschaftlichkeit** eines Entwurfes. Es ist klar, dass jeder Bauherr möglichst viel Wohnfläche bei einem minimalen Anteil des Bruttorauminhalts erreichen möchte, weil damit die Baukosten gering ausfallen. Eine objektive Vergleichszahl gewinnt er aber nur dann, wenn er die Daten ins Verhältnis setzt.

Aus der Fülle von Verhältniswerten sollen hier nur die für den Wohnungsbau wichtigsten hervorgehoben werden.

BRI : WF =   **Je niedriger** das Ergebnis ausfällt, **desto günstiger** für den Bauherrn. Mit anderen Worten: desto mehr m^2 Wohnfläche ist durch die Geschicklichkeit des Architekten herausgekommen (siehe Datenvergleich der Sparhäuser, Seite 209; je höher das Resultat ausfällt, desto mehr unnötiger Raum ist geschaffen worden.
- Sehr gute Werte liegen bei 4,00,
- gute Werte bei 4,50,
- schlechte Werte über 5,00.

Das auf Seite 208 ff. vorgestellte **Sparhaus** liegt bei **3,93!**

HNF : NNF =   **Je niedriger** das Ergebnis, **desto mehr Bäder, WC, Flure** und dergleichen sind geschaffen worden, und zwar zu Lasten der Wohn-, Ess- und Schlafräume.

3 Kostenberechnung nach DIN 276, 1993

Hier werden die beim Bau entstehenden Kosten geordnet und gruppenweise zusammengefasst.

KG: Kostengruppe
Das sind die sieben Kostengruppen, die die Einzelkosten erfassen und gruppenweise zusammenstellen.
Sie beginnen mit der Kostengruppe 100 Grundstück und enden mit der Kostengruppe 700 Baunebenkosten.

BRI: Bruttorauminhalt (früher: Umbauter Raum)
Für die Berechnung maßgebend sind die äußeren Begrenzungsflächen von Bauwerken. Es sind getrennt zu ermitteln:
- BRI von allseitig umschlossenen und überdeckten Bauwerken;
- BRI von nicht allseitig in voller Höhe umschlossenen, jedoch überdeckten Bauwerken;
- BRI von Bauwerken, die von Bauteilen umschlossen sind, jedoch nicht überdeckt sind (z.B. Balkone).

WF oder Wohnfläche
Die anrechenbare Grundfläche der Räume von Wohnungen.

Informationsquellen für Kostenvergleichswerte:
- Informationsstelle Wirtschaftliches Bauen, IWB, Alexanderstr. 8A, 70184 Stuttgart; IWB, Hugstetter Str. 53, 79106 Freiburg
- Architektenkammer Baden-Württemberg, Baukostenberatungsdienst, 70182 Stuttgart
- Institut für Bauforschung e.V. Hannover, An der Markuskirche 1, 30163 Hannover
- Freie und Hansestadt Hamburg, Baubehörde, Amt für Bauordnung und Hochbau, Stadthausbrücke 8, 20355 Hamburg

Vereinfachte Kostenberechnung auf der Grundlage der DIN 276, 1993

(Vollständiges Formular bei Beuth Verlag GmbH, Burggrafenstr. 6, 10787 Berlin, anzufordern)

Bauvorhaben:
Bauherr:
Planung:
Bauleitung:
Bauweise:
Entwurfsgrundlagen:
Preisstand:

	DM	DM
100 Grundstück		
110 Grundstückswert	....	
120 Grundstücksnebenkosten Vermessung, Gerichtsgebühren, Notar, Makler, Grunderwerbssteuer, Wertermittlungen, Genehmigungsgebühren, Bodenordnung und Grenzregulierung, Grundstücksnebenkosten, Sonstiges	....	
130 Freimachen Abfindungen, Ablösung dinglicher Rechte, Freimachung und Sonstiges	....	
Summe 100		....
200 Herrichten und Erschließen		
210 Herrichten Sicherungsmaßnahmen, Abbruch, Altlastenbeseitigung, Herrichten der Geländeoberfläche, Herrichten, Sonstiges	....	
220 Öffentliche Erschließung Abwasserentsorgung, Gasversorgung, Fernwärmeversorgung, Stromversorgung, Telekommunikation, Verkehrserschließung, Öffentliche Erschließung, Sonstiges	....	
230 Nichtöffentliche Erschließung	....	
240 Ausgleichsabgaben	....	
Summe 200		....

		DM		DM

300 **Bauwerk – Baukonstruktion**

310 Baugrube
Baugrubenherstellung, Baugrubenumschließung, Wasserhaltung, Baugrube, Sonstiges ....

320 Gründung
Baugrundverbesserung, Flachgründungen, Tiefgründungen, Unterböden und Bodenplatten, Bodenbeläge, Bauwerksabdichtungen, Dränagen, Gründung, Sonstiges ....

330 Außenwände
Tragende Außenwände, Nichttragende Außenwände, Außenstützen, Außentüren und -fenster, Außenwandbekleidungen – außen, Außenwandbekleidungen – innen, Elementierte Außenwände, Sonnenschutz, Außenwände, Sonstiges ....

340 Innenwände
Tragende Innenwände, Nichttragende Innenwände, Innenstützen, Innentüren und -fenster, Innenwandbekleidungen, Elementierte Innenwände ....

350 Decken
Deckenkonstruktionen, Deckenbeläge, Deckenbekleidungen, Decken, Sonstiges ....

360 Dächer
Dachkonstruktionen, Dachfenster, Dachöffnungen, Dachbekleidungen, Dächer, Sonstiges ....

370 Baukonstruktive Einbauten
Allg. Einbauten, Bes. Einbauten, Baukonstruktive Einbauten, Sonstiges ....

390 Sonstige Maßnahmen für Baukonstruktionen
Baustelleneinrichtung, Gerüste, Sicherungsmaßnahmen, Abbruchmaßnahmen, Instandsetzungen, Recycling, Zwischendeponierung und Entsorgung, Schlechtwetterbau, Sonstiges ....

Summe 300 ....

	DM	DM

400 **Bauwerk – Technische Anlagen**

410 Abwasser-, Wasser-, Gas-, Feuerlöschanlagen ....

420 Wärmeversorgungsanlagen ....

430 Lufttechnische Anlagen ....

440 Starkstromanlagen, Blitzschutz ....

450 Fernmelde- und informationstechnische Anlagen, Fernsehen- und Antennenanlagen, Alarmanlagen ....

460 Förderanlagen, Aufzugsanlagen ....

470 Nutzungsspezifische Anlagen ....

480 Gebäudeautomaten ....

490 Sonstige Maßnahmen für Technische Anlagen ....

Summe 400 ....

500 **Außenanlagen** ....

510 Geländeflächen
Geländebearbeitung, Bodenbewegungen, Pflanzen, Rasen, Begrünung, Wasserflächen, Sonstiges ....

520 Befestigte Flächen
Wege, Straßen, Plätze, Stellplätze, Sonstiges ....

530 Baukonstruktionen in Außenanlagen
Einfriedigungen, Schutzkonstruktionen, Mauern, Wände, Rampen, Treppen, Überdachungen, Brücken, Kanal- und Schachtbauanlagen, Wasserbauliche Anlagen, Baukonstruktionen, Sonstiges ....

540 Technische Anlagen in Außenanlagen
Abwasseranlagen, Wasseranlagen, Gasanlagen, Wärmeversorgungsan., Lufttech. Anl., Starkstromanl., Fernmelde- und Informationstech. Anl., Nutzungspez. Anl., Techn. Anl., Sonstiges ....

550 Einbauten in Außenanlagen
Allg. Einbauten, Besondere Einbauten, Einbauten in Außenanlagen, Sonstiges ....

590 Sonstige Maßnahmen in Außenanlagen
Baustelleneinrichtung, Gerüste, Sicherungsmaßnahmen, Abbruchmaßnahmen, Sonstiges ....

Summe 500 ....

	DM	DM

600 Ausstattung und Kunstwerke

610 Ausstattung ....

620 Kunstwerke ....

Summe 600 ....

700 Baunebenkosten ....

710 Bauherrenaufgaben
Projektleitung und -steuerung, Betriebs- und Organisations-
beratung, Bauherrenaufgaben ....

720 Vorbereitung der Projekte
Untersuchungen, Wertermittlungen, Städtebauliche
Leistungen, Wettbewerbe, Sonstiges ....

730 Architekten- und Ingenieurleistungen
Gebäude, Freianlagen, Ingenieurbauwerke, Tragwerks-
planung, techn. Ausrüstung, Architekten- und Ingenieurleistungen, Sonstiges ....

740 Gutachten und Beratung
Thermische Bauphysik, Schallschutz und Raumakustik,
Bodenmechanik, Vermessung, Sonstiges ....

750 Kunst ....

760 Finanzierung
Finanzierungskosten, Zinsen vor der Nutzung, Sonstiges ....

770 Allgemeine Baunebenkosten
Prüfungen, Genehmigungen, Abnahmen, Sonstiges ....

780 Sonstige Baunebenkosten ....

Summe 700 ....

Zusammenstellung der Kosten:

Summe 100 Grundstück ....

Summe 200 Herrichten und Erschließen ....

Summe 300 Bauwerk – Baukonstruktionen ....

Summe 400 Bauwerk – Techn. Anlagen ....

Summe 500 Außenanlagen ....

Summe 600 Ausstattung u. Kunstwerke ....

Summe 700 Baunebenkosten ....

(zur Aufrundung auf volle 1 000,–DM) ....

Gesamtkosten in gegenwärtigen Preisen einschl. Mehrwertsteuer
von ___ % ....

4 Kostenvergleichswerte

Voraussetzung ist die Ermittlung der Wohnfläche, des Bruttorauminhalts und der Berechnung der Kosten nach DIN 276, wie sie auf den vorstehenden Seiten erläutert worden sind.
Zum Zwecke des Vergleichs mehrerer Bauobjekte stellen sich folgende Fragen:

– Was kostet **1 m² Wohnfläche** bezogen auf die **Bauwerkskosten** der Kostengruppe 300?
Antwort:

$$\frac{\text{Bauwerkskosten (DM)}}{\text{Summe des Bruttorauminhalts}} = \ldots\ldots\ldots \text{ DM/m}^3 \text{ Bruttorauminhalt}$$

– Was kostet **1 m³ Bruttorauminhalt** bezogen auf die **Bauwerkskosten** der Kostengruppe 300?
Antwort:

$$\frac{\text{Bauwerkskosten (DM)}}{\text{Summe der Wohnfläche (m}^2)} = \ldots\ldots\ldots \text{ DM/m}^2 \text{ Wohnfläche}$$

– Was kostet **1 m² Wohnfläche** bezogen auf die **Gesamtkosten** der Kostengruppen 100 bis 700?
Antwort:

$$\frac{\text{Gesamtkosten (DM)}}{\text{Summe der Wohnfläche (m}^2)} = \ldots\ldots\ldots \text{ DM/m}^2 \text{ Wohnfläche}$$

– Was kostet **1 m³ Bruttorauminhalt** bezogen auf die **Gesamtkosten** der Kostengruppen 100 bis 700?
Antwort:

$$\frac{\text{Gesamtkosten (DM)}}{\text{Summe des Bruttorauminhalts}} = \ldots\ldots\ldots \text{ DM/m}^3 \text{ Bruttorauminhalt}$$

Im Geschosswohnungsbau und bei anderen Gebäudearten gibt es noch eine ganze Reihe anderer Vergleichswerte.

5 Begriffe im Grundstücksverkehr und Kreditwesen

Abschreibung
Bei Grundstücken wird eine Abschreibung von in der Regel 1–2,5 % des Bauwertes vorgenommen.

Anliegerbeiträge (Erschließungsbeitrag)
Straßen- und Kanalbaukosten, die der Anlieger für neue wie auch für bereits ausgebaute Straßen zu zahlen hat (§ 127 Baugesetzbuch)

Annuität
Vereinbarte, jährlich gleich bleibende Summe für Zins und Tilgung, wobei sich die Tilgung um die ersparten Zinsen erhöht

Annuitätendarlehen
Der Kunde zahlt während der Zinsbindungsfrist gleiche monatliche Zinsraten. Enthalten sind die Tilungsanteile.

Auflassung
Die erforderliche Einigung des Verkäufers und des Käufers zur Übertragung des Eigentums an einem Grundstück. Sie ist Gegenstand des Kaufvertrages.

Außenanlagen
Einfriedigungen, Stützmauern, Bodenbewegungen, Geländebearbeitung, Ver- und Entsorgung, Müllbehälter, Wäschepfähle, Gartenmöbel, Wege, Zufahrten, Pflanzen, Rasen (DIN 276, 1993 Kostengruppe 500)

Auszahlungsbetrag
Das ist der Nettobetrag oder Finanzierungsbedarf des Bauherrn nach Abzug der Bearbeitungsgebühren und/oder des vereinbarten Disagios.

Bebauungsplan
Enthält die rechtsverbindlichen Festsetzungen für die städtebauliche Ordnung einer Gemeinde (§ 8 Baugesetzbuch)

Bauerwartungsland
Im Flächennutzungsplan vorgesehene Bauflächen

Bauindex
Vom Statistischen Bundesamt veröffentlichte Indexzahlen der Veränderung der Wertverhältnisse im Bauwesen

Bauland (Baureifes Land)
Bauflächen innerhalb des Gültigkeitsbereiches eines Bebauungsplanes und deren Erschließung gesichert ist

Bauwert
Technischer Wert des Gebäudes

Baumängel
Mängel, die während des Bauens entstanden sind

Baunebenkosten (DIN 276/1993, Kostengruppe 700)
Honorare, Finanzierungskosten, Gebühren etc. (DIN 276, **1981**, Ziff. **7.0.0.0**)

Bauschaden
Nach der Abnahme entstandener Schaden

Beleihungsgrenze
Für die I. Hypothek in der Regel 60 % des Beleihungswertes (ca. 30–40 % der Gesamtherstellungskosten)

Beleihungswert
Der nach den Grundsätzen der Kreditinstitute vom Darlehensgeber festgesetzte Wert; entspricht nicht immer dem Verkehrs- bzw. Bau- und Bodenwert

Beurkundung
Niederschrift von Erklärungen in Gegenwart und unter Mitwirkung eines Notars oder eines Gerichtsbeamten. Die Beurkundungsform ist für den Grundstückskauf stets vorgeschrieben.

Brandkassenwert = Feuerkassenwert
Gebäudewert, bezogen auf die Preisbasis von 1914

Briefhypothek
Ein Dokument über eine im Grundbuch eingetragene Hypothek. Es wird stets ein Brief ausgestellt. Dieser Hypothekenbrief kann, ohne dass im Grundbuch etwas eingetragen zu sein braucht, abgetreten, verpfändet oder sonst im Geschäfts- oder Privatleben verwendet werden.

Buchhypothek
Im Grundbuch eingetragene Hypothek, über die kein Hypothekenbrief ausgestellt wird

Damnum = Disagio
Bei der Auszahlung einer Hypothek wird der Betrag um ca. 1-10 % reduziert.

Effektivzins
Im Vergleich zum Nominalzins eine bessere Vergleichsgrundlage

Eigentümergrundschuld
Diese sichert dem Eigentümer eine gewisse Rangstelle, in die er später eine Hypothek einsetzen kann. Ist eine Hypothek zurückgezahlt worden, so erlischt nicht etwa die Hypothek, sondern wird zur Eigentümergrundschuld. Dies hat zur Folge, dass dem Eigentümer der Rang gewahrt bleibt.

Einheitswert
Steuerwert, der von den Finanzämtern festgesetzt wird. Stimmt mit dem tatsächlichen Grundstückswert meist nicht überein.

Ertragswert
Wirtschaftlicher Wert des Grundstücks

Erschließungskosten → Anliegerbeiträge

Erbbaurecht
Vererbliches, veräußerliches dingliches Recht, auf oder unter der Oberfläche eines fremden Grundstücks ein Bauwerk zu errichten

Erbbaugrundstück
Ein an den Berechtigten verpachtetes Grundstück auf die Dauer von z.B. 20/25/50/99 Jahren. Das Grundstück kann wie Eigentum vererbt, bebaut und verkauft werden. Es wird ein eigenes Erbbaugrundbuchblatt angelegt.

Flächennutzungsplan
Vorbereitender Bauleitplan für das ganze Gemeindegebiet. Es ist die sich aus der beabsichtigten städtebaulichen Entwicklung ergebende Art der Bodennutzung nach den voraussichtlichen Bedürfnissen der Gemeinde in den Grundzügen darzustellen (§ 5 Baugesetzbuch).

Grundbuch
Wird beim Grundbuchamt (Amtsgericht) geführt und ist für jede/jeden, die/der ein berechtigtes Interesse nachweist, zur Einsicht verfügbar. Es gibt in Abt. I Auskunft über Eigentümer und Veränderungen im Eigentum sowie die Flurstücks-, Liegenschafts- und Flurbezeichnung, Größe, Band, Blatt-Nummer, in Abt. II über die Lasten und Beschränkungen (Wegerecht, Nießbrauch) des Eigentums, in Abt. III über etwa eingetragene Hypotheken, Grundschulden und Rentenschulden. In den Grundakten befindet sich der Schriftwechsel.

Grunddienstbarkeiten
Wegerechte, Leitungsrechte, Fensterrechte, Vorkaufsrechte, Erbbaurechte, Nießbrauch, Verfügungsbeschränkungen, die in Abt. II im Grundbuch eingetragen sind

Grundschuld
Eine Belastung des Grundstücks, die vom Bestehen einer persönlichen Forderung nicht abhängt. Es haftet nur das Grundstück (dingliche Haftung) (§ 1191 BGB).

Grunderwerbssteuer
Steuer, die beim Grundstücksumsatz entsteht

Grundsteuer
Gemeindesteuer vom Grundstück

Hypothek
Ein Grundstückspfandrecht, welches in das Grundbuch eingetragen wird. Die Haftung ist dinglich (Grundstück) und persönlich (Schuldner) (§ 1113 BGB).

Immission
Störung des Eigentums an einem Grundstück durch Zuführung von Gasen, Geräuschen, Dämpfen und ähnlichen, von einem anderen Grundstück ausgehenden Einwirkungen

Instandhaltungskosten
Die Kosten laufender, normaler Reparaturen

Instandsetzungskosten
Große Reparaturarbeiten, die die Lebensdauer des Gebäudes verlängern und die Wertminderung verringern (z.B. Dacheindeckung)

Landesbauordnungen
Jedes Bundesland hat eine eigene Landesbauordung

Löschungsbewilligung
Wird seitens des Gläubigers in beglaubigter Form erteilt und dem Grundbuchamt eingereicht

Löschungsvormerkung
Die Verpflichtung des Grundstückseigentümers einem anderen gegenüber, eine Hypothek löschen zu lassen, wenn sie sich mit dem Eigentum in *einer* Person vereinigt. In diesem Fall kann zur Sicherung des Anspruchs auf Löschung eine Vormerkung im Grundbuch eingetragen werden.

Nießbrauch
Ein Grundstück kann in der Weise belastet werden, dass diejenige/derjenige, zu deren/dessen Gunsten die Belastung erfolgt, berechtigt ist, die Nutzungen aus dem Grundstück zu ziehen (§ 1030 BGB).

Restkaufgeldhypothek
Bei Verkauf von Grundstücken wird oft bei Vertragsabschluss nur ein Teil des Kaufpreises gezahlt, während der restliche Teil gegen hypothekarische Sicherung gestundet wird.

Sachwert
Boden- und Bauwert und evtl. Zuschläge für Nebenanlagen ergeben den Sachwert.

Schlüsselfertig
Gleichzusetzen mit bezugsfertig. Umfasst somit alle Leistungen, die erforderlich sind, um das Gebäude zu dem vorgesehenen Zweck benutzen oder vermieten zu können. Es sind also eingeschlossen die Ver- und Entsorgungsleitungen, die Vorgartenanlagen und die Hof- und Wegebefestigungen innerhalb des Grundstücks.

Tilgungshypothek
Bei den Tilgungs- oder Amortisationshypotheken sind neben den Zinsen laufend Tilgungsraten zu zahlen.

Umbauter Raum oder Brutto-Rauminhalt (BRI)
Volumen des Gebäudes nach DIN 277

Versicherungssumme
Die Versicherungssumme ist ein Bestandteil des Versicherungsvertrages und sollte dem Versicherungswert entsprechen. Stimmen beide Werte überein, besteht Vollversicherung, ist die Versicherungssumme niedriger, besteht eine Unterversicherung.

Versicherungswert
Der Versicherungswert 1914 entspricht dem Wert, für den ein Gebäude gleicher Art, Ausführung und Ausstattung nach den ortsüblichen Preisen von 1914 errichtet werden kann; dies ist analog auf die Preisbasis von 1938 oder 1970 anzuwenden.

Vorkaufsrecht
Im Grundbuch eingetragenes Recht, wonach der Begünstigte das Recht erhält, bei einem Verkauf in den Kaufvertrag mit einem Dritten einzutreten. Er muss dabei den gleichen Kaufpreis wie der Dritte bezahlen. Das gesetzliche Vorkaufsrecht der Gemeinde gemäß § 24 ff Baugesetzbuch bleibt davon unberührt.

Verkehrswert = Verkaufswert
Auf dem freien Markt erzielbarer Wert

Vormerkung
Im Grundbuch können Vormerkungen zur Sicherung bestimmter Ansprüche eingetragen werden.

Vorrang
Mit Zustimmung vorhergehender Hypothekengläubiger kann einer nachstehenden Hypothek der Vorrang vor der anderen Hypothek eingeräumt werden.

6 Fachausdrücke

Abbund	Maßgenaues Ablängen und Zuschneiden der Dach- und Deckenhölzer
Abnahmen	Zustimmung vom Bauherrn, Planer oder Bauamt, dass eine Bauleistung in Ordnung ist bzw. den Auflagen entspricht
Abseiten	Seitlicher Dachraum in Richtung Traufe bzw. Regenrinne, der sich zunehmend in der Höhe verringert und nur für Abstellzwecke geeignet ist
AltaVista	Suchsystem für das Internet
Anlegen	z.B. Anlegen von Öffnungen. Das Herstellen von Fensteröffnungen im Mauerwerk
Attika	Umlaufender Abschluss der Dachkante bei Flachdächern oder flachgeneigten Dächern

Ausschreibung	Methode zur Ermittlung der wahrscheinlichen Endkosten. Auf der Basis der gesamten Planung werden die einzelnen Massen oder Mengen für jede Einzelleistung ermittelt; es werden die Leistungen beschrieben und dann unter einer Mehrzahl von Firmen ausgeschrieben. Diese Firmen setzen ihre Preise ein. Zu einem bestimmten Termin sind alle Angebote vorzulegen und zu submittieren. Das heißt, es werden die Angebote geöffnet und die Endsummen verlesen. Eine Niederschrift zur Submission schließt das Verfahren ab. Die für alle Ausschreibungen gültige Rechtsgrundlage ist die VOB (Verdingungsordnung für Bauleistungen).
Bewehrung	Einlagen aus Stahl im Beton
Bonität	Zahlungsfähigkeit, Kreditwürdigkeit
Carport	Offener oder halboffener PKW-Einstellplatz, der mit einer Überdachung versehen ist; in den meisten Fällen eine Holzausführung mit Flachdach
Dacherker = Dachgaube	In der Dachfläche senkrecht stehendes Dachfenster
Dampfsperre	Wasserdampf-undurchlässige Schicht aus Folie oder Pappe, die an die Innenseite von Dächern oder Wänden zu verlegen ist und eine Schutzfunktion gegen die Bildung von Kondenswasserbildung erfüllt
DIN	Abkürzung für: Deutsches Institut für Normung. Es legt Qualitäten, Maße, technische Lieferbedingungen und dergleichen fest.
Drempel = Kniestock	Erhöhtes Auflager des Dachfußes über die oberste Geschossdecke hinaus
Email	Abkürzung für Electronic-Mail, Austausch von Nachrichten über Internet
Estrich	Schicht zwischen tragender Decke und Bodenbelag
Flexibilität	Beweglichkeit, z.B. bei einer Wandaufteilung
Generalunternehmer	Eine Baufirma, die für mehrere, manchmal auch für alle Gewerke die Aufträge übernimmt und mit Hilfe von Subunternehmern (Ausführungsfirmen, die nur ein Gewerk übernehmen) die Gesamtleistung fertig stellt
Generalübernehmer	Firma, die sämtliche Planungsleistungen und Bauleistungen (Gewerke) übernimmt. Sonst wie Generalunternehmer
Gewährleistungszeit	Die Dauer der Garantie eines Handwerkers für seine Leistungen. Normalerweise 2 Jahre nach VOB

Grate	Schräg von oben nach unten verlaufende Dachkanten, z.B. bei Walmdächern. Nach außen verspringend
Internet	Abkürzung von „International Network". Internationaler Verbund von Netzwerken und Rechnern. Größter kommerzieller und nichtkommerzieller weltweiter Verbund von Netzwerken mit einer Vielzahl von Diensten und Austausch von Nachrichten (Email) etc.
Kehlen	Schräg oder gerade verlaufende Dachkanten, nach innen verspringend. Zum Beispiel beim Stoß von zwei Satteldächern an den Regenrinnen
Kerndämmung	Innerhalb von zwei Mauerschalen liegende Wärmedämmung ohne Be- und Entlüftung
k-Wert	Ein Begriff aus der DIN 4 108. Wärmedurchgangs-Koeffizient. Siehe Seite 222.
Leibung	Seitenflächen von Öffnungen im Wandbereich, z.B. die Seitenflächen bei Fenstern
Loggia	Freisitz, der drei- oder zweiseitig von Mauerwerk umschlossen und überdacht ist
Ortganggesims	Ortgang = Giebel bei geneigten Dächern. Ortganggesims = Einfassung oder Abschluss des Daches am Giebel
PC -Personalcomputer	Persönlicher Computer, ein Microcomputer, der für den einzelnen Anwender konzipiert ist
Pfettendach	Dachkonstruktion, bei der die Lasten aus dem Dach auf die parallel zum First laufenden (Pfetten =)Balken übertragen werden. Auf die Pfetten werden die Sparren aufgebracht
Planzeichen	Abkürzungen und Symbole in den Bebauungsplänen. Siehe Seite 30.
Preisindizes	Siehe Bauindex und Seite 23.
Rauspundschalung	Raue (ungehobelte) und gespundete (mit Nut und Feder versehene) Bretter für Dachschalungen u.ä.
Ringbalken	Ein Balken (aus Beton, massiven U-Schalen o.a. Materialien), der auf dem Mauerwerk rundherum aus statischen Gründen zu verlegen ist
Schottenbauweise	Auf parallel zueinander angeordnete tragende Wände mit einem Wandabstand von etwa 3,00 bis 4,50 m aufgelagerte Decken. Die Wandteile werden als Schotten bezeichnet.

Schwimmender Estrich	Estrich (siehe unter „Estrich"), der auf einer schall- oder wärmedämmenden Unterlage liegt
Sicherungsübereignung	Eine Übertragung des Eigentums von Baustoffen oder Bauteilen an den Bauherrn als Sicherheit bei einer eventuellen Zählungsunfähigkeit
Sparrendach	Parallel zu den Giebeln verlaufende Dachhölzer (Sparren), die durch so genannte Kehlbalken miteinander verbunden sind und das Dachdreieck bilden
Submission	Angebotseröffnung bei der Vergabe von Bauleistungen
Subunternehmer	Ausführungsfirmen, die nicht direkt vom Bauherrn oder seinem Architekten beauftragt werden, sondern als „Unter"-Unternehmer den Auftrag von einem Generalunternehmer (siehe auch unter diesem Stichwort) erhalten
Traufe	Die untere Kante eines geneigten Daches
Unterspannbahn	Eine unter den Dachziegeln liegende Folie oder andere Bahn als zusätzliche Sicherung gegen Undichtigkeiten
Verbundestrich	Estrich (siehe unter diesem Stichwort), der direkt und ohne dämmende Zwischenschicht auf den Beton aufgebracht wird
Verdeckte Mängel	Mängel, die durch andere Baumaterialien abgedeckt sind und die der Bauherr somit bei der Übergabe nicht erkennen konnte
Vergabe	Die Auftragserteilung von Bauleistungen aufgrund einer Ausschreibung
Verkehrsfläche	Zum Beispiel Flure, Diele u. dgl.
Versottung	Übermäßige Ablagerung von Brennstoffausscheidungen an den Schornstein-Innenseiten
VOB – Verdingungsordnung für Bauleistungen	Eine eingehende Beschreibung aller Bauleistungen (Gewerke) einschließlich der Allgemeinen Vertragsbedingungen, unter denen Bauleistungen gewerkeweise gemeinhin ausgeschrieben und vergeben werden.
Yahoo	Suchsystem im Internet.
Zargen	Am Mauerwerk befestigte Rahmen oder Profile zur Anbringung von Türen

7 Ansprechpartner für Öffentliche Mittel

(siehe Kapitel 7.2.5)

16 Bundesländer:

Baden-Württemberg: Mehrere Förderwege. Zinslose Baudarlehen und Annuitätendarlehen. Bürgermeister- und Landratsämter. Landeskreditbank Tel. (0721) 1500; Ministerium für Wirtschaft, Theodor-Heuß-Str. 4, 70174 Stuttgart, Tel. (0711) 123-0, Fax (0711) 123-2126.

Bayern: 3. Förderweg. Eigenheimzulagedarlehen und Baudarlehen. Kreisverwaltungsbehörden, Staatsministerium des Innern, Oberste Baubehörde, Franz-Josef-Strauß-Ring 4, 80539 München, Tel. (089) 2192-02, Fax (089) 2192-3350.

Berlin: Mehrere Programme nach Förderklassen. Verschiedene Baudarlehen. Investitionsbank Berlin Tel. (030) 2649830; Senatsverwaltung für Bau, Wohnungswesen und Verkehr, Württembergische Str. 6-10, 10707 Berlin, Tel. (030) 867-1, Fax (030) 867-3547.

Brandenburg: Mehrere Förderwege. Verschiedene Baudarlehen. Kreis-oder Stadtverwaltungen. Investitionsbank des Landes Brandenburg Tel. (0331) 8660; Ministerium für Stadtentwicklung, Wohnung und Verkehr, Dortusstr. 30-34, 14467 Potsdam, Tel. (0331) 866-0, Fax (0331) 866-8368.

Bremen: 2. Förderweg Baudarlehen I und II, sowie Aufwendungsdarlehen. Amt für Wohnung und Städtebauförderung, Tel. (0421) 3614012; Senator für Bau und Umwelt, Ansgaritorstr. 2, 28195 Bremen, Tel. (0421) 361-0, Fax (0421) 361-2050.

Hamburg: 2 Förderwege. 2 Baudarlehen. Wohnungsbaukreditanstalt, Tel. (040) 248460; Freie und Hansestadt Hamburg, Stadtentwicklungsbehörde, Alter Steinweg 4, 20459 Hamburg, Tel. (040) 3504-0; Freie und Hansestadt Hamburg, Baubehörde, Stadthausbrücke 8, 20355 Hamburg, Tel. (040) 34913-1, Fax (040) 34913-3196.

Hessen: Förderung von Wohnungseigentum. Baudarlehen. Magistrat, Kreisausschüsse. Ministerium für Wirtschaft, Kaiser-Friedrich-Ring 75, 65185 Wiesbaden, Tel. (0611) 815-0, Fax (0611) 815-2225; Ministerium des Inneren, Abt. Bauen und Wohnen, Friedrich-Ebert-Allee 12, Tel. (0611) 353-0, Fax (0611) 353-345

Mecklenburg-Vorpommern: 2 Förderwege, Aufwendungs- und Baudarlehen. Gemeinden, Kreise, kreisfreie Städte. Landesförderinstitut, Tel. (0385) 63630; Ministerium für Bau-Landesentwicklung und Umwelt, Schloßstr. 6-8, 19053 Schwerin, Tel. (0385) 588-0, Fax (0385) 588-8717.

Niedersachsen: Förderweg und Baudarlehen. Kreise, Landestreuhandstelle für das Wohnungswesen, Tel. (0511) 361; Niedersächsisches Sozialministerium, Oberste Bauaufsicht, Hinr.-Kopf-Platz 2, 30159 Hannover, Tel. (0511) 1201, Fax (0511) 120-2981.

Nordrhein-Westfalen: Fördermodelle und gestaffelte Förderung. Gemeinden, Kreise, kreisfreie Städte. Ministerium für Bauen und Wohnen, Elisabethstr. 5-11, 40217 Düsseldorf, Tel. (0211) 3843O, Fax (0211) 601/602.

Rheinland-Pfalz: 3 Förderwege, Bau- und Aufwendungsdarlehen. Landratsämter, Gemeinden- und Stadtverwaltungen. Ministerium für Finanzen, Kaiser-Friedrich-Str. 1, 55116 Mainz, Tel. (06131) 160, Fax (06131) 164-331.

Saarland: 2 Förderweg. Baudarlehen und Zuschuss. Kreditinstitute, Saar LB, Tel. (0681) 300600; Ministerium für Wirtschaft und Finanzen, Am Stadtgraben 6-8, 66111 Saarbrücken, Tel. (0681) 501-00.

Sachsen: Eigentumsprogramme. Baudarlehen. Gemeinden, Landratsämter, kreisfreie Städte. Sächsische Aufbaubank, Tel. (0351) 49100; Staatsministerium des Innern, Abt. Wohnungsbau, Archivstr. 6, 01067 Dresden, Tel. (0351) 564-0.

Sachsen-Anhalt: 3. Förderweg. Aufwendungszuschüsse und Zusatzförderung. Kreis- oder Stadtverwaltungen. Landesförderinstitut Sachsen-Anhalt, Tel. (0391) 5890; Ministerium für Wohnungswesen, Tessenowstr. 10, 39114 Magdeburg, Tel. (0391) 567-01, Fax (0391) 567-7510.

Schleswig-Holstein: Mehrere Förderungen und Baudarlehen. Landräte, Oberbürgermeister, Investitionsbank Schleswig-Holstein, Tel. (0431) 90003; Innenministerium Düsterbrooker Weg 92, 24105 Kiel, Tel. (0431) 988-0.

Thüringen: Eigenheimprogramm. Gestaffelte Förderung. Landratsämter, kreisfreie Städte. Ministerium für Wirtschaft, Max-Reger-Str. 4-8, 99096 Erfurt, Tel. (0361) 37970 oder 342-0, Fax (0361) 342-2199.

Bundesministerium für Raumordnung, Bauwesen und Städtebau: Infos: „www.baunet.de", Deichmanns Aue 31-37, 53179 Bonn-Bad Godesberg, Tel. (0228) 337-0, Fax (0228) 337-3060.

Bundesministerium für Wirtschaft: Infos: „http://db.bmwi.de", Villemombler Str. 76, 53107 Bonn, Tel. (0228) 615-0, Fax (0228) 615-4436.

8 Weitere Ansprechpartner

Arge Holz:
Füllenbachstr. 6, 40474 Düsseldorf, Tel. (0211) 47818-0, Fax (0211) 452314

Bundesarchitektenkammer:
Königswinterer Str. 709, 53227 Bonn, Tel. (0228) 97082-0, Fax (0228) 442760

Bundesverband Deutscher Fertigbau:
Flutgraben 2, 53640 Bad Honnef, Tel. (02224) 93770, Fax (02224) 937777

Bundesverband unabhängiger Baufinanzberater e.V.:
Barloer Weg 91, 46397 Bocholt, Tel. (02871) 37880, Fax (02871) 37568

Schutzgemeinschaft gegen unlautere Baufinanzierung:
Postfach 390230, 14092 Berlin, Tel. (030) 8051411, Fax (030) 8051417

Stiftung Warentest:
Postfach 810660, 70523 Stuttgart, Tel. (01802) 321313, Fax (0711) 7252340

Heinze Verlag:
– „Handbuch für Bauherren" – ein Ratgeber für bauen, kaufen, renovieren wollen: Bauvorbereitung, Baubeschreibung, Produktinformationen, Baufach-Informationen, Kosten und Finanzierung
– CD-ROM: „bauen, modernisieren, einrichten" – der neue digitale ratgeber für Bauherren und Modernisierer
Heinze GmbH. Bremer Weg 184, 29219 Celle, Tel. (05141) 50315, Email: info@heinze.de

Capital Verlag:
– „Capital Baugeld" – individuelle Baufinanzierung mit dem PC, wird mit einem 270 seitigen Handbuch geliefert
Capital-Versandservice, Postfach 600, 74170 Neckarsulm, Fax (07132) 969191

Heinrich Bauer Verlag:
– CD-ROM „Bauen & Renovieren". Multimediale Unterstützung für Bauen und Renovieren
Heinrich Bauer Verlag, Industriestr. 16, 50735 Köln

Stichwortverzeichnis

Abschreibung 259 ff.
Abspecken 139
Absprachen 91
Abstandsfläche 28
Abwicklung 235 ff.
Abzugszeitraum 260
Änderungen 89 ff., 95, 125 ff.
Althäuser 50 ff., 57 ff.
Anbauten 191
Angebotsauswertung 257 ff.
Angebotsbeurteilung 25 ff.
Anstrich 191
Architekten 73, 79, 87, 97, 99, 101 ff., 104 ff.
Architektenhäuser 77 ff.
Architektenkammer 77
Architektenvertrag 113
Architektenwahl 79, 101
Auftraggeber 87 f.
Auftragnehmer 88
Ausbauhäuser 73 ff.
Ausbauten 259 ff.
Auskragungen 161
Ausschreibung 91, 100, 271 ff.
Außenanlagen 73, 192
Außenwände 184, 225 f.

Bäder 132, 180
Balkon 131, 284
Banken 241
Barrierefrei bauen 282
Bauämter 58, 235 ff.
Bauausgabenbuch 280
Bau-Berufsgenossenschaft 77, 281
Bauen 19
Baugeld 239 ff.
Baugenehmigung 235 ff.
Baugesellschaften → Bauträger
Baugesetzbuch 291
Bauherren 17, 96 ff.
Bauherrenleistungen 85
Baukörper 160
Baukosten 122 ff., 125
Bauleistungsvertrag 277
Bauleitung 268, 277 ff.
Baunutzungskosten 142
Bauprogramm 67, 119, 137
Bausatzhäuser 73
Bauspardarlehen 246, 255

Bauteile 184
Bauträger 35 ff., 87, 93
Bauträgerhaus 33 ff.
Bauwesen-Versicherung 281
Beanstandungen 279
Bebauung 149 ff.
Bebauungsplan 30, 149, 291
Beeinflussbarkeit der Kosten 16
Belastung, monatlich finanzielle 122 ff., 240 ff.
Bemessungsgrundlage 261
Benutzerverhalten 228
Besondere Vertragsbedingungen 274
Betonsohle → Sohlplatten 187
Beweissicherungsverfahren 279
Biogas 201
Bio-Häuser 230 ff.
Biomasse 202
Blitzschutz 205
Blockheizkraftwerke 202
Brennwerttechnik 202
Bruttogrundstücksfläche 28
Bruttorauminhalt (BRI) 174 f., 207, 209, 284, 290
Buchführung 264

Carport 73, 135, 159, 192

Dachausbau 134, 169
Dacherker 164
Dachformen 164 ff.
Dächer 133, 164, 188, 226
Dämmung → Wärmeschutz
Decken 187
Deckenspannrichtung 169
Denkmalschutz 59, 264
Details 184
Disagio = Damnum 292
Duschbad 180

Eigenheimzulage 261
Eigenheimzulagengesetz (EigZuLG) 259
Eigenkapital 244
Eigenleistung 58, 61, 73 ff., 102, 265 ff., 279
Eigentumswohnung 44 ff., 259, 282
Einkunftsgrenze 260
Einsparung 17, 72 ff., 75, 130 ff., 137, 267
Einstellplätze 135

Elektroinstallation 204 ff.
Elternzimmer 182
Energieabsorber 200
Energie-Sparhäuser 218 ff., 224 ff.
Energie-Sparmaßnahmen 222
Entwurf 147
Erfolgshonorar 104
Erker 164
Essplatz, Esszimmer 130, 178
Estrich 296
Euro 264, 256
Extras 125, 161

Fassade 184
Fehlverhalten der Bauherren 16 f., 20 ff., 36, 48 ff., 79, 89, 96–99, 101, 114, 125 ff., 240 ff., 265 ff., 270, 272 ff.
Fenster 189
Fertighäuser 60, 99
Festpreis 48, 61 ff., 94
Festtermin 66
Finanzierung 58, 239 ff.
Finanzierungserleichterungen 252 ff.
Finanzierungsplan 254, 257 ff.
Firmenauswahl 99 ff., 272
Flachdach 133, 278
Flächenabsorber 200
Flächeneinsparungen 130 ff., 136
Flächennutzungsplan 293
Fliesen 42, 140, 180, 202
Fördergrundbetrag 261
Förderzeitraum 260
Folgeobjekt 261
Fremdkapital 245 ff.
Fundamente 184
Fußböden 42, 138

Garagen 73, 135 f., 192
Gasheizung 217 ff.
Gebäudeform 160 ff.
Geländeausnutzung 155 ff.
Geldquellen 243 f., 251
Genehmigungsplanung 103, 235
Generalübernehmer 296
Generalunternehmer 296
Geschenkbausparvertrag 256
Geschossdecken 171 ff., 187
Geschossflächenzahl 30
Grundflächen 283 ff.
Grundflächenzahl 30
Grundrisse 166 ff., 175, 207 ff., 225
Grundstücksanteil 35
Grundstücksnebenkosten 32
Grundstückspreis 33

Grundstückssuche 27 ff.
Grundstücksteilung 153
Grundstücksvergleich 151 ff.

Hanglage 156
Hausarbeitsraum 181
Heizungsregelung 196, 229
Heizungssysteme 194 ff., 198 ff.
Höhenfestlegung 155
Höchstgrenzen (Wohnflächen) 137
Holzdecken 72, 172
Holzhäuser 213
Honorare 101 ff.
Honorarkürzungen 102, 114 f.
Honorarordnung 102, 115
Hypotheken 245 ff., 249, 293

Immobilienmakler → Makler
Informationen 73, 99, 285, 299 ff., 301
Ingenieure 87, 101, 115
Innenwände 171, 186
Installationen 76, 192
–, Elektro 204
–, Heizung 194
–, Sanitär 202
Interessenlage 87
Internet 25, 297

Kachelofen 195, 207
Kapitalkosten 122, 245 ff.
Kaufpreisraten 48, 64
Käufer 92
Keller 72, 132, 155 f.
Kettenhäuser 174 f.
KfW-Förderprogramm 243, 253
Kinderzimmer 131, 183
Kinderzulage 261
Kompaktabsorber 200
Konstruktion
–, Außenwand 184, 226
–, Dach 133, 164, 188, 226
–, Geschossdecken 171 ff., 187
–, Innenwände 171, 186
–, Statik 169
Kontoführungsmethode 250
Kosten
–, Bäder 180
–, Dach 169
–, Elektroinstallation 204
–, Heizungsinstallationen 138, 194
–, Küchen 178
–, Sanitär-Installation 192, 203
–, Treppen 188

Kosten je m² Wohnfläche 122, 130ff., 144, 290
Kostenbelastung je Monat → Belastung
Kostenberater 115
Kostenberechnung nach DIN 276 37, 142, 285
Kostenbewusstsein 117
Kostenerhöhungen 128
Kostengliederung 143
Kostengruppe (KG) 285
Kostenhochrechnungen 23
Kostenplanung 141 ff.
Kostenresultate 172
Kosten-Rückkopplung 124, 146 ff.
Kostensenkung 159
Kostensteuerung 101, 123
Kostenvergleichswerte 285, 290
Kostenziele 119, 239 ff.
Küchen, Essküchen 130, 132, 178
k-Werte 185, 194, 219 ff., 297

Landesbauordnungen 159, 294
Lagebeurteilung 39
Lastenzuschüsse 253
Lebensdauer von Bauteilen 51
Leistungshonorar 101 ff.
Leistungsverzeichnisse 271–277, 181
Leitungsstränge 171, 180, 192
Loggia 131, 161, 284
Lohnsteuerkarte 263

Mängel 95
Makler 87, 89, 92
Marktinteressen 87, 91
Mauerwerk 171, 184 ff.
Mehrkosten 157
Messzahlen 23
Mieten 19, 34
Mietgesetzgebung 44
Minderkosten 157 ff.
Mindestraumgrößen 137
Modernisierung 50

Nachfinanzieren 128
Nachträgliche Anschaffungs-/Herstellungskosten 263
Nebenangebote 90, 274 ff.
Nebenräume 72, 132, 191
Nicht tragende Wände 171, 186
Niedrig-Energie-Haus 218
Nutzfläche 283

Objektbeschränkung 260
Objektverbrauch → Objektbeschränkung

Öfen 195
Öffentliche Mittel 252
Öko-Häuser 230
Ökologische Maßnahmen 262
Ölheizung 194
Offene Bauweise 30

Photovoltaisches Verfahren 201
Planer → Architekten oder Ingenieure
Planzeichen 30 f.
Preisbildung 91
Preisindizes 23 f.
Preis-Leistungsvergleiche
–, Althäuser 52 ff.
–, Architektenwahl 78, 112 ff.
–, Bauträgerhäuser 35–43
–, Eigentumswohnungen 45 ff.
–, Fertighäuser 60 ff.
–, Grundstücke 27 ff.
–, Hypotheken 246, 249, 254, 257 f.
Provision 92
Putz 191

Qualitätsvergleich 40

Rationalisierungshonorar 112
Rationalisierungskatalog 159
Raufasertapete 191
Rauminhalt → Bruttorauminhalt
Raumnutzungen 177
Raumzuordnungen 43, 167
Rechnungen 280
Reihenhäuser 170
Renovierung 50, 59
Rentabilität → Wirtschaftlichkeit
Restschuld 250, 257 f.
Rezession 254

Sanierung 50, 59
Sanitäre Installation 180, 192, 202 ff.
Schlafzimmer 131, 182
Schlüsselfertige Objekte 94
Schornsteine 191, 197
Schottenbauweise 169, 209
Schwarzarbeit 267
Selbstbauhäuser → Bausatzhäuser
Selbsthilfe → Eigenleistungen
Sicherheitsleistung/Sicherungsübereignung 95, 280
Sohlplatten 187
Sommerlicher Wärmeschutz 226
Sonderfachleute → Ingenieure
Sonnenenergienutzung 200, 227
Spargrenzen 269

Sparhaus 207 ff.
Sparhäuser, Ausland 214
Sparhäuser, Holland 214
Sparhäuser, weitere 72 ff., 212
Sparwohnungen 49
Spieldiele 130 f., 183
Standards 134
Statik, Statiker 87, 102, 104
Steuervorteile, Steuerbegünstigungen 259 ff., 282 f.
Subvention 262
Subventionsbetrug 262

Teilunterkellerung 155
Terminplanung 49, 99, 120, 270 ff.
Thermostatventile 196
Tilgung 59, 122, 246, 249, 258 f.
Tilgungsstreckung 253
Trennwände → Innenwände
Tragende Wände 169, 171, 184
Transparente Wärmedämmung 202
Treppen 131, 172, 188
Türen 191

Umbauten → Sanierung
Umbauter Raum → Bruttorauminhalt
Unternehmer 91
Unfallversicherung 283

Verdingungsordnung für Bauleistugen (VOB) 65, 271
Verhältniswerte 284, 290
Verjährungsfristen 279

Verkehrsfläche 130 ff., 284
Vermietung 34
Versicherungen 281 f.
Vollwärmeschutz 185
Vorauszahlung 280
Vorentwurf 106, 147
Vorfälligkeitsentschädigung 247
Vorkostenabzug 263

Wandvorlagen 161
Warmwasserbereitung 181, 202 ff.
Wärmebedarfsausweis 221
Wärmepumpe 198 ff.
Wärmeschutz 184, 219 ff.
Wärmespeicherung 201, 219 ff.
WC 180
Wettbewerbe 82 f., 91
Winddichtigkeit 164, 185, 188
Windenergie 202
Windfang 162
Wintergarten 162, 227 f.
Wirtschaftlichkeit 34, 141, 222 f., 284
Wohnfläche (WF) 130 ff., 209 ff., 211, 283, 290
Wohngeld 244, 253
Wohnzimmer 130 ff., 177

Zahlungsplan 95, 254, 271, 277
Zeitgewinne 235
Zeitplan → Terminplan
Zeitverluste 270
Zinsen 76, 122 f., 245 ff., 255, 257 f.
Zinsunterschiede 240

Quellennachweise

[1] Das Haus, H. 9/1983, S. 57
[2] Wertberechnung Althaus, in: Capital Spezial Bauen 1979
[3] HOAI – Honorarordnung für Architekten und Ingenieure, Bauverlag GmbH, Wiesbaden, 5. Novellierte Fassung, 1.1.1996
[4] Bundesverfassungsgericht Karlsruhe. AZ. II BvR 201/1980
[5] Linhard, Kandel, Höfler: Kosten- und flächensparendes Bauen, Callwey Verlag, München 1983
[6] Müller, P.L., Planungsökonomie im Bauwesen, Kohlhammer, Stuttgart 1982
[7] Analyse über Kostenresultate im Bremer Wohnungshau, Bremen 1979
[8] Rau, Rationalisierung und Typisierung im Wohnungsbau, in: Deutsche Bauzeitung, H. 2/1974
[9] Deutsches Architektenblatt, H. 9/1974
[10] Bundesminister für Raumordnung, Bauwesen und Städtebau: Rationalisierungskatalog, Veröffentlichung Nr. 04.021/1977
[11] Bundesminister für Raumordnung, Bauwesen und Städtebau: Baukosten-Sparfibel, Veröffentlichung Nr. 03.099/1983
[12] Jürgen Frantz, S. Hanke, M. Krampen, D. Schempp: Wintergärten, Falken Verlag, 1991
[13] Brehmer, E.G., Bauherren planen, lenken, senken Baukosten, Friedr. Vieweg u. Sohn, Braunschweig 1978
[14] Institut für Fenstertechnik e.V., 83026 Rosenheim
[15] Arch+, H. 10/1982, S. 62
[16] test, H. 3/1983, S. 78
[17] Architektenkammer Nordrhein-Westfalen: Muß Bauen so teuer sein?
[18] Spille, R. und Weber, J.P., Kostenvergleich im Wohnungsbau, in: Bauwelt H. 45/1980
[19] Schreiber, Ulla, Moderne Stadtarchitektur in den Niederlanden, Dumont, Köln 1982
[20] Schneider, A., Wohnklima und Wärmedämmung, Institut für Baubiologie, Heilig-Geist-Str. 54, 83022 Rosenheim
[21] Leonberger Bau-Magazin, H. 3/1983
[22] Grabbe, K.H., Die Kosten der Verzögerung im Planungsverfahren, in: Bauwelt, H. 3/1982
[23] Capital-Ratgeber: von Horst Hamann: Hausbau und Immobilienkauf, Mosaik Verlag, 1990
[24] Publikationen des Bundesministeriums für Raumordnung, Bauwesen und Städtebau, Deichmannsaue, 53179 Bonn-Bad Godesberg:
  – So hilft der Staat beim Bauen. Förderfibel für Wohneigentum, Mietwohnungsbau, Modernisierung und Instandsetzung, April 1992
  – Der Weg zur eigenen Wohnung – Tips und staatliche Hilfen für Bauherren und Käufer, Mai 1992
  – Bausteine zum eigenen Heim. Das wohnungspolitische Programm, Mai 1992
  – Wohngeld. Miet- und Lastenzuschuß in den neuen Ländern, Sept. 1992

- Wohnen bleibt bezahlbar. Mieten und Wohngeld 1993 in den neuen Ländern, Sept. 1992
[25] Keller, Private Baufinanzierung, in: Deutsche Bauzeitschrift, H. 9/1983
[26] Baentsch/Preuß, Das Geld für Ihr Haus, in: Capital-Ratgeber, Mosaik-Verlag, München 1976
[27] Capital, H. 10/1984, S. 99
[28] Schöner Wohnen, H. 10/1983; Bauen, H. 8+9/1983
[29] Verdingungsordnung für Bauleistungen (VOB), Ausgabe 1992

Gekonnt Planen - Richtig Bauen

**Gekonnt planen -
richtig bauen**

Haus Wohnung Garten

von Peter Neufert
und Ludwig Neff

2., erw. Aufl. 1997.
VIII, 218 S. mit 1905 Abb., 108 Tab.
und 495 Fachbegriffen.
Geb. DM 98,00
ISBN 3-528-18109-5

Aus dem Inhalt:
Wohnungsbau - Barrierefreier Lebensraum - Tore - Rank- und Kletterpflanzen - Sauna - Kinderspielplatz - Grundnormen
neu: Ökologisches Bauen - Wintergärten - Solarenergie

Bei Architekten gilt die "Bauentwurfslehre" als unverzichtbares Standardwerk. Die Autoren haben nun mit ihren Mitarbeitern in langjähriger Arbeit ein weiteres Buch geschaffen, das sich in erster Linie an Bauherren wendet. Gekonnt Planen - Richtig Bauen hilft bei den ersten Überlegungen zum Hausbau mit Grundrissen, Ratschlägen beim Anlegen des Gartens, dem Bau einer Garage oder eines Carports, erklärt die unterschiedlichen Dachformen - kurz: informiert über alle planerischen Aspekte des Haus- und Wohnungsbaus. Das Werk ist auch demjenigen von großem Nutzen, der sein Haus oder seine Wohnung umbauen will. Hier helfen Grundrisse von Küche, Bad, Schlafzimmer etc. weiter, Ratschläge für die Verwendung von Farben werden genauso gegeben, wie für den Bau von Treppen, Aufzügen, einer Sauna oder eines Schwimmbades.

Abraham-Lincoln-Straße 46
65189 Wiesbaden
Fax 0180.57878-80
www.vieweg.de

Stand November 1999
Änderungen vorbehalten.
Erhältlich beim Buchhandel oder beim Verlag.

If you have any concerns about our products,
you can contact us on
ProductSafety@springernature.com

In case Publisher is established outside the EU,
the EU authorized representative is:
**Springer Nature Customer Service Center GmbH
Europaplatz 3, 69115 Heidelberg, Germany**

Printed by Libri Plureos GmbH
in Hamburg, Germany